U0170724

测度论基础与高等概率论
学习指导

上册

袁德美　王学军　编著

科学出版社

北　京

内 容 简 介

第 1—12 章是《测度论基础与高等概率论学习指导》上册，其中第 1,2 章是预备知识，第 3—12 章是测度论基础．

作为学习指导用书，本书与作者编著的《测度论基础与高等概率论》配套，目的是部分地解决初学者学习"测度论"和"高等概率论"等课程的过程中在做题环节常常无从下手、方向感差、不知论证是否严谨，解答是否完整等问题．

与教材体系一样，本书仍然以节为单元，每节都包含两个板块：一是内容提要，起提纲挈领作用；二是全部习题的完整解答及部分习题解答完毕后的评注，评注的目的是让初学者学会举一反三、打开思维，或架起与相关知识的桥梁．

本书可作为概率论与数理统计、统计学、金融数学（工程）、基础数学、计算数学、运筹学、计量经济学等专业研究生学习"测度论"和"高等概率论"等课程时的辅助用书，也可作为相关领域科研工作者的参考书．

图书在版编目 (CIP) 数据

测度论基础与高等概率论学习指导：全 2 册/袁德美，王学军编著. —北京：科学出版社， 2023.4
　　ISBN 978-7-03-074270-4

　　I. ①测… 　II. ①袁… ②王… 　III. ①测度论-研究生-教学参考资料 ②概率论-研究生-教学参考资料 　IV. ①O174.12②O211

中国版本图书馆 CIP 数据核字(2022) 第 236183 号

责任编辑：王丽平　李　萍／责任校对：彭珍珍
责任印制：吴兆东／封面设计：无极书装

科 学 出 版 社 出版
北京东黄城根北街 16 号
邮政编码：100717
http://www.sciencep.com
北京九州迅驰传媒文化有限公司 印刷
科学出版社发行　各地新华书店经销
*
2023 年 4 月第　一　版　开本：720×1000　1/16
2023 年 4 月第一次印刷　印张：36
字数：720 000
定价：168.00 元（全 2 册）
（如有印装质量问题，我社负责调换）

前　　言

　　"测度论""高等概率论""概率论极限理论" 是概率论与数理统计、统计学、金融数学 (工程)、基础数学、计算数学、运筹学、计量经济学等专业的研究生必修的专业基础课或学位基础课, 学生普遍反映这几门课程难学, 而且难度不小. 其别具一格的研究方法、别树一帜的研究工具、别开生面的研究课题, 让初学者结结实实地见识了一回 "乱花渐欲迷人眼" 的早春景象, 可是 "浅草才能没马蹄", 只有高质量地做够足量习题之后, "测度论""高等概率论""概率论极限理论" 的春天才会真正拥抱你.

　　考虑到上述课程都起点高、入门难, 学生在做题环节常常会发出表述是否准确、解答是否完整、论证是否严谨的疑问, 甚至陷入缺乏思路、不知所措、难以下手的困境, 我们编写了这本与同名作者编著的《测度论基础与高等概率论》教材配套的学习指导用书.

　　据作者所知, 到目前为止, 业界未曾出版过任何一本同类参考书, 本书的出版部分地实现了在读研究生和科研工作者多年欲求不得的梦想. 在莘莘学子探寻打开科学大门钥匙的征程中如果本书能助一臂之力, 我们多年的努力就算没有白费.

　　关于做题环节的重要性, 希望与读者达成以下共识:

　　一、磨砺笃行, 始得玉成, 研究性做题是学好数学类课程必须经历的阶段, 是吃透教材必不可少的环节, 是培养学术兴趣的源头活水, 是激发创新潜力的重要推手;

　　二、多做习题, 尤其痴迷于有一定难度的习题是夯实基本功的垫脚石, 对熟练掌握上述课程的基本理论、基本方法和基本技巧有着不可替代的作用;

　　三、在日后研究工作中, 克服困难的能力如何, 在很大程度上取决于课程学习时习题处理精细化的程度及所花功夫的深浅;

　　四、打基础阶段因忽视做习题而导致素质上的缺陷, 会造成日后研究视野受损、热情受阻、动能受限, 陷入始终不得要领的尴尬境地;

　　五、除巩固性的常规习题外, 有很大比例的习题是为搭建教材正文准备的梯子, 还有少部分习题是教材正文的补充或延伸, 这两部分习题应该给予特别的关照.

　　在本书使用方法上, 有几件事需要向读者说明、解释或提醒.

　　第一, 本书沿用教材中的编号, 如定理 4.8、命题 17.9、例 13.23、参考文献 [1]、(9.8) 式等.

　　第二, 仍然以节为单元, 每节都包含两个固定板块: 一是内容提要; 二是习题解答与评注.

第三, 内容提要中包括本节的主要定义和重要结果, 便于学生查找与巩固, 可以看作一份复习提纲.

第四, 习题解答与评注包括本节中每道习题的完整解答和部分习题解答完毕后给出的评注, 评注大体上基于三种考虑: 一是架起与相关知识的桥梁; 二是引导读者举一反三、开拓视野和思路; 三是引出更深层次的问题.

第五, 读者在能够驾驭本书给出的解答过程的基础上, 还应努力琢磨解题思路的严谨性、探究解题技巧的灵活性, 甚至不妨选择个别习题亲自尝试解题方法的多样性.

第六, 最后, 也是最重要的一点, 希望本书习题解答与评注部分对读者而言是备而少用甚至是备而不用, 要知道只有经过苦思冥想终不得其解的情况下, 再钻研本书的解答过程, 你才能恍然大悟、获得灵感、收获快乐, 这才是使用本书的正确之道, 切记切记!

全书由袁德美执笔, 王学军对初稿的框架结构提出了许多建设性意见并仔细校对了全书.

全书写作过程中, 参阅了大量国内外同类优秀教材及专著, 启发颇多, 受益匪浅, 在此向有关作者表示诚挚谢意. 浙江大学数学科学学院张立新教授和中国科学技术大学管理学院胡太忠教授仔细审阅了初稿, 提出了许多宝贵的修改意见, 在此谨表感谢. 同时还要感谢西南财经大学朱元正博士和重庆工商大学杨灵兵博士对部分 "内容提要" 的提炼以及科学出版社编辑们为本书顺利出版付出的辛勤劳动.

尽管作者一直秉承尽善尽美的初衷, 以宽视野高标准谋篇布局并精雕细琢于每一个细节, 但限于水平和能力, 书中难免会有疏漏和不妥之处, 恳请同行专家和广大读者批评指正. 不管是意见还是建议, 烦请发送电子邮件至 yuandemei@163.com, 以便作者及时改进和完善.

作　者

2021 年 6 月 22 日

目　　录

第 1 章　集合论初步

作为现代结构数学基础的集合论, 一方面因其语言简明扼要, 使得所有的数学概念都形式化, 另一方面因其工具性作用, 数学中曾经出现的迷惑杂乱变得清晰有序. 但隶属于数理逻辑的公理化集合论并不是本书的研究内容, 像大多数数学问题的处理一样, 我们仅对集合论采取一种朴素的观点. 本章的目的是梳理本书中将要涉及的集合论内容.

1.1　集　合　运　算

1.1.1　内容提要

定理 1.1(上极限和下极限的定性描述)　对于集列 $\{A_n, n \geq 1\}$,

$$\varlimsup_{n \to \infty} A_n = \{\omega : \omega \text{ 属于无穷多个 } A_n\},$$

$$\varliminf_{n \to \infty} A_n = \{\omega : \omega \text{ 至多不属于有限多个 } A_n\}.$$

定理 1.2(单调集列的极限定理)　若 $\{A_n, n \geq 1\}$ 是单调集列, 则 $\{A_n, n \geq 1\}$ 收敛, 并且

(i) 如果 $A_n \uparrow$, 那么 $\lim\limits_{n \to \infty} A_n = \bigcup\limits_{n=1}^{\infty} A_n$;

(ii) 如果 $A_n \downarrow$, 那么 $\lim\limits_{n \to \infty} A_n = \bigcap\limits_{n=1}^{\infty} A_n$.

1.1.2　习题 1.1 解答与评注

1.1　(1) $A \backslash B \subset C \Leftrightarrow A \backslash C \subset B \Leftrightarrow A \subset B \cup C$;

(2) $A \subset B \Leftrightarrow AB = A \Leftrightarrow A \cup B = B$.

证明　(1) "$\Rightarrow$". 设 $A \backslash B \subset C$, 则

$$A \backslash C = AC^c = AB^c C^c \cup ABC^c \subset CC^c \cup ABC^c = ABC^c \subset B.$$

设 $A \backslash C \subset B$, 则

$$A = AC^c \cup AC \subset B \cup AC \subset B \cup C.$$

"⇐". 设 $A \subset B \cup C$, 则

$$A \backslash C \subset (B \cup C) \backslash C = B \backslash C \subset B.$$

设 $A \backslash C \subset B$, 则

$$A \backslash B = AB^c = AC^cB^c \cup ACB^c \subset BB^c \cup ACB^c = ACB^c \subset C.$$

(2) "⇒". 设 $A \subset B$, 则

$$A = (AB) \cup (AB^c) = (AB) \cup \varnothing = AB.$$

设 $AB = A$, 则

$$A \cup B = A \cup (B \backslash A) = (AB) \cup (B \backslash A) = B.$$

"⇐". 设 $A \cup B = B$, 则

$$AB = A \cap (A \cup B) = A.$$

设 $AB = A$, 则

$$A = AB \subset B.$$

【评注】　(a) 本题之 (1) 可以加强为

$$A \backslash B = C \Leftrightarrow A \backslash C = B \Leftrightarrow A = B \cup C.$$

(b) 本题之 (1) 将应用于定理 2.73 和习题 4.22 的证明.

1.2　(1) (交对差的分配律) $A \cap (B \backslash C) = (A \cap B) \backslash (A \cap C)$;

(2) (交对对称差的分配律) $A \cap (B \Delta C) = (A \cap B) \Delta (A \cap C) = (A^c \cup B) \Delta (A^c \cup C)$.

证明　(1) 利用交对并的分配律得

$$(A \cap B) \backslash (A \cap C) = (A \cap B) \cap (A \cap C)^c = (A \cap B) \cap (A^c \cup C^c)$$

$$= (A \cap B \cap A^c) \cup (A \cap B \cap C^c) = A \cap B \cap C^c = A \cap (B \backslash C).$$

(2) 由 (1) 得

$$A \cap (B \Delta C) = A \cap [(B \backslash C) \cup (C \backslash B)] = [A \cap (B \backslash C)] \cup [A \cap (C \backslash B)]$$

$$= [(A \cap B) \backslash (A \cap C)] \cup [(A \cap C) \backslash (A \cap B)] = (A \cap B) \Delta (A \cap C),$$

即第一个等号成立. 利用这个结论, 并注意到 $A\Delta B = A^c \Delta B^c$ 得

$$(A^c \cup B) \Delta (A^c \cup C) = (AB^c) \Delta (AC^c) = A \cap (B^c \Delta C^c) = A \cap (B\Delta C),$$

即第二个等号成立.

【评注】 交对差的分配律与交对对称差的分配律都可以看作是交对并的分配律的延伸.

1.3 (de Morgan 律的推广) (1) $A \setminus \left(\bigcap\limits_{t \in T} B_t\right) = \bigcup\limits_{t \in T} (A \setminus B_t)$;

(2) $A \setminus \left(\bigcup\limits_{t \in T} B_t\right) = \bigcap\limits_{t \in T} (A \setminus B_t)$.

证明 (1) $A \setminus \left(\bigcap\limits_{t \in T} B_t\right) = A \cap \left(\bigcap\limits_{t \in T} B_t\right)^c = A \cap \left(\bigcup\limits_{t \in T} B_t^c\right)$

$$= \bigcup\limits_{t \in T} (A \cap B_t^c) = \bigcup\limits_{t \in T} (A \setminus B_t);$$

(2) $A \setminus \left(\bigcup\limits_{t \in T} B_t\right) = A \cap \left(\bigcup\limits_{t \in T} B_t\right)^c = A \cap \left(\bigcap\limits_{t \in T} B_t^c\right)$

$$= \bigcap\limits_{t \in T} (A \cap B_t^c) = \bigcap\limits_{t \in T} (A \setminus B_t).$$

【评注】 若取 $A = \Omega$, 则得到 de Morgan 律.

1.4 (不交化, 首次进入分解法) 设 $\{A_n, n \geqslant 1\}$ 是一列集合, 则

(1) $A_1 \cup A_2 = A_1 \uplus (A_1^c A_2)$;

(2) 对任意的 $n \in \mathbb{N}$, 有

$$\bigcup\limits_{i=1}^{n} A_i = A_1 \uplus (A_1^c A_2) \uplus (A_1^c A_2^c A_3) \uplus \cdots \uplus \left(A_1^c \cdots A_{n-1}^c A_n\right);$$

(3) $\bigcup\limits_{n=1}^{\infty} A_n = A_1 \uplus \left(\biguplus\limits_{n=2}^{\infty} \left(A_1^c \cdots A_{n-1}^c A_n\right)\right)$.

解 (1) 这是显然的.

(2) 反复使用 (1) 得

$$\bigcup\limits_{i=1}^{n} A_i = (A_1 \cup \cdots \cup A_{n-1}) \cup A_n$$

$$= (A_1 \cup \cdots \cup A_{n-1}) \uplus \left(A_1^c \cdots A_{n-1}^c A_n\right)$$

$$= (A_1 \cup \cdots \cup A_{n-2}) \uplus \left(A_1^c \cdots A_{n-2}^c A_{n-1}\right) \uplus \left(A_1^c \cdots A_{n-1}^c A_n\right)$$

$$= \cdots$$

$$= A_1 \uplus (A_1^c A_2) \uplus (A_1^c A_2^c A_3) \uplus \cdots \uplus (A_1^c \cdots A_{n-1}^c A_n).$$

(3) 假设 $\omega \in \bigcup\limits_{n=1}^{\infty} A_n$, 那么存在某个 n_0, 使得 $\omega \in A_{n_0}$, 从而 $\omega \in \bigcup\limits_{i=1}^{n_0} A_i$, 由 (2) 知

$$\omega \in A_1 \uplus (A_1^c A_2) \uplus (A_1^c A_2^c A_3) \uplus \cdots \uplus (A_1^c \cdots A_{n_0-1}^c A_{n_0}),$$

故 $\omega \in A_1 \uplus \left(\biguplus\limits_{n=2}^{\infty} \left(A_1^c \cdots A_{n-1}^c A_n \right) \right)$.

反过来, 假设 $\omega \in A_1 \uplus \left(\biguplus\limits_{n=2}^{\infty} \left(A_1^c \cdots A_{n-1}^c A_n \right) \right)$, 那么或者 $\omega \in A_1$, 或者存在某个 $n_0 \geqslant 2$, 使得 $\omega \in A_1^c \cdots A_{n_0-1}^c A_{n_0}$, 从而或者 $\omega \in A_1$, 或者

$$\omega \in (A_1^c A_2) \uplus (A_1^c A_2^c A_3) \uplus \cdots \uplus \left(A_1^c \cdots A_{n_0-1}^c A_{n_0} \right),$$

再由已证的 (2) 知 $\omega \in \bigcup\limits_{i=1}^{n_0} A_i$, 故 $\omega \in \bigcup\limits_{n=1}^{\infty} A_n$.

【评注】　在 (1)—(3) 中, 右边的集合是两两不交的. 如果 $A_n \uparrow$, 那么 (2) 和 (3) 分别变成

(2′) $A_n = A_1 \uplus (A_2 \backslash A_1) \uplus (A_3 \backslash A_2) \uplus \cdots \uplus (A_n \backslash A_{n-1}) = \biguplus\limits_{i=1}^{n} (A_i \backslash A_{i-1})$;

(3′) $\bigcup\limits_{n=1}^{\infty} A_n = \biguplus\limits_{n=1}^{\infty} (A_n \backslash A_{n-1})$.

1.5　设 $A_n \downarrow$, 则 A_1 有下列不交并分解:

(1) $A_1 = A_n \uplus \left[\biguplus\limits_{i=1}^{n-1} (A_i \backslash A_{i+1}) \right], \forall n \geqslant 1$;

(2) $A_1 = \left(\lim\limits_{n\to\infty} A_n \right) \uplus \left[\biguplus\limits_{n=1}^{\infty} (A_n \backslash A_{n+1}) \right]$.

证明　(1) 因为 $A_n \subset A_1$, 所以对 A_1 可作如下不交并分解:

$$A_1 = A_n \uplus (A_1 \backslash A_n). \qquad\qquad ①$$

注意到 $A_1 \backslash A_n := B_n \uparrow$, $B_n \backslash B_{n-1} = (A_1 \backslash A_n) \backslash (A_1 \backslash A_{n-1}) = A_{n-1} \backslash A_n$, 利用习题 1.4 之 (2) 对 B_n 作不交并分解得 (令 $A_0 = A_1$, $B_0 = \varnothing$)

$$A_1 \backslash A_n = B_n = \biguplus\limits_{i=1}^{n} (B_i \backslash B_{i-1}) = \biguplus\limits_{i=1}^{n} (A_{i-1} \backslash A_i) = \biguplus\limits_{i=2}^{n} (A_{i-1} \backslash A_i) = \biguplus\limits_{i=1}^{n-1} (A_i \backslash A_{i+1}),$$

将上式代入① 就得到所需的结论.

(2) 由 $A_n \downarrow$ 知 $\lim\limits_{n\to\infty} A_n = \bigcap\limits_{n=1}^{\infty} A_n \subset A_1$, 于是对 A_1 可作如下不交并分解:

$$A_1 = \left(\lim_{n\to\infty} A_n\right) \uplus \left(A_1 \setminus \lim_{n\to\infty} A_n\right). \qquad ②$$

利用习题 1.4 评注中的 (3′) 得

$$A_1 \setminus \left(\lim_{n\to\infty} A_n\right) = A_1 \setminus \left(\bigcap_{n=1}^{\infty} A_n\right) = \bigcup_{n=1}^{\infty} (A_1 \setminus A_n) = \bigcup_{n=2}^{\infty} (A_1 \setminus A_n)$$

$$= \bigcup_{n=2}^{\infty} B_n = \biguplus_{n=2}^{\infty} (B_n \setminus B_{n-1}) = \biguplus_{n=2}^{\infty} (A_{n-1} \setminus A_n) = \biguplus_{n=1}^{\infty} (A_n \setminus A_{n+1}),$$

将上式代入②就得到所需的结论.

【评注】 本题将应用于定理 4.8 之 (iii) 的证明.

1.6 (1) 对任意的 $n \geqslant 2$, $A_0 \Delta A_n \subset \bigcup\limits_{i=1}^{n} (A_{i-1} \Delta A_i)$;

(2) $(A \setminus F) \Delta (B \setminus G) \subset (A \Delta B) \cup (F \Delta G)$;

(3) $\left(\bigcup\limits_{t \in T} A_t\right) \Delta \left(\bigcup\limits_{t \in T} B_t\right) \subset \bigcup\limits_{t \in T} (A_t \Delta B_t)$, $\left(\bigcap\limits_{t \in T} A_t\right) \Delta \left(\bigcap\limits_{t \in T} B_t\right) \subset \bigcup\limits_{t \in T} (A_t \Delta B_t)$.

证明 (1) 反复使用对称差的定义,

$$A_0 \Delta A_2 = A_0 A_2^c \cup A_0^c A_2$$

$$= A_0 A_1 A_2^c \cup A_0 A_1^c A_2^c \cup A_0^c A_1 A_2 \cup A_0^c A_1^c A_2$$

$$\subset A_0 A_1^c \cup A_0^c A_1 \cup A_1 A_2^c \cup A_1^c A_2$$

$$= (A_0 \Delta A_1) \cup (A_1 \Delta A_2),$$

即 $n = 2$ 时结论成立. 假设 $n = k-1$ 时结论成立, 即 $A_0 \Delta A_{k-1} \subset \bigcup\limits_{i=1}^{k-1} (A_{i-1} \Delta A_i)$, 则

$$A_0 \Delta A_k \subset (A_0 \Delta A_{k-1}) \cup (A_{k-1} \Delta A_k) \subset \left[\bigcup_{i=1}^{k-1} (A_{i-1} \Delta A_i)\right] \cup (A_{k-1} \Delta A_k)$$

$$= \bigcup_{i=1}^{k} (A_{i-1} \Delta A_i).$$

(2) 反复使用对称差的定义,

$$(A \setminus F) \Delta (B \setminus G) = (AF^c) \Delta (BG^c)$$

$$= [(AF^c) \setminus (BG^c)] \cup [(BG^c) \setminus (AF^c)]$$

$$= AB^c F^c \cup AF^c G \cup A^c BG^c \cup BFG^c$$

$$\subset (AB^c \cup A^c B) \cup (FG^c \cup F^c G)$$

$$= (A\Delta B) \cup (F\Delta G).$$

(3) 若 $\omega \in \left(\bigcup\limits_{t\in T} A_t\right) \Delta \left(\bigcup\limits_{t\in T} B_t\right)$, 不妨假设 $\omega \in \left(\bigcup\limits_{t\in T} A_t\right) \setminus \left(\bigcup\limits_{t\in T} B_t\right)$, 则 $\omega \in \bigcup\limits_{t\in T} A_t, \omega \notin \bigcup\limits_{t\in T} B_t$, 于是存在某个 $t \in T$, 使得 $\omega \in A_t \setminus B_t$, 即存在某个 $t \in T$, 使得 $\omega \in A_t \Delta B_t$, 故 $\omega \in \bigcup\limits_{t\in T} (A_t \Delta B_t)$, 这完成了第一个包含关系的证明.

至于第二个包含关系, 只需利用已证结论, 并注意到 $A\Delta B = A^c \Delta B^c$ 就有

$$\left(\bigcap_{t\in T} A_t\right) \Delta \left(\bigcap_{t\in T} B_t\right) = \left(\bigcup_{t\in T} A_t^c\right) \Delta \left(\bigcup_{t\in T} B_t^c\right) \subset \bigcup_{t\in T} (A_t^c \Delta B_t^c) = \bigcup_{t\in T} (A_t \Delta B_t).$$

【评注】　本题之 (1) 将应用于习题 4.9 之 (1) 和习题 4.14 的证明; 本题之 (2) 将应用于习题 4.9 之 (2)、习题 4.12 之 (3) 和习题 4.14 的证明; 本题之 (3) 将应用于习题 4.12 之 (3) 的证明.

1.7　设 $\{A_n, n \geqslant 1\}$ 是两两不交的集列, 则当 $n \to \infty$ 时, $\biguplus\limits_{k=n}^{\infty} A_k \downarrow \varnothing$.

证明　注意到 $\{A_n, n \geqslant 1\}$ 的两两不交性,

$$\bigcup_{k=n}^{\infty} A_k \downarrow \bigcap_{n=1}^{\infty} \bigcup_{k=n}^{\infty} A_k = \varlimsup_{n\to\infty} A_n = \{\omega : \omega \ \text{属于无穷多个} \ A_n\} = \varnothing.$$

【评注】　(a) 设 $\{A_n, n \geqslant 1\}$ 是两两不交的集列, 则

$$\varlimsup_{n\to\infty} A_n = \{\omega : \omega \ \text{属于无穷多个} \ A_n\} = \varnothing,$$

因而更有

$$\varliminf_{n\to\infty} A_n = \varnothing,$$

故 $\lim\limits_{n\to\infty} A_n = \varnothing$.

(b) 本题将应用于定理 4.11 的证明.

1.8　设 $a, b \in \mathbb{R}$, 且 $a \leqslant b$, 则

(1) 当 $n \to \infty$ 时, $\left(a, b+\dfrac{1}{n}\right) \downarrow (a, b]$;

(2) 当 $n \to \infty$ 时, $\left(a-\dfrac{1}{n}, b\right) \downarrow [a, b)$;

(3) 当 $n \to \infty$ 时, $\left(a, b-\dfrac{1}{n}\right] \uparrow (a, b)$;

(4) 当 $n \to \infty$ 时, $\left[a+\dfrac{1}{n}, b\right) \uparrow (a, b)$;

(5) $[a, b] = \bigcap\limits_{n=1}^{\infty} \left(a-\dfrac{1}{n}, b+\dfrac{1}{n}\right)$;

(6) $(a, b) = \bigcup\limits_{n=1}^{\infty} \left[a+\dfrac{1}{n}, b-\dfrac{1}{n}\right]$.

解 (1) $\left(a, b+\dfrac{1}{n}\right) \downarrow \bigcap\limits_{n=1}^{\infty} \left(a, b+\dfrac{1}{n}\right) = (a, b]$.

(2) $\left(a-\dfrac{1}{n}, b\right) \downarrow \bigcap\limits_{n=1}^{\infty} \left(a-\dfrac{1}{n}, b\right) = [a, b)$.

(3) $\left(a, b-\dfrac{1}{n}\right] \uparrow \bigcup\limits_{n=1}^{\infty} \left(a, b-\dfrac{1}{n}\right] = (a, b)$.

(4) $\left[a+\dfrac{1}{n}, b\right) \uparrow \bigcup\limits_{n=1}^{\infty} \left[a+\dfrac{1}{n}, b\right) = (a, b)$.

(5) $x \in [a, b] \Leftrightarrow x \in \left(a-\dfrac{1}{n}, b+\dfrac{1}{n}\right), \forall n \geqslant 1 \Leftrightarrow x \in \bigcap\limits_{n=1}^{\infty} \left(a-\dfrac{1}{n}, b+\dfrac{1}{n}\right)$.

(6) $x \in (a, b) \Leftrightarrow \exists n \geqslant 1,\ \text{s.t. } x \in \left[a+\dfrac{1}{n}, b-\dfrac{1}{n}\right] \Leftrightarrow x \in \bigcup\limits_{n=1}^{\infty} \left[a+\dfrac{1}{n}, b-\dfrac{1}{n}\right]$.

【评注】 本题引出下面四点:

(a) 右 (或左) 闭区间可以用右 (或左) 开区间单调下降逼近 (由 (1) 和 (2) 得之);

(b) 右 (或左) 开区间可以用右 (或左) 闭区间单调上升逼近 (由 (3) 和 (4) 得之);

(c) $\mathbb{R}$ 上任一包含了所有开区间的 σ 代数必包含所有的闭区间 (由 (5) 结合 3.4 节相关知识得之);

(d) $\mathbb{R}$ 上任一包含了所有闭区间的 σ 代数必包含所有的开区间 (由 (6) 结合 3.4 节相关知识得之).

1.9 (1) $\left(\varlimsup\limits_{n \to \infty} A_n\right)^{c} = \varliminf\limits_{n \to \infty} A_n^{c}$;

(2) $\left(\varliminf\limits_{n \to \infty} A_n\right)^{c} = \varlimsup\limits_{n \to \infty} A_n^{c}$.

证明 (1) 两次利用 de Morgan 律得

$$\left(\varlimsup_{n\to\infty} A_n\right)^{\mathrm{c}} = \left(\bigcap_{n=1}^{\infty}\bigcup_{k=n}^{\infty} A_k\right)^{\mathrm{c}} = \bigcup_{n=1}^{\infty}\left(\bigcup_{k=n}^{\infty} A_k\right)^{\mathrm{c}} = \bigcup_{n=1}^{\infty}\bigcap_{k=n}^{\infty} A_k^{\mathrm{c}} = \varliminf_{n\to\infty} A_n^{\mathrm{c}}.$$

(2) 两次利用 de Morgan 律得

$$\left(\varliminf_{n\to\infty} A_n\right)^{\mathrm{c}} = \left(\bigcup_{n=1}^{\infty}\bigcap_{k=n}^{\infty} A_k\right)^{\mathrm{c}} = \bigcap_{n=1}^{\infty}\left(\bigcap_{k=n}^{\infty} A_k\right)^{\mathrm{c}} = \bigcap_{n=1}^{\infty}\bigcup_{k=n}^{\infty} A_k^{\mathrm{c}} = \varlimsup_{n\to\infty} A_n^{\mathrm{c}}.$$

1.10　(1)　$\left(\varliminf_{n\to\infty} A_n\right) \cap \left(\varliminf_{n\to\infty} B_n\right)$

$$= \varliminf_{n\to\infty} (A_n \cap B_n) \subset \left(\varliminf_{n\to\infty} A_n\right) \cap \left(\varlimsup_{n\to\infty} B_n\right)$$

$$\subset \varlimsup_{n\to\infty} (A_n \cap B_n) \subset \left(\varlimsup_{n\to\infty} A_n\right) \cap \left(\varlimsup_{n\to\infty} B_n\right);$$

(2)　$\left(\varliminf_{n\to\infty} A_n\right) \cup \left(\varliminf_{n\to\infty} B_n\right)$

$$\subset \varliminf_{n\to\infty} (A_n \cup B_n) \subset \left(\varlimsup_{n\to\infty} A_n\right) \cup \left(\varliminf_{n\to\infty} B_n\right)$$

$$\subset \varlimsup_{n\to\infty} (A_n \cup B_n) = \left(\varlimsup_{n\to\infty} A_n\right) \cup \left(\varlimsup_{n\to\infty} B_n\right).$$

证明　(1) 首先证明 $\left(\varliminf_{n\to\infty} A_n\right) \cap \left(\varliminf_{n\to\infty} B_n\right) = \varliminf_{n\to\infty} (A_n \cap B_n)$，这是因为

$$\omega \in \left(\varliminf_{n\to\infty} A_n\right) \cap \left(\varliminf_{n\to\infty} B_n\right) \Leftrightarrow \omega \in \varliminf_{n\to\infty} A_n, \omega \in \varliminf_{n\to\infty} B_n$$

$$\Leftrightarrow \omega \text{ 至多不属于有限多个 } A_n \text{ 和 } B_n$$

$$\Leftrightarrow \omega \text{ 至多不属于有限多个 } A_n \cap B_n$$

$$\Leftrightarrow \omega \in \varliminf_{n\to\infty} (A_n \cap B_n).$$

其次, 第二个蕴含式是显然的.

然后, 证明 $\left(\varliminf_{n\to\infty} A_n\right) \cap \left(\varlimsup_{n\to\infty} B_n\right) \subset \varlimsup_{n\to\infty} (A_n \cap B_n)$，这是因为

$$\omega \in \left(\varliminf_{n\to\infty} A_n\right) \cap \left(\varlimsup_{n\to\infty} B_n\right) \Rightarrow \omega \in \varliminf_{n\to\infty} A_n, \omega \in \varlimsup_{n\to\infty} B_n$$

$$\Rightarrow \omega \text{ 属于无穷多个 } A_n \cap B_n$$

$$\Rightarrow \omega \in \varlimsup_{n \to \infty} (A_n \cap B_n).$$

最后, 证明 $\varlimsup_{n \to \infty} (A_n \cap B_n) \subset \left(\varlimsup_{n \to \infty} A_n \right) \cap \left(\varlimsup_{n \to \infty} B_n \right)$, 这是因为

$$\omega \in \varlimsup_{n \to \infty} (A_n \cap B_n) \Rightarrow \omega \text{ 属于无穷多个} A_n \cap B_n$$

$$\Rightarrow \omega \text{ 属于无穷多个} A_n, \omega \text{ 属于无穷多个} B_n$$

$$\Rightarrow \omega \in \varlimsup_{n \to \infty} A_n, \omega \in \varlimsup_{n \to \infty} B_n$$

$$\Rightarrow \omega \in \left(\varlimsup_{n \to \infty} A_n \right) \cap \left(\varlimsup_{n \to \infty} B_n \right).$$

(2) 利用 (1) 及 de Morgan 律, 并利用习题 1.9 得证.

【评注】 本题之 (1) 对应于数列中的著名结论: 设 $\{x_n, n \geqslant 1\}$ 和 $\{y_n, n \geqslant 1\}$ 都是非负数列, 则

$$\varliminf_{n \to \infty} x_n \cdot \varliminf_{n \to \infty} y_n \leqslant \varliminf_{n \to \infty} x_n y_n \leqslant \varliminf_{n \to \infty} x_n \cdot \varlimsup_{n \to \infty} y_n$$

$$\leqslant \varlimsup_{n \to \infty} x_n y_n \leqslant \varlimsup_{n \to \infty} x_n \cdot \varlimsup_{n \to \infty} y_n$$

在不出现 $0 \cdot (+\infty)$ 的情况下成立;

本题之 (2) 对应于数列中的著名结论: 设 $\{x_n, n \geqslant 1\}$ 和 $\{y_n, n \geqslant 1\}$ 是两个数列, 则

$$\varliminf_{n \to \infty} x_n + \varliminf_{n \to \infty} y_n \leqslant \varliminf_{n \to \infty} (x_n + y_n) \leqslant \varliminf_{n \to \infty} x_n + \varlimsup_{n \to \infty} y_n$$

$$\leqslant \varlimsup_{n \to \infty} (x_n + y_n) \leqslant \varlimsup_{n \to \infty} x_n + \varlimsup_{n \to \infty} y_n$$

在不出现 $(\pm\infty) + (\mp\infty)$ 的情况下成立.

1.2 映射、笛卡儿积与逆像

1.2.1 内容提要

定义 1.3 (i) 设 X, Y 是两个集合, 若按照某个对应法则 f, 每个元素 $x \in X$, 都有唯一确定的元素 $y \in Y$ 与之对应, 则称 f 是 X 到 Y 的一个**映射**, 记作 $f : X \to Y$;

(ii) 称 y 为 x 在映射 f 之下的**像**, 称 x 为 y 在映射 f 之下的一个**逆像**或**原像**;

(iii) 称 X 为映射 f 的**定义域**, 称 X 中所有元素的像的全体为映射 f 的**值域**, 记为 $f(X)$, 即

$$f(X) = \{f(x) : x \in X\};$$

(iv) 称 Y 为映射 f 的**值空间**, 其使命是限制值域的范围: $f(X) \subset Y$.

定义 1.4　设 $f : X \to Y$.

(i) 称 f 为**单射**, 如果 $x_1 \neq x_2 \Rightarrow f(x_1) \neq f(x_2)$;

(ii) 称 f 为**满射**, 如果 $f(X) = Y$;

(iii) 称 f 为**双射**, 如果 f 既是单射又是满射.

定义 1.5　设 $f : X \to Y, g : Y \to Z$, 称由

$$g \circ f(x) := g(f(x)), \quad x \in X$$

定义的映射 $g \circ f : X \to Z$ 为 f 与 g 的**复合**.

定理 1.6 (示性函数的基本性质)　(i) $A = \Omega \Leftrightarrow I_A \equiv 1$; $A = \varnothing \Leftrightarrow I_A \equiv 0$;

(ii) $B \subset A \Leftrightarrow I_B \leqslant I_A$;

(iii) $B \subset A \Rightarrow I_{A \backslash B} = I_A - I_B$;

(iv) $I_{A \uplus B} = I_A + I_B$;

(v) $I_{A \cap B} = I_A \wedge I_B$, $I_{A \cup B} = I_A \vee I_B$, $I_{A \backslash B} = I_A - I_A I_B$;

(vi) $I_{A \triangle B} = |I_A - I_B|$.

性质 1.7　(i) (对称差具有结合律) $(A \triangle B) \triangle C = A \triangle (B \triangle C)$;

(ii) $A \triangle B = C \Leftrightarrow A = B \triangle C$.

定理 1.8　(i) $I\left(\bigcup\limits_{t \in T} A_t\right) = \sup\limits_{t \in T} I(A_t)$, $I\left(\bigcap\limits_{t \in T} A_t\right) = \inf\limits_{t \in T} I(A_t)$;

(ii) $I\left(\varlimsup\limits_{n \to \infty} A_n\right) = \varlimsup\limits_{n \to \infty} I(A_n)$, $I\left(\varliminf\limits_{n \to \infty} A_n\right) = \varliminf\limits_{n \to \infty} I(A_n)$;

(iii) (示性函数的极限性质) $\lim\limits_{n \to \infty} A_n$ 存在 $\Leftrightarrow$ $\lim\limits_{n \to \infty} I(A_n)$ 存在, 此时 $I\left(\lim\limits_{n \to \infty} A_n\right) = \lim\limits_{n \to \infty} I(A_n)$.

定义 1.9　设 $A_1, A_2, \cdots, A_n$ 是 n 个给定的集合, 称集合

$$\mathop{\times}\limits_{i=1}^{n} A_i := A_1 \times A_2 \times \cdots \times A_n := \{(\omega_1, \omega_2, \cdots, \omega_n) : \omega_i \in A_i, i = 1, 2, \cdots, n\}$$

为 $A_1, A_2, \cdots, A_n$ 的**笛卡儿积**, 也称为以 $A_1, A_2, \cdots, A_n$ 为边的**矩形**.

性质 1.10 (有限笛卡儿积的基本性质)　(i) $\mathop{\times}\limits_{i=1}^{n} A_i = \varnothing \Leftrightarrow$ 至少有一个 $A_i = \varnothing$;

(ii) 若 $A_i \subset B_i, i = 1, 2, \cdots, n$, 则 $\underset{i=1}{\overset{n}{\times}} A_i \subset \underset{i=1}{\overset{n}{\times}} B_i$;

(iii) 若 $\underset{i=1}{\overset{n}{\times}} A_i$ 非空, 则 (ii) 的逆命题成立;

(iv) $\left(\underset{i=1}{\overset{n}{\times}} A_i \right) \cap \left(\underset{i=1}{\overset{n}{\times}} B_i \right) = \underset{i=1}{\overset{n}{\times}} (A_i \cap B_i)$;

(v) $\left(\underset{i=1}{\overset{n}{\times}} A_i \right) \cup \left(\underset{i=1}{\overset{n}{\times}} B_i \right) \subset \underset{i=1}{\overset{n}{\times}} (A_i \cup B_i)$.

定义 1.11 设 $\{\Omega_t, t \in T\}$ 是一个集合族, 其中 T 为一个 (非空) 指标集, 称

$$\underset{t \in T}{\times} \Omega_t = \{\boldsymbol{\omega} = (\omega(t), t \in T) : \omega(t) \in \Omega_t, \forall t \in T\}$$

为空间 $\Omega_t, t \in T$ 的笛卡儿积, 更多的时候称为**乘积空间**.

性质 1.13 (任意笛卡儿积的基本性质) 设 T 为一个 (非空) 指标集, $\{A_t, t \in T\}$ 和 $\{B_t, t \in T\}$ 为两族集合.

(i) $\underset{t \in T}{\times} A_t = \varnothing \Leftrightarrow$ 至少有一个 $A_t = \varnothing$;

(ii) 若对所有 $t \in T, A_t \subset B_t$, 则 $\underset{t \in T}{\times} A_t \subset \underset{t \in T}{\times} B_t$;

(iii) 若 $\underset{t \in T}{\times} A_t$ 非空, 则 (ii) 的逆命题成立;

(iv) $\left(\underset{t \in T}{\times} A_t \right) \cap \left(\underset{t \in T}{\times} B_t \right) = \underset{t \in T}{\times} (A_t \cap B_t)$;

(v) $\left(\underset{t \in T}{\times} A_t \right) \cup \left(\underset{t \in T}{\times} B_t \right) \subset \underset{t \in T}{\times} (A_t \cup B_t)$.

定义 1.14 设 T 为一个 (非空) 指标集, $\{X_t, t \in T\}$ 是一族集合.

(i) 称映射 $\pi_t : \underset{t \in T}{\times} X_t \to X_t, (x(t), t \in T) \mapsto x(t)$ 为 $\underset{t \in T}{\times} X_t$ 到 X_t 的**坐标映射**;

(ii) 设 $\varnothing \neq I \subset J \subset T$, 称映射 $\pi_I^J : \underset{t \in J}{\times} X_t \to \underset{t \in I}{\times} X_t, (x(t), t \in J) \mapsto (x(t), t \in I)$ 为 $\underset{t \in J}{\times} X_t$ 到 $\underset{t \in I}{\times} X_t$ 的**投影映射**. 特别地, 我们写 $\pi_I := \pi_I^T$.

性质 1.15 设 $\varnothing \neq I \subset J \subset K \subset T$, 则 $\pi_I^K = \pi_I^J \circ \pi_J^K$.

定义 1.16 设 $f : X \to Y$, $A \subset Y$, 称

$$f^{-1}(A) := \{x \in X : f(x) \in A\}$$

为 A 在 f 之下的**逆像**.

命题 1.17 (i) $f^{-1}(\varnothing) = \varnothing, f^{-1}(Y) = X$;

(ii) $A \subset B \Rightarrow f^{-1}(A) \subset f^{-1}(B)$;

(iii) $A \cap B = \varnothing \Rightarrow f^{-1}(A) \cap f^{-1}(B) = \varnothing$;

(iv) $f^{-1}\left(\bigcap_{t\in T} A_t\right) = \bigcap_{t\in T} f^{-1}(A_t)$;

(v) $f^{-1}\left(\bigcup_{t\in T} A_t\right) = \bigcup_{t\in T} f^{-1}(A_t)$;

(vi) $f^{-1}(A\backslash B) = f^{-1}(A)\backslash f^{-1}(B)$, 特别地 $f^{-1}(A^{c}) = [f^{-1}(A)]^{c}$.

命题 1.18 (复合映射的逆像等于逆像交换位置的复合)　若 $f: X \to Y, g: Y \to Z, g\circ f$ 表示 f 与 g 的复合, 则 $g\circ f: X \to Z$, 且

$$(g\circ f)^{-1}(A) = f^{-1}\circ g^{-1}(A), \quad \forall A \subset Z.$$

定理 1.19 (均值定理)　设 $\boldsymbol{f}: \mathbb{R}^n \to \mathbb{R}^m$, $\dot{\boldsymbol{f}}(\boldsymbol{x})$ 在 $\{\boldsymbol{x}: |\boldsymbol{x}-\boldsymbol{x}_0| < r\}$ 内连续, 则当 $|\boldsymbol{t}| < r$ 时,

$$\boldsymbol{f}(\boldsymbol{x}_0 + \boldsymbol{t}) = \boldsymbol{f}(\boldsymbol{x}_0) + \int_0^1 \dot{\boldsymbol{f}}(\boldsymbol{x}_0 + u\boldsymbol{t})\,\mathrm{d}u \cdot \boldsymbol{t}.$$

1.2.2　习题 1.2 解答与评注

1.11　设 $f: X \to Y$, $A_1, A_2 \subset X$, 则

(1) $A_1 \subset A_2 \Rightarrow f(A_1) \subset f(A_2)$;

(2) $f(A_1 \cup A_2) = f(A_1) \cup f(A_2)$;

(3) $f(A_1 \cap A_2) \subset f(A_1) \cap f(A_2)$;

(4) $f(A_1\backslash A_2) \subset f(A_1)\backslash f(A_2)$.

证明　(1) 假设 $y \in f(A_1)$, 则存在 $x \in A_1$, 使得 $y = f(x)$, 但由 $A_1 \subset A_2$ 知 $x \in A_2$, 所以 $y \in f(A_2)$.

(2) 由 (1) 知, $f(A_1) \subset f(A_1 \cup A_2)$, 同时 $f(A_2) \subset f(A_1 \cup A_2)$, 故 $f(A_1) \cup f(A_2) \subset f(A_1 \cup A_2)$.

反过来, 假设 $y \in f(A_1 \cup A_2)$, 则存在 $x \in A_1 \cup A_2$, 使得 $y = f(x)$. 若 $x \in A_1$, 则 $y \in f(A_1)$; 若 $x \in A_2$, 则 $y \in f(A_2)$. 总之, $y \in f(A_1) \cup f(A_2)$. 于是 $f(A_1 \cup A_2) \subset f(A_1) \cup f(A_2)$.

(3) 由 (1) 知, $f(A_1 \cap A_2) \subset f(A_1)$, 同时 $f(A_1 \cap A_2) \subset f(A_2)$, 故 $f(A_1 \cap A_2) \subset f(A_1) \cap f(A_2)$.

(4) 假设 $y \in f(A_1\backslash A_2)$, 则存在 $x \in A_1\backslash A_2$, 使得 $y = f(x)$. 因此, $x \in A_1$ 但 $x \notin A_2$, $y \in f(A_1)$ 但 $y \notin f(A_2)$, 所以 $y \in f(A_1)\backslash f(A_2)$.

【评注】　设 $f(x) = |x|$, $A_1 = \{-1\}$, $A_2 = \{1\}$, 则

$$f(A_1 \cap A_2) = f(\varnothing) = \varnothing \neq \{1\} = \{1\} \cap \{1\} = f(A_1) \cap f(A_2),$$

可见, $f(A_1 \cap A_2) = f(A_1) \cap f(A_2)$ 一般不成立.

同理, $f(A_1 \backslash A_2) = f(A_1) \backslash f(A_2)$ 一般也不成立.

1.12 $f : X \to Y$ 是单射当且仅当对任意的 $A_1, A_2 \subset X$, 有 $f(A_1 \cap A_2) = f(A_1) \cap f(A_2)$.

证明 "⇒". 设 f 是单射, 由习题 1.11 之 (3), 我们只需证明对任意的 A_1, $A_2 \subset X$, 有 $f(A_1) \cap f(A_2) \subset f(A_1 \cap A_2)$.

事实上, 假设 $y \in f(A_1) \cap f(A_2)$, 则存在 $x_1 \in A_1$, $x_2 \in A_2$, 使得 $f(x_1) = y = f(x_2)$, 再由 f 是单射知 $x_1 = x_2$. 这意味着 $x_1 = x_2 \in A_1 \cap A_2$, 因而 $y \in f(A_1 \cap A_2)$.

"⇐". 取 $x_1, x_2 \in X$, 使得 $f(x_1) = f(x_2)$. 令 $A_1 = \{x_1\}$, $A_2 = \{x_2\}$, 则

$$\varnothing \neq f(\{x_1\}) = f(\{x_2\}) = f(\{x_1\} \cap \{x_2\}),$$

于是 $\{x_1\} \cap \{x_2\} \neq \varnothing$, 即 $x_1 = x_2$, 这表明 f 是单射.

【评注】 本题是习题 1.11 之 (3) 的补充.

1.13 $f : X \to Y$ 是单射当且仅当对任意的 $A \subset X$, $f(X \backslash A) = f(X) \backslash f(A)$.

证明 "⇒". 设 f 是单射, 我们首先证明 $f(x) \notin f(A) \Leftrightarrow x \notin A$. 事实上, "$f(x) \notin f(A) \Rightarrow x \notin A$" 是显然的; 反过来, 如果 $x \notin A$, 但 $f(x) \in f(A)$, 那么存在 $x' \in A$, 使得 $f(x') = f(x) \in f(A)$, 但由 f 是单射知 $x = x' \in A$, 此与 $x \notin A$ 矛盾.

由上述论断, 我们得到

$$f(X) \backslash f(A) = \{y \in Y : y = f(x), f(x) \notin f(A)\}$$

$$= \{y \in Y : y = f(x), x \notin A\}$$

$$= f(X \backslash A).$$

"⇐". 取 $x, x' \in X$, 使得 $f(x) = f(x')$. 假设 $x \neq x'$, 那么

$$f(x) \in f(X \backslash \{x'\}) = f(X) \backslash f(\{x'\}),$$

由此推出 $f(x) \notin f(\{x'\})$, 此与 $f(x) = f(x')$ 矛盾.

【评注】 本题是习题 1.11 之 (4) 的补充.

1.14 $f : X \to Y$ 是单射当且仅当对任意的 $A \subset X$, 若 $f(x) \in f(A)$, 则 $x \in A$.

证明 "⇒". 由 $f(x) \in f(A)$ 知, 存在 $x' \in A$, 使得 $f(x) = f(x')$, 再由 f 是单射知 $x = x'$, 于是 $x \in A$.

"⇐". 任取 $x, x' \in X$, 假设 $f(x) = f(x')$, 它可以改写成 $f(x) = f(\{x'\})$, 由已知条件得 $x \in \{x'\}$, 即 $x = x'$, 这表明 f 是单射.

1.15　(1) $I\left(\bigcup\limits_{i=1}^{n} A_i\right) = 1 - \prod\limits_{i=1}^{n}\left[1 - I\left(A_i\right)\right]$;

(2) $I\left(\biguplus\limits_{n=1}^{\infty} A_n\right) = \sum\limits_{n=1}^{\infty} I\left(A_n\right)$;

(3) $I\left(\overline{\lim\limits_{n\to\infty}}\left(A_n \cup B_n\right)\right) = I\left(\overline{\lim\limits_{n\to\infty}} A_n\right) \vee I\left(\overline{\lim\limits_{n\to\infty}} B_n\right)$;

(4) $I\left(\underline{\lim\limits_{n\to\infty}}\left(A_n \cup B_n\right)\right) = I\left(\underline{\lim\limits_{n\to\infty}} A_n\right) \wedge I\left(\underline{\lim\limits_{n\to\infty}} B_n\right)$.

解　(1) 为证 $I\left(\bigcup\limits_{i=1}^{n} A_i\right) = 1 - \prod\limits_{i=1}^{n}\left[1 - I\left(A_i\right)\right]$, 只需证明左右两边的值同为 0 或同为 1, 这由下面蕴含关系保证:

$$I\left(\bigcup_{i=1}^{n} A_i\right)(\omega) = 0 \Leftrightarrow \omega \notin \bigcup_{i=1}^{n} A_i \Leftrightarrow \omega \notin A_i, 1 \leqslant i \leqslant n$$

$$\Leftrightarrow I\left(A_i\right)(\omega) = 0, 1 \leqslant i \leqslant n$$

$$\Leftrightarrow 1 - \prod_{i=1}^{n}\left[1 - I\left(A_i\right)(\omega)\right] = 0.$$

(2) 由两两互不相交性知, $I\left(\biguplus\limits_{n=1}^{\infty} A_n\right)$ 和 $\sum\limits_{n=1}^{\infty} I\left(A_n\right)$ 的值都非 0 即 1. 为证 $I\left(\biguplus\limits_{n=1}^{\infty} A_n\right) = \sum\limits_{n=1}^{\infty} I\left(A_n\right)$, 只需证明左右两边的值同为 0 或同为 1, 这由下面蕴含关系保证:

$$I\left(\biguplus_{n=1}^{\infty} A_n\right)(\omega) = 0 \Leftrightarrow \omega \notin \biguplus_{n=1}^{\infty} A_n \Leftrightarrow \omega \notin A_n, n \geqslant 1$$

$$\Leftrightarrow I\left(A_n\right)(\omega) = 0, n \geqslant 1 \Leftrightarrow \sum_{n=1}^{\infty} I\left(A_n\right)(\omega) = 0.$$

(3) 欲证由下面蕴含关系保证:

$$I\left(\overline{\lim_{n\to\infty}}\left(A_n \cup B_n\right)\right)(\omega) = 1 \Leftrightarrow \omega \in \overline{\lim_{n\to\infty}}\left(A_n \cup B_n\right)$$

$$\Leftrightarrow \omega \text{ 属于无穷多个 } A_n \cup B_n$$

$$\Leftrightarrow \omega \text{ 属于无穷多个 } A_n \text{ 或 } \omega \text{ 属于无穷多个 } B_n$$

$$\Leftrightarrow I\left(\overline{\lim_{n\to\infty}} A_n\right)(\omega) = 1 \text{ 或 } I\left(\overline{\lim_{n\to\infty}} B_n\right)(\omega) = 1$$

$$\Leftrightarrow I\left(\varlimsup_{n\to\infty} A_n\right)(\omega) \vee I\left(\varlimsup_{n\to\infty} B_n\right)(\omega) = 1.$$

(4) 类似于 (3) 的证明.

【评注】 利用数学归纳法容易证明, 本题之 (1) 的右边等于

$$\sum_{i=1}^{n} I(A_i) - \sum_{1\leqslant i_1 < i_2 \leqslant n} I(A_{i_1}) I(A_{i_2}) + \sum_{1\leqslant i_1 < i_2 < i_3 \leqslant n} I(A_{i_1}) I(A_{i_2}) I(A_{i_3})$$
$$- \cdots + (-1)^{n+1} I(A_1) I(A_2) \cdots I(A_n),$$

所以本题之 (1) 可以改写成

$$I\left(\bigcup_{i=1}^{n} A_i\right) = \sum_{i=1}^{n} I(A_i) - \sum_{1\leqslant i_1 < i_2 \leqslant n} I(A_{i_1}) I(A_{i_2})$$
$$+ \sum_{1\leqslant i_1 < i_2 < i_3 \leqslant n} I(A_{i_1}) I(A_{i_2}) I(A_{i_3})$$
$$- \cdots + (-1)^{n+1} I(A_1) I(A_2) \cdots I(A_n).$$

1.16 (1) $(A\Delta B)\Delta(B\Delta C) = A\Delta C$;

(2) $(A\Delta B)\Delta(C\Delta D) = (A\Delta C)\Delta(B\Delta D)$.

证明 (1) 只需证明 $I_{(A\Delta B)\Delta(B\Delta C)} = I_{A\Delta C}$, 而由定理 1.6 之 (vi) 知 $I_{A\Delta B} = |I_A - I_B|$, 利用这个公式, 我们有

$$I_{(A\Delta B)\Delta(B\Delta C)} = |I_{A\Delta B} - I_{B\Delta C}| = ||I_A - I_B| - |I_B - I_C||,$$

显见, 不论是 $I_B = 0$ 还是 $I_B = 1$, 它都等于 $|I_A - I_C| = I_{A\Delta C}$, 由此完成结论的证明.

(2) 反复使用对称差的结合律和交换律得

$$(A\Delta B)\Delta(C\Delta D) = ((A\Delta B)\Delta C)\Delta D = (A\Delta(B\Delta C))\Delta D$$
$$= (A\Delta(C\Delta B))\Delta D = ((A\Delta C)\Delta B)\Delta D$$
$$= (A\Delta C)\Delta(B\Delta D).$$

1.17 设 $A_n \subset \Omega$, $n \geqslant 1$, 令 $B_1 = A_1$, $B_2 = B_1\Delta A_2$, $\cdots$, $B_n = B_{n-1}\Delta A_n$. 证明:

$$\{B_n, n \geqslant 1\} \text{ 收敛 } \Leftrightarrow \lim_{n\to\infty} A_n = \varnothing.$$

证明 由性质 1.7 之 (i),

$$B_n \Delta B_{n+1} = B_n \Delta \left(B_n \Delta A_{n+1} \right) = \left(B_n \Delta B_n \right) \Delta A_{n+1} = \varnothing \Delta A_{n+1} = A_{n+1},$$

进而由定理 1.6 之 (vi),

$$\left| I_{B_{n+1}} - I_{B_n} \right| = I_{B_n \Delta B_{n+1}} = I_{A_{n+1}}.$$

由定理 1.8 之 (iii) 得

$$\{ B_n, n \geqslant 1 \} \text{ 收敛} \Rightarrow \lim_{n \to \infty} B_n \text{ 存在} \Rightarrow \lim_{n \to \infty} I_{B_n} \text{ 存在}$$

$$\Rightarrow \lim_{n \to \infty} \left| I_{B_{n+1}} - I_{B_n} \right| = 0 \Rightarrow \lim_{n \to \infty} I_{A_{n+1}} = 0$$

$$\Rightarrow \lim_{n \to \infty} A_n = \varnothing.$$

反过来, 若 $\lim\limits_{n \to \infty} A_n = \varnothing$, 则 $\exists N \in \mathbb{N}$, 当 $n \geqslant N$ 时, $A_n = \varnothing$, 于是 $B_{N+1} = B_{N+2} = \cdots = B_N$, 故 $\{ B_n, n \geqslant 1 \}$ 收敛.

1.18 $\mathbb{R} \times \mathbb{R}$ 的下列子集中哪些是 $\mathbb{R}$ 的两个子集的笛卡儿积?

(1) $\{ (x, y) : 0 < y \leqslant 1 \}$;

(2) $\{ (x, y) : x \text{ 是整数 } y \text{ 不是整数} \}$;

(3) $\{ (x, y) : x < y \}$;

(4) $\{ (x, y) : x^2 + y^2 < 1 \}$.

解 (1) $\{ (x, y) : 0 < y \leqslant 1 \} = \mathbb{R} \times (0, 1]$ 是笛卡儿积.

(2) $\{ (x, y) : x \text{ 是整数 } y \text{ 不是整数} \} = \{ x : x \text{ 是整数} \} \times \{ y : y \text{ 不是整数} \}$ 是笛卡儿积.

(3) 和 (4) 都不是 $\mathbb{R}$ 的两个子集的笛卡儿积.

1.19 证明性质 1.13.

证明 (i) "$\Rightarrow$". 谬设诸 $A_t \neq \varnothing$, 则存在映射 $\omega : T \to \bigcup\limits_{t \in T} A_t$, 满足 $\omega_t := \omega(t) \in A_t$, 此与 $\underset{t \in T}{\times} A_t = \varnothing$ 矛盾.

"$\Leftarrow$". 谬设 $\underset{t \in T}{\times} A_t \neq \varnothing$, 则存在映射 $\omega : T \to \bigcup\limits_{t \in T} A_t$, 满足 $\omega_t := \omega(t) \in A_t$, 此与至少有一个 $A_t = \varnothing$ 矛盾.

(ii) 设映射 $\omega \in \underset{t \in T}{\times} A_t$, 即 $\omega : T \to \bigcup\limits_{t \in T} A_t$, 满足 $\omega_t := \omega(t) \in A_t$, 注意到 $A_t \subset B_t$, 从而满足 $\omega_t := \omega(t) \in B_t$, 故映射 $\omega \in \underset{t \in T}{\times} B_t$.

(iii) 由于 $\underset{t\in T}{\times} A_t$ 非空, 而 T 也非空, 所以由 (i) 知诸 $A_t \neq \varnothing$. 任取 $\omega_t \in A_t$, $t \in T$, 那么映射 $\omega = (\omega_t, t \in T) \in \underset{t\in T}{\times} A_t$, 而 $\underset{t\in T}{\times} A_t \subset \underset{t\in T}{\times} B_t$, 所以映射 $\omega = (\omega_t, t \in T) \in \underset{t\in T}{\times} B_t$, 故 $\omega_t \in B_t$, $t \in T$, 这就证明了 $A_t \subset B_t$, $t \in T$.

(iv) 这是因为

$$\omega = (\omega_t, t \in T) \in \left(\underset{t\in T}{\times} A_t\right) \cap \left(\underset{t\in T}{\times} B_t\right)$$

$$\Leftrightarrow \omega = (\omega_t, t \in T) \in \underset{t\in T}{\times} A_t \text{ 且 } \omega = (\omega_t, t \in T) \in \underset{t\in T}{\times} B_t$$

$$\Leftrightarrow \omega_t \in A_t, \ \omega_t \in B_t, \ t \in T$$

$$\Leftrightarrow \omega_t \in A_t \cap B_t, \ t \in T$$

$$\Leftrightarrow \omega = (\omega_t, t \in T) \in \underset{t\in T}{\times} (A_t \cap B_t).$$

(v) 若 $\omega = (\omega_t, t \in T) \in \left(\underset{t\in T}{\times} A_t\right) \cup \left(\underset{t\in T}{\times} B_t\right)$, 不妨假设 $\omega = (\omega_t, t \in T) \in \underset{t\in T}{\times} A_t$, 则 $\omega_t \in A_t$, $t \in T$, 从而 $\omega_t \in A_t \cup B_t$, $t \in T$, 故 $\omega = (\omega_t, t \in T) \in \underset{t\in T}{\times} (A_t \cup B_t)$.

1.20 证明性质 1.15.

证明 $\forall (\omega(t), t \in K) \in \underset{t\in K}{\times} \Omega_t$,

$$\pi_I^K (\omega(t), t \in K) = (\omega(t), t \in I),$$

$$\pi_I^J \circ \pi_J^K (\omega(t), t \in K) = \pi_I^J (\omega(t), t \in J) = (\omega(t), t \in I),$$

这就完成了 $\pi_I^K = \pi_I^J \circ \pi_J^K$ 的证明.

1.21 设 $A \subset X, B \subset \mathbb{R}$, 求 $I_A^{-1}(B)$.

解 $I_A^{-1}(B) = \begin{cases} \varnothing, & 0 \notin B, 1 \notin B, \\ A, & 0 \notin B, 1 \in B, \\ A^c, & 0 \in B, 1 \notin B, \\ X, & 0 \in B, 1 \in B. \end{cases}$

1.22 设 $f: X \to Y$, $A, B \subset Y$, 则 $f^{-1}(A \Delta B) = f^{-1}(A) \Delta f^{-1}(B)$.

证明 由命题 1.17,

$$f^{-1}(A \Delta B) = f^{-1}((A \backslash B) \cup (B \backslash A))$$

$$= f^{-1}(A \backslash B) \cup f^{-1}(B \backslash A)$$

$$= \left[f^{-1}(A) \backslash f^{-1}(B) \right] \cup \left[f^{-1}(B) \backslash f^{-1}(A) \right]$$

$$= f^{-1}(A) \, \Delta \, f^{-1}(B).$$

1.23　设 $f : X \to \mathbb{R}, a \in \mathbb{R}$, 则

(1) $f^{-1}(-\infty, a) = \bigcup\limits_{n=1}^{\infty} f^{-1}\left(-\infty, a - \dfrac{1}{n} \right]$;

(2) $f^{-1}(-\infty, a] = \bigcap\limits_{n=1}^{\infty} f^{-1}\left(-\infty, a + \dfrac{1}{n} \right)$.

证明　(1) 类似于习题 1.8 之 (6), 我们有 $(-\infty, a) = \bigcup\limits_{n=1}^{\infty} \left(-\infty, a - \dfrac{1}{n} \right]$, 从而

$$f^{-1}(-\infty, a) = \bigcup\limits_{n=1}^{\infty} f^{-1}\left(-\infty, a - \dfrac{1}{n} \right].$$

(2) 类似于习题 1.8 之 (5), 我们有 $(-\infty, a] = \bigcap\limits_{n=1}^{\infty} \left(-\infty, a + \dfrac{1}{n} \right)$, 从而

$$f^{-1}(-\infty, a] = \bigcap\limits_{n=1}^{\infty} f^{-1}\left(-\infty, a + \dfrac{1}{n} \right).$$

1.24　设 $f : X \to Y, A_n \subset Y, n \geqslant 1$, 则

(1) $f^{-1}\left(\varliminf\limits_{n \to \infty} A_n \right) = \varliminf\limits_{n \to \infty} f^{-1}(A_n)$;

(2) $f^{-1}\left(\varlimsup\limits_{n \to \infty} A_n \right) = \varlimsup\limits_{n \to \infty} f^{-1}(A_n)$.

证明　(1) 由下极限的定义及逆像的性质,

$$f^{-1}\left(\varliminf\limits_{n \to \infty} A_n \right) = f^{-1}\left(\bigcup\limits_{k=1}^{\infty} \bigcap\limits_{n=k}^{\infty} A_n \right) = \bigcup\limits_{k=1}^{\infty} f^{-1}\left(\bigcap\limits_{n=k}^{\infty} A_n \right)$$

$$= \bigcup\limits_{k=1}^{\infty} \bigcap\limits_{n=k}^{\infty} f^{-1}(A_n) = \varliminf\limits_{n \to \infty} f^{-1}(A_n).$$

(2) 由上极限的定义及逆像的性质,

$$f^{-1}\left(\varlimsup\limits_{n \to \infty} A_n \right) = f^{-1}\left(\bigcap\limits_{k=1}^{\infty} \bigcup\limits_{n=k}^{\infty} A_n \right) = \bigcap\limits_{k=1}^{\infty} f^{-1}\left(\bigcup\limits_{n=k}^{\infty} A_n \right)$$

$$= \bigcap\limits_{k=1}^{\infty} \bigcup\limits_{n=k}^{\infty} f^{-1}(A_n) = \varlimsup\limits_{n \to \infty} f^{-1}(A_n).$$

1.25　设 $f : X \to Y$, 则

(1) 对任意的 $A \subset X$, 有 $f^{-1}(f(A)) \supset A$;

(2) 对任意的 $B \subset Y$, 有 $f(f^{-1}(B)) \subset B$;

(3) f 是单射当且仅当对任意的 $A \subset X$, 有 $f^{-1}(f(A)) = A$;

(4) f 是满射当且仅当对任意的 $B \subset Y$, 有 $f(f^{-1}(B)) = B$.

证明 (1) 和 (2) 的证明是平凡的.

(3) 根据习题 1.14,

$$f \text{ 是单射} \Leftrightarrow \text{对任意的 } A \subset X, \text{若 } f(x) \in f(A), \text{ 则 } x \in A$$

$$\Leftrightarrow \text{对任意的 } A \subset X, \text{ 若 } x \in f^{-1}(f(A)), \text{ 则 } x \in A$$

$$\Leftrightarrow \text{对任意的 } A \subset X, f^{-1}(f(A)) \subset A$$

$$\Leftrightarrow \text{对任意的 } A \subset X, f^{-1}(f(A)) = A,$$

最后一步使用了 (1) 的结论.

(4) "$\Rightarrow$". 只需证明 $B \subset f(f^{-1}(B))$. 事实上, $\forall y \in B$, 由于 f 是满射, $\exists x \in X$, s.t. $y = f(x)$, 从而 $x \in f^{-1}(B)$, 进而 $f(x) \in f(f^{-1}(B))$, 即 $y \in f(f^{-1}(B))$.

"$\Leftarrow$". $\forall y \in Y$, 由 $\{y\} \subset f(f^{-1}\{y\})$ 知, $\exists x \in f^{-1}\{y\} \subset X$, s.t. $y = f(x)$, 这表明 f 是满射.

【评注】 本题之 (1) 将应用于命题 2.66 的证明.

1.26 (链式法则) 设向量值函数 $\boldsymbol{f}: \mathbb{R}^n \to \mathbb{R}^s$, $\boldsymbol{g}: \mathbb{R}^s \to \mathbb{R}^m$, $\boldsymbol{h}(\boldsymbol{x}) = \boldsymbol{g}(\boldsymbol{f}(\boldsymbol{x}))$, 证明 $\dot{\boldsymbol{h}}(\boldsymbol{x}) = \dot{\boldsymbol{g}}(\boldsymbol{f}(\boldsymbol{x}))\dot{\boldsymbol{f}}(\boldsymbol{x})$.

证明 令 $\boldsymbol{y} = \boldsymbol{f}(\boldsymbol{x}) = \begin{pmatrix} f_1(\boldsymbol{x}) \\ f_2(\boldsymbol{x}) \\ \vdots \\ f_s(\boldsymbol{x}) \end{pmatrix} = \begin{pmatrix} y_1 \\ y_2 \\ \vdots \\ y_s \end{pmatrix}$, $\boldsymbol{g}(\boldsymbol{y}) = \begin{pmatrix} g_1(\boldsymbol{y}) \\ g_2(\boldsymbol{y}) \\ \vdots \\ g_m(\boldsymbol{y}) \end{pmatrix}$, 则

$$\dot{\boldsymbol{h}}(\boldsymbol{x}) = \begin{pmatrix} \dfrac{\partial}{\partial x_1}h_1(\boldsymbol{x}) & \cdots & \dfrac{\partial}{\partial x_n}h_1(\boldsymbol{x}) \\ \vdots & & \vdots \\ \dfrac{\partial}{\partial x_1}h_m(\boldsymbol{x}) & \cdots & \dfrac{\partial}{\partial x_n}h_m(\boldsymbol{x}) \end{pmatrix}$$

$$= \begin{pmatrix} \displaystyle\sum_{i=1}^{s} \dfrac{\partial g_1}{\partial y_i}\dfrac{\partial y_i}{\partial x_1} & \cdots & \displaystyle\sum_{i=1}^{s} \dfrac{\partial g_1}{\partial y_i}\dfrac{\partial y_i}{\partial x_n} \\ \vdots & & \vdots \\ \displaystyle\sum_{i=1}^{s} \dfrac{\partial g_m}{\partial y_i}\dfrac{\partial y_i}{\partial x_1} & \cdots & \displaystyle\sum_{i=1}^{s} \dfrac{\partial g_m}{\partial y_i}\dfrac{\partial y_i}{\partial x_n} \end{pmatrix}$$

$$= \begin{pmatrix} \dfrac{\partial g_1}{\partial y_1} & \cdots & \dfrac{\partial g_1}{\partial y_s} \\ \vdots & & \vdots \\ \dfrac{\partial g_m}{\partial y_1} & \cdots & \dfrac{\partial g_m}{\partial y_s} \end{pmatrix} \begin{pmatrix} \dfrac{\partial y_1}{\partial x_1} & \cdots & \dfrac{\partial y_1}{\partial x_n} \\ \vdots & & \vdots \\ \dfrac{\partial y_s}{\partial x_1} & \cdots & \dfrac{\partial y_s}{\partial x_n} \end{pmatrix}$$

$$= \dot{\boldsymbol{g}}\,(\boldsymbol{y})\,\dot{\boldsymbol{f}}\,(\boldsymbol{x}) = \dot{\boldsymbol{g}}\,(\boldsymbol{f}\,(\boldsymbol{x}))\,\dot{\boldsymbol{f}}\,(\boldsymbol{x})\,.$$

1.3　集　合　的　势

1.3.1　内容提要

定义 1.20　给定两集合 A 和 B, 若存在 A 到 B 的一个双射, 则称 A 与 B **对等**, 记作 $A \sim B$.

定义 1.21　设 A, B 是两个集合, 若 A 与 B 不对等而与 B 的某个子集对等, 则称 A 的势小于 B 的势, 记作 $A \prec B$.

定理 1.22(Bernstein 定理)　给定集合 A 与 B, 若 $\exists A_0 \subset A, B_0 \subset B$, s.t. $A \sim B_0, B \sim A_0$, 则 $A \sim B$.

定义 1.23　若 $A \sim \mathbb{N}$, 则称 A 为**可数无限集**, 简称**可数集**, 可数集的势记作 $\aleph_0$, 读作 "阿列夫零". 有限集和可数集统称为**至多可数集**.

定理 1.24　任何无限集都包含一个可数子集.

定理 1.25　可数集的子集如果不是有限集则一定还是可数集.

定理 1.26　若 A 有限, B 可数, 则 $A \cup B$ 可数.

定理 1.27　若 A, B 都可数, 则 $A \cup B$ 也可数.

推论 1.28　若 $A_1, A_2, \cdots, A_n$ 中的每一个都至多可数, 则 $\bigcup\limits_{i=1}^{n} A_i$ 也至多可数, 而且只要其中某个 A_i 可数, 则 $\bigcup\limits_{i=1}^{n} A_i$ 可数.

定理 1.29　若 $A_1, A_2, \cdots$ 中的每一个都可数, 则 $\bigcup\limits_{i=1}^{\infty} A_i$ 也可数.

1.3.2　习题 1.3 解答与评注

1.27　设 $\{A_t, t \in T\}$ 和 $\{B_t, t \in T\}$ 是两个集类, 诸 $A_t \sim B_t$, 若 $\{A_t, t \in T\}$ 及 $\{B_t, t \in T\}$ 分别两两不交, 则 $\biguplus\limits_{t \in T} A_t \sim \biguplus\limits_{t \in T} B_t$.

证明　设 f_t 是 A_t 到 B_t 双射, 定义

$$f(x) = f_t(x), \quad x \in A_t, \quad t \in T,$$

显然, f 是 $\biguplus\limits_{t \in T} A_t$ 到 $\biguplus\limits_{t \in T} B_t$ 的双射, 故 $\biguplus\limits_{t \in T} A_t \sim \biguplus\limits_{t \in T} B_t$.

1.28 若 $A \subset B \subset C, A \sim C$, 则 $A \sim B, B \sim C$.

证明 设 f 是 A 到 C 的双射, 令

$$A_0 = \{x \in A : f(x) \in B\},$$

则 $A_0 \subset A, A_0 \sim B$. 取 $B_0 = A$, 则 $A \sim B_0$ 自动成立. 于是, Bernstein 定理保证 $A \sim B$.

由 $A \sim C$ 及已证的 $A \sim B$, 并注意到 A 同时作为 B 和 C 的子集, 再次由 Bernstein 定理得 $B \sim C$.

1.29 直线上长度不为零的互不相交的开区间组成的集合至多可数.

证明 记长度不为零的互不相交的开区间组成的集合为 A, 在每个开区间内任取一个有理数, 于是 A 与有理数 $\mathbb{Q}$ 的一个子集对等, 而 $\mathbb{Q}$ 的任何子集都至多可数, 故 A 至多可数.

1.30 设 $f : \mathbb{R}^d \to \mathbb{R}$ 是单调函数[①], 则 f 的不连续点至多可数.

证明 不妨设 f 单调不减, $\forall \boldsymbol{x} \in \mathbb{R}^d$, 记

$$f(\boldsymbol{x} - \boldsymbol{0}) = \lim_{t \uparrow \boldsymbol{x}} f(t), \quad f(\boldsymbol{x} + \boldsymbol{0}) = \lim_{t \downarrow \boldsymbol{x}} f(t),$$

则 $\boldsymbol{x}_1$ 是 f 的不连续点当且仅当

$$f(\boldsymbol{x}_1 + \boldsymbol{0}) - f(\boldsymbol{x}_1 - \boldsymbol{0}) > 0.$$

对于单调函数, 显然, 若 $\boldsymbol{x}_2$ 是异于 $\boldsymbol{x}_1$ 的不连续点, 则

$$(f(\boldsymbol{x}_1 - \boldsymbol{0}), f(\boldsymbol{x}_1 + \boldsymbol{0})) \cap (\boldsymbol{f}(\boldsymbol{x}_2 - \boldsymbol{0}), \boldsymbol{f}(\boldsymbol{x}_2 + \boldsymbol{0})) = \varnothing.$$

而直线上长度不为零的互不相交的开区间组成的集合至多可数 (习题 1.29), 于是 f 的不连续点至多可数.

【评注】 本题将应用于习题 7.44、习题 8.32 和习题 10.26 的证明.

1.31 设 A 是由某些正数组成的集合, 若 $A \succ \mathbb{N}$, 则可从 A 中取出可数子集 $\{a_n, n \geqslant 1\}$, 使得 $\sum\limits_{n=1}^{\infty} a_n = \infty$.

证明 假设对任意的可数子集 $\{a_n, n \geqslant 1\}$, 都有 $\sum\limits_{n=1}^{\infty} a_n < \infty$, 则对任意 $n \geqslant 1$, $\left\{a \in A : a > \dfrac{1}{n}\right\}$ 为有限集, 进而由定理 1.29 知 $A = \bigcup\limits_{n=1}^{\infty} \left\{a \in A : a > \dfrac{1}{n}\right\}$ 可数, 此与 $A \succ \mathbb{N}$ 矛盾.

---

① 多元函数的单调性定义见定义 4.36 之③.

第 2 章　点集拓扑学初步

拓扑是赋予在集合上的数学结构, 拓扑学是几何学的一个分支, 但与通常的平面几何或立体几何不同, 后者研究点、线、面之间的位置关系以及它们的度量性质, 而拓扑学研究拓扑对象及其不变量, 它的某些概念、方法和理论甚至成为许多数学分支的一种通用语言, 是学习现代数学的必备基础之一. 本章是点集拓扑学的基本知识, 为后面各章打下必要的基础.

2.1　度　量　空　间

2.1.1　内容提要

定义 2.1(度量公理)　设 X 为一非空集合, 称函数 $\rho: X \times X \to [0,\infty)$ 为 X 上的一个**度量**, 如果 $\forall x, y, z \in X$, 都有

(i) (正定性) $\rho(x, y) = 0 \Leftrightarrow x = y$;

(ii) (对称性) $\rho(x, y) = \rho(y, x)$;

(iii) (三角不等式) $\rho(x, z) \leqslant \rho(x, y) + \rho(y, z)$.

定义 2.2　设 (X, ρ) 是度量空间.

(i) 设 $x \in X$, $\varepsilon > 0$, 称

$$B(x, \varepsilon) := B_\rho(x, \varepsilon) := \{y \in X : \rho(x, y) < \varepsilon\}$$

为以 x 为中心、ε 为半径的**球形邻域**, 简称 x 的球形邻域或 ε-邻域;

(ii) 设 $G \subset X$, 称 G 为 ρ-开集, 简称**开集**, 如果 $\forall x \in G$, $\exists \varepsilon > 0$, s.t. $B(x, \varepsilon) \subset G$.

定理 2.3　设 (X, ρ) 是度量空间, $\mathcal{T}_\rho$ 表示 X 中全体 ρ-开集, 则

(i) $\varnothing, X \in \mathcal{T}_\rho$, 即空集和全集都是开集;

(ii) 若 $\mathcal{A} \subset \mathcal{T}_\rho$, 则 $\bigcup_{A \in \mathcal{A}} A \in \mathcal{T}_\rho$, 即开集对任意并封闭;

(iii) 若 $A_1, A_2 \in \mathcal{T}_\rho$, 则 $A_1 \cap A_2 \in \mathcal{T}_\rho$, 即开集对有限交封闭.

定义 2.4　设 (X, ρ) 是度量空间, $x \in X$, $N \subset X$, 称 N 为 x 的**邻域**, 如果存在 X 的 ρ-开集 G 使得 $x \in G \subset N$.

定义 2.5　设 (X, ρ) 为度量空间, $\{x, x_n, n \geqslant 1\} \subset X$, 称 $\{x_n\}$ 收敛于 x, 记作 $\lim_{n \to \infty} x_n = x$, 如果 $\forall \varepsilon > 0$, $\exists n_0 \in \mathbb{N}$, 当 $n > n_0$ 时, 有 $\rho(x_n, x) < \varepsilon$.

定义 2.6 设 (X, ρ) 为度量空间, $\{x_n, n \geqslant 1\} \subset X$.

(i) 称 $\{x_n\}$ 为**基本列**, 如果 $\lim\limits_{m, n \to \infty} \rho(x_m, x_n) = 0$, 即 $\forall \varepsilon > 0, \exists N \in \mathbb{N}$, 当 $m, n \geqslant N$ 时, 有 $\rho(x_m, x_n) < \varepsilon$;

(ii) 称 (X, ρ) 是**完备的**, 如果 (X, ρ) 中的任何基本列都在 X 中收敛.

定义 2.7 设 X 为**实线性空间**, 若函数 $\|\cdot\| : X \to [0, \infty)$ 满足

(i) $\|x\| = 0 \Leftrightarrow x = 0$;

(ii) (齐性) 对任意的 $a \in \mathbb{R}, x \in X$ 都有 $\|ax\| = |a|\|x\|$;

(iii) (三角不等式)$\|x + y\| \leqslant \|x\| + \|y\|$,

则称 $\|\cdot\|$ 是 X 上的一个**范数**, 并称 X 按 $\|\cdot\|$ 成为**赋范线性空间**, 记作 $(X, \|\cdot\|)$.

定理 2.8 设 $(X, \|\cdot\|)$ 为赋范空间, 则 X 完备当且仅当 X 中每一个绝对收敛的级数都收敛.

命题 2.9 $\left\{ \boldsymbol{x}^{(m)} = \left(x_1^{(m)}, x_2^{(m)}, \cdots, x_d^{(m)} \right), m \geqslant 1 \right\}$ 是 $\overset{d}{\underset{i=1}{\times}} X_i$ 中的基本列 $\Leftrightarrow$ 对每个 $i = 1, 2, \cdots, d, \left\{ x_i^{(m)}, m \geqslant 1 \right\}$ 是 X_i 中的基本列.

命题 2.10 $\left\{ \boldsymbol{x}^{(m)} = \left(x_1^{(m)}, x_2^{(m)}, \cdots \right), m \geqslant 1 \right\}$ 是 $\overset{\infty}{\underset{n=1}{\times}} X_n$ 中的基本列 $\Leftrightarrow$ 对每个 $n \geqslant 1, \left\{ x_n^{(m)}, m \geqslant 1 \right\}$ 是 X_n 中的基本列.

2.1.2 习题 2.1 解答与评注

2.1 设 (X, ρ) 为度量空间.

(1) 球形邻域是开集;

(2) 设 $A \subset X$, 则 A 为开集 $\Leftrightarrow$ A 为某些球形邻域的并.

证明 (1) 设 $x \in X, \varepsilon > 0$, 往证球形邻域 $B(x, \varepsilon)$ 是开集. 任取 $y \in B(x, \varepsilon)$, 则 $\rho(x, y) < \varepsilon$, 进而取 $\varepsilon_1 = \varepsilon - \rho(x, y)$, 只需证明 $B(y, \varepsilon_1) \subset B(x, \varepsilon)$ 即可. 事实上, 设 $z \in B(y, \varepsilon_1)$, 则 $\rho(y, z) < \varepsilon_1 = \varepsilon - \rho(x, y)$, 于是 $\rho(x, z) < \varepsilon$, 故 $z \in B(x, \varepsilon)$.

(2) "$\Rightarrow$". 假设 A 为开集, 那么对每一点 $x \in A, \exists \varepsilon_x > 0$, s.t. $B(x, \varepsilon_x) \subset A$, 故

$$\bigcup_{x \in A} B(x, \varepsilon_x) \subset A = \bigcup_{x \in A} \{x\} \subset \bigcup_{x \in A} B(x, \varepsilon_x),$$

这表明 $A = \bigcup\limits_{x \in A} B(x, \varepsilon_x)$, 即 A 为某些球形邻域的并.

"$\Leftarrow$". 假设 A 为某些球形邻域的并, 注意到每个球形邻域都是开集, 于是 A 为开集.

【评注】 在度量空间 (X, ρ) 中, 球形邻域有着特殊的重要性. 一方面, 每个球形邻域都是开集, 另一方面, 空间 (X, ρ) 的每个开集可表为某些球形邻域的并. 这

就是说, 集类 $\mathcal{B} = \{B(x, \varepsilon) : x \in X, \varepsilon > 0\}$ 虽然只是 $\mathcal{T}_\rho = \{G \subset X : G$ 是 ρ-开集$\}$ 的一个子集类, 但是集类 $\mathcal{B}$ 通过求并的运算可以产生整个的 $\mathcal{T}_\rho$. 换句话说, $\mathcal{B}$ 完全决定了空间 (X, ρ) 的拓扑, $\mathcal{B}$ 为 $\mathcal{T}_\rho$ 的基.

2.2 证明定理 2.3.

证明 (i) $\varnothing$ 不含任何点, 自然可以认为 $\varnothing$ 适合开集的条件, 即 $\varnothing \in \mathcal{T}_\rho$. 对于每一点 $x \in X$, 任取 $\varepsilon > 0$, 有 $B(x, \varepsilon) \subset X$, 这表明 X 是开集, 即 $X \in \mathcal{T}_\rho$.

(ii) 设 $x \in \bigcup\limits_{A \in \mathcal{A}} A$, 则 $\exists A_0 \in \mathcal{A}$, s.t. $x \in A_0 \in \mathcal{J}_\rho$, 从而 $\exists \varepsilon > 0$, s.t. $B(x, \varepsilon) \subset A_0 \subset \bigcup\limits_{A \in \mathcal{A}} A$, 这表明 $\bigcup\limits_{A \in \mathcal{A}} A$ 是开集, 即 $\bigcup\limits_{A \in \mathcal{A}} A \in \mathcal{T}_\rho$.

(iii) 设 $x \in A_1 \cap A_2$, 由于 A_1, A_2 是开集, 所以 $\exists \varepsilon_1, \varepsilon_2 > 0$, s.t. $B(x, \varepsilon_1) \subset A_1$, $B(x, \varepsilon_2) \subset A_2$. 令 $\varepsilon = \min\{\varepsilon_1, \varepsilon_2\}$, 易知 $B(x, \varepsilon) \subset B(x, \varepsilon_1) \cap B(x, \varepsilon_2) \subset A_1 \cap A_2$, 这表明 $A_1 \cap A_2$ 是开集, 即 $A_1 \cap A_2 \in \mathcal{T}_\rho$.

【评注】   本题的证明思路是反复利用开集的定义, 即开集是 X 的这样的子集: 若这个子集包含某点, 则必包含此点的某个 ε-邻域.

2.3 度量空间中任何一个收敛序列的极限是唯一的①.

证明 设 (X, ρ) 为度量空间, $\{x_n, n \geqslant 1\}$ 是 X 中的一个收敛序列. 假设 $\{x_n\}$ 有两个不同的极限 x 和 y, 那么 $\varepsilon = \rho(x, y) > 0$.

由 $\lim\limits_{n \to \infty} x_n = x$ 知, $\exists N_1 \in \mathbb{N}$, 当 $n > N_1$ 时, 有 $\rho(x_n, x) < \varepsilon$; 又由 $\lim\limits_{n \to \infty} x_n = y$ 知, $\exists N_2 \in \mathbb{N}$, 当 $n > N_2$ 时, 有 $\rho(x_n, y) < \varepsilon$. 于是, 当 $n > \max\{N_1, N_2\}$ 时, $x_n \in B(x, \varepsilon) \cap B(y, \varepsilon)$, 此与 $B(x, \varepsilon) \cap B(y, \varepsilon) = \varnothing$ 矛盾.

2.4 离散度量空间 (X, ρ) 是完备度量空间.

证明 设 $\{x_n, n \geqslant 1\}$ 是 X 中的基本列, 则对 $\varepsilon = \dfrac{1}{2}$, $\exists N \in \mathbb{N}$, 当 $n, m \geqslant N$ 时, $\rho(x_n, x_m) < \dfrac{1}{2}$. 特别地, 对一切 $n \geqslant N$, $\rho(x_n, x_N) < \dfrac{1}{2}$, 这表明当 $n \geqslant N$ 时有 $x_n = x_N$, 因而 $\rho(x_n, x_N) = 0$, 这表明 $\{x_n\}$ 按离散度量 ρ 收敛于 x_N, 故 (X, ρ) 是完备度量空间.

2.5 有界函数空间 $B(A)$ 按度量 (2.2) 是完备度量空间.

证明 设 $\{x_n, n \geqslant 1\}$ 是 $B(A)$ 中的基本列, 则 $\forall \varepsilon > 0$, $\exists N \in \mathbb{N}$, 当 $n, m \geqslant N$ 时, $\rho(x_n, x_m) < \varepsilon$, 从而对任意固定的 $t \in A$,

$$|x_n(t) - x_m(t)| \leqslant \sup_{t \in A} |x_n(t) - x_m(t)| < \varepsilon,$$

这表明 $\{x_n(t)\}$ 是 $\mathbb{R}$ 中的基本列, 因而可设 $\lim\limits_{n \to \infty} x_n(t) = x(t)$. 在上式中令

---

① 习题 2.47 将把这里的 "度量空间" 减弱成 "Hausdorff 空间".

$m \to \infty$, 得 $|x_n(t) - x(t)| \leqslant \varepsilon$, 于是 $|x(t)| \leqslant |x_n(t)| + \varepsilon$, 进而

$$\sup_{t \in A} |x(t)| \leqslant \sup_{t \in A} |x_n(t)| + \varepsilon < \infty,$$

故 $x \in B(A)$, 且当 $n \geqslant N$ 时,

$$\rho(x_n, x) = \sup_{t \in A} |x_n(t) - x(t)| \leqslant \varepsilon,$$

这表明 $\{x_n\}$ 按度量 (2.2) 收敛于 x, 故 (X, ρ) 是完备度量空间.

2.6　(1) (Cauchy-Schwarz 不等式) 设 $x_1, x_2, \cdots, x_d, y_1, y_2, \cdots, y_d \in \mathbb{R}$, 则

$$\left| \sum_{i=1}^{d} x_i y_i \right| \leqslant \sqrt{\sum_{i=1}^{d} x_i^2} \cdot \sqrt{\sum_{i=1}^{d} y_i^2}^{①} \ ;$$

(2) 设 ρ 如 (2.5) 式定义, 证明 ρ 满足定义 2.1 中三条度量公理;

(3) 对于给定的 d 阶正定矩阵 $\boldsymbol{\Sigma}$, 若将 $\mathbb{R}^d$ 中元素看成 d 维列向量, 则 $\rho(\boldsymbol{x}, \boldsymbol{y}) = \sqrt{(\boldsymbol{x} - \boldsymbol{y})^{\mathrm{T}} \boldsymbol{\Sigma}^{-1} (\boldsymbol{x} - \boldsymbol{y})}$ 定义了 $\mathbb{R}^d$ 上的一个距离, 称之为**马氏距离** (Mahalanobis distance).

证明　(1) 令 $p = \sum\limits_{i=1}^{d} x_i^2, q = \sum\limits_{i=1}^{d} y_i^2, r = \sum\limits_{i=1}^{d} x_i y_i$.

若 $p = 0$, 则对每一 $i = 1, 2, \cdots, d, x_i = 0$, 此时欲证不等式两端均为零, 结论成立.

若 $p \neq 0$, 因对任意 $z \in \mathbb{R}$,

$$pz^2 + 2rz + q = \sum_{i=1}^{d} (x_i z + y_i)^2 \geqslant 0,$$

于是这个式子左端的二次三项式不能有相异的两个实根, 故其判别式 $(2r)^2 - 4pq \leqslant 0$, 即 $|r| \leqslant \sqrt{p} \cdot \sqrt{q}$.

(2) 显然 ρ 满足定义 2.1 中的前两条, 往证 ρ 满足定义 2.1 中的第三条. 设 $\boldsymbol{x}, \boldsymbol{y}, \boldsymbol{z} \in \mathop{\times}\limits_{i=1}^{d} X_i$, 则由已证的 (1) 知

$$\rho^2(\boldsymbol{x}, \boldsymbol{z}) = \sum_{i=1}^{d} \rho_i^2(x_i, z_i)$$

$$\leqslant \sum_{i=1}^{d} [\rho_i(x_i, y_i) + \rho_i(y_i, z_i)]^2$$

---

① 它的一般形式见定理 9.13 之 (i).

$$= \sum_{i=1}^{d} \rho_i^2\left(x_i, y_i\right) + \sum_{i=1}^{d} \rho_i^2\left(y_i, z_i\right) + 2 \sum_{i=1}^{d} \rho_i\left(x_i, y_i\right) \rho_i\left(y_i, z_i\right)$$

$$\leqslant \sum_{i=1}^{d} \rho_i^2\left(x_i, y_i\right) + \sum_{i=1}^{d} \rho_i^2\left(y_i, z_i\right) + 2 \sqrt{\sum_{i=1}^{d} \rho_i^2\left(x_i, y_i\right)} \cdot \sqrt{\sum_{i=1}^{d} \rho_i^2\left(y_i, z_i\right)}$$

$$= \rho^2\left(\boldsymbol{x}, \boldsymbol{y}\right) + \rho^2\left(\boldsymbol{y}, \boldsymbol{z}\right) + 2\rho\left(\boldsymbol{x}, \boldsymbol{y}\right) \cdot \rho\left(\boldsymbol{y}, \boldsymbol{z}\right)$$

$$= \left[\rho\left(\boldsymbol{x}, \boldsymbol{y}\right) + \rho\left(\boldsymbol{y}, \boldsymbol{z}\right)\right]^2,$$

故 $\rho\left(\boldsymbol{x}, \boldsymbol{z}\right) \leqslant \rho\left(\boldsymbol{x}, \boldsymbol{y}\right) + \rho\left(\boldsymbol{y}, \boldsymbol{z}\right)$.

(3) 由线性代数知, 正定矩阵 $\boldsymbol{\Sigma}$ 能分解成 $\boldsymbol{\Sigma} = \boldsymbol{A}\boldsymbol{A}^{\mathrm{T}}$[①], 其中 $\boldsymbol{A}$ 为非奇异对称阵. 若记 $\boldsymbol{A} = \boldsymbol{\Sigma}^{\frac{1}{2}}$, 则 $\boldsymbol{\Sigma} = \boldsymbol{\Sigma}^{\frac{1}{2}} \boldsymbol{\Sigma}^{\frac{1}{2}}$. 显然,

$$\rho\left(\boldsymbol{x}, \boldsymbol{y}\right) = \sqrt{\left(\boldsymbol{x} - \boldsymbol{y}\right)^{\mathrm{T}} \boldsymbol{\Sigma}^{-\frac{1}{2}} \boldsymbol{\Sigma}^{-\frac{1}{2}} \left(\boldsymbol{x} - \boldsymbol{y}\right)}$$

$$= \sqrt{\left[\boldsymbol{\Sigma}^{-\frac{1}{2}}\left(\boldsymbol{x} - \boldsymbol{y}\right)\right]^{\mathrm{T}} \left[\boldsymbol{\Sigma}^{-\frac{1}{2}}\left(\boldsymbol{x} - \boldsymbol{y}\right)\right]} \geqslant 0,$$

当且仅当 $\boldsymbol{x} = \boldsymbol{y}$ 时, $\rho\left(\boldsymbol{x}, \boldsymbol{y}\right) = 0$.

对称性 $\rho\left(\boldsymbol{x}, \boldsymbol{y}\right) = \rho\left(\boldsymbol{y}, \boldsymbol{x}\right)$ 是显然的.

下证 ρ 满足三角不等式. 设 $\boldsymbol{x}, \boldsymbol{y}, \boldsymbol{z} \in \mathbb{R}^d$, 为证

$$\rho\left(\boldsymbol{x}, \boldsymbol{z}\right) \leqslant \rho\left(\boldsymbol{x}, \boldsymbol{y}\right) + \rho\left(\boldsymbol{y}, \boldsymbol{z}\right),$$

令

$$\boldsymbol{w} = \boldsymbol{\Sigma}^{-\frac{1}{2}}\left(\boldsymbol{x} - \boldsymbol{z}\right) = \boldsymbol{\Sigma}^{-\frac{1}{2}}\left(\boldsymbol{x} - \boldsymbol{y} + \boldsymbol{y} - \boldsymbol{z}\right)$$

$$= \boldsymbol{\Sigma}^{-\frac{1}{2}}\left(\boldsymbol{x} - \boldsymbol{y}\right) + \boldsymbol{\Sigma}^{-\frac{1}{2}}\left(\boldsymbol{y} - \boldsymbol{z}\right) =: \boldsymbol{u} + \boldsymbol{v},$$

由已证的 (1) 易知

$$\rho\left(\boldsymbol{x}, \boldsymbol{z}\right) = \sqrt{\boldsymbol{w}^{\mathrm{T}}\boldsymbol{w}} \leqslant \sqrt{\boldsymbol{u}^{\mathrm{T}}\boldsymbol{u}} + \sqrt{\boldsymbol{v}^{\mathrm{T}}\boldsymbol{v}} = \rho\left(\boldsymbol{x}, \boldsymbol{y}\right) + \rho\left(\boldsymbol{y}, \boldsymbol{z}\right).$$

【评注】   当 $\boldsymbol{\Sigma}$ 为单位矩阵时, 马氏距离就化为通常的欧氏距离.

2.2   拓 扑 空 间

2.2.1   内容提要

定义 2.11   称非空集合 X 的一个子集族 $\mathcal{T}$ 为 X 上的一个**拓扑**, 如果它满足以下三个条件:

---

① 见命题 16.4 之 (i).

(O$_1$) $\varnothing \in \mathcal{T}, X \in \mathcal{T}$;

(O$_2$) (对任意并封闭) 若 $\{G_\alpha, \alpha \in \Lambda\} \subset \mathcal{T}$, 则 $\bigcup\limits_{\alpha \in \Lambda} G_\alpha \in \mathcal{T}$;

(O$_3$) (对有限交封闭) 若 $G_1, G_2 \in \mathcal{T}$, 则 $G_1 \cap G_2 \in \mathcal{T}$.

此时, 称二元组 $(X, \mathcal{T})$ 为**拓扑空间**.

定义 2.13 设 $(X, \mathcal{T})$ 为拓扑空间, $x \in N \subset X$.

(i) 称 N 为 x 的一个**邻域**, 如果存在 $U \in \mathcal{T}$, 使得 $x \in U \subset N$;

(ii) 称包含点 x 的开集为 x 的**开邻域**;

(iii) 称点 x 的所有邻域组成的集族为 x 的**邻域系**, 记作 $\mathcal{N}(x)$.

定理 2.14 设 $(X, \mathcal{T})$ 为拓扑空间, $G \subset X$, 则

$$G \in \mathcal{T} \Leftrightarrow \forall x \in G, G \in \mathcal{N}(x).$$

定义 2.15 设 $(X, \mathcal{T})$ 为拓扑空间, $\mathcal{B} \subset \mathcal{T}$, 称 $\mathcal{B}$ 是 X 的一个**基**, 如果 $\forall G \in \mathcal{T}, \exists \mathcal{B}_G \subset \mathcal{B}$, s.t. $G = \bigcup\limits_{B \in \mathcal{B}_G} B$.

命题 2.17 设 $(X, \mathcal{T})$ 为拓扑空间, $\mathcal{B} \subset \mathcal{T}$, 则 $\mathcal{B}$ 是 X 的一个基当且仅当 $\forall G \in \mathcal{T}$ 及 $x \in G$, 存在 $B_x \in \mathcal{B}$, 使得 $x \in B_x \subset G$.

定理 2.19 设 X 为非空集合, $\mathcal{B} \subset \mathcal{P}(X)$.

(i) 若 $\mathcal{B}$ 是 X 上某拓扑的基, 则

(B$_1$) $\bigcup\limits_{B \in \mathcal{B}} B = X$;

(B$_2$) 若 $B_1, B_2 \in \mathcal{B}$ 且 $x \in B_1 \cap B_2$, 则 $\exists B_x \in \mathcal{B}$, s.t. $x \in B_x \subset B_1 \cap B_2$.

(ii) 若 $\mathcal{B}$ 满足上述 (B$_1$) 和 (B$_2$), 则存在唯一的拓扑

$$\mathcal{T} = \left\{ G \subset X : \exists \mathcal{B}_G \subset \mathcal{B}, \text{ s.t. } G = \bigcup\limits_{B \in \mathcal{B}_G} B \right\}$$

以 $\mathcal{B}$ 为基, 并称这个拓扑是**以 $\mathcal{B}$ 为基生成的拓扑**.

定义 2.20 设 $(X, \mathcal{T})$ 为拓扑空间, 称 $\mathcal{S} \subset \mathcal{T}$ 为拓扑 $\mathcal{T}$ 的一个**子基**, 如果 $\mathcal{S}$ 中一切 "有限交" 构成的集族

$$\mathcal{S}^* = \{S_1 \cap S_2 \cap \cdots \cap S_n : S_i \in \mathcal{S}, i = 1, 2, \cdots, n, n \in \mathbb{N}\}$$

是 $\mathcal{T}$ 的一个基, 即是说 $\mathcal{T}$ 的每个元都是 $\mathcal{S}$ 中的元的有限交的并.

定理 2.22 设 X 为非空集合, $\mathcal{S} \subset \mathcal{P}(X)$ 且 $X = \bigcup\limits_{S \in \mathcal{S}} S$, 则 X 上有唯一拓扑以 $\mathcal{S}$ 为子基, 称这个拓扑为**以 $\mathcal{S}$ 为子基生成的拓扑**.

性质 2.23   设 $(X, \mathcal{T})$ 为拓扑空间, X_0 是 X 的非空子集, 则 $X_0 \cap \mathcal{T} :=$ $\{X_0 \cap G : G \in \mathcal{T}\}$ 是 X_0 上的一个拓扑.

定义 2.24   设 $\{(X_t, \mathcal{T}_t), t \in T\}$ 是拓扑空间族, $\pi_t : \underset{t \in T}{\times} X_t \to X_t, (x(t), t \in T) \mapsto x(t)$ 表示坐标映射, 称以 $\underset{t \in T}{\times} X_t$ 的子集族

$$\mathcal{S} = \left\{ \pi_t^{-1}(G_t) : G_t \in \mathcal{T}_t, t \in T \right\}$$

为子基 $\left(\text{易知 } \underset{S \in \mathcal{S}}{\bigcup} S = \underset{i \in T}{\times} X_i \right)$ 的唯一拓扑为拓扑空间族 $\{(X_t, \mathcal{T}_t), t \in T\}$ 的 Tychonoff 乘积拓扑, 简称**乘积拓扑**或**积拓扑**, 记为 $\underset{t \in T}{\times} \mathcal{T}_t \cdot \left(\underset{t \in T}{\times} X_t, \underset{t \in T}{\times} \mathcal{T}_t \right)$ 叫做 Tychonoff 乘积空间, 简称**乘积空间**或**积空间**, 每个 $(X_t, \mathcal{T}_t)$ 叫做**坐标空间**, $\mathcal{S}$ 的一切有限子族的交组成的集族叫做积拓扑的**标准基**.

定义 2.25   设 X 为拓扑空间, $A \subset X, x \in X$.

(i) 称 x 为 A 的**聚点**, 如果 $\forall N \in \mathcal{N}(x), N \cap (A \backslash \{x\}) \neq \varnothing$, 即 x 的每个邻域都含有 A 中异于 x 的点;

(ii) 称由 A 的所有聚点组成的集合为 A 的**导集**, 记作 A^{d};

(iii) 称包含 A 的最小闭集为 A 的闭包, 记作 $\overline{A}$.

性质 2.26   设 X 为拓扑空间, $A \subset X$, 则 $\overline{A} = A \cup A^{\mathrm{d}}$.

定义 2.27   设 X 为拓扑空间, $A \subset X, x \in X$.

(i) 称 x 为 A 的**内点**, 如果 $A \in \mathcal{N}(x)$, 即 A 是点 x 的邻域, 换言之, 存在开集 U, 使 $x \in U \subset A$;

(ii) 称由 A 的所有内点组成的集合为 A 的**内部**, 记作 A°;

(iii) 称 x 为 A 的**边界点**, 如果 $\forall N \in \mathcal{N}(x), N \cap A \neq \varnothing, N \cap A^{\mathrm{c}} \neq \varnothing$, 即 x 的每个邻域内既含有 A 的点, 又含有 A 外的点; 称 A 的所有边界点形成的集合为 A 的**边界**, 记作 ∂A.

性质 2.28   设 X 为拓扑空间, $A \subset X$, 则

(i) A° 是开集;

(ii) A° 是包含于 A 的最大开集;

(iii) $\partial A = \overline{A} \backslash A^{\circ}$.

定义 2.29   设 X 为拓扑空间, $\{x, x_n, n \geqslant 1\} \subset X$, 称 $\{x_n\}$ 收敛于 x, 记作 $x_n \to x$ 或 $\lim\limits_{n \to \infty} x_n = x$, 如果 $\forall N \in \mathcal{N}(x), \{x_n\}$ 终在 N 中, 即 $\exists n_0 \in \mathbb{N}$, 当 $n > n_0$ 时, $x_n \in N$.

命题 2.30   设 X 为拓扑空间, $x \in X, A \subset X$, 若在 $A \backslash \{x\}$ 中有序列收敛于 x, 则 $x \in A^{\mathrm{d}}$.

2.2.2 习题 2.2 解答与评注

2.7 证明定理 2.19.

证明 (i) 假设 $\mathcal{B}$ 是 X 上某拓扑 $\mathcal{T}^*$ 的基, 则由 $X \in \mathcal{T}^*$ 知 $\mathcal{B}$ 显然满足条件 (B_1). 现设 $B_1, B_2 \in \mathcal{B}$ 且 $x \in B_1 \cap B_2$, 由于 $\mathcal{B}$ 是 $\mathcal{T}^*$ 的基, $\mathcal{B} \subset \mathcal{T}^*$, 从而 $B_1 \cap B_2 \in \mathcal{T}^*$, 故 $\exists B_x \in \mathcal{B}$, s.t. $x \in B_x \subset B_1 \cap B_2$, 这表明 $\mathcal{B}$ 满足条件 (B_2).

(ii) 先证 $\mathcal{T} = \left\{ G \subset X : \exists \mathcal{B}_G \subset \mathcal{B}, \text{s.t. } G = \bigcup_{B \in \mathcal{B}_G} B \right\}$ 是 X 上的拓扑:

(O_1) 由条件 (B_1) 知 $X \in \mathcal{T}$; 由于 $\varnothing \subset \mathcal{B}$, 而 $\bigcup_{B \in \varnothing} B = \varnothing$, 故 $\varnothing \in \mathcal{T}$.

(O_2) 设 $\{G_\alpha, \alpha \in \Lambda\} \subset \mathcal{T}$, 则对每一 G_α, $\exists \mathcal{B}_\alpha \subset \mathcal{B}$, s.t. $G_\alpha = \bigcup_{B \in \mathcal{B}_\alpha} B$, 于是

$$\bigcup_{\alpha \in \Lambda} G_\alpha = \bigcup_{\alpha \in \Lambda} \left(\bigcup_{B \in \mathcal{B}_\alpha} B \right) = \bigcup_{B \in \mathcal{B}_\alpha, \alpha \in \Lambda} B \in \mathcal{T}.$$

(O_3) 先做一个准备工作: $B_1, B_2 \in \mathcal{B} \Rightarrow B_1 \cap B_2 \in \mathcal{T}$. 事实上, 若 $B_1 \cap B_2 \neq \varnothing$, 由条件 (B_2), 对每一 $x \in B_1 \cap B_2$, $\exists B_x \in \mathcal{B}$, s.t. $x \in B_x \subset B_1 \cap B_2$, 于是由

$$B_1 \cap B_2 = \bigcup_{x \in B_1 \cap B_2} \{x\} \subset \bigcup_{x \in B_1 \cap B_2} B_x \subset B_1 \cap B_2$$

知 $B_1 \cap B_2 = \bigcup_{x \in B_1 \cap B_2} B_x \in \mathcal{T}$.

现设 $G_1, G_2 \in \mathcal{T}$, 则有 $\mathcal{B}_1, \mathcal{B}_2 \subset \mathcal{B}$, s.t. $G_1 = \bigcup_{B_1 \in \mathcal{B}_1} B_1$, $G_2 = \bigcup_{B_2 \in \mathcal{B}_2} B_2$, 从而

$$G_1 \cap G_2 = \left(\bigcup_{B_1 \in \mathcal{B}_1} B_1 \right) \cap \left(\bigcup_{B_2 \in \mathcal{B}_2} B_2 \right) = \bigcup_{B_1 \in \mathcal{B}_1} \bigcup_{B_2 \in \mathcal{B}_2} (B_1 \cap B_2) \in \mathcal{T}.$$

次证 $\mathcal{T} = \left\{ G \subset X : \exists \mathcal{B}_G \subset \mathcal{B}, \text{s.t. } G = \bigcup_{B \in \mathcal{B}_G} B \right\}$ 是以 $\mathcal{B}$ 为基的唯一拓扑. 假设 $\mathcal{T}'$ 是 X 上以 $\mathcal{B}$ 为基的拓扑, 则对每一 $G \in \mathcal{T}'$, 由定义 2.15 知 G 必为 $\mathcal{B}$ 中某些元的并, 从而 $G \in \mathcal{T}$, 这表明 $\mathcal{T}' \subset \mathcal{T}$. 反过来, 若 $G \in \mathcal{T}$, 则由 $\mathcal{T}$ 的定义知 G 是 $\mathcal{B}$ 中某些元的并, 注意到 $\mathcal{B} \subset \mathcal{T}'$, 因而 G 是 $\mathcal{T}'$ 中某些元的并, $G \in \mathcal{T}'$, 这又证明了 $\mathcal{T} \subset \mathcal{T}'$. 故 $\mathcal{T}' = \mathcal{T}$.

2.8 设 $\mathcal{B} = \{(a,b) : a, b \in \mathbb{Q}, a < b\}$, 试证 $\mathcal{B}$ 是 $\mathbb{R}$ 中通常拓扑的一个基, 这表明 $\mathbb{R}$ 是具有可数基的拓扑空间.

证明 首先, 由例 2.12 之 (ii) 知 $\mathcal{B}$ 中每个元皆为开集. 其次, 设 G 是 $\mathbb{R}$ 的任一开集, 若 $x \in G$, 则由 $\mathbb{R}$ 中通常拓扑中开集的定义, 存在 $\varepsilon_x > 0$, 使

$(x - \varepsilon_x, x + \varepsilon_x) \subset G$. 取有理数 a_x, b_x 使

$$x - \varepsilon_x < a_x < x < b_x < x + \varepsilon_x,$$

则 $x \in (a_x, b_x) \subset G$, 于是 $G = \bigcup\limits_{x \in G} (a_x, b_x)$, 即 G 是 $\mathcal{B}$ 中某些元的并, 由定义 2.15 知 $\mathcal{B}$ 是 $\mathbb{R}$ 中通常拓扑的一个基.

2.9　设 X_0 是拓扑空间 X 的子空间.

(1) 若 $\mathcal{B}$ 是 X 的基, 则 $X_0 \cap \mathcal{B}$ 是子空间 X_0 的基;

(2) 若 $\mathcal{S}$ 是 X 的子基, 则 $X_0 \cap \mathcal{S}$ 是子空间 X_0 的子基.

证明　(1) 由基的定义, $\mathcal{B}$ 的每个元是 X 的开集, 进而 $X_0 \cap \mathcal{B}$ 的每个元是子空间 X_0 的开集. 对子空间 X_0 的任一开集 G', 存在 X 的开集 G, 使得 $G' = X_0 \cap G$. 因为 $\mathcal{B}$ 是 X 的基, 所以存在 $\mathcal{B}_0 \subset \mathcal{B}$, 使得 $G = \bigcup\limits_{B \in \mathcal{B}_0} B$, 于是 $G' = \bigcup\limits_{B \in \mathcal{B}_0} (X_0 \cap B)$, 即 G' 是 $X_0 \cap \mathcal{B}$ 中某些元的并, 故 $X_0 \cap \mathcal{B}$ 是子空间 X_0 的基.

(2) 注意到 $X_0 \cap \mathcal{S}$ 中有限个元的交 $\bigcap\limits_{i=1}^{n} (X_0 \cap S_i) = X_0 \cap \left(\bigcap\limits_{i=1}^{n} S_i \right)$, 这表明 $(X_0 \cap \mathcal{S})^* = X_0 \cap \mathcal{S}^*$, 其中 $\mathcal{S}^*$ 是 $\mathcal{S}$ 中一切 "有限交" 构成的集族. 若 $\mathcal{S}$ 是 X 的子基, 由 (1) 知 $X_0 \cap \mathcal{S}^*$ 是 X_0 的基, 从而 $X_0 \cap \mathcal{S}$ 是子空间 X_0 的子基.

2.10　证明定理 2.22.

证明　往证 $\mathcal{S}$ 的一切 "有限交" 所成的集族

$$\mathcal{B} = \{S_1 \cap S_2 \cap \cdots \cap S_n : n \in \mathbb{N}, S_i \in \mathcal{S}, i = 1, 2, \cdots, n\}$$

满足定理 2.19 的条件 (B_1) 和 (B_2).

由 $\mathcal{S} \subset \mathcal{B}$ 及 $X = \bigcup\limits_{S \in \mathcal{S}} S$ 知 $X = \bigcup\limits_{B \in \mathcal{B}} B$, 即 $\mathcal{B}$ 满足 (B_1).

设 $B_1, B_2 \in \mathcal{B}$, 则 $B_1 = S_1^{(1)} \cap S_2^{(1)} \cap \cdots \cap S_{n_1}^{(1)}$, $B_2 = S_1^{(2)} \cap S_2^{(2)} \cap \cdots \cap S_{n_2}^{(2)}$, 于是

$$B_1 \cap B_2 = S_1^{(1)} \cap S_2^{(1)} \cap \cdots \cap S_{n_1}^{(1)} \cap S_1^{(2)} \cap S_2^{(2)} \cap \cdots \cap S_{n_2}^{(2)} \in \mathcal{B},$$

易见 $\mathcal{B}$ 满足 (B_2).

2.11　设 $(X_0, \mathcal{T}')$ 是 $(X, \mathcal{T})$ 的子空间, $\mathcal{F}'$, $\mathcal{F}$ 分别是 $(X_0, \mathcal{T}')$, $(X, \mathcal{T})$ 中所有闭集构成的集族, 则

(1) $\mathcal{T}' \subset \mathcal{T} \Leftrightarrow X_0 \in \mathcal{T}$;

(2) $\mathcal{F}' \subset \mathcal{F} \Leftrightarrow X_0 \in \mathcal{F}$.

证明　(1) "$\Rightarrow$". 因为 $X_0 \in \mathcal{T}'$, 而 $\mathcal{T}' \subset \mathcal{T}$, 所以 $X_0 \in \mathcal{T}$.

"$\Leftarrow$". 设 $X_0 \in \mathcal{T}$, 则 $\mathcal{T}' = X_0 \cap \mathcal{T} \subset \mathcal{T}$.

(2) "⇒". 因为 $X_0 \in \mathcal{F}'$, 而 $\mathcal{F}' \subset \mathcal{F}$, 所以 $X_0 \in \mathcal{F}$.

"⇐". 设 $X_0 \in \mathcal{F}$, 则 $\mathcal{F}' = X_0 \cap \mathcal{F} \subset \mathcal{F}$.

2.12 设 $\left(\underset{t \in T}{\times} X_t, \underset{t \in T}{\times} \mathcal{T}_t\right)$ 为积空间, 则积拓扑的标准基元的一般形式是

$$G_{t_1} \times G_{t_2} \times \cdots \times G_{t_n} \times \left(\underset{t \in T \backslash \{t_1, t_2, \cdots, t_n\}}{\times} X_t\right),$$

其中 $G_{t_i} \in \mathcal{T}_{t_i}$, $i = 1, 2, \cdots, n$, $n \in \mathbb{N}$.

证明 因为 $\pi_{t_i}^{-1}(G_{t_i}) = G_{t_i} \times \left(\underset{t \in T \backslash \{t_i\}}{\times} X_t\right)$, 所以根据定义 2.24, 积拓扑的标准基元的一般形式应为

$$\pi_{t_1}^{-1}(G_{t_1}) \cap \pi_{t_2}^{-1}(G_{t_2}) \cap \cdots \cap \pi_{t_n}^{-1}(G_{t_n})$$
$$= G_{t_1} \times G_{t_2} \times \cdots \times G_{t_n} \times \left(\underset{t \in T \backslash \{t_1, t_2, \cdots, t_n\}}{\times} X_t\right).$$

【评注】 本题将应用于习题 10.16 之 (1) 的证明.

2.13 设 X 为拓扑空间, $A \subset X$, 则 A 为闭集当且仅当 $A \supset A^d$.

证明 "⇒". 假设 A 是闭集, $x \in A^d$, 谬设 $x \notin A$, 则 $x \in A^c$. 注意到 A^c 为开集, 从而 A^c 是 x 的一个 (开) 邻域, 由 $A^c \cap (A \backslash \{x\}) = \varnothing$ 知 $x \notin A^d$.

"⇐". 假设 $A \supset A^d$, 往证 A 是闭集, 我们等价地证明 A^c 是开集. 事实上, $\forall x \in A^c$, 即 $x \notin A$, 由 $A \supset A^d$ 知 $x \notin A^d$, 再由聚点的定义, 存在 x 的某个邻域 N, 使得 $N \cap A = N \cap (A \backslash \{x\}) = \varnothing$, 从而 $N \subset A^c$, 由定理 2.14 知 A^c 为开集.

2.14 设 X 为拓扑空间, $A, B \subset X$.

(1) 若 $A \subset B$, 则 $A^d \subset B^d$;

(2) 若 $A \subset B$, 且 B 是闭集, 则 $A \cup A^d \subset B$;

(3) $(A \cup B)^d = A^d \cup B^d$.

证明 (1) $\forall x \in A^d$ 及 $N \in \mathcal{N}(x)$, 由聚点的定义, $N \cap (A \backslash \{x\}) \neq \varnothing$, 进而由 $A \subset B$ 知 $N \cap (B \backslash \{x\}) \neq \varnothing$, 故 $x \in B^d$, 这就完成了 $A^d \subset B^d$ 的证明.

(2) 当 B 是闭集时, 由习题 2.13 知 $B \supset B^d$, 故由 (1) 知 $A \cup A^d \subset B \cup B^d = B$.

(3) 由 (1) 知 $A^d \subset (A \cup B)^d$, $B^d \subset (A \cup B)^d$, 因而 $A^d \cup B^d \subset (A \cup B)^d$.

下面证明反包含, 即 $(A \cup B)^d \subset A^d \cup B^d$. 设 $x \notin A^d \cup B^d$, 则 $x \notin A^d$ 且 $x \notin B^d$, 于是存在 $U \in \mathcal{N}(x)$, $V \in \mathcal{N}(x)$, 使得 $U \cap (A \backslash \{x\}) = \varnothing$, $V \cap (B \backslash \{x\}) = \varnothing$. 令 $N = U \cap V$, 则 $N \in \mathcal{N}(x)$, 且

$$N \cap [(A \cup B) \backslash \{x\}] = N \cap [(A \backslash \{x\}) \cup (B \backslash \{x\})]$$

$$= [N \cap (A \setminus \{x\})] \cup [N \cap (B \setminus \{x\})] = \varnothing,$$

这表明 $x \notin (A \cup B)^{\mathrm{d}}$.

【评注】　由本题之 (1) 的结论立得 "若 $A \subset B$, 则 $\overline{A} \subset \overline{B}$", 该结论也可以由闭包的定义得到.

2.15　设 X 为拓扑空间, $A \subset X$, 则 $A \cup A^{\mathrm{d}}$ 是闭集.

证明　等价地, 我们证明 $(A \cup A^{\mathrm{d}})^{\mathrm{c}}$ 是开集. 事实上, 假设 $x \in (A \cup A^{\mathrm{d}})^{\mathrm{c}}$, 从而 $x \notin A^{\mathrm{d}}$. 根据聚点的定义, 存在 x 的某个开邻域 U, 使得

$$U \cap A = U \cap (A \setminus \{x\}) = \varnothing, \qquad\qquad ①$$

从而 $U \subset A^{\mathrm{c}}$.

对上述 U, 注意到 U 是其内每一点的邻域, ①式也说明: 当 $x \in U$ 时, $x \notin A^{\mathrm{d}}$, 这表明 $U \subset (A^{\mathrm{d}})^{\mathrm{c}}$.

综上, 我们得到 $U \subset A^{\mathrm{c}} \cap (A^{\mathrm{d}})^{\mathrm{c}}$, 即 $U \subset (A \cup A^{\mathrm{d}})^{\mathrm{c}}$, 这就完成了 $(A \cup A^{\mathrm{d}})^{\mathrm{c}}$ 是开集的证明.

2.16　设 X 为拓扑空间, $A, B \subset X$, 则

(1) $x \in \overline{B} \Leftrightarrow \forall N \in \mathcal{N}(x)$, $N \cap B \neq \varnothing$, 即 x 的任意邻域中都含有 B 中的点[①];

(2) $A \subset \overline{B} \Leftrightarrow A$ 中每个点的任意邻域中都含有 B 的点[②].

证明　(1) 由性质 2.26, $x \in \overline{B} \Leftrightarrow x \in B \cup B^{\mathrm{d}} \Leftrightarrow \forall N \in \mathcal{N}(x)$, $N \cap B \neq \varnothing$.

(2) 由 (1) 知

$$A \subset \overline{B} \Leftrightarrow 若 x \in A, 则 x \in \overline{B}$$

$$\Leftrightarrow 若 x \in A, 则 x 的每个邻域中都含有 B 的点$$

$$\Leftrightarrow A 中每个点的任意邻域中都含有 B 的点$$

$$\Leftrightarrow A 中每个点的任意邻域中都含有 B 的点.$$

【评注】　本题之 (2) 将应用于习题 11.2 的证明.

2.17　设 X 为拓扑空间, $A \subset X$.

(1) A 为闭集当且仅当 $\overline{A} = A$;

(2) A 为开集当且仅当 $A^{\circ} = A$.

[①] 称 x 为 B 的**附着点**, 从而集合的闭包就是其所有附着点的集合.

[②] 换成专业术语就是 "B 在 A 中稠密" (见定义 2.51).

证明 (1) 若 A 为闭集, 则由闭包的定义, $\overline{A} = \bigcap\limits_{F \supset A, F闭} F = A$; 反之, 若 $\overline{A} = A$, 则 $A \cup A^{\mathrm{d}} = A$(性质 2.26), 从而由习题 1.1 之 (2) 知 $A^{\mathrm{d}} \subset A$, 再由习题 2.13 知 A 为闭集.

(2) 若 A 为开集, 则由性质 2.28 之 (ii) 知, $A^{\circ} = \bigcup\limits_{U \subset A, U开} U = A$; 反之, 若 $A^{\circ} = A$, 注意到 A° 为开集 (性质 2.28 之 (i)), 则 A 为开集.

2.18 度量空间中的每个单点集都是闭集[①].

证明 设 (X, ρ) 为度量空间, $x \in X$. 若能证明 $\overline{\{x\}} = \{x\}$, 则闭包的定义知 $\{x\}$ 是闭集.

事实上, $\forall y \in X, y \neq x$, 取 $\varepsilon = \dfrac{1}{2}\rho(x, y)$, 于是 $\varepsilon > 0$, 并且 $B_{\rho}(y, \varepsilon) \cap \{x\} = \varnothing$, 这说明 y 的邻域 $B_{\rho}(y, \varepsilon)$ 中不含有 $\{x\}$ 的点, 于是由习题 2.16 之 (1) 知 $y \notin \overline{\{x\}}$, 所以 $\overline{\{x\}} = \{x\}$.

2.19 设 (X, ρ) 为度量空间, $A \subset X, x \in X$, 称 $\rho(x, A) := \inf\limits_{z \in A} \rho(x, z)$ 为 x 到 A 的距离. 试证:

(1) $A^{\mathrm{d}} = \{x \in X : \rho(x, A \setminus \{x\}) = 0\}$;

(2) $\overline{A} = \{x \in X : \rho(x, A) = 0\}$, 特别地, 若 A 为闭集, 则 $x \in A \Leftrightarrow \rho(x, A) = 0$;

(3) 若 $A \subset B(x, \varepsilon)$, 其中 $\varepsilon > 0$, 则 $\overline{A} \subset B(x, \varepsilon')$, 其中 $\varepsilon' > \varepsilon$.

证明 (1) 由聚点的定义,

$$x \in A^{\mathrm{d}} \Leftrightarrow \forall N \in \mathcal{N}(x), N \cap (A \setminus \{x\}) \neq \varnothing$$

$$\Leftrightarrow \forall \varepsilon > 0, B(x, \varepsilon) \cap (A \setminus \{x\}) \neq \varnothing$$

$$\Leftrightarrow \forall \varepsilon > 0, \exists y \in A \setminus \{x\}, \text{s.t. } \rho(x, y) < \varepsilon$$

$$\Leftrightarrow \rho(x, A \setminus \{x\}) = 0.$$

(2) 由习题 2.16 之 (1),

$$x \in \overline{A} \Leftrightarrow \forall N \in \mathcal{N}(x), N \cap A \neq \varnothing$$

$$\Leftrightarrow \forall \varepsilon > 0, B(x, \varepsilon) \cap A \neq \varnothing$$

$$\Leftrightarrow \forall \varepsilon > 0, \exists y \in A, \text{s.t. } \rho(x, y) < \varepsilon$$

$$\Leftrightarrow \rho(x, A) = 0.$$

---

① 可将该题中的 "度量空间" 减弱为 "T_1 空间" (见定理 2.56).

(3) 设 $y \in \overline{A}$, 则由 (2) 知 $\rho(y, A) = 0$, 从而存在 $z \in A$, 使得 $\rho(y, z) < \varepsilon' - \varepsilon$, 于是由 $A \subset B(x, \varepsilon)$ 得

$$\rho(x, y) \leqslant \rho(x, z) + \rho(z, y) < \varepsilon + (\varepsilon' - \varepsilon) = \varepsilon',$$

这表明 $y \in B(x, \varepsilon')$.

【评注】 (a) 设 $F \subset X$ 为闭集, 由 (2) 知, $G_n = \left\{ x \in X : \rho(x, F) < \dfrac{1}{n} \right\} \downarrow F$, 等价地说 $\bigcap\limits_{n=1}^{\infty} G_n = F$, 这表明度量空间中的闭集可以用一列开集 (借用习题 2.25 之 (1) 知 $x \mapsto \rho(x, A)$ 连续, 从而每个 G_n 为开集) 从上方逼近, 同时也表明度量空间中的开集可以用一列闭集从下方逼近.

(b) 本题之 (2) 将应用于习题 2.48 和命题 5.6 的证明.

(c) 由本题之 (3) 易得球形邻域 $B(x, \varepsilon)$ 的闭包 $\overline{B(x, \varepsilon)} = \{ y \in X : \rho(x, y) \leqslant \varepsilon \}$, 边界 $\partial B(x, \varepsilon) = \{ y \in X : \rho(x, y) = \varepsilon \}$.

2.20 设 X 为拓扑空间, $A, B \subset X$, 则

(1) $\overline{A \cup B} = \overline{A} \cup \overline{B}$, $\overline{A \cap B} \subset \overline{A} \cap \overline{B}$;

(2) $(A \cap B)^{\circ} = A^{\circ} \cap B^{\circ}$, $(A \cup B)^{\circ} \supset A^{\circ} \cup B^{\circ}$;

(3) $(A^{\circ})^{c} = \overline{A^{c}}$, $(\overline{A})^{c} = (A^{c})^{\circ}$.

证明 (1) 一方面, 因为 $A \cup B \subset \overline{A} \cup \overline{B}$, 所以 $\overline{A \cup B} \subset \overline{A} \cup \overline{B}$; 另一方面, 从 $\overline{A} \subset \overline{A \cup B}$, $\overline{B} \subset \overline{A \cup B}$ 得到 $\overline{A} \cup \overline{B} \subset \overline{A \cup B}$. 这就完成了 $\overline{A \cup B} = \overline{A} \cup \overline{B}$ 的证明. 至于 $\overline{A \cap B} \subset \overline{A} \cap \overline{B}$ 是显然的.

(2) 一方面, 因为 $A \cap B \supset A^{\circ} \cap B^{\circ}$, 所以 $(A \cap B)^{\circ} \supset A^{\circ} \cap B^{\circ}$; 另一方面, 从 $(A \cap B)^{\circ} \subset A^{\circ}$, $(A \cap B)^{\circ} \subset B^{\circ}$ 得到 $(A \cap B)^{\circ} \subset A^{\circ} \cap B^{\circ}$. 这就完成了 $(A \cap B)^{\circ} = A^{\circ} \cap B^{\circ}$ 的证明. 至于 $(A \cup B)^{\circ} \supset A^{\circ} \cup B^{\circ}$ 是显然的.

(3) 因为 A 的内部是包含于 A 的最大开集, 所以

$$(A^{\circ})^{c} = \left(\bigcup_{U \subset A, U\text{开}} U \right)^{c} = \bigcap_{U^c \supset A^c, U^c\text{闭}} U^{c} = \bigcap_{F \supset A^c, F\text{闭}} F = \overline{A^{c}}.$$

因为 A 的闭包是包含 A 的最小闭集, 所以

$$(\overline{A})^{c} = \left(\bigcap_{F \supset A, F\text{闭}} F \right)^{c} = \bigcup_{F^c \subset A^c, F^c\text{开}} F^{c} = \bigcup_{U \subset A^c, U\text{开}} U = (A^{c})^{\circ}.$$

【评注】 (a) 由 (1) 和 (2) 易得

$$\partial \left(\bigcap_{i=1}^{n} A_i \right) \subset \bigcup_{i=1}^{n} \partial A_i, \quad \partial \left(\bigcup_{i=1}^{n} A_i \right) \subset \bigcup_{i=1}^{n} \partial A_i;$$

(b) 本题之 (3) 表明, 在拓扑空间中, 集合的内部与闭包是对偶关系;

(c) 本题将应用于习题 12.16 和习题 12.17 的证明.

2.21 设 X, Y 都是拓扑空间, $A \subset X$, $B \subset Y$, 则

(1) $\overline{A} \times \overline{B} = \overline{A \times B}$;

(2) $A^\circ \times B^\circ = (A \times B)^\circ$;

(3) $\partial A \times \partial B \subset \partial (A \times B) \subset (\partial A \times Y) \cup (X \times \partial B)$.

证明 (1) 设 $(x, y) \in \overline{A} \times \overline{B}$, 则 $x \in \overline{A}$, $y \in \overline{B}$. 又设 $\tilde{P}$ 是积空间 $X \times Y$ 中点 (x, y) 的任意一个邻域, 为证 $(x, y) \in \overline{A \times B}$, 由习题 2.16 之 (1) 知, 只需证明 $\tilde{P} \cap (A \times B) \neq \varnothing$. 为此, 任取开集 $U \times V$, 使得 $(x, y) \in U \times V \subset \tilde{P}$, 则由 $x \in U$, $y \in V$ 知, $U \cap A \neq \varnothing$, $V \cap B \neq \varnothing$, 从而

$$(U \times V) \cap (A \times B) = (U \cap A) \times (V \cap B) \neq \varnothing,$$

故 $\tilde{P} \cap (A \times B) \neq \varnothing$.

反过来, 设 $(x, y) \in \overline{A \times B}$, 分别任取 x, y 的邻域 M, N, 注意到 $M \times N$ 是积空间 $X \times Y$ 中点 (x, y) 的邻域, 由习题 2.16 之 (1) 知, $(M \times N) \cap (A \times B) \neq \varnothing$, 于是

$$(M \cap A) \times (N \cap B) \neq \varnothing,$$

故 $M \cap A \neq \varnothing$, $N \cap B \neq \varnothing$, 这说明 $x \in \overline{A}$, $y \in \overline{B}$, 从而 $(x, y) \in \overline{A} \times \overline{B}$.

(2) 由下面连串推理得到结论:

$(x, y) \in (A \times B)^\circ \Leftrightarrow A \times B \in \mathcal{N}(x, y)$

$\Leftrightarrow \exists$ 开集 $U \subset X$, $V \subset Y$, 使得 $(x, y) \in U \times V \subset A \times B$

$\Leftrightarrow \exists$ 开集 $U \subset X$, $V \subset Y$, 使得 $x \in U \subset A, y \in V \subset B$

$\Leftrightarrow x \in A^\circ, y \in B^\circ$

$\Leftrightarrow (x, y) \subset A^\circ \times B^\circ$.

(3) 由 (1) 和 (2) 知

$$\partial A \times \partial B = \left(\overline{A} \backslash A^\circ\right) \times \left(\overline{B} \backslash B^\circ\right) \subset \left(\overline{A} \times \overline{B}\right) \backslash (A^\circ \times B^\circ)$$

$$= \overline{A \times B} \backslash (A \times B)^\circ = \partial (A \times B),$$

$$\partial (A \times B) = \overline{A \times B} \backslash (A \times B)^\circ = \left(\overline{A} \times \overline{B}\right) \backslash (A^\circ \times B^\circ)$$

$$\subset \left[\left(\overline{A} \backslash A^\circ\right) \times Y\right] \cup \left[X \times \left(\overline{B} \backslash B^\circ\right)\right]$$

$$= (\partial A \times Y) \cup (X \times \partial B).$$

【评注】　(a) 本题之 (1) 表明, 闭集的乘积是积空间中的闭集 (开集的乘积是积空间中的开集, 由积拓扑的定义这是显然的).

(b) 设 $X_1, X_2, \cdots, X_n$ 都是拓扑空间, $A_i \subset X_i, i = 1, 2, \cdots, n$, 则本题之 (3) 可以重新写成

$$\bigcap_{i=1}^{n} \pi_i^{-1}(\partial A_i) \subset \partial \left(\underset{i=1}{\overset{n}{\times}} A_i \right) \subset \bigcup_{i=1}^{n} \pi_i^{-1}(\partial A_i),$$

其中 π_i 是 $\underset{i=1}{\overset{n}{\times}} X_i$ 到 X_i 的坐标映射. 此评注将应用于命题 4.46 的证明.

2.22　设 X 为拓扑空间, F 为 X 的闭集, 若 F 中有序列收敛于 x, 则 $x \in F$.

证明　设 $\{x_n, n \geqslant 1\} \subset F$, 且 $\lim_{n \to \infty} x_n = x$. 谬设 $x \notin F$, 即 $x \in F^c$. 对于 x 的这个邻域 F^c, 由拓扑空间中序列收敛的定义, 存在 $n_0 \in \mathbb{N}$, 只要 $n > n_0$, 就有 $x_n \in F^c$, 此与 $\{x_n, n \geqslant 1\} \subset F$ 的假设相矛盾.

【评注】　由该题可以引申出关于完备度量空间的一个重要结论: **完备性对闭子空间是可遗传的.**

2.3 连续映射

2.3.1 内容提要

定义 2.31　设 $(X, \rho), (Y, \sigma)$ 是两个度量空间, $f : X \to Y$.

(i) 称 f 在点 $x \in X$ 处是 ρ-σ **连续的**, 如果 $\forall \varepsilon > 0, \exists \delta > 0$, 只要 $x' \in X$, $\rho(x, x') < \delta$, 就有 $\sigma(f(x), f(x')) < \varepsilon$;

(ii) 称 f 是 ρ-σ 连续的, 简称连续的, 如果 f 在每一点 $x \in X$ 处都是 ρ-σ 连续的.

命题 2.32　设 $(X, \rho), (Y, \sigma)$ 是两个度量空间, $f : X \to Y$, 则 f 在点 $x \in X$ 处 ρ-σ 连续 $\Leftrightarrow \forall \varepsilon > 0, \exists \delta > 0$, s.t. $f(B_\rho(x, \delta)) \subset B_\sigma(f(x), \varepsilon)$.

定理 2.33　设 $(X, \rho), (Y, \sigma)$ 是两个度量空间, $f : X \to Y$, 则

(i) f 在点 $x \in X$ 处是 ρ-σ 连续的 $\Leftrightarrow$ 若 N 是 Y 中点 $f(x)$ 的邻域, 则 $f^{-1}(N)$ 是 X 中点 x 的邻域;

(ii) f 是 ρ-σ 连续的 $\Leftrightarrow$ 若 G 是 σ-开集, 则 $f^{-1}(G)$ 是 ρ-开集.

定义 2.34　设 $(X, \mathcal{T}), (Y, \mathcal{U})$ 是两个拓扑空间, $f : X \to Y$.

(i) 称 f 在点 $x \in X$ 是 $\mathcal{T}$-$\mathcal{U}$ 连续的, 如果 Y 中点 $f(x)$ 的每个邻域在 f 下的逆像都是 X 中点 x 的邻域;

(ii) 称 f 是 $\mathcal{T}$-$\mathcal{U}$ 连续的, 如果 Y 的每个开集在 f 下的逆像都是 X 的开集.

命题 2.35 设 X, Y 都是拓扑空间, $f : X \to Y$. 若 f 在点 $x \in X$ 处连续, 则对 X 中收敛于 x 的序列 $\{x_n, n \geqslant 1\}$, 都有 $f(x_n) \to f(x)$.

定理 2.37 f 连续 $\Leftrightarrow \forall t \in T, f_t$ 连续.

命题 2.38 对于度量空间 $X, C(X), C_b(X)$ 都是 Banach 空间.

定义 2.39 设 X, Y 都是拓扑空间, $f : X \to Y$.

(i) 称 f 为**开映射**, 如果 X 的每个开集 G 的像 $f(G)$ 都是 Y 的开集;

(ii) 称 f 为**闭映射**, 如果 X 的每个闭集 F 的像 $f(F)$ 都是 Y 的闭集;

(iii) 称 f 为**同胚映射**, 如果 f 是双射, 且 f 及 f^{-1} 都连续.

命题 2.40 设 X, Y 都是拓扑空间, $f : X \to Y$ 为双射, 则下列各条等价:

(i) f 是同胚映射;

(ii) f 是连续的开映射;

(iii) f 是连续的闭映射.

2.3.2 习题 2.3 解答与评注

2.23 设 $f : \mathbb{R} \to \mathbb{C}$ 为连续函数, 则 $\mathrm{Re} f$ 和 $\mathrm{Im} f$ 都是实值连续函数.

证明 我们仅证 $\mathrm{Re} f$ 是连续函数, 这只需证明 $\mathrm{Re} f$ 在任意的 $x \in \mathbb{R}$ 处连续.

事实上, $\forall \varepsilon > 0$, 因为 f 在 x 处连续, 存在 $\delta > 0$, 使得 $\forall x' \in \mathbb{R}$, 只要 $|x - x'| < \delta$, 就有 $\sigma(f(x), f(x')) < \varepsilon$, 这里 σ 是复空间 $\mathbb{C}$ 中的通常度量, 即

$$\sigma(f(x), f(x')) = \sqrt{\left[\mathrm{Re} f(x) - \mathrm{Re} f(x')\right]^2 + \left[\mathrm{Im} f(x) - \mathrm{Im} f(x')\right]^2},$$

所以 $|\mathrm{Re} f(x) - \mathrm{Re} f(x')| < \varepsilon$, 这表明 $\mathrm{Re} f$ 在 x 处连续.

2.24 证明如下 4 个二元函数 $f_i : \mathbb{R}^2 \to \mathbb{R}$ 都是连续函数:

(1) $f_1(x, y) = x + y$;

(2) $f_2(x, y) = xy$;

(3) $f_3(x, y) = \max\{x, y\}$;

(4) $f_4(x, y) = \min\{x, y\}$.

证明 任意固定 $(x_0, y_0) \in \mathbb{R}^2$, 只需证明 f_i 在点 (x_0, y_0) 处连续.

(1) 易得

$$|f_1(x, y) - f_1(x_0, y_0)| \leqslant |x - x_0| + |y - y_0| \leqslant 2\rho((x, y), (x_0, y_0)),$$

$\forall \varepsilon > 0$, 取 $\delta = \dfrac{\varepsilon}{2}$, 则当 $\rho((x, y), (x_0, y_0)) < \delta$ 时, $|f_1(x, y) - f_1(x_0, y_0)| < \varepsilon$, 故 f 在点 (x_0, y_0) 处连续.

(2) 取 M 充分大使 $|x_0| \leqslant M, |y_0| \leqslant M$, 于是

$$|f_2(x, y) - f_2(x_0, y_0)| \leqslant |x| |y - y_0| + |y_0| |x - x_0|$$

$$\leqslant (|x| + M)\, \rho\left((x,y),(x_0,y_0)\right)$$

$$\leqslant [\rho\left((x,y),(x_0,y_0)\right) + 2M]\, \rho\left((x,y),(x_0,y_0)\right).$$

$\forall \varepsilon > 0$, 取一个满足不等式 $(\delta + 2M)\delta < \varepsilon$ 的正数 δ, 则当 $\rho\left((x,y),(x_0,y_0)\right) < \delta$ 时, $|f_2(x,y) - f_2(x_0,y_0)| < \varepsilon$, 故 f_2 在点 (x_0,y_0) 处连续.

(3) 易得

$$|f_3(x,y) - f_3(x_0,y_0)| = \left| \frac{x + y + |x - y|}{2} - \frac{x_0 + y_0 + |x_0 - y_0|}{2} \right|$$

$$\leqslant \frac{1}{2}\left[|x - x_0| + |y - y_0| + ||x - y| - |x_0 - y_0||\right]$$

$$\leqslant |x - x_0| + |y - y_0|$$

$$\leqslant 2\rho\left((x,y),(x_0,y_0)\right),$$

余下证明同 (1).

(4) 易得

$$|f_4(x,y) - f_4(x_0,y_0)| = \left| \frac{x + y - |x - y|}{2} - \frac{x_0 + y_0 - |x_0 - y_0|}{2} \right|$$

$$\leqslant \frac{1}{2}\left[|x - x_0| + |y - y_0| + ||x - y| - |x_0 - y_0||\right]$$

$$\leqslant |x - x_0| + |y - y_0|$$

$$\leqslant 2\rho\left((x,y),(x_0,y_0)\right),$$

余下证明同 (1).

【评注】　(a) $\max\{x,y\} = \dfrac{x + y + |x - y|}{2}$, $\min\{x,y\} = \dfrac{x + y - |x - y|}{2}$;

(b) 本题之 (1) 中的函数可以推广到多维欧氏空间, 即 $f: \mathbb{R}^d \times \mathbb{R}^d \to \mathbb{R}^d$, $(\boldsymbol{x}, \boldsymbol{y}) \mapsto \boldsymbol{x} + \boldsymbol{y}$ 是连续函数.

2.25　设 (X, ρ) 为度量空间.

(1) 对任意的 $A \subset X$, 函数 $x \mapsto \rho(x, A)$ 都一致连续;

(2) 若 $F \subset X$ 为闭集, $f_n(x) = \left(\dfrac{1}{1 + \rho(x, F)}\right)^n$, $n \geqslant 1$, 则 f_n 连续且 $f_n \downarrow I_F$.

证明　(1) $\forall x, y \in X$, 设 $z \in A$, 则

$$\rho(x, z) \leqslant \rho(x, y) + \rho(y, z),$$

先对左边的 z 取下确界得

$$\rho\left(x, A\right) \leqslant \rho\left(x, y\right) + \rho\left(y, z\right),$$

接下来对右边的 z 取下确界得

$$\rho\left(x, A\right) \leqslant \rho\left(x, y\right) + \rho\left(y, A\right),$$

因而

$$\rho\left(x, A\right) - \rho\left(y, A\right) \leqslant \rho\left(x, y\right).$$

同理

$$\rho\left(y, A\right) - \rho\left(x, A\right) \leqslant \rho\left(x, y\right).$$

合并以上两个不等式得到

$$\left|\rho\left(x, A\right) - \rho\left(y, A\right)\right| \leqslant \rho\left(x, y\right),$$

这表明 $x \mapsto \rho\left(x, A\right)$ 一致连续.

(2) f_n 的连续性由 (1) 保证, 现利用习题 2.19 之 (2) 分两种情况证明后半部分.

① 若 $x \in F$, 则 $\rho\left(x, F\right) = 0$, 因而 $f_n\left(x\right) \equiv 1 \downarrow 1 = I_F\left(x\right)$.

② 若 $x \notin F$, 则 $\rho\left(x, F\right) > 0$, 因而 $f_n\left(x\right) = \left(\dfrac{1}{1 + \rho\left(x, F\right)}\right)^n \downarrow 0 = I_F\left(x\right)$.

【评注】 (a) 对于闭集 F, 存在有界连续函数列 $\{f_n, n \geqslant 1\}$, 使得 $0 \leqslant f_n \leqslant 1$ 且 $f_n \downarrow I_F$; 对应地, 对于开集 G, 存在有界连续函数列 $\{g_n, n \geqslant 1\}$, 使得 $0 \leqslant g_n \leqslant 1$ 且 $g_n \uparrow I_G$.

(b) 本题之 (1) 将应用于命题 5.6 的证明, 本题之 (2) 将应用于习题 9.22 的证明.

2.26 设 (X, ρ) 为度量空间, F_1, F_2 是 X 的两个闭子集, $F_1 \cap F_2 = \varnothing$, 则存在 X 上的连续函数 f, 满足

(1) $0 \leqslant f \leqslant 1$;

(2) $f\left(x\right) = \begin{cases} 1, & x \in F_1, \\ 0, & x \in F_2. \end{cases}$

证明 因为 F_1 和 F_2 是互不相交的闭集, 所以由习题 2.19 之 (2) 知

$$\rho\left(x, F_1\right) + \rho\left(x, F_2\right) > 0, \quad \forall x \in X.$$

令

$$f\left(x\right) = \frac{\rho\left(x, F_1\right)}{\rho\left(x, F_1\right) + \rho\left(x, F_2\right)},$$

易见 f 满足 (1) 和 (2). 另外, 由习题 2.25 之 (1) 知 $\rho(x, F_1)$ 和 $\rho(x, F_2)$ 均是 x 的连续函数, 所以 f 也是连续函数.

2.27　设 (X, ρ), (Y, σ) 是两个度量空间, $f : X \to Y$, $X_0 = C(f)$, 其中 $C(f)$ 是 f 的所有连续点的集合. 若 $X_0 \neq \varnothing$, 则 $f|_{X_0}$ 连续, 其中 $f|_{X_0}$ 是 f 限制在 X_0 上的映射, 即 $f|_{X_0} : X_0 \to Y$.

证明　任取 $x_0 \in X_0 = C(f)$, 我们证明 $f|_{X_0}$ 在 x_0 处连续.

设 $y_0 = f(x_0)$, 则 $\forall \varepsilon > 0$, 由 f 在 x_0 处连续及命题 2.32 知, $\exists \delta > 0$, s.t.

$$f\left(B_\rho\left(x_0, \delta\right)\right) \subset B_\sigma\left(f\left(x_0\right), \varepsilon\right),$$

从而

$$f|_{X_0}\left(X_0 \cap B_\rho\left(x_0, \delta\right)\right) \subset B_\sigma\left(f\left(x_0\right), \varepsilon\right).$$

注意到 $X_0 \cap B_\rho\left(x_0, \delta\right)$ 是 X_0 中点 x_0 的 δ-球形邻域, 由命题 2.32 知 $f|_{X_0}$ 在 x_0 处连续.

【评注】　本题将应用于习题 6.25 的证明.

2.28　设 $(X, \mathcal{T})$, $(Y, \mathcal{U})$ 是两个拓扑空间, $\mathcal{S}$ 和 $\mathcal{B}$ 分别是空间 Y 的子基和基, $f : X \to Y$, 则下列各条等价:

(1) f 连续;

(2) $\forall S \in \mathcal{S}$, $f^{-1}(S) \in \mathcal{T}$;

(3) $\forall B \in \mathcal{B}$, $f^{-1}(B) \in \mathcal{T}$.

证明　"(1) $\Rightarrow$ (2)". 注意到 $\mathcal{S} \subset \mathcal{T}$, 由定义 2.34 即得.

"(2) $\Rightarrow$ (3)". 记

$$\mathcal{B}^* = \{S_1 \cap S_2 \cap \cdots \cap S_n : S_i \in \mathcal{S}, i = 1, 2, \cdots, n, n \in \mathbb{N}\},$$

则 $\mathcal{B}^*$ 是拓扑 $\mathcal{U}$ 的一个基. 对 $\mathcal{B}^*$ 中每个元 $B^* = S_1 \cap S_2 \cap \cdots \cap S_n$, 由 (2) 知

$$f^{-1}(B^*) = f^{-1}(S_1 \cap S_2 \cap \cdots \cap S_n) = f^{-1}(S_1) \cap f^{-1}(S_2) \cap \cdots \cap f^{-1}(S_n) \in \mathcal{T}.$$

$\forall B \in \mathcal{B} \subset \mathcal{U}$, 因 $\mathcal{B}^*$ 是 $\mathcal{U}$ 的基, 故 $\exists \mathcal{B}_0 \subset \mathcal{B}^*$, s.t. $B = \bigcup\limits_{B^* \in \mathcal{B}_0} B^*$, 从而

$$f^{-1}(B) = f^{-1}\left(\bigcup_{B^* \in \mathcal{B}_0} B^*\right) = \bigcup_{B^* \in \mathcal{B}_0} f^{-1}(B^*) \in \mathcal{T}.$$

"(3) $\Rightarrow$ (1)". $\forall G \in \mathcal{U}$, 因 $\mathcal{B}$ 是 $\mathcal{U}$ 的基, 故 $\exists \mathcal{B}_0 \subset \mathcal{B}$, s.t. $G = \bigcup\limits_{B \in \mathcal{B}_0} B$, 从而由 (3) 知

$$f^{-1}(G) = f^{-1}\left(\bigcup_{B \in \mathcal{B}_0} B\right) = \bigcup_{B \in \mathcal{B}_0} f^{-1}(B) \in \mathcal{T}.$$

2.29 (投影映射连续) 设 $\{(X_t, \mathcal{T}_t), t \in T\}$ 为一族拓扑空间, $I \subset T$ 为有限集, $\pi_I^T : \underset{t \in T}{\times} X_t \to \underset{t \in I}{\times} X_t$ 为投影映射, 试证 π_I^T 连续.

证明 对 $\underset{t \in I}{\times} X_t$ 中任一基元 $\underset{t \in I}{\times} G_t$, 其中诸 $G_t \in \mathcal{T}_t$, 由习题 2.12 知

$$\left(\pi_I^T\right)^{-1} \left(\underset{t \in I}{\times} G_t\right) = \left(\underset{t \in I}{\times} G_t\right) \times \left(\underset{t \in T \setminus I}{\times} X_t\right)$$

是 $\left(\underset{t \in T}{\times} X_t, \underset{t \in T}{\times} \mathcal{T}_t\right)$ 中的基元, 再由习题 2.28 之 (3) 知 π_I^T 连续.

【评注】 本题将应用于引理 12.30 的证明.

2.30 设 $(X, \mathcal{T})$, $(Y, \mathcal{U})$ 是两个拓扑空间, $A \subset X$, $B \subset Y$, $f : X \to Y$ 为连续映射, 则

(1) $f\left(\overline{A}\right) \subset \overline{f(A)}$, $\overline{f^{-1}(B)} \subset f^{-1}\left(\overline{B}\right)$;

(2) $f^{-1}(B^\circ) \subset [f^{-1}(B)]^\circ$.

证明 (1) $\forall x \in \overline{A}$, 我们验证 $f(x) \in \overline{f(A)}$. 事实上, 设 N 是 $f(x)$ 在 Y 中的任一邻域, 则由 f 是连续映射知 $f^{-1}(N)$ 是 x 在 X 中的一个邻域, 由习题 2.16 之 (1),

$$f^{-1}(N) \cap A \neq \varnothing,$$

从而由习题 1.11 之 (3) 得

$$\varnothing \neq f\left(f^{-1}(N) \cap A\right) \subset f\left(f^{-1}(N)\right) \cap f(A) \subset N \cap f(A),$$

再由习题 2.16 之 (1) 得 $f(x) \in \overline{f(A)}$.

由刚才所证的结果和习题 1.25 之 (2) 立得

$$f\left(\overline{f^{-1}(B)}\right) \subset \overline{f(f^{-1}(B))} \subset \overline{B},$$

由此得到 $\overline{f^{-1}(B)} \subset f^{-1}\left(\overline{B}\right)$.

(2) 由 f 的连续性知开集 B° 的逆像 $f^{-1}(B^\circ)$ 是开集, 再由 $f^{-1}(B^\circ) \subset f^{-1}(B)$ 知 $f^{-1}(B^\circ) \subset [f^{-1}(B)]^\circ$.

【评注】 本题将应用于引理 12.30 的证明.

2.31 设 X, Y 是两个拓扑空间, $y_0 \in Y$, f 是把 X 的每个元素都映射为 y_0 的常值映射, 则 f 连续.

证明 设 G 是 Y 的任一开集, 则

$$f^{-1}(G) = \begin{cases} X, & y_0 \in G, \\ \varnothing, & y_0 \notin G, \end{cases}$$

这表明 $f^{-1}(G)$ 总是 X 的开集, 从而 f 连续.

2.32　设 X 是拓扑空间, $f, g \in C(X)$, $a, b \in \mathbb{R}$, 则

(1) $|f| \in C(X)$;

(2) $af + bg \in C(X)$;

(3) $fg \in C(X)$;

(4) $\max\{f, g\} \in C(X)$;

(5) $\min\{f, g\} \in C(X)$.

证明　(1) $\forall x_0 \in X$, 设 N 是 $|f|(x_0)$ 在 $\mathbb{R}$ 中的一个邻域, 为证 $|f|$ 在点 x_0 连续, 只需证 $|f|^{-1}(N)$ 是 x_0 在 X 中的一个邻域. 为此, 选取某个球形邻域 $B(|f|(x_0), \varepsilon)$, 使得 $B(|f|(x_0), \varepsilon) \subset N$. 注意到 $|f|^{-1}(B(|f|(x_0), \varepsilon)) \subset |f|^{-1}(N)$, 我们只需证明 $|f|^{-1}(B(|f|(x_0), \varepsilon))$ 是 x_0 在 X 中的一个邻域即可.

由 f 在点 x_0 连续知 $f^{-1}(B(f(x_0), \varepsilon))$ 是点 x_0 的一个开邻域, 且当 $x \in f^{-1}(B(f(x_0), \varepsilon))$ 时,

$$||f|(x) - |f|(x_0)| \leqslant |f(x) - f(x_0)| < \varepsilon,$$

故 $f^{-1}(B(f(x_0), \varepsilon)) \subset |f|^{-1}(B(|f|(x_0), \varepsilon))$, 这说明 $|f|^{-1}(B(|f|(x_0), \varepsilon))$ 是 x_0 在 X 中的一个邻域, 由 x_0 的任意性知 $|f| \in C(X)$.

(2) $\forall x_0 \in X$, 设 N 是 $(af + bg)(x_0)$ 的一个邻域, 下证 $(af + bg)^{-1}(N)$ 是 x_0 的一个邻域. 为此, 选取某个球形邻域 $B((af+bg)(x_0), \varepsilon)$, 使得 $B((af+bg)(x_0), \varepsilon) \subset N$. 只需证明 $(af + bg)^{-1}(B((af + bg)(x_0), \varepsilon))$ 是 x_0 的一个邻域.

由 f, g 在点 x_0 连续知 $f^{-1}\left(B\left(f(x_0), \dfrac{\varepsilon}{2|a|}\right)\right)$, $g^{-1}\left(B\left(g(x_0), \dfrac{\varepsilon}{2|b|}\right)\right)$ 都是点 x_0 的开邻域, 且当 $x \in f^{-1}\left(B\left(f(x_0), \dfrac{\varepsilon}{2|a|}\right)\right) \cap g^{-1}\left(B\left(g(x_0), \dfrac{\varepsilon}{2|b|}\right)\right)$ 时,

$$|(af + bg)(x) - (af + bg)(x_0)| \leqslant |a||f(x) - f(x_0)| + |b||g(x) - g(x_0)| < \varepsilon,$$

故

$$f^{-1}\left(B\left(f(x_0), \frac{\varepsilon}{2|a|}\right)\right) \cap g^{-1}\left(B\left(g(x_0), \frac{\varepsilon}{2|b|}\right)\right)$$
$$\subset (af + bg)^{-1}(B((af + bg)(x_0), \varepsilon)),$$

这说明 $(af + bg)^{-1}(B((af + bg)(x_0), \varepsilon))$ 是 x_0 在 X 中的一个邻域, 由 x_0 的任意性知 $af + bg \in C(X)$.

(3) $\forall x_0 \in X$, 设 N 是 $(fg)(x_0)$ 的一个邻域, 下证 $(fg)^{-1}(N)$ 是 x_0 的一个邻域. 为此, 选取某个球形邻域 $B((fg)(x_0),\varepsilon)$, 使得 $B((fg)(x_0),\varepsilon) \subset N$. 只需证明 $(fg)^{-1}(B((fg)(x_0),\varepsilon))$ 是 x_0 的一个邻域.

令 $M = \max\{|g(x_0)| + \varepsilon, |f(x_0)|\}$, 由 f, g 在点 x_0 连续知 $f^{-1}\Big(B\Big(f(x_0),\dfrac{\varepsilon}{2M}\Big)\Big)$, $g^{-1}\Big(B\Big(g(x_0),\dfrac{\varepsilon}{2M}\Big)\Big)$ 都是点 x_0 的开邻域, 且当 $x \in f^{-1}\Big(B\Big(f(x_0),\dfrac{\varepsilon}{2M}\Big)\Big) \cap g^{-1}\Big(B\Big(g(x_0),\dfrac{\varepsilon}{2M}\Big)\Big)$ 时,

$$|(fg)(x) - (fg)(x_0)| \leqslant |g(x)||f(x) - f(x_0)| + |f(x_0)||g(x) - g(x_0)|$$
$$\leqslant [|g(x) - g(x_0)| + |g(x_0)|]|f(x) - f(x_0)| + |f(x_0)||g(x) - g(x_0)|$$
$$\leqslant [\varepsilon + |g(x_0)|]|f(x) - f(x_0)| + |f(x_0)||g(x) - g(x_0)|$$
$$< M\frac{\varepsilon}{2M} + M\frac{\varepsilon}{2M} = \varepsilon,$$

故

$$f^{-1}\Big(B\Big(f(x_0),\frac{\varepsilon}{2M}\Big)\Big) \cap g^{-1}\Big(B\Big(g(x_0),\frac{\varepsilon}{2M}\Big)\Big) \subset (fg)^{-1}(B((fg)(x_0),\varepsilon)),$$

这说明 $(fg)^{-1}(B((fg)(x_0),\varepsilon))$ 是 x_0 在 X 中的一个邻域, 由 x_0 的任意性知 $fg \in C(X)$.

(4) 由 (1) 和 (2) 知 $\max\{f,g\} = \dfrac{f + g + |f - g|}{2} \in C(X)$.

(5) 由 (1) 和 (2) 知 $\min\{f,g\} = \dfrac{f + g - |f - g|}{2} \in C(X)$.

2.33 (粘接定理) 设 X, Y 是两个拓扑空间, $f: X \to Y$.

(1) 若 $G_1, G_2, \cdots, G_n$ 是 X 中满足 $\bigcup\limits_{i=1}^{n} G_i = X$ 的开集, 诸 $f|_{G_i}$[①] 都连续, 则 f 在 X 上连续;

(2) 若 $F_1, F_2, \cdots, F_n$ 是 X 中满足 $\bigcup\limits_{i=1}^{n} F_i = X$ 的闭集, 诸 $f|_{F_i}$ 都连续, 则 f 在 X 上连续.

证明 (1) 设 G_Y 是 Y 中任一开集, 注意到 $f^{-1}(G_Y) \cap G_i = (f|_{G_i})^{-1}(G_Y)$, 这表明 $f^{-1}(G_Y) \cap G_i$ 是 G_i 的开集, 因而也是 X 的开集, 于是 $f^{-1}(G_Y) = \bigcup\limits_{i=1}^{n}(f^{-1}(G_Y) \cap G_i)$ 是 X 的开集, 从而完成 f 在 X 上连续的证明.

---

① $f|_A$ 在习题 2.27 中定义过, 意指 f 限制在 A 上的映射, 即 $f|_A: A \to Y$.

(2) 设 F_Y 是 Y 中任一闭集, 注意到 $f^{-1}(F_Y) \cap F_i = (f|_{F_i})^{-1}(F_Y)$, 这表明 $f^{-1}(F_Y) \cap F_i$ 是 F_i 的闭集, 因而也是 X 的闭集, 于是 $f^{-1}(F_Y) = \bigcup_{i=1}^{n} (f^{-1}(F_Y) \cap F_i)$ 是 X 的闭集, 从而完成 f 在 X 上连续的证明.

2.34　设 X 是拓扑空间, $\{f_n, n \geqslant 1\} \subset C(X)$, f_n 一致收敛于 f, 则 $f \in C(X)$.

证明　$\forall x_0 \in X$, 设 N 是 $f(x_0)$ 在 $\mathbb{R}$ 中的一个邻域, 为证 f 在点 x_0 连续, 只需证 $f^{-1}(N)$ 是 x_0 在 X 中的一个邻域. 为此, 选取某个球形邻域 $B(f(x_0), \varepsilon)$, 使得 $B(f(x_0), \varepsilon) \subset N$. 注意到 $f^{-1}(B(f(x_0), \varepsilon)) \subset f^{-1}(N)$, 我们只需证明 $f^{-1}(B(f(x_0), \varepsilon))$ 是 x_0 在 X 中的一个邻域即可.

由 f_n 一致收敛于 f, 存在 $N \in \mathbb{N}$, 使得

$$|f_N(x) - f(x)| < \frac{\varepsilon}{3}, \quad x \in X.$$

特别地,

$$|f_N(x_0) - f(x_0)| < \frac{\varepsilon}{3}.$$

由 f_N 在点 x_0 连续可知 $f_N^{-1}\left(B\left(f_N(x_0), \frac{\varepsilon}{3}\right)\right)$ 是点 x_0 的一个开邻域, 且当 $x \in f_N^{-1}\left(B\left(f_N(x_0), \frac{\varepsilon}{3}\right)\right)$ 时,

$$|f(x) - f(x_0)| \leqslant |f(x) - f_N(x)| + |f_N(x) - f_N(x_0)| + |f_N(x_0) - f(x_0)|$$
$$< \frac{\varepsilon}{3} + \frac{\varepsilon}{3} + \frac{\varepsilon}{3} = \varepsilon,$$

故 $f_N^{-1}\left(B\left(f_N(x_0), \frac{\varepsilon}{3}\right)\right) \subset f^{-1}(B(f(x_0), \varepsilon))$, 这说明 $f^{-1}(B(f(x_0), \varepsilon))$ 是 x_0 在 X 中的一个邻域, 由 x_0 的任意性知 $f \in C(X)$.

【评注】　本题将应用于定理 2.62、引理 22.13 和定理 11.24 的证明.

2.35　设 (X, ρ), (Y, σ) 是两个度量空间, 称满射 $f : X \to Y$ 是**保距的**, 如果 $\forall x_1, x_2 \in X$, $\sigma(f(x_1), f(x_2)) = \rho(x_1, x_2)$. 证明: 保距映射是同胚映射.

证明　f 是同胚映射由下面三条保证.

(1) f 是单射 (因而是双射).

设 $x_1, x_2 \in X$, $f(x_1) = f(x_2)$, 由 f 是保距映射得

$$\rho(x_1, x_2) = \sigma(f(x_1), f(x_2)) = 0,$$

从而 $x_1 = x_2$, 故 f 是单射.

(2) f 是连续的.

$\forall x_0 \in X$ 及 $\varepsilon > 0$, 取 $\delta = \varepsilon$, 当 $\rho(x, x_0) < \delta$ 时,

$$\sigma(f(x), f(x_0)) = \rho(x, x_0) < \delta = \varepsilon,$$

这表明 f 在点 x_0 处连续, 因而 f 连续.

(3) $f^{-1}: Y \to X$ 是保距映射 (因而由 (2) 知 f^{-1} 也是连续映射).

$\forall y_1, y_2 \in Y$, 令 $f^{-1}(y_1) = x_1$, $f^{-1}(y_2) = x_2$, 则 $f(x_1) = y_1$, $f(x_2) = y_2$. 由 f 是保距映射得

$$\rho\left(f^{-1}(y_1), f^{-1}(y_2)\right) = \rho(x_1, x_2) = \sigma(f(x_1), f(x_2)) = \sigma(y_1, y_2),$$

故 f^{-1} 是保距映射.

【评注】 作为保距的线性变换, d 维欧氏空间 $\mathbb{R}^d$ 到自身的正交变换是 $\mathbb{R}^d$ 到自身的一个同胚映射.

2.4 可数性和可分性

2.4.1 内容提要

定义 2.41 设 X 为拓扑空间, $\mathcal{N}(x)$ 是 $x \in X$ 的邻域系.

(i) 称 $\mathcal{B}(x) \subset \mathcal{N}(x)$ 为 x 的**邻域基**, 如果 $\forall N \in \mathcal{N}(x)$, $\exists B \in \mathcal{B}(x)$, s.t. $B \subset N$.

(ii) 称 X 为**第一可数空间**, 如果对每个点 $x \in X$, 存在 x 的可数邻域基, 即有 x 的可数个邻域组成的邻域基.

注记 2.42 设 $\mathcal{B}(x)$ 是 x 的邻域基, 对 $\mathcal{B}(x)$ 中的每个元素 $B(x)$, 任取 x 的开邻域 $U(x)$, 使得 $U(x) \subset B(x)$, 则由诸 $U(x)$ 组成的集族仍然是 x 的邻域基, 称之为 x 的**开邻域基**.

命题 2.43 度量空间是第一可数空间.

引理 2.44 设 X 是第一可数空间, 则每个 $x \in X$ 有可数邻域基 $\{V_n, n \geqslant 1\}$ 适合条件

$$V_1 \supset V_2 \supset \cdots \supset V_n \supset \cdots,$$

称之为 x 的**可数邻域套基**.

命题 2.45 设 X 是第一可数空间, $A \subset X$, 则

$$x \in A^d \Leftrightarrow A \setminus \{x\} \text{ 中有序列收敛于 } x.$$

命题 2.46 设 X, Y 都是拓扑空间, 且 X 是第一可数空间, 则 $f: X \to Y$ 连续 $\Leftrightarrow$ 若 X 中序列 $\{x_n, n \geqslant 1\}$ 收敛于 x, 则 Y 中序列 $\{f(x_n), n \geqslant 1\}$ 收敛于 $f(x)$.

定义 2.47　称拓扑空间 X 为**第二可数空间**, 如果 X 具有可数基, 即有可数个开集组成的基.

命题 2.48　凡第二可数空间必是第一可数空间.

定理 2.49　至多可数个第二可数空间的积空间仍然是第二可数空间.

推论 2.50　$\mathbb{R}^d$ 和 $\mathbb{R}^\infty$ 的每个子空间都是第二可数空间.

定义 2.51　设 X 为拓扑空间, $A, B \subset X$.

(i) 若 A 中每个点的任意邻域中都含有 B 的点, 即 $A \subset \overline{B}$ (习题 2.16), 则称 B 在 A 中**稠密**;

(ii) 若 A 有至多可数的稠密子集, 则称 A 是**可分的**;

(iii) 若 X 自身是可分的, 则称 X 是可分空间.

命题 2.53　凡第二可数空间必是可分空间.

推论 2.54　$\mathbb{R}^d$ 和 $\mathbb{R}^\infty$ 中每个集合都是可分的.

2.4.2　习题 2.4 解答与评注

2.36　(1) 第一可数空间的每个子空间仍然是第一可数空间;

(2) 第二可数空间的每个子空间仍然是第二可数空间.

证明　(1) 设 X 是第一可数空间, X_0 是 X 的任一子空间. $\forall x_0 \in X_0$, 假设 $\mathcal{B}(x_0)$ 是空间 X 中点 x_0 的可数邻域基, 易证 $X_0 \cap \mathcal{B}(x_0)$ 是子空间 X_0 中点 x_0 的可数邻域基, 从而 X_0 是第一可数空间.

(2) 设 X 是第二可数空间, $\mathcal{U}$ 是 X 的可数基, X_0 是 X 的任一子空间, 由习题 2.9 之 (1) 知 $X_0 \cap \mathcal{U}$ 是子空间 X_0 的基, 注意到 $X_0 \cap \mathcal{U}$ 是可数族便知 X_0 是第二可数空间.

2.37　设 X 是第一可数空间, $A \subset X$, 则 A 是闭集 $\Leftrightarrow$ A 中收敛序列的极限均属于 A.

证明　"$\Rightarrow$". 见习题 2.22.

"$\Leftarrow$". 设 $x \in A^d$, 则由命题 2.45 知, $A \setminus \{x\}$ 中有序列收敛于 x, 而由假设知此 $x \in A$, 故 $A^d \subset A$. 于是, 由习题 2.13 知 A 是闭集.

2.38　设 X 是第一可数空间, 且 X 是可数集, 证明: X 是第二可数空间.

证明　对每个 $x \in X$, 由 X 是第一可数空间知, 存在 x 的一个可数开邻域基 $\mathcal{B}(x)$. 令 $\mathcal{B} = \bigcup_{x \in X} \mathcal{B}(x)$, 我们断言 $\mathcal{B}$ 是 X 的一个可数基, 从而 X 是第二可数空间. 事实上, 首先 $\mathcal{B}$ 中元素可数是显然的, 其次由定义 2.15 易知 $\mathcal{B}$ 是 X 的一个基.

2.39 (稠密性具有传递性)　设 X 是拓扑空间, $A, B, C \subset X$, 若 A 在 B 中稠密, B 在 C 中稠密, 则 A 在 C 中稠密.

证明 因为 A 在 B 中稠密, 即 $B \subset \overline{A}$, B 在 C 中稠密, 即 $C \subset \overline{B}$, 所以 $C \subset \overline{A}$, 这表明 A 在 C 中稠密.

2.40 设 $A \subset \mathbb{R}$ 为至多可数点集, 则 $\mathbb{R} \backslash A$ 在 $\mathbb{R}$ 中稠密.

证明 首先断言 $A^\circ = \varnothing$. 事实上, 若 $x \in A^\circ$, 注意到 A° 为开集, 则由例 2.12 之 (ii) 知, $\exists a, b \in \mathbb{R}$, 使得 $x \in (a, b) \subset A^\circ$, 从而 $\varnothing \neq (a, b) \subset A$, 但注意到 A 是至多可数点集, 这是不可能的.

接下来, 由习题 2.20 之 (3) 知

$$\overline{\mathbb{R} \backslash A} = \mathbb{R} \backslash A^\circ = \mathbb{R} \backslash \varnothing = \mathbb{R},$$

故 $\mathbb{R} \backslash A$ 在 $\mathbb{R}$ 中稠密.

2.41 (1) $\mathbb{Q}$ 是 $\mathbb{R}$ 的可数稠密子集;

(2) $\mathbb{R}^d$ 中的全体有理点 (各坐标均为有理数的点) 的集合是 $\mathbb{R}^d$ 的可数稠密子集.

证明 只证 (1), 可完全类似地证明 (2). 首先 $\mathbb{Q}$ 是可数集为显然; 其次为证 $\overline{\mathbb{Q}} = \mathbb{R}$, 只需注意到 $\forall x \in \mathbb{R}$, x 的每个邻域中都含有 $\mathbb{Q}$ 中的点.

2.42[①] (Baire 定理) 设 X 是完备度量空间, $\{V_n, n \geqslant 1\}$ 是 X 中一列稠密的开子集, 则 $\bigcap\limits_{n=1}^{\infty} V_n$ 也在 X 中稠密.

证明 设 B_0 是 X 的任一非空开集, 则存在一半径小于 1 的开球 B_1, 使得 $\overline{B_1} \subset V_1 \cap B_0$. 由归纳法, 对每个 $n \geqslant 1$, 存在一半径小于 $\dfrac{1}{n}$ 的开球 B_n, 使得 $\overline{B_n} \subset V_n \cap B_{n-1}$. 注意到诸 B_n 的球心 x_n 构成 X 中的一基本列, 从而收敛于 X 中某一点 x, 且显然有 $x \in K = \bigcap\limits_{n=1}^{\infty} \overline{B_n}$. 因为 $K \subset B_0 \cap \left(\bigcap\limits_{n=1}^{\infty} V_n \right)$, 所以 B_0 与 $\bigcap\limits_{n=1}^{\infty} V_n$ 的交非空, 此结合习题 2.16 之 (2) 知 $\bigcap\limits_{n=1}^{\infty} V_n$ 在 X 中稠密.

2.43 设 (X, ρ) 是度量空间, 则 X 第二可数 $\Leftrightarrow$ X 可分.

证明 "$\Rightarrow$". 由命题 2.53 保证.

"$\Leftarrow$". 设 D 是 X 的可数稠密子集, 令

$$\mathcal{B} = \left\{ B\left(x, \frac{1}{n} \right) : x \in D, n \geqslant 1 \right\},$$

显然 $\mathcal{B}$ 是 X 的可数开集族, 下面证明 $\mathcal{B}$ 是 X 的基.

设 G 是 X 的任一开集, 则由度量空间中开集的定义知, $\forall y \in G$, $\exists n \geqslant 1$, s.t. $B\left(y, \dfrac{1}{n} \right) \subset G$. 因为 D 在 X 中稠密, 所以 $B\left(y, \dfrac{1}{2n} \right) \cap D \neq \varnothing$. 任取

---

① 本题应该与习题 11.2 对照.

$z \in B\left(y, \dfrac{1}{2n}\right) \cap D$, 则 $\rho(z, y) < \dfrac{1}{2n}$. 我们断言 $B\left(z, \dfrac{1}{2n}\right) \subset B\left(y, \dfrac{1}{n}\right)$. 事实上, 若 $w \in B\left(z, \dfrac{1}{2n}\right)$, 则 $\rho(w, z) < \dfrac{1}{2n}$, 于是

$$\rho(w, y) \leqslant \rho(w, z) + \rho(z, y) < \frac{1}{2n} + \frac{1}{2n} = \frac{1}{n},$$

即 $w \in B\left(y, \dfrac{1}{n}\right)$, 这完成了断言的证明. 这样一来, $y \in B\left(z, \dfrac{1}{2n}\right) \subset G$, 而 $B\left(z, \dfrac{1}{2n}\right) \in \mathcal{B}$, 这表明 $\mathcal{B}$ 是 X 的基.

2.5 分 离 性

2.5.1 内容提要

定义 2.55 称拓扑空间 X 是 $\boldsymbol{T_1}$ 的, 如果 $\forall x, y \in X, x \neq y$, 存在 $U \in \mathcal{N}(x)$, $V \in \mathcal{N}(x)$, 使得 $y \notin U, x \notin V$, 即任意两个不同的点都有不包含另一点的邻域.

定理 2.56 拓扑空间 X 是 T_1 的 $\Leftrightarrow$ X 中每个单点集都是闭集.

定义 2.57 称拓扑空间 X 为 **Hausdorff 空间** 或 T_2 **空间**, 如果 X 中任意两个不同的点总能被一对不相交的开集所分离.

定理 2.58 拓扑空间 X 为 Hausdorff 空间 $\Leftrightarrow$ 在 $X \times X$ 中的对角线 $\Delta = \{(x, x) : x \in X\}$ 是闭集.

定义 2.59 称拓扑空间 X 为**正规空间**, 如果 X 的任意一对互不相交的闭集总能被一对互不相交的开集所分离.

命题 2.60 度量空间是正规空间.

定理 2.61 (Urysohn 引理) 设 X 为正规空间, E 和 F 为 X 的两个不交闭集, 则存在连续函数 $f : X \to [0, 1]$, 使得 f 在 E 上取值为 0, 在 F 上取值为 1.

定理 2.62 (Tietze 扩张定理) 设 X 为正规空间, E 是 X 的闭集, $f \in C_b(E)$, 则存在 $\tilde{f} \in C_b(X)$, 使得 $\tilde{f}$ 在 E 上的限制 $\tilde{f}|_E = f$, 且 $\sup\limits_{x \in X} \left|\tilde{f}(x)\right| = \sup\limits_{x \in E} |f(x)|$.

2.5.2 习题 2.5 解答与评注

2.44 拓扑空间 X 是 T_1 的 $\Leftrightarrow$ X 的任何有限子集都是闭集.

证明 "$\Rightarrow$". 设 $A = \{x_1, x_2, \cdots, x_n\}$ 是 X 的有限子集, 由定理 2.56 的必要性知诸 $\{x_i\}$ 都是闭集, 而有限多个闭集的并还是闭集, 所以 $A = \bigcup\limits_{i=1}^{n} \{x_i\}$ 是闭集.

"$\Leftarrow$". 这是定理 2.56 的充分性部分的特别情形.

2.45 设 X 是 T_1 空间, $A \subset X$, 则 $x \in A^d \Leftrightarrow \forall U \in \mathcal{N}(x)$, $U \cap A$ 都是无限集, 即 U 包含 A 的无限多个点.

证明 "$\Leftarrow$". 据聚点的定义得到.

"$\Rightarrow$". 设 $x \in A^d$, $U \in \mathcal{N}(x)$ 而 $U \cap A$ 为有限集, 则由习题 2.44 知, $B = (U \cap A) \setminus \{x\}$ 是 X 中不包含 x 的闭集, 于是 $V = U \setminus B$ 是 x 的开邻域, $V \in \mathcal{N}(x)$. 然而

$$V \cap (A \setminus \{x\}) = (U \setminus B) \cap (A \setminus \{x\}) = (U \cap A) \setminus (B \cup \{x\})$$

$$= (U \cap A) \setminus [((U \cap A) \cup \{x\})] = \varnothing,$$

此与 $x \in A^d$ 矛盾.

2.46 设 X, Y 都是拓扑空间且 Y 是 Hausdorff 空间, $f, g : X \to Y$ 均为连续映射, 则 $A = \{x \in X : f(x) = g(x)\}$ 是 X 的闭集.

证明 考虑 $Y \times Y$ 中的对角线 $\Delta = \{(y, y) : y \in Y\}$, 由定理 2.58, Δ 是 $Y \times Y$ 的闭集. 令

$$(f, g) : X \to Y \times Y,$$

则由 f, g 的连续性及定理 2.37 知 (f, g) 连续, 故 $A = (f, g)^{-1}(\Delta)$ 是 X 的闭集.

2.47 (习题 2.3 中条件的减弱) 设 X 为 Hausdorff 空间, 则 X 中每个收敛序列的极限是唯一的.

证明 设 $\{x_n, n \geqslant 1\}$ 是 X 中的收敛序列, 且 $x_n \to x$, $x_n \to y$. 若 $x \neq y$, 则存在不交开集 U, V, 使得 $x \in U$, $y \in V$. 根据定义 2.29, $\{x_n\}$ 既终在 U 中, 又终在 V 中, 从而终在 $U \cap V = \varnothing$ 中, 这是不可能的.

2.48 度量空间是正规空间.

证明 设 A, B 是度量空间 (X, ρ) 中互不相交的闭集, $\forall x \in A$, $y \in B$, 则由习题 2.19 之 (2) 知 $\delta_x = \rho(x, B) > 0$, $\delta_y = \rho(y, A) > 0$. 令

$$U = \bigcup_{x \in A} B\left(x, \frac{1}{2}\delta_x\right), \quad V = \bigcup_{x \in B} B\left(y, \frac{1}{2}\delta_y\right),$$

则 U, V 分别是包含 A, B 的开集, 且 $U \cap V = \varnothing$, 故 X 是正规空间.

2.49 设 X, Y 都是拓扑空间, Y 是 Hausdorff 空间, D 是 X 的稠密子集. 如果映射 $f : D \to Y$ 在 X 上有连续的扩张映射 $f^* : X \to Y$, 那么这样的扩张映射是唯一的.

证明 设 $f^*, g^* : X \to Y$ 都是 f 的连续扩张映射, 记 $A = \{x \in X : f^*(x) = g^*(x)\}$, 则 $D \subset A$. 由习题 2.46, A 是 X 的闭集, 于是

$$X = \overline{D} \subset \overline{A} = A \subset X,$$

从而 $A = X$, 即 f 的连续扩张映射是唯一的.

2.6   紧   性

2.6.1   内容提要

定义 2.63   设 $(X, \mathcal{T})$ 为拓扑空间, $A \subset X$. 若 A 的任何开覆盖总有一个有限的子覆盖, 则称 A 为**紧集**; 若 X 自身是紧集, 则称 X 为**紧空间**.

命题 2.64   拓扑空间 X 是紧的 $\Leftrightarrow$ X 的每个具有有限交性质的闭集族的交不空.

定理 2.65   设 X 为 Hausdorff 空间, K 和 L 为 X 的紧集, 且 $K \cap L = \varnothing$, 则存在开集 U 和 V, 使得 $K \subset U, L \subset V, U \cap V = \varnothing$, 即 Hausdorff 空间中任意一对互不相交的紧集能被一对互不相交的开集所分离.

命题 2.66   设 $f : (X, \mathcal{T}) \to (Y, \mathcal{U})$ 为连续映射, 若 A 是 X 的紧集, 则 $f(A)$ 是 Y 的紧集. 特别地, 若 X 是紧空间, f 是连续满射, 则 Y 是紧集.

定理 2.67 (Tychonoff 乘积定理)   设 $\{(X_t, \mathcal{T}_t), t \in T\}$ 是一族紧空间, 则积空间 $\left(\underset{t \in T}{\times} X_t, \underset{t \in T}{\times} \mathcal{T}_t \right)$ 是紧的.

定义 2.68   设 $(X, \mathcal{T})$ 为拓扑空间, 若 X 的每个开覆盖都有可数子覆盖, 则称 X 是 **Lindelöf 空间**.

定理 2.69   第二可数空间必是 Lindelöf 空间.

推论 2.70   第二可数空间的每个子空间都是 Lindelöf 空间.

定义 2.71   设 $(X, \mathcal{T})$ 为拓扑空间, $A \subset X$. 若 A 的任何可数开覆盖总有一个有限子覆盖, 则称 A 为**可数紧集**; 如果 X 自身是可数紧集, 则称 X 为**可数紧空间**.

命题 2.72   设 X 为拓扑空间, $A \subset X$, 则 A 是可数紧的 $\Leftrightarrow$ 如果 $\{A \cap G_n, n \geqslant 1\}$ 是 A 中相对开集组成的 A 的可数覆盖, 那么 $\{A \cap G_n, n \geqslant 1\}$ 中包含一个 A 的有限子覆盖.

定理 2.73   设 X 是可数紧空间, A 是 X 的无限子集, 则 $A^{\mathrm{d}} \neq \varnothing$.

推论 2.74 (Bolzano-Weierstrass 定理)   任何有界数列都有收敛的子序列.

推论 2.75 (Cauchy 收敛准则)   数列 $\{a_n, n \geqslant 1\}$ 收敛 $\Leftrightarrow$ $\forall \varepsilon > 0$, 存在正整数 N, 使得当 $n, m \geqslant N$ 时, $|a_n - a_m| < \varepsilon$.

定义 2.76   设 X 为拓扑空间, $A \subset X$.

(i) 若 A 中任一序列都有收敛的子序列 (不要求极限点在 A 中), 则称 A 为**列紧集**;

(ii) 若 A 是列紧闭集, 则称 A 为**自列紧集**, 即 A 中任何序列总有收敛于 A 中某点的子序列;

(iii) 若 X 自身是列紧集, 则称 X 为**列紧空间**.

命题 2.77 设 X 为拓扑空间, $A \subset X$.

(i) 若 A 是列紧闭集, 则 A 是自列紧集;

(ii) 若进一步假设 X 是第一可数的 Hausdorff 空间, 则 A 是列紧闭集 $\Leftrightarrow$ A 是自列紧集.

命题 2.78 设 X 是第一可数空间, $A \subset X$. 若 A 是紧的, 则 A 是列紧的.

2.6.2 习题 2.6 解答与评注

2.50 设 X 为拓扑空间, $K \subset X$ 为紧集.

(1) 若 $U \subset X$ 为开集, 则 $K \backslash U$ 为紧集;

(2) 若 $F \subset K$ 为闭集, 则 F 为紧集.

证明 (1) 设 $\{U_\alpha, \alpha \in \Lambda\}$ 是 $K \backslash U$ 的任一开覆盖, 则由习题 1.1 之 (1) 知 $\{U, U_\alpha, \alpha \in \Lambda\}$ 是 K 的开覆盖, 注意到 K 是紧集, 存在 K 的有限子覆盖 $\{U, U_{\alpha_1}, \cdots, U_{\alpha_n}\}$, 仍然由习题 1.1 之 (1) 知 $\{U_{\alpha_1}, \cdots, U_{\alpha_n}\}$ 是 $K \backslash U$ 的开覆盖, 故 $K \backslash U$ 是紧集.

(2) 设 $\{U_\alpha, \alpha \in \Lambda\}$ 是 F 的任一开覆盖, 则 $\{F^c, U_\alpha, \alpha \in \Lambda\}$ 是 K 的开覆盖. 注意到 K 是紧集, 存在 K 的有限子覆盖 $\{F^c, U_{\alpha_1}, \cdots, U_{\alpha_n}\}$, 于是, $\{U_{\alpha_1}, \cdots, U_{\alpha_n}\}$ 是 F 的开覆盖, 故 F 是紧集.

【评注】 本题之 (2) 可以概括为 "紧集的闭子集是紧集", 它将应用于定理 12.5 的证明.

2.51 紧 Hausdorff 空间是正规空间.

证明 由习题 2.50 之 (2) 知紧拓扑空间中的闭集是紧集, 故结论由定理 2.65 直接推得.

【评注】 本题将应用于定理 11.8 和定理 11.10 的证明.

2.52 设 X 为 Hausdorff 空间, K 为 X 的紧集, U_1 和 U_2 均为 X 的开集, $K \subset U_1 \cup U_2$, 则存在紧集 K_1 和 K_2, 使得 $K_1 \subset U_1$, $K_2 \subset U_2$, $K = K_1 \cup K_2$.

证明 记 $L_1 = K \backslash U_1$, $L_2 = K \backslash U_2$, 则由习题 2.50 之 (1) 知 L_1 和 L_2 均为紧集, 另外, 由 $K \subset U_1 \cup U_2$ 知 $L_1 \cap L_2 = \varnothing$. 于是, 由定理 2.65, 存在开集 V_1 和 V_2, 使得 $L_1 \subset V_1$, $L_2 \subset V_2$, $V_1 \cap V_2 = \varnothing$. 定义 $K_1 = K \backslash V_1$, $K_2 = K \backslash V_2$, 再次由习题 2.50 之 (1) 知 K_1 和 K_2 均为紧集, 且由包含关系 $L_1 \subset V_1$ 及 $L_1 = K \backslash U_1$ 得

$$K_1 = KV_1^c \subset KL_1^c = K \cap (K \backslash U_1)^c = KU_1,$$

从而 $K_1 \subset U_1$. 同理 $K_2 \subset U_2$. 最后由 K_1, K_2 的定义及 $V_1 \cap V_2 = \varnothing$ 得

$$K_1 \cup K_2 = (KV_1^c) \cup (KV_2^c) = K.$$

【评注】　本题将应用于定理 11.9 的证明.

2.53　$\mathbb{R}$ 中任何有界闭区间 $[a,b]$ 都是紧集.

证明　设 $\mathcal{A}$ 是 $\mathbb{R}$ 中 $[a,b]$ 的任意一个开覆盖, 记

$$A = \left\{ x \in [a,b] : \mathcal{A} \text{ 有有限子集族覆盖 } [a,x] \right\},$$

显然 $a \in A$, b 是 A 的一个上界, 因而 A 有上确界 $c \in [a,b]$. 下面证明 $c = b$, 从而 $\mathcal{A}$ 有有限子集族覆盖 $[a,b]$, 故 $[a,b]$ 是 $\mathbb{R}$ 的紧子集.

$1°$ 往证 $c \in A$. 不妨设 $a < c$ (否则 $c = a \in A$). 因 $\mathcal{A}$ 是 $[a,b]$ 的开覆盖, 有 $G \in \mathcal{A}$, 使得 $c \in G$, 于是存在 $\varepsilon > 0$, 使得 $(c - \varepsilon, c] \subset [a,b] \cap G$. 因 $c - \varepsilon$ 不是 A 的上界, 有 $d \in (c - \varepsilon, c)$, 使得 $\mathcal{A}$ 有有限子集族 $\mathcal{A}'$ 覆盖 $[a,d]$, 从而 $\mathcal{A}$ 的有限子集族 $\mathcal{A}' \cup \{G\}$ 覆盖 $[a,c]$, 故 $c \in A$.

$2°$ 往证 $c = b$. 谬设 $c < b$, 则由 $1°$ 知, $\mathcal{A}$ 有有限子集族 $\{G_1, G_2, \cdots, G_n\}$ 覆盖 $[a,c]$. 设 $c \in G_i (1 \leqslant i \leqslant n)$, 则 $\exists \varepsilon > 0$, s.t. $[c, c + \varepsilon] \subset [a,b] \cap G_i$, 于是

$$[a, c + \varepsilon] \subset G_1 \cup G_2 \cup \cdots \cup G_n,$$

这说明 $c + \varepsilon \in A$, 此与 c 是 A 的上界矛盾.

【评注】　本题结论不难推广成数学分析中熟知的 **Heine-Borel 定理**: $\mathbb{R}$ 中任何有界闭集都是紧集.

事实上, 设 F 是 $\mathbb{R}$ 中任意一个有界闭集, 则存在有界闭区间 $[a,b]$, 使得 $F \subset [a,b]$, 本题已证 $[a,b]$ 是紧集, 由习题 2.50 之 (2) 知 F 是紧集.

2.54　设 A 是 Hausdorff 空间 X 的紧集.

(1) 若 $x \in X$, $x \notin A$, 则存在 X 的开集 U, V, 使得 $x \in U$, $A \subset V$, $U \cap V = \varnothing$;

(2) A 是闭集.

证明　(1) $\forall y \in A$, 注意到 $x \neq y$ 及 X 的分离性, 分别有 x, y 的开邻域 U_y, V_y, 使得 $U_y \cap V_y = \varnothing$. 于是

$$\mathcal{A} = \{V_y : y \in A\}$$

是 X 中 A 的开覆盖, 从而存在 A 的有限子覆盖 $\{V_{y_1}, \cdots, V_{y_n}\}$.

令 $U = U_{y_1} \cap \cdots \cap U_{y_n}$, $V = V_{y_1} \cup \cdots \cup V_{y_n}$, 则 U, V 都是 X 的开集, $x \in U$, $A \subset V$, 且

$$U \cap V = (U_{y_1} \cap \cdots \cap U_{y_n}) \cap (V_{y_1} \cup \cdots \cup V_{y_n})$$

$$\subset \bigcup_{i=1}^{n} (U_{y_i} \cap V_{y_i}) = \varnothing.$$

(2) $\forall x \in A^c$, 则由 (1) 知, 存在 X 的开集 U, V, 使得 $x \in U$, $A \subset V$, $U \cap V = \varnothing$, 于是 $x \in U \subset A^c$, 由定理 2.14 知 A^c 是开集, 从而 A 是闭集.

【评注】 本题之 (2) 将应用于推论 11.7 和习题 11.1 的证明.

2.55 设 X 为拓扑空间, $A \subset X$ 为可数紧集. 若 $F \subset A$ 为闭集, 则 F 为可数紧集.

证明 设 $\{U_n, n \geqslant 1\}$ 是 F 的任一可数开覆盖, 则 $\{F^c, U_n, n \geqslant 1\}$ 是 A 的可数开覆盖. 注意到 A 是可数紧集, 存在 A 的有限子覆盖 $\{F^c, U_{n_1}, \cdots, U_{n_m}\}$, 于是, $\{U_{n_1}, \cdots, U_{n_m}\}$ 是 F 的开覆盖, 故 F 是可数紧集.

【评注】 本题结论可以概括为 "可数紧集的闭子集是可数紧集".

2.7 度量空间中的紧性特征

2.7.1 内容提要

定义 2.79 设 (X, ρ) 是度量空间, $A \subset X$.

(i) 称 A 是**有界的**, 如果存在 $M > 0$, 使 $\forall x, y \in A$, 都有 $\rho(x, y) \leqslant M$;

(ii) 当 A 有界时, 称 $d(A) := \sup \{\rho(x, y) : x, y \in A\}$ 为 A 的**直径**;

(iii) 设 $\mathcal{A}$ 是 A 的开覆盖, 称 $\delta > 0$ 为 $\mathcal{A}$ 的 **Lebesgue 数**, 如果对 A 的任何子集 B, 只要 $d(B) < \delta$, B 就必然包含在 $\mathcal{A}$ 的某个元素之中.

命题 2.80 设 (X, ρ) 是度量空间, $A \subset X$ 是列紧闭集, 则 A 的任何开覆盖都存在 Lebesgue 数.

定义 2.81 设 (X, ρ) 是度量空间, $A, B \subset X$.

(i) 如果存在 $\varepsilon > 0$, 使得

$$\bigcup_{x \in B} B(x, \varepsilon) \supset A,$$

那么称 B 是 A 的 **ε-网**;

(ii) 如果 $\forall \varepsilon > 0$, A 总有有限的 ε-网 $\{x_1, x_2, \cdots, x_n\} \subset A$ (点的个数 n 可以随 ε 而变化), 那么称 A 是**完全有界的**.

命题 2.82 设 A 是度量空间的完全有界集, 则 A 是有界的且是可分的.

命题 2.83 设 (X, ρ) 是度量空间, $A \subset X$, 则 A 是完全有界的 $\Leftrightarrow$ A 中任何一个序列 $\{x_n, n \geqslant 1\}$ 都包含一个基本子序列.

命题 2.84 (完全有界集与列紧集的关系) 设 (X, ρ) 是度量空间, $A \subset X$.

(i) 若 A 是列紧的, 则 A 是完全有界的;

(ii) 若进一步假设 X 完备, 则 A 是列紧的 $\Leftrightarrow$ A 是完全有界的.

定理 2.85　设 (X,ρ) 是度量空间, $A \subset X$, 则 A 是紧集 $\Leftrightarrow$ A 是列紧闭集.

命题 2.86　设 $A \subset \mathbb{R}^d$, 则 A 是列紧集 $\Leftrightarrow$ A 是有界集.

2.7.2　习题 2.7 解答与评注

2.56　设 (X,ρ) 是度量空间, $A \subset X$ 为紧集. 若 $f : A \to \mathbb{R}$ 为连续函数, 则 f 是一致连续的.

证明　$\forall x \in A$ 及 $\varepsilon > 0$, 由连续函数的定义, 存在 $\delta_x > 0$, 当 $y \in A$ 且 $\rho(x,y) < \delta_x$ 时, 有 $|f(x) - f(y)| < \varepsilon$.

记 $\mathcal{A} = \{B(x, \delta_x) : x \in A\}$, 它是 A 的开覆盖, 由命题 2.80 知, $\mathcal{A}$ 有 Lebesgue 数 $\delta > 0$. 于是, $\forall x, y \in A$, 若 $\rho(x,y) < \delta$, 则 $\{x,y\}$ 包含在 $\mathcal{A}$ 中某元素 $B(z, \delta_z)$ 中, 故

$$|f(x) - f(y)| \leqslant |f(x) - f(z)| + |f(z) - f(y)| < \frac{\varepsilon}{2} + \frac{\varepsilon}{2} = \varepsilon,$$

这表明 f 是一致连续的.

2.57　证明命题 2.82.

证明　先证 A 是有界的. 设 $\{x_1, x_2, \cdots, x_n\}$ 是 A 的有限 1-网, 则 $\bigcup\limits_{i=1}^{n} B(x_i, 1) \supset A$, 于是 $\forall x, y \in A$, 存在 $i, j\,(1 \leqslant i, j \leqslant n)$, 使得 $x \in B(x_i, 1)$, $y \in B(x_j, 1)$. 取

$$M = \max\{\rho(x_i, x_j) : 1 \leqslant i, j \leqslant n\} + 2,$$

则

$$\rho(x,y) \leqslant \rho(x, x_i) + \rho(x_i, x_j) + \rho(x_j, y)$$

$$\leqslant 1 + (M - 2) + 1 = M,$$

这表明 A 是有界集.

再证 A 是可分的. 对每个 $n \geqslant 1$, 令 $\left\{x_1^{(n)}, x_2^{(n)}, \cdots, x_{k_n}^{(n)}\right\}$ 是 A 的有限的 $\frac{1}{n}$-网, 则 $B = \left\{x_i^{(n)}, i = 1, 2, \cdots, k_n, n \geqslant 1\right\}$ 是至多可数集, 我们断言 B 在 A 中稠密.

事实上, $\forall x \in A$ 及 $\varepsilon > 0$, 当 $n > \frac{1}{\varepsilon}$ 时, 由 $A \subset \bigcup\limits_{i=1}^{k_n} B\left(x_i^{(n)}, \frac{1}{n}\right)$ 知, 必有 i 使得 $x \in B\left(x_i^{(n)}, \frac{1}{n}\right)$, 从而 $\rho\left(x, x_i^{(n)}\right) < \frac{1}{n} < \varepsilon$, 于是 $x_i^{(n)} \in B(x, \varepsilon)$, 这表明 A 中每个点的任意邻域中都含有 B 中的点, 故 B 在 A 中稠密.

2.58 设 $f:[a,b] \to \mathbb{R}$ 为连续函数, 则 $\{f(x): a \leqslant x \leqslant b\}$ 是有界闭集, 并且存在 $x_1, x_2 \in [a,b]$, 使对任意的 $x \in [a,b]$,

$$f(x_1) \leqslant f(x) \leqslant f(x_2).$$

证明 因为 $[a,b]$ 是 $\mathbb{R}$ 的紧集, 由命题 2.66 知 $\{f(x): a \leqslant x \leqslant b\}$ 也是 $\mathbb{R}$ 的紧集, 从而 $\{f(x): a \leqslant x \leqslant b\}$ 是 $\mathbb{R}$ 中的有界闭集. 记

$$M = \sup\{f(x): x \in [a,b]\}, \quad m = \inf\{f(x): x \in [a,b]\},$$

则由 $\{f(x): a \leqslant x \leqslant b\}$ 的有界性知 $-\infty < m \leqslant M < \infty$, 再由 $\{f(x): a \leqslant x \leqslant b\}$ 是闭集知 $m, M \in \{f(x): a \leqslant x \leqslant b\}$, 即存在 $x_1, x_2 \in [a,b]$, 使得 $f(x_1) = m$, $f(x_2) = M$. 故 $\forall x \in [a,b]$, $f(x_1) \leqslant f(x) \leqslant f(x_2)$.

【评注】 (a) 本题阐述的是数学分析中熟知的结论: 闭区间上的连续函数有界, 并且能取到最大值和最小值;

(b) 将 "$f:[a,b] \to \mathbb{R}$ 为连续函数" 中的闭区间 $[a,b]$ 换成 $\mathbb{R}$ 的紧集, 结论不变.

2.59 设 X 是拓扑空间, $f \in C_c(X)$, 则 $f \in C_b(X)$ 且 f 有最大值和最小值.

证明 因为 $\mathrm{supp}(f)$ 是 X 的紧集, 所以由命题 2.66 知 $f(\mathrm{supp}(f))$ 是 $\mathbb{R}$ 的紧集, 从而 $f(\mathrm{supp}(f))$ 有界. 注意到 $f(X) \subset f(\mathrm{supp}(f)) \cup \{0\}$, 便知 $f(X)$ 有界, 故 $f \in C_b(X)$.

下面证明 f 有最大值. 记 $M = \sup\{f(x): x \in \mathrm{supp}(f)\}$, 且不妨假设 $M > 0$, 则存在 $x_n \in \mathrm{supp}(f)$, 使得 $f(x_n) \uparrow M$. 注意到 $\mathrm{supp}(f)$ 是列紧闭集, 从而存在 $\{x_n, n \geqslant 1\}$ 的子序列 $\{x_{n_k}, k \geqslant 1\}$, 使得 $x_{n_k} \to x_0$ (某个). 由 f 的连续性, $f(x_{n_k}) \to f(x_0)$, 再由极限的唯一性知 $f(x_0) = M$.

类似地可证明 f 有最小值.

【评注】 本题将应用于习题 11.6 的证明.

2.60 设 X 是拓扑空间, $f, g \in C_c(X)$, $a, b \in \mathbb{R}$, 则

(1) $|f| \in C_c(X)$;

(2) $af + bg \in C_c(X)$;

(3) $fg \in C_c(X)$;

(4) $\max\{f, g\} \in C_c(X)$;

(5) $\min\{f, g\} \in C_c(X)$.

证明 由习题 2.32 知 (1)—(5) 涉及的函数都是连续函数, 剩下的只需证明它们都是具紧支撑的.

(1) 由 $f \in C_c(X)$ 知 $\overline{\{|f| \neq 0\}} = \overline{\{f \neq 0\}}$ 是紧集.

(2) 由习题 2.20 之 (1),

$$\overline{\{af + bg \neq 0\}} \subset \overline{\{f \neq 0\} \cup \{g \neq 0\}} = \overline{\{f \neq 0\}} \cup \overline{\{g \neq 0\}}$$

是紧集.

(3) 由习题 2.20 之 (1),

$$\overline{\{fg \neq 0\}} = \overline{\{f \neq 0\} \cap \{g \neq 0\}} \subset \overline{\{f \neq 0\}} \cup \overline{\{g \neq 0\}}$$

是紧集.

(4) 由 (1) 和 (2) 知 $\max\{f, g\} = \dfrac{f + g + |f - g|}{2} \in C_c(X)$.

(5) 由 (1) 和 (2) 知 $\min\{f, g\} = \dfrac{f + g - |f - g|}{2} \in C_c(X)$.

【评注】　本题将应用于引理 11.36 的证明.

第 3 章 集   类

第 1 章提及过, 一个具体问题的解决往往都会被限制在某个特定范围内考虑, 这个特定范围就是全空间. 本章的目的就是在全空间上赋予不同类型的结构——集类, 并探索不同集类之间的内在联系.

本章的基础性作用几乎遍及测度论的每一个角落, 能否自如地运用单调类定理和 π-λ 定理几乎成了检阅读者是否能够真正进入测度论核心理论的试金石.

3.1 几种常见的集类

3.1.1 内容提要

定义 3.1 设 $\mathcal{A}$ 是 Ω 上的一个集类.

(i) 称 $\mathcal{A}$ 对**有限交封闭**, 此时又称 $\mathcal{A}$ 为 **π 类**, 如果 $A_1, A_2, \cdots, A_n \in \mathcal{A} \Rightarrow \bigcap\limits_{i=1}^{n} A_i \in \mathcal{A}$;

(ii) 称 $\mathcal{A}$ 对**有限并封闭**, 如果 $A_1, A_2, \cdots, A_n \in \mathcal{A} \Rightarrow \bigcup\limits_{i=1}^{n} A_i \in \mathcal{A}$;

(iii) 称 $\mathcal{A}$ 对**可列交封闭**, 如果 $A_1, A_2, \cdots \in \mathcal{A} \Rightarrow \bigcap\limits_{n=1}^{\infty} A_n \in \mathcal{A}$;

(iv) 称 $\mathcal{A}$ 对**可列并封闭**, 如果 $A_1, A_2, \cdots \in \mathcal{A} \Rightarrow \bigcup\limits_{n=1}^{\infty} A_n \in \mathcal{A}$;

(v) 称 $\mathcal{A}$ 对**差封闭**, 如果 $A, B \in \mathcal{A} \Rightarrow A \backslash B \in \mathcal{A}$;

(vi) 称 $\mathcal{A}$ 对**补封闭**, 如果 $A \in \mathcal{A} \Rightarrow A^c \in \mathcal{A}$.

定义 3.2 称 $\mathcal{E}$ 是 Ω 上的一个**半环**, 如果

(i) $\varnothing \in \mathcal{E}$;

(ii) $\mathcal{E}$ 是 π 类;

(iii) $\mathcal{E}$ 中任两元素之差都能表示成 $\mathcal{E}$ 中元素的有限不交并, 即

$$A, B \in \mathcal{E} \Rightarrow A \backslash B = \biguplus_{i=1}^{n} C_i, \quad \text{其中 } C_1, C_2, \cdots, C_n \in \mathcal{E}.$$

性质 3.4 设 $A_1, \cdots, A_n, B_1, \cdots, B_m$ 都是半环 $\mathcal{E}$ 中的元素, 则 $\bigcup\limits_{i=1}^{n} A_i$,

$$\left(\bigcup_{i=1}^{n} A_i \right) \setminus \left(\bigcup_{j=1}^{m} B_j \right)$$ 都可表示成 $\mathcal{E}$ 中元素的有限不交并.

定义 3.5 称 $\mathcal{A}$ 是 Ω 上的一个**代数**, 如果

(i) $\Omega \in \mathcal{A}$;

(ii) 对补封闭;

(iii) 对有限并封闭.

定义 3.6 称 $\mathcal{F}$ 是 Ω 上的一个 σ **代数**, 如果

(i) $\Omega \in \mathcal{F}$;

(ii) 对补封闭;

(iii) 对可列并封闭.

定理 3.8 若 $\mathcal{F}$ 是代数, 则下列各条等价:

(i) $\mathcal{F}$ 是 σ 代数;

(ii) $\mathcal{F}$ 对单调下降序列的极限封闭, 即 $A_n \in \mathcal{F}, n \geqslant 1, A_n \downarrow \Rightarrow \bigcap_{n=1}^{\infty} A_n \in \mathcal{F}$;

(iii) $\mathcal{F}$ 对单调上升序列的极限封闭, 即 $A_n \in \mathcal{F}, n \geqslant 1, A_n \uparrow \Rightarrow \bigcup_{n=1}^{\infty} A_n \in \mathcal{F}$;

(iv) $\mathcal{F}$ 对可列不交并封闭.

定义 3.9 称 $\mathcal{M} \subset \mathcal{P}(\Omega)$ 是 Ω 上的一个**单调类**, 如果 $\mathcal{M}$ 对单调序列的极限封闭, 即 $\mathcal{M}$ 既对单调上升序列的极限封闭, 又对单调下降序列的极限封闭.

定理 3.10 $\mathcal{M}$ 为 σ 代数当且仅当 $\mathcal{M}$ 既是代数又是单调类. 为便于记忆, 这个结论可简单地写成

$$\sigma \ \text{代数} \ = \ \text{代数} + \ \text{单调类}.$$

定义 3.11 称 $\mathcal{A} \subset \mathcal{P}(\Omega)$ 是 Ω 上的一个 λ **类**, 如果

(i) $\Omega \in \mathcal{A}$;

(ii) 对真差封闭;

(iii) 对单调上升序列的极限封闭.

定理 3.12 $\mathcal{A}$ 为 σ 代数的充要条件是 $\mathcal{A}$ 既是 π 类又是 λ 类. 为便于记忆, 这个结论可简单地写成

$$\sigma \ \text{代数} = \pi \ \text{类} + \lambda \ \text{类}.$$

3.1.2 习题 3.1 解答与评注

3.1 设 $\mathcal{E}$ 为半环, $A_n \in \mathcal{E}, n \in \mathbb{N}$, 则 $\bigcup_{n=1}^{\infty} A_n$ 可表示成 $\mathcal{E}$ 中元素的可列不交并.

证明 将 $\bigcup\limits_{n=1}^{\infty} A_n$ 不交化得 $\bigcup\limits_{n=1}^{\infty} A_n = \biguplus\limits_{n=1}^{\infty} A_n^*$, 其中 $A_n^* = A_1^c \cdots A_{n-1}^c A_n$. 由半环的定义, 每个 A_n^* 都可表示成 $\mathcal{E}$ 中元素的有限不交并, 从而 $\biguplus\limits_{n=1}^{\infty} A_n^*$ $\left(\text{即} \bigcup\limits_{n=1}^{\infty} A_n\right)$ 可表示成 $\mathcal{E}$ 中元素的可列不交并.

【评注】 本题将应用于习题 4.3 的证明.

3.2 设 $\mathcal{C}$ 为一集类, 且 $\varnothing \in \mathcal{C}$, 令

$$\mathcal{G} = \left\{ \bigcap_{i=1}^{n} A_i \text{ 或 } \bigcap_{j=1}^{m} B_j^c \text{ 或 } \left(\bigcap_{i=1}^{n} A_i\right) \cap \left(\bigcap_{j=1}^{m} B_j^c\right) : n, m \geqslant 1, \right.$$

$$\left. A_i, B_j \in \mathcal{C}, 1 \leqslant i \leqslant n, 1 \leqslant j \leqslant m \right\},$$

则 $\mathcal{C} \subset \mathcal{G}$, 且 $\mathcal{G}$ 为半环.

证明 我们只需证明 $\mathcal{G}$ 中任二元素的差都能表示成 $\mathcal{G}$ 中有限多个元素的不交并. 设 $\left(\bigcap\limits_{i=1}^{n_1} A_i\right) \cap \left(\bigcap\limits_{j=1}^{m_1} B_j^c\right) \in \mathcal{G}$, $\left(\bigcap\limits_{i=n_1+1}^{n_2} A_i\right) \cap \left(\bigcap\limits_{j=m_1+1}^{m_2} B_j^c\right) \in \mathcal{G}$, 则

$$\left[\left(\bigcap_{i=1}^{n_1} A_i\right) \cap \left(\bigcap_{j=1}^{m_1} B_j^c\right)\right] \setminus \left[\left(\bigcap_{i=n_1+1}^{n_2} A_i\right) \cap \left(\bigcap_{j=m_1+1}^{m_2} B_j^c\right)\right]$$

$$= \left(\bigcap_{i=1}^{n_1} A_i\right) \cap \left(\bigcap_{j=1}^{m_1} B_j^c\right) \cap \left[\left(\bigcap_{i=n_1+1}^{n_2} A_i\right) \cap \left(\bigcap_{j=m_1+1}^{m_2} B_j^c\right)\right]^c$$

$$= \left(\bigcap_{i=1}^{n_1} A_i\right) \cap \left(\bigcap_{j=1}^{m_1} B_j^c\right) \cap \left[\left(\bigcup_{i=n_1+1}^{n_2} A_i^c\right) \cup \left(\bigcup_{j=m_1+1}^{m_2} B_j\right)\right]$$

$$= \left(\bigcap_{i=1}^{n_1} A_i\right) \cap \left(\bigcap_{j=1}^{m_1} B_j^c\right) \cap \left\{\left(\bigcup_{i=n_1+1}^{n_2} A_i^c\right) \cup \left[\left(\bigcup_{j=m_1+1}^{m_2} B_j\right) \setminus \left(\bigcup_{i=n_1+1}^{n_2} A_i^c\right)\right]\right\}$$

$$= \left[\left(\bigcap_{i=1}^{n_1} A_i\right) \cap \left(\bigcap_{j=1}^{m_1} B_j^c\right) \cap \left(\bigcup_{i=n_1+1}^{n_2} A_i^c\right)\right]$$

$$\cup \left\{\left(\bigcap_{i=1}^{n_1} A_i\right) \cap \left(\bigcap_{j=1}^{m_1} B_j^c\right) \cap \left[\left(\bigcup_{j=m_1+1}^{m_2} B_j\right) \setminus \left(\bigcup_{i=n_1+1}^{n_2} A_i^c\right)\right]\right\}. \qquad ①$$

将 $\bigcup\limits_{i=n_1+1}^{n_2} A_i^c$ 不交化得

$$\bigcup_{i=n_1+1}^{n_2} A_i^c = A_{n_1+1}^c \uplus \left(A_{n_1+1} A_{n_1+2}^c\right) \uplus \cdots \uplus \left(A_{n_1+1} \cdots A_{n_2-1} A_{n_2}^c\right); \qquad ②$$

将 $\bigcup\limits_{j=m_1+1}^{m_2} B_j$ 不交化得

$$\bigcup_{j=m_1+1}^{m_2} B_j = B_{m_1+1} \uplus \left(B_{m_1+1}^c B_{m_1+2}\right) \uplus \cdots \uplus \left(B_{m_1+1}^c \cdots B_{m_2-1}^c B_{m_2}\right),$$

从而

$$\left(\bigcup_{j=m_1+1}^{m_2} B_j\right) \setminus \left(\bigcup_{i=n_1+1}^{n_2} A_i^c\right)$$

$$= \left[\left(\bigcap_{i=n_1+1}^{n_2} A_i\right) \cap B_{m_1+1}\right] \uplus \left[\left(\bigcap_{i=n_1+1}^{n_2} A_i\right) \cap \left(B_{m_1+1}^c \cap B_{m_1+2}\right)\right]$$

$$\uplus \cdots \uplus \left[\left(\bigcap_{i=n_1+1}^{n_2} A_i\right) \cap \left(B_{m_1+1}^c \cap \cdots \cap B_{m_2-1}^c \cap B_{m_2}\right)\right]. \qquad ③$$

将②式和③式代入①式可见，$\left[\left(\bigcap\limits_{i=1}^{n_1} A_i\right) \cap \left(\bigcap\limits_{j=1}^{m_1} B_j^c\right)\right] \setminus \left[\left(\bigcap\limits_{i=n_1+1}^{n_2} A_i\right) \cap \right.$ $\left.\left(\bigcap\limits_{j=m_1+1}^{m_2} B_j^c\right)\right]$ 可以表示成 $\mathcal{G}$ 中有限多个元素的不交并.

【评注】 设 $\mathcal{C}$ 为一集类, 若 $\varnothing \in \mathcal{C}$, 且 $\mathcal{C}$ 对有限交及有限并封闭, 则 $\{A \cap B^c : A, B \in \mathcal{C}\}$ 为半环.

3.3 设 $\mathcal{E}$ 为半代数, 令

$$\mathcal{E}_{\Sigma f} = \left\{\biguplus_{i=1}^{n} A_i : A_1, A_2, \cdots, A_n \in \mathcal{E} \text{ 两两不交}, n \geqslant 2\right\},$$

则 $\mathcal{E}_{\Sigma f}$ 为代数.

证明 $\mathcal{E}_{\Sigma f}$ 为代数由如下三条保证:

(1) $\Omega \in \mathcal{E} \subset \mathcal{E}_{\Sigma f}$.

下面设 $A = \biguplus\limits_{i=1}^{n} A_i$, $B = \biguplus\limits_{j=1}^{m} B_j$, $A_1, A_2, \cdots, A_n \in \mathcal{E}$ 和 $B_1, B_2, \cdots, B_n \in \mathcal{E}$ 分别两两不交, 从而 $A, B \in \mathcal{E}_{\Sigma f}$.

(2) $\mathcal{E}_{\Sigma f}$ 对交封闭: 注意到 $A_i \cap B_j \in \mathcal{E}$, 则有

$$A \cap B = \left(\biguplus_{i=1}^{n} A_i \right) \cap \left(\biguplus_{j=1}^{m} B_j \right) = \biguplus_{i=1}^{n} \biguplus_{j=1}^{m} (A_i \cap B_j) \in \mathcal{E}_{\Sigma f}.$$

(3) $\mathcal{E}_{\Sigma f}$ 对补封闭: 由于诸 $A_i^c \in \mathcal{E}_{\Sigma f}$, 由 (2) 知 $A^c = \bigcap\limits_{i=1}^{n} A_i^c \in \mathcal{E}_{\Sigma f}$.

【评注】 (a) 本题给出了由半代数生成代数的一般方法;

(b) 本题将服务于习题 9.23 和定理 10.21 的证明.

3.4 (1) 设 $\Omega = \{1, 2, 3\}$, 则 $\mathcal{A}_1 = \{\varnothing, \{1\}, \{2, 3\}, \Omega\}$ 和 $\mathcal{A}_2 = \{\varnothing, \{2\}, \{1, 3\}, \Omega\}$ 都是 σ 代数, 但 $\mathcal{A}_1 \cup \mathcal{A}_2$ 不是 σ 代数, 甚至不是代数;

(2) 设 $\Omega = \mathbb{R}$, $I_k = [k-1, k)$, $\mathcal{A}_n = \sigma\{I_k, 1 \leqslant k \leqslant n\}^{①}$, $n \geqslant 1$, 则 $\bigcup\limits_{n=1}^{\infty} \mathcal{A}_n$ 不是 σ 代数.

证明 (1) 容易检查 $\mathcal{A}_1, \mathcal{A}_2$ 都是 σ 代数. 而

$$\mathcal{A}_1 \cup \mathcal{A}_2 = \{\varnothing, \{1\}, \{2\}, \{1, 3\}, \{2, 3\}, \Omega\},$$

显然 $\{1\} \cup \{2\} = \{1, 2\} \notin \mathcal{A}_1 \cup \mathcal{A}_2$, $\mathcal{A}_1 \cup \mathcal{A}_2$ 对有限并不封闭, 故 $\mathcal{A}_1 \cup \mathcal{A}_2$ 不是代数.

(2) 易知 $[0, n) \in \mathcal{A}_n \subset \bigcup\limits_{n=1}^{\infty} \mathcal{A}_n$, $n \geqslant 1$, 但 $\bigcup\limits_{n=1}^{\infty} [0, n) = [0, \infty) \notin \mathcal{A}_n$, $\forall n \geqslant 1$, 从而 $\bigcup\limits_{n=1}^{\infty} [0, n) \notin \bigcup\limits_{n=1}^{\infty} \mathcal{A}_n$, 故 $\bigcup\limits_{n=1}^{\infty} \mathcal{A}_n$ 对可列并不封闭, 它不是 σ 代数.

【评注】 (a) Ω 上任意一族 σ 代数的交仍为 σ 代数;

(b) Ω 上即使有限多个 σ 代数的并也未必是 σ 代数, 甚至不必是代数;

(c) $\mathcal{A}_1, \mathcal{A}_2$ 都是 Ω 上的 σ 代数, 为使 $\mathcal{A}_1 \cup \mathcal{A}_2$ 是 σ 代数, 必须且只需 $\mathcal{A}_1 \subset \mathcal{A}_2$ 或者 $\mathcal{A}_2 \subset \mathcal{A}_1$;

(d) 如果 $\{\mathcal{A}_n, n \geqslant 1\}$ 是 Ω 上一列单调增的 σ 代数, 那么 $\bigcup\limits_{n=1}^{\infty} \mathcal{A}_n$ 是 σ 代数.

3.5 若 Ω 是任意非空集合, 则

$$\mathcal{A} = \{A \subset \Omega : A \text{ 或 } A^c \text{ 至多可数}\}$$

是 Ω 上的一个 σ 代数.

证明 $\mathcal{A}$ 是 Ω 上的一个 σ 代数由如下三条保证:

(1) $\Omega = \varnothing^c \in \mathcal{A}$.

(2) $\mathcal{A}$ 对补封闭: 假设 $A \in \mathcal{A}$, 当 A 至多可数, 即 $(A^c)^c$ 至多可数时, 我们有 $A^c \in \mathcal{A}$; 当 A^c 至多可数时, 也有 $A^c \in \mathcal{A}$.

(3) $\mathcal{A}$ 对可列并封闭: 若 $\{A_n, n \geqslant 1\} \subset \mathcal{A}$, 当每个 A_n 都至多可数时, 显然 $\bigcup\limits_{n=1}^{\infty} A_n$ 至多可数, 因而 $\bigcup\limits_{n=1}^{\infty} A_n \in \mathcal{A}$; 当存在某个 A_{n_0}, 使 $A_{n_0}^c$ 至多可数时,

---

① 生成 σ 代数这个概念见定义 3.15.

$$\left(\bigcup_{n=1}^{\infty} A_n \right)^c = \bigcap_{n=1}^{\infty} A_n^c \ \text{至多可数, 因而也有} \ \bigcup_{n=1}^{\infty} A_n \in \mathcal{A}.$$

【评注】　当 Ω 是无限集时, $\mathcal{A} = \{A \subset \Omega : A \ \text{或} \ A^c \ \text{有限}\}$ 仅是 Ω 上的一个代数, 而非 σ 代数 (见教材例 3.7).

3.6　设 $\mathcal{F}$ 是 σ 代数, $\varnothing \neq A \in \mathcal{F}$, 试问对任意的 $B \subset A$, 是否 $B \in \mathcal{F}$? 若不一定, 试举一反例以明之.

解　答案是不一定, 反例如下:

$\Omega = \{1, 2, 3\}$, 显然 $\mathcal{F} = \{\varnothing, \{1\}, \{2, 3\}, \Omega\}$ 是 σ 代数, 但 $A = \{2, 3\} \in \mathcal{F}$ 的真子集 $B = \{2\} \notin \mathcal{F}$.

【评注】　可测集的子集未必是可测集.

3.7　设 Ω 为有限集, 则 Ω 上任何一个代数都是 σ 代数.

证明　由 Ω 为有限集推知, Ω 的幂集 $\mathcal{P}(\Omega)$ 中仅包含有限多个集合. 若 $\mathcal{A}$ 为 Ω 上的一个代数, 则由 $\mathcal{A} \subset \mathcal{P}(\Omega)$ 知 $\mathcal{A}$ 中仅包含有限多个集合. 因此, $\mathcal{A}$ 中集合的可列并本质都是有限并, 而 $\mathcal{A}$ 为代数, 对有限并封闭, 从而 $\mathcal{A}$ 对可列并封闭. 这完成了 $\mathcal{A}$ 为 σ 代数的证明.

3.8　定义 3.11 之 (iii) 可以替换成

(iii′) $A_1, A_2, \cdots \in \mathcal{A}$ 两两不交 $\Rightarrow \biguplus\limits_{n=1}^{\infty} A_n \in \mathcal{A}$.

证明　"(i) + (ii) + (iii) $\Rightarrow$ (iii′)". 若 $A, B \in \mathcal{A}$, 且 $A \cap B = \varnothing$, 则 $B \subset A^c$, 由 (i) 和 (ii) 知 $A^c \backslash B \in \mathcal{A}$, 即 $(A \cup B)^c \in \mathcal{A}$, 进而 $A \cup B \in \mathcal{A}$, 这证明了 $\mathcal{A}$ 对有限不交并封闭.

接下来, 假设 $A_1, A_2, \cdots \in \mathcal{A}$ 两两不交, 那么由刚才获得的结果得 $B_m := \biguplus\limits_{n=1}^{m} A_n \in \mathcal{A}$, $m \geqslant 1$. 再由 (iii) 得 $B_m \uparrow \biguplus\limits_{n=1}^{\infty} A_n \in \mathcal{A}$.

"(i) + (ii) + (iii′) $\Rightarrow$ (iii)". 假设 $A_n \in \mathcal{A}$, $n \geqslant 1$, $A_n \uparrow$, 则由 (ii) 知 $A_n \backslash A_{n-1} \in \mathcal{A}$, 其中 $A_0 = \varnothing$. 注意 $A_1 \backslash A_0, A_2 \backslash A_1, \cdots$ 两两互不相交, 由 (iii′) 得

$$\bigcup_{n=1}^{\infty} A_n = \biguplus_{n=1}^{\infty} (A_n \backslash A_{n-1}) \in \mathcal{A}.$$

【评注】　λ 类对不交并运算封闭, 但对一般并运算未必封闭.

3.2　单调类定理和 π-λ 定理

3.2.1　内容提要

引理 3.13　设 "Δ" 泛指某种集运算, 若一族集类 $\{\mathcal{A}_t, t \in T\}$ 中每个成员 $\mathcal{A}_t$ 都对 "Δ" 封闭, 则集类 $\bigcap\limits_{t \in T} \mathcal{A}_t$ 也对 "Δ" 封闭.

引理 3.14 对任意的非空集类 $\mathcal{E}$, 都存在唯一的 σ 代数 $\mathcal{A}$, 使得

(i) $\mathcal{A} \supset \mathcal{E}$;

(ii) 对任何包含 $\mathcal{E}$ 的 σ 代数 $\mathcal{A}'$, 都有 $\mathcal{A}' \supset \mathcal{A}$.

定义 3.15 设集类 $\mathcal{E}$ 非空, 我们把引理 3.14 中唯一存在的 σ 代数, 即 (3.1) 式中的 σ 代数, 称为**由 $\mathcal{E}$ 生成的 σ 代数**, 记作 $\sigma(\mathcal{E})$, 且称 $\mathcal{E}$ 是 $\sigma(\mathcal{E})$ 的**生成元**.

定理 3.16(单调类定理) 若 $\mathcal{E}$ 为代数, 则 $M(\mathcal{E}) = \sigma(\mathcal{E})$, 即由代数生成的单调类和 σ 代数相等.

定理 3.17 若 $\mathcal{E}$ 为 π 类, 则 $\lambda(\mathcal{E}) = \sigma(\mathcal{E})$, 即由 π 类生成的 λ 类和 σ 代数相等.

定理 3.18(单调类方法) 设 $\mathcal{E}, \mathcal{A}$ 为两个集类, 且 $\mathcal{E} \subset \mathcal{A}$. 若 $\mathcal{E}$ 为代数, $\mathcal{A}$ 为单调类, 则 $\sigma(\mathcal{E}) \subset \mathcal{A}$.

定理 3.19 (π-λ 方法) 设 $\mathcal{E}, \mathcal{A}$ 为两个集类, 且 $\mathcal{E} \subset \mathcal{A}$. 若 $\mathcal{E}$ 为 π 类, $\mathcal{A}$ 为 λ 类, 则 $\sigma(\mathcal{E}) \subset \mathcal{A}$.

3.2.2 习题 3.2 解答与评注

3.9 设 $A, B \subset \Omega$, 且 $A \neq B$, $A \cap B \neq \varnothing$, 求由集类 $\{A, B\}$ 生成的 σ 代数, 即 $\sigma\{A, B\}$.

解 由生成 σ 代数的定义, 易得

$$\sigma\{A, B\} = \{\varnothing, \Omega, A, B, A^c, B^c, A \cap B, A \cap B^c, A^c \cap B, A^c \cap B^c,$$

$$A \cup B, A \cup B^c, A^c \cup B, A^c \cup B^c\}.$$

3.10 设 $A \subset \Omega$, $\mathcal{E} = \{B \subset \Omega : B \supset A\}$, 求 $\sigma(\mathcal{E})$.

解 令 $\mathcal{F} = \{B \subset \Omega : B \supset A$ 或者 $B \subset A^c\}$, 我们断言 $\mathcal{F} = \sigma(\mathcal{E})$.

先证 $\mathcal{F}$ 为 σ 代数, 这是因为

(1) $\Omega \in \mathcal{F}$, 这是显然的.

(2) 假设 $B \in \mathcal{F}$, 往证 $B^c \in \mathcal{F}$, 即 $\mathcal{F}$ 对补封闭. 为此, 分两种情况: 要是 $B \supset A$, 那么 $B^c \subset A^c$, 从而 $B^c \in \mathcal{F}$; 要是 $B \subset A^c$, 那么 $B^c \supset A$, 仍然有 $B^c \in \mathcal{F}$.

(3) 假设 $B_n \in \mathcal{F}$, $n \geqslant 1$, 往证 $\bigcup\limits_{n=1}^{\infty} B_n \in \mathcal{F}$, 即 $\mathcal{F}$ 对可列并封闭. 为此, 分两种情况: 要是存在某个 $B_n \supset A$, 那么 $\bigcup\limits_{n=1}^{\infty} B_n \supset A$, 从而 $\bigcup\limits_{n=1}^{\infty} B_n \in \mathcal{F}$; 要是诸 $B_n \subset A^c$, $n \geqslant 1$, 那么 $\bigcup\limits_{n=1}^{\infty} B_n \subset A^c$, 仍然有 $\bigcup\limits_{n=1}^{\infty} B_n \in \mathcal{F}$.

次证 $\mathcal{F} = \sigma(\mathcal{E})$. 因为 $\mathcal{F} \supset \mathcal{E}$ 为显然, 所以 $\mathcal{F} \supset \sigma(\mathcal{E})$, 故只需证明 $\mathcal{F} \subset \sigma(\mathcal{E})$. 事实上, $\forall B \in \mathcal{F}$, 要是 $B \supset A$, 那么 $B \in \mathcal{E}$, 从而 $B \in \sigma(\mathcal{E})$; 要是 $B \subset A^c$, 那么 $B^c \supset A$, 从而 $B^c \in \mathcal{E}$, $B^c \in \sigma(\mathcal{E})$, 仍然有 $B \in \sigma(\mathcal{E})$.

【评注】　若题设中的 "$\mathcal{E} = \{B \subset \Omega : B \supset A\}$" 更改为 "$\mathcal{E} = \{B \subset \Omega : B \subset A\}$",
答案不变.

3.11　(1) 设 $A_1, A_2, \cdots, A_n, \cdots$ 两两不交, 令 $B_n = \bigcup\limits_{i=1}^{n} A_i$, $n \geqslant 1$, 则
$\sigma\{B_1, B_2, \cdots, B_n, \cdots\} = \sigma\{A_1, A_2, \cdots, A_n, \cdots\}$;

(2) 设 $A_1, A_2, \cdots, A_n, \cdots$ 是 Ω 的一个划分, 则 $\sigma\{A_1, A_2, \cdots, A_n, \cdots\} = \left\{\bigcup\limits_{i \in I} A_i : I \subset \{1, 2, \cdots, n, \cdots\}\right\}$.

证明　(1) 一方面, 每个 $B_n = \bigcup\limits_{i=1}^{n} A_i \in \sigma\{A_1, A_2, \cdots, A_n, \cdots\}$, 所以

$$\sigma\{B_1, B_2, \cdots, B_n, \cdots\} \subset \sigma\{A_1, A_2, \cdots, A_n, \cdots\}.$$

另一方面, 注意到两两不交性, 每个 $A_n = B_n \backslash B_{n-1} \in \sigma\{B_1, B_2, \cdots, B_n, \cdots\}$, 其中 $B_0 = \varnothing$, 所以

$$\sigma\{A_1, A_2, \cdots, A_n, \cdots\} \subset \sigma\{B_1, B_2, \cdots, B_n, \cdots\}.$$

(2) 首先注意到 $\{B_1, B_2, \cdots, B_n, \cdots\}$ 对交和并都封闭; 其次当 $A_1, A_2, \cdots, A_n, \cdots$ 是 Ω 的一个划分时, $\{B_1, B_2, \cdots, B_n, \cdots\}$ 对补也封闭; 而对 $\{B_1, B_2, \cdots, B_n, \cdots\}$ 中任意两个成员作差运算就得到形如 $\bigcup\limits_{i \in I} A_i$ 的集合, 其中 $I \subset \{1, 2, \cdots, n, \cdots\}$. 综上, 由已证的 (1) 知结论成立.

3.12　设 $\mathcal{F}_0$ 是 Ω 上的一个 σ 代数, $C \subset \Omega$ 但 $C \notin \mathcal{F}_0$, 则

$$\sigma(\mathcal{F}_0 \cup \{C\}) = \{(A \cap C) \cup (B \cap C^c) : A, B \in \mathcal{F}_0\}.$$

证明　记 $\mathcal{F} = \{(A \cap C) \cup (B \cap C^c) : A, B \in \mathcal{F}_0\}$, 我们首先证明 $\mathcal{F}$ 是 σ 代数. 事实上,

(a) $\Omega = (\Omega \cap C) \cup (\Omega \cap C^c) \in \mathcal{F}$;

(b) 任取 $A, B \in \mathcal{F}_0$,

$$[(A \cap C) \cup (B \cap C^c)]^c = (A^c \cup C^c) \cap (B^c \cap C)$$

$$= (A^c \cap B^c) \cup (A^c \cap C) \cup (B^c \cap C^c)$$

$$= (A^c \cap B^c \cap C) \cup (A^c \cap B^c \cap C^c) \cup (A^c \cap C) \cup (B^c \cap C^c)$$

$$= (A^c \cap C) \cup (B^c \cap C^c) \in \mathcal{F},$$

这表明 $\mathcal{F}$ 对补封闭;

(c) 任取 $A_n, B_n \in \mathcal{F}_0$,

$$\bigcup_{n=1}^{\infty} [(A_n \cap C) \cup (B_n \cap C^c)] = \left[\left(\bigcup_{n=1}^{\infty} A_n\right) \cap C\right] \cup \left[\left(\bigcup_{n=1}^{\infty} B_n\right) \cap C^c\right] \in \mathcal{F},$$

这表明 $\mathcal{F}$ 对可列并封闭.

其次证明欲证等式成立. 显然 $\mathcal{F} \subset \sigma(\mathcal{F}_0 \cup \{C\})$, 反过来,

$$A = (A \cap C) \cup (A \cap C^c) \in \mathcal{F}, \quad \forall A \in \mathcal{F}_0,$$

$$C = (\Omega \cap C) \cup (\varnothing \cap C^c) \in \mathcal{F},$$

这表明 $\sigma(\mathcal{F}_0 \cup \{C\}) \subset \mathcal{F}$.

3.13 设 $\mathcal{F}_0$ 是代数, $\mathcal{F}$ 是 σ 代数, $\mathcal{F}_0$ 是 $\mathcal{F}$ 的一个生成元, $\mathcal{M}$ 是单调类. 若 $\mathcal{F}_0 \subset \mathcal{M} \subset \mathcal{F}$, 则 $\mathcal{M} = \mathcal{F}$.

证明 注意到 $\mathcal{F}_0$ 是代数, 由单调类定理 (定理 3.16),

$$\mathcal{F} = \sigma(\mathcal{F}_0) = \boldsymbol{M}(\mathcal{F}_0) \subset \mathcal{M} \subset \mathcal{F},$$

由此得 $\mathcal{M} = \mathcal{F}$.

【评注】 单调类定理, 即教材中定理 3.16, 归功于匈牙利裔美国数学家 P. Halmos (哈尔莫斯, 1916—2006), 他的 *Measure Theory* 教材在行内有非常大的影响力.

3.14 设 $\mathcal{E}$ 是 Ω 上的一个半代数, 则由 $\mathcal{E}$ 生成的代数

$$\boldsymbol{A}(\mathcal{E}) = \left\{\biguplus_{i=1}^{n} C_i : C_1, C_2, \cdots, C_n \in \mathcal{E}, n \in \mathbb{N}\right\}$$

$$= \left\{\bigcup_{i=1}^{n} C_i : C_1, C_2, \cdots, C_n \in \mathcal{E}, n \in \mathbb{N}\right\}.$$

证明 记

$$\mathcal{D} = \left\{\biguplus_{i=1}^{n} C_i : C_1, C_2, \cdots, C_n \in \mathcal{E}, n \in \mathbb{N}\right\},$$

$$\tilde{\mathcal{D}} = \left\{\bigcup_{i=1}^{n} C_i : C_1, C_2, \cdots, C_n \in \mathcal{E}, n \in \mathbb{N}\right\}.$$

$1°$ 先证 $\boldsymbol{A}(\mathcal{E}) = \mathcal{D}$, 分为两步完成:

(1) 往证 $\boldsymbol{A}(\mathcal{E}) \subset \mathcal{D}$. 注意到 $\mathcal{E} \subset \mathcal{D}$, 这又只需证明 $\mathcal{D}$ 为代数. 因 $\Omega \in \mathcal{E} \subset \mathcal{D}$, 故只需证明

$$A, B \in \mathcal{D} \Rightarrow A^c \in \mathcal{D}, A \cap B \in \mathcal{D}.$$

事实上, 由 $\mathcal{D}$ 的定义知

$$A = \biguplus_{i=1}^{n} A_i, \quad B = \biguplus_{k=1}^{m} B_k,$$

其中 $A_1, A_2, \cdots, A_n \in \mathcal{E}$, $B_1, B_2, \cdots, B_m \in \mathcal{E}$, 于是

$$A \cap B = \left(\biguplus_{i=1}^{n} A_i \right) \cap \left(\biguplus_{k=1}^{m} B_k \right) = \biguplus_{i=1}^{n} \biguplus_{k=1}^{m} (A_i \cap B_k),$$

由半代数对交封闭知, 诸 $A_i \cap B_k \in \mathcal{E}$, 从而 $A \cap B \in \mathcal{D}$.

另外, 由半代数的定义, 对每个 A_i, 存在 $A_{i1}, A_{i2}, \cdots, A_{im_i} \in \mathcal{E}$, 使 $A_i^c = \biguplus_{l=1}^{m_i} A_{il}$, 由 $\mathcal{D}$ 的定义知 $A_i^c \in \mathcal{D}$, 从而由已证的 $\mathcal{D}$ 对交封闭知 $A^c = \bigcap_{i=1}^{n} A_i^c \in \mathcal{D}$.

(2) 往证 $\mathcal{D} \subset \boldsymbol{A}(\mathcal{E})$. 事实上, 注意到 $\boldsymbol{A}(\mathcal{E})$ 是代数, 它对有限并封闭, 因而 $\mathcal{E}$ 中有限个元素的并属于 $\boldsymbol{A}(\mathcal{E})$, 故 $\mathcal{D} \subset \boldsymbol{A}(\mathcal{E})$.

$2°$ 次证 $\tilde{\mathcal{D}} = \mathcal{D}$. 显然 $\mathcal{D} \subset \tilde{\mathcal{D}}$. 反过来, 若 $C \subset \tilde{\mathcal{D}}$, 则存在 $C_1, C_2, \cdots, C_n \in \mathcal{E}$, 使得 $C = \bigcup_{i=1}^{n} C_i$. 由已证的 $\mathcal{D}$ 为代数, 且 $\mathcal{E} \subset \mathcal{D}$ 知, $C \in \mathcal{D}$. 故 $\tilde{\mathcal{D}} \subset \mathcal{D}$, 因而 $\tilde{\mathcal{D}} = \mathcal{D}$.

【评注】　本题将应用于习题 15.9 的证明.

3.15　称 σ 代数 $\mathcal{F}$ 是**可分的**或**可数生成的**, 如果存在 $\mathcal{F}$ 的某个子集类 $\mathcal{C}$, 其元素个数至多可数, 使得 $\sigma(\mathcal{C}) = \mathcal{F}$. 试证: 若 $\mathcal{F}$ 为可分 σ 代数, 则存在一代数 $\mathcal{D}$, 其元素个数至多可数, 且使 $\sigma(\mathcal{D}) = \mathcal{F}$.

证明　因 $\sigma(\mathcal{C}) = \mathcal{F}$, 故不妨设 $\varnothing \in \mathcal{C}$ (否则以 $\mathcal{C} \cup \{\varnothing\}$ 代替 $\mathcal{C}$). 令 $\mathcal{G}$ 如习题 3.2 所定义, 则 $\mathcal{G}$ 为半代数, 且 $\mathcal{G}$ 中元素个数至多可数. 再令 $\mathcal{D} = \boldsymbol{A}(\mathcal{G})$ 如习题 3.14 为由 $\mathcal{G}$ 生成的代数, 则 $\mathcal{D}$ 中元素个数至多可数, 并且 $\sigma(\mathcal{D}) = \sigma(\mathcal{G}) = \sigma(\mathcal{C}) = \mathcal{F}$.

【评注】　(a) 待到 3.4 节时, 我们知道 $\mathcal{E} = \{(-\infty, r] : r \in \mathbb{Q}\}$ 也是 $\mathcal{B}(\mathbb{R})$ 的生成元 (见习题 3.22), 故 $\mathcal{B}(\mathbb{R})$ 可分, 因而 $\mathcal{B}(\mathbb{R})$ 有题中对应的结论;

(b) 本题将服务于定理 9.22 的证明.

3.16　设 $\mathcal{E}$ 为一非空集类, 则对每个 $A \in \sigma(\mathcal{E})$, 总存在某个集列 $\{B_n, n \geqslant 1\} \subset \mathcal{E}$, 使得 $A \in \sigma\{B_n, n \geqslant 1\}$.

证明　令

$$\mathcal{A} = \{A \in \sigma(\mathcal{E}) : \text{存在} \{B_n, n \geqslant 1\} \subset \mathcal{E}, \text{使得} A \in \sigma\{B_n, n \geqslant 1\}\},$$

则 $\mathcal{A} \supset \mathcal{E}$. 我们断言 $\mathcal{A}$ 是 σ 代数, 事实上

(1) $\Omega \in \mathcal{A}$: 注意到 $\mathcal{E}$ 非空, 可取 $A \in \mathcal{E}$, 从而 $\Omega \in \sigma(A)$;

(2) 显然 $\mathcal{A}$ 对补封闭;

(3) 假设 $A_n \in \mathcal{A}$, $n \geqslant 1$, 那么对每个 $n \geqslant 1$, 存在 $\{B_{nj}, j \geqslant 1\} \subset \mathcal{E}$, 使得 $A_n \in \sigma\{B_{nj}, j \geqslant 1\}$, 于是 $\bigcup_{n=1}^{\infty} A_n \in \sigma\{B_{nj}, n \geqslant 1, j \geqslant 1\}$, 这表明 $\bigcup_{n=1}^{\infty} A_n \in \mathcal{A}$, 故 $\mathcal{A}$ 对可列并封闭.

于是 $\mathcal{A} \supset \sigma(\mathcal{E})$, 而反包含由 $\mathcal{A}$ 的定义保证, 故 $\mathcal{A} = \sigma(\mathcal{E})$, 再一次由 $\mathcal{A}$ 的定义知结论成立.

【评注】 本题的扩展版本见习题 10.10.

3.3 生成 σ 代数的几种常见方法

3.3.1 内容提要

命题 3.20 (逆像与生成 σ 代数可以交换顺序) 设 $f: \Omega \to E, \mathcal{E}$ 是 E 上任一非空集类, 则

$$f^{-1}(\sigma(\mathcal{E})) = \sigma\left(f^{-1}(\mathcal{E})\right).$$

定理 3.21 (迹 σ 代数的生成元) 设 $\varnothing \neq \Omega_0 \subset \Omega, \mathcal{E}$ 为 Ω 上一集类, 则

$$\sigma_{\Omega_0}(\Omega_0 \cap \mathcal{E}) = \Omega_0 \cap \sigma(\mathcal{E}),$$

其中 $\sigma_{\Omega_0}(\Omega_0 \cap \mathcal{E})$ 表示 Ω_0 上由 $\Omega_0 \cap \mathcal{E}$ 生成的 σ 代数.

定义 3.22 设 $\mathcal{F}$ 是 Ω 上的一个 σ 代数, 称二元组 $(\Omega, \mathcal{F})$ 为**可测空间**, 称 $\mathcal{F}$ 中的元素为 $\mathcal{F}$-**可测集**, 简称可测集.

定义 3.23 设 $(X, \mathcal{T})$ 为拓扑空间.

(i) 称由开集族 $\mathcal{T}$ 生成的 σ 代数 $\sigma(\mathcal{T})$ 为 X 上的 **Borel σ 代数**, 记为 $\mathcal{B}(X)$, 其中的每个集合称为 **Borel 集**;

(ii) 称三元组 $(X, \mathcal{B}(X), \mathcal{T})$ 为**可测拓扑空间**.

命题 3.24 (i) 基是 Borel σ 代数的一个生成元;

(ii) 子基也是 Borel σ 代数的一个生成元.

3.3.2 习题 3.3 解答与评注

3.17 设 $\mathcal{F}$ 为 Ω 上的 σ 代数, $\varnothing \neq \Omega_0 \subset \Omega$, 则 $\Omega_0 \cap \mathcal{F} := \{\Omega_0 \cap A : A \in \mathcal{F}\}$[①] 是 Ω_0 上的一个 σ 代数.

证明 $\Omega_0 \cap \mathcal{F}$ 是 Ω_0 上的一个 σ 代数由下面三条保证.

---

① 称为 $\mathcal{F}$ 在 Ω_0 上的**迹** (trace) 或**限制** (restriction), $\Omega_0 \cap \mathcal{F}$ 也常写成 $\mathcal{F}|_{\Omega_0}$.

首先, $\Omega_0 = \Omega_0 \cap \Omega \in \Omega_0 \cap \mathcal{F}$.

其次, 若 $\Omega_0 \cap A \in \Omega_0 \cap \mathcal{F}$, 其中 $A \in \mathcal{F}$, 则 $\Omega_0 \setminus (\Omega_0 \cap A) = \Omega_0 \setminus A = \Omega_0 \cap A^c \in \Omega_0 \cap \mathcal{F}$, 这表明 $\Omega_0 \cap \mathcal{F}$ 对补封闭.

最后, 若 $\Omega_0 \cap A_n \in \Omega_0 \cap \mathcal{F}$, $n \geqslant 1$, 其中 $A_n \in \mathcal{F}$, 则

$$\bigcup_{n=1}^{\infty} (\Omega_0 \cap A_n) = \Omega_0 \cap \left(\bigcup_{n=1}^{\infty} A_n \right) \in \Omega_0 \cap \mathcal{F},$$

这表明 $\Omega_0 \cap \mathcal{F}$ 对可列并封闭.

3.18 设 $\mathcal{A}_1$, $\mathcal{A}_2$ 都是 Ω 上的 σ 代数, 证明

(1) $\mathcal{E} = \{A_1 \cap A_2 : A_1 \in \mathcal{A}_1, A_2 \in \mathcal{A}_2\}$ 是 Ω 上的 π 类;

(2) $\mathcal{E}$ 是 $\mathcal{A}_1 \vee \mathcal{A}_2$ 的生成元.

证明 (1) 显然.

(2) 由 $\mathcal{A}_1 \subset \mathcal{E}$, $\mathcal{A}_2 \subset \mathcal{E}$ 知 $\mathcal{A}_1 \cup \mathcal{A}_2 \subset \mathcal{E}$, 从而 $\mathcal{A}_1 \vee \mathcal{A}_2 \subset \sigma(\mathcal{E})$. 另一方面, 由 $\mathcal{E} \subset \sigma(\mathcal{A}_1 \cup \mathcal{A}_2)$ 知 $\sigma(\mathcal{E}) \subset \mathcal{A}_1 \vee \mathcal{A}_2$.

3.19 设 (X, ρ) 为度量空间.

(1) X 上有界闭集全体 $\mathcal{F}$ 是 $\mathcal{B}(X)$ 的生成元;

(2) X 上有界开集全体 $\mathcal{G}$ 是 $\mathcal{B}(X)$ 的生成元.

证明 (1) 记 $\mathcal{C}$ 为 X 上闭集全体, 则 $\mathcal{F} \subset \mathcal{C}$, 由 $\mathcal{B}(X) = \sigma(\mathcal{C})$ 得 $\sigma(\mathcal{F}) \subset \mathcal{B}(X)$.

下面证明 $\mathcal{B}(X) \subset \sigma(\mathcal{F})$, 这又只需证明 $\mathcal{C} \subset \sigma(\mathcal{F})$, 即 $F \in \mathcal{C}$, 有 $F \in \sigma(\mathcal{F})$. 为此, 任意固定 $x_0 \in X$, 则

$$S(x_0, n) = \{x \in X : \rho(x_0, x) \leqslant n\}, \quad n \geqslant 1$$

是 X 中一列有界闭集, 且 $S(x_0, n) \uparrow X$. 注意到诸 $F \cap S(x_0, n) \in \mathcal{F}$, 我们有

$$F = \bigcup_{n=1}^{\infty} (F \cap S(x_0, n)) \in \sigma(\mathcal{F}).$$

(2) 记 $\mathcal{D}$ 为 X 上开集全体, 则 $\mathcal{G} \subset \mathcal{D}$, 由 $\mathcal{B}(X) = \sigma(\mathcal{D})$ 得 $\sigma(\mathcal{G}) \subset \mathcal{B}(X)$.

下面证明 $\mathcal{B}(X) \subset \sigma(\mathcal{G})$, 这又只需证明 $\mathcal{D} \subset \sigma(\mathcal{G})$, 即 $G \in \mathcal{D}$, 有 $G \in \sigma(\mathcal{G})$. 为此, 任意固定 $x_0 \in X$, 则

$$B(x_0, n) = \{x \in X : \rho(x_0, x) < n\}, \quad n \geqslant 1$$

是 X 中一列有界开集, 且 $B(x_0, n) \uparrow X$. 注意到诸 $G \cap B(x_0, n) \in \mathcal{G}$, 我们有

$$G = \bigcup_{n=1}^{\infty} (G \cap B(x_0, n)) \in \sigma(\mathcal{G}).$$

【评注】 本题将应用于习题 4.23 的证明.

3.4 与 ℝ 相关的 Borel σ 代数

3.4.1 内容提要

定理 3.25 下列诸 $\mathcal{E}_i$ 都是 $\mathcal{B}\left(\mathbb{R}^d\right)$ 的生成元:

$$\mathcal{E}_2 = \left\{ B\left(\boldsymbol{x}, r\right) : \boldsymbol{x} \in \mathbb{R}^d, r > 0 \right\},$$

$$\mathcal{E}_3 = \left\{ (\boldsymbol{a}, \boldsymbol{b}) : \boldsymbol{a}, \boldsymbol{b} \in \mathbb{R}^d, \boldsymbol{a} \leqslant \boldsymbol{b} \right\},$$

$$\mathcal{E}_4 = \left\{ (\boldsymbol{a}, \boldsymbol{b}] : \boldsymbol{a}, \boldsymbol{b} \in \mathbb{R}^d, \boldsymbol{a} \leqslant \boldsymbol{b} \right\},$$

$$\mathcal{E}_5 = \left\{ [\boldsymbol{a}, \boldsymbol{b}) : \boldsymbol{a}, \boldsymbol{b} \in \mathbb{R}^d, \boldsymbol{a} \leqslant \boldsymbol{b} \right\},$$

$$\mathcal{E}_6 = \left\{ [\boldsymbol{a}, \boldsymbol{b}] : \boldsymbol{a}, \boldsymbol{b} \in \mathbb{R}^d, \boldsymbol{a} \leqslant \boldsymbol{b} \right\}.$$

定理 3.26 下列诸 $\mathcal{E}_i$ 都是 $\mathcal{B}(\mathbb{C})$ 的生成元:

$$\mathcal{C}_2 = \{(a,b) + \mathrm{i}\,(c,d) : a,b,c,d \in \mathbb{R}, a < b, c < d\},$$

$$\mathcal{C}_3 = \{(a,b] + \mathrm{i}\,(c,d] : a,b,c,d \in \mathbb{R}, a < b, c < d\},$$

$$\mathcal{C}_4 = \{[a,b) + \mathrm{i}\,[c,d) : a,b,c,d \in \mathbb{R}, a < b, c < d\},$$

$$\mathcal{C}_5 = \{[a,b] + \mathrm{i}\,[c,d] : a,b,c,d \in \mathbb{R}, a < b, c < d\}.$$

定理 3.27 下列诸 $\overline{\mathcal{E}}_i$ 都是 $\mathcal{B}\left(\overline{\mathbb{R}}\right)$ 的生成元 (注意此时的全空间是 $\overline{\mathbb{R}}$ 而不是 ℝ):

$$\overline{\mathcal{E}}_1 = \{[-\infty, b] : b \in \mathbb{R}\},$$

$$\overline{\mathcal{E}}_2 = \{[-\infty, b) : b \in \mathbb{R}\}.$$

3.4.2 习题 3.4 解答与评注

3.20 (1) 设 Ω 是任意非空集合, $\mathcal{E} = \{\{\omega\} : \omega \in \Omega\}$ 是 Ω 上所有单点集组成的集类, 则

$$\sigma\left(\mathcal{E}\right) = \{A \subset \Omega : A \text{ 或 } A^c \text{ 至多可数}\};$$

(2) $\{A \subset \mathbb{R} : A \text{ 或 } A^c \text{ 至多可数}\}$ 是 ℝ 上比 $\mathcal{B}(\mathbb{R})$ 严格小的非平凡 σ 代数.

证明 (1) 令 $\mathcal{A} = \{A \subset \Omega : A \text{ 或 } A^c \text{ 至多可数}\}$, 习题 3.5 已经证明 $\mathcal{A}$ 为 Ω 上的 σ 代数.

现在证明欲证等式成立. 一方面, 显然 $\mathcal{E} \subset \mathcal{A}$, 从而 $\sigma(\mathcal{E}) \subset \mathcal{A}$. 另一方面, 假设 A 至多可数, 那么 $A \in \sigma(\mathcal{E})$; 假设 A^c 至多可数, 那么 $A^c \in \sigma(\mathcal{E})$, 从而也有 $A \in \sigma(\mathcal{E})$. 综合得 $\mathcal{A} \subset \sigma(\mathcal{E})$. 这就完成了 $\sigma(\mathcal{E}) = \mathcal{A}$ 的证明.

(2) 显然 $\{A \subset \mathbb{R} : A$ 或 A^c 至多可数$\}$ 是非平凡的 σ 代数; 比如, $[0,1] \in \mathcal{B}(\mathbb{R})$, 但 $[0,1] \notin \{A \subset \mathbb{R} : A$ 或 A^c 至多可数$\}$, 所以 $\{A \subset \mathbb{R} : A$ 或 A^c 至多可数$\}$ 比 $\mathcal{B}(\mathbb{R})$ 严格小.

【评注】　本题之 (2) 可见, $\mathcal{B}(\mathbb{R})$ 不是 $\mathbb{R}$ 上唯一的非平凡 σ 代数.

3.21　(定理 3.25 续) 下列诸 $\mathcal{E}_i$ 都是 $\mathcal{B}(\mathbb{R}^d)$ 的生成元:

$$\mathcal{E}_7 = \left\{(-\infty, \boldsymbol{b}] : \boldsymbol{b} \in \mathbb{R}^d\right\},$$

$$\mathcal{E}_8 = \left\{(-\infty, \boldsymbol{b}) : \boldsymbol{b} \in \mathbb{R}^d\right\},$$

$$\mathcal{E}_9 = \left\{[\boldsymbol{a}, \infty) : \boldsymbol{a} \in \mathbb{R}^d\right\},$$

$$\mathcal{E}_{10} = \left\{(\boldsymbol{a}, \infty) : \boldsymbol{a} \in \mathbb{R}^d\right\}.$$

证明　为了书写简洁, 不妨假设 $n = 2$. 由

$$(\boldsymbol{a}, \boldsymbol{b}] = (-\infty, \boldsymbol{b}] \setminus (-\infty, a_1] \times (-\infty, b_2] \setminus (-\infty, b_1] \times (-\infty, a_2]$$

知 $\mathcal{E}_4 \subset \sigma(\mathcal{E}_7)$, 从而 $\mathcal{B}(\mathbb{R}^d) \subset \sigma(\mathcal{E}_7)$, 注意到 $(-\infty, \boldsymbol{b}]$ 为闭集, 其反包含是显然的, 故 $\sigma(\mathcal{E}_7) = \mathcal{B}(\mathbb{R}^d)$. 同理可证 $\sigma(\mathcal{E}_9) = \mathcal{B}(\mathbb{R}^d)$.

由

$$(-\infty, \boldsymbol{b}] = \overset{d}{\underset{i=1}{\times}} (-\infty, b_i] = \overset{d}{\underset{i=1}{\times}} \bigcap_{m=1}^{\infty} \left(-\infty, b_i + \frac{1}{m}\right) = \bigcap_{m=1}^{\infty} \overset{d}{\underset{i=1}{\times}} \left(-\infty, b_i + \frac{1}{m}\right)$$

知 $\mathcal{E}_7 \subset \sigma(\mathcal{E}_8)$, 从而 $\mathcal{B}(\mathbb{R}^d) \subset \sigma(\mathcal{E}_8)$, 注意到 $(-\infty, \boldsymbol{b})$ 为开集, 其反包含是显然的, 故 $\sigma(\mathcal{E}_8) = \mathcal{B}(\mathbb{R}^d)$. 同理可证 $\sigma(\mathcal{E}_{10}) = \mathcal{B}(\mathbb{R}^d)$.

【评注】　本题将应用于命题 5.16 的证明.

3.22　(定理 3.25 再续) 下列诸 $\mathcal{E}_i$ 都是 $\mathcal{B}(\mathbb{R}^d)$ 的生成元:

$$\mathcal{E}_{11} = \left\{(-\infty, \boldsymbol{r}] : \boldsymbol{r} \in \mathbb{Q}^d\right\},$$

$$\mathcal{E}_{12} = \left\{(-\infty, \boldsymbol{r}) : \boldsymbol{r} \in \mathbb{Q}^d\right\},$$

$$\mathcal{E}_{13} = \left\{[\boldsymbol{r}, \infty) : \boldsymbol{r} \in \mathbb{Q}^d\right\},$$

$$\mathcal{E}_{14} = \left\{(\boldsymbol{r}, \infty) : \boldsymbol{r} \in \mathbb{Q}^d\right\}.$$

证明　$\mathcal{E}_7$ 如习题 3.21 定义, 并且在那儿已经证明了 $\sigma(\mathcal{E}_7) = \mathcal{B}(\mathbb{R}^d)$, 进而由 $\mathcal{E}_{11} \subset \mathcal{E}_7$ 知 $\sigma(\mathcal{E}_{11}) \subset \mathcal{B}(\mathbb{R}^d)$. 反过来, $\forall \boldsymbol{b} = (b_1, b_2, \cdots, b_n) \in \mathbb{R}^d$, 对每个 $1 \leqslant i \leqslant n$, 由 $\mathbb{Q}$ 在 $\mathbb{R}$ 中的稠密性知, $\exists \left\{r_i^{(m)}, m \geqslant 1\right\} \subset \mathbb{Q}$, 使得 $r_i^{(m)} \downarrow b_i$, 于是

$$(-\infty, \boldsymbol{b}] = \overset{d}{\underset{i=1}{\times}} (-\infty, b_i] = \overset{d}{\underset{i=1}{\times}} \bigcap_{m=1}^{\infty} \left(-\infty, r_i^{(m)}\right] = \bigcap_{m=1}^{\infty} \overset{d}{\underset{i=1}{\times}} \left(-\infty, r_i^{(m)}\right],$$

故 $\mathcal{E}_7 \subset \sigma(\mathcal{E}_{11})$, 从而 $\mathcal{B}(\mathbb{R}^d) \subset \sigma(\mathcal{E}_{11})$, 这就完成了 $\sigma(\mathcal{E}_{11}) = \mathcal{B}(\mathbb{R}^d)$ 的证明.

剩下的三个可类似地证明, 细节从略.

【评注】 (a) 习题 3.15 给出了可分 σ 代数的定义, 本题说明了 $\mathcal{B}(\mathbb{R}^d)$ 是可分 σ 代数.

(b) 本题将应用于习题 9.26 的证明.

3.23 下列诸 $\mathcal{D}_i$ 都是 σ 代数 $\mathcal{B}(0,\infty)$①的生成元:

$$\mathcal{D}_1 = \{(0,b] : b > 0\},$$

$$\mathcal{D}_2 = \{(0,b) : b > 0\},$$

$$\mathcal{D}_3 = \{(a,\infty) : a > 0\},$$

$$\mathcal{D}_4 = \{[a,\infty) : a > 0\}.$$

证明 习题 3.21 保证

$$\mathcal{E}_1 = \{(-\infty,b] : b \in \mathbb{R}\},$$

$$\mathcal{E}_2 = \{(-\infty,b) : b \in \mathbb{R}\},$$

$$\mathcal{E}_3 = \{(a,\infty) : a \in \mathbb{R}\},$$

$$\mathcal{E}_4 = \{[a,\infty) : a \in \mathbb{R}\}$$

都是 $\mathcal{B}(\mathbb{R})$ 的生成元, 所以由定理 3.21 知

$$\mathcal{B}(0,\infty) = (0,\infty) \cap \mathcal{B}(\mathbb{R}) = (0,\infty) \cap \mathcal{B}(\mathcal{E}_i)$$

$$= \mathcal{B}((0,\infty) \cap \mathcal{E}_i) = \mathcal{B}(\mathcal{D}_i), \quad i = 1,2,3,4,$$

这表明诸 $\mathcal{D}_i$ 都是 σ 代数 $\mathcal{B}(0,\infty)$ 的生成元.

【评注】 类似地, 可以证明: 下列诸 $\mathcal{D}_i'$ 都是 σ 代数 $\mathcal{B}[0,\infty)$ 的生成元:

$$\mathcal{D}_1' = \{[0,b] : b > 0\},$$

$$\mathcal{D}_2' = \{[0,b) : b > 0\},$$

$$\mathcal{D}_3' = \{(a,\infty) : a \geqslant 0\},$$

$$\mathcal{D}_4' = \{[a,\infty) : a \geqslant 0\}.$$

---

① $\mathcal{B}(0,\infty) := (0,\infty) \cap \mathcal{B}(\mathbb{R})$ 是 $\mathcal{B}(\mathbb{R})$ 在 $(0,\infty)$ 上的迹 σ 代数, 也称为 $(0,\infty)$ 上的 Borel σ 代数.

3.24 (定理 3.27 续) 下列诸 $\overline{\mathcal{E}}_i$ 都是 $\mathcal{B}\left(\overline{\mathbb{R}}\right)$ 的生成元 (注意此时的全空间是 $\overline{\mathbb{R}}$ 而不是 $\mathbb{R}$):

$$\overline{\mathcal{E}}_3 = \{[a,b] : a,b \in \overline{\mathbb{R}}, a < b\},$$

$$\overline{\mathcal{E}}_4 = \{(a,b] : a,b \in \overline{\mathbb{R}}, a < b\},$$

$$\overline{\mathcal{E}}_5 = \{[a,\infty] : a \in \mathbb{R}\},$$

$$\overline{\mathcal{E}}_6 = \{(a,\infty] : a \in \mathbb{R}\}.$$

证明 (1) 往证 $\sigma\left(\overline{\mathcal{E}}_3\right) = \mathcal{B}\left(\overline{\mathbb{R}}\right)$. 显然 $\overline{\mathcal{E}}_1 \subset \overline{\mathcal{E}}_3$, 从而 $\sigma\left(\overline{\mathcal{E}}_1\right) \subset \sigma\left(\overline{\mathcal{E}}_3\right)$. 反过来, 由

$$[a,b] = [-\infty,b] \setminus [-\infty,a) = [-\infty,b] \setminus \bigcup_{n=1}^{\infty} \left[-\infty, a-\frac{1}{n}\right], \quad a \in \mathbb{R}$$

知 $\overline{\mathcal{E}}_3 \subset \sigma\left(\overline{\mathcal{E}}_1\right)$, 故 $\sigma\left(\overline{\mathcal{E}}_3\right) \subset \sigma\left(\overline{\mathcal{E}}_1\right)$, 这就完成了 $\sigma\left(\overline{\mathcal{E}}_3\right) = \mathcal{B}\left(\overline{\mathbb{R}}\right)$ 的证明.

(2) 往证 $\sigma\left(\overline{\mathcal{E}}_4\right) = \mathcal{B}\left(\overline{\mathbb{R}}\right)$. 注意到 $\{-\infty\} = \overline{\mathbb{R}} \setminus (-\infty,\infty] \in \sigma\left(\overline{\mathcal{E}}_4\right)$, 我们有

$$[-\infty,b] = \{-\infty\} \cup (-\infty,b] \in \sigma\left(\overline{\mathcal{E}}_4\right),$$

而当 $a \in \mathbb{R}$ 时,

$$[a,b] = \bigcap_{n=1}^{\infty} \left(a-\frac{1}{n},b\right] \in \sigma\left(\overline{\mathcal{E}}_4\right),$$

故 $\overline{\mathcal{E}}_3 \subset \sigma\left(\overline{\mathcal{E}}_4\right)$, 故 $\sigma\left(\overline{\mathcal{E}}_3\right) \subset \sigma\left(\overline{\mathcal{E}}_4\right)$. 反过来, 由

$$(a,b] = [-\infty,b] - [-\infty,a]$$

知 $\overline{\mathcal{E}}_4 \subset \sigma\left(\overline{\mathcal{E}}_3\right)$, 故 $\sigma\left(\overline{\mathcal{E}}_4\right) \subset \sigma\left(\overline{\mathcal{E}}_3\right)$, 这就完成了 $\sigma\left(\overline{\mathcal{E}}_4\right) = \mathcal{B}\left(\overline{\mathbb{R}}\right)$ 的证明.

(3) 往证 $\sigma\left(\overline{\mathcal{E}}_5\right) = \mathcal{B}\left(\overline{\mathbb{R}}\right)$. 显然 $\overline{\mathcal{E}}_5 \subset \overline{\mathcal{E}}_3$, 从而 $\sigma\left(\overline{\mathcal{E}}_5\right) \subset \sigma\left(\overline{\mathcal{E}}_3\right)$. 反过来, 由

$$[-\infty,b] = [-\infty,\infty] \setminus (b,\infty] = [-\infty,\infty] \setminus \bigcup_{n=1}^{\infty} \left[b+\frac{1}{n},\infty\right] \in \sigma\left(\overline{\mathcal{E}}_5\right), \quad b \in \mathbb{R},$$

$$[-\infty,b) = \bigcup_{n=1}^{\infty} \left[-\infty, b-\frac{1}{n}\right] \in \sigma\left(\overline{\mathcal{E}}_5\right), \quad b \in \mathbb{R}$$

知

$$[a,b] = [-\infty,b] \setminus [-\infty,a) \in \sigma\left(\overline{\mathcal{E}}_5\right), \quad a,b \in \mathbb{R},$$

$$[a, \infty] = [-\infty, \infty] \setminus [-\infty, a) \in \sigma\left(\overline{\mathcal{E}}_5\right), \quad a \in \mathbb{R},$$

故 $\overline{\mathcal{E}}_3 \subset \sigma\left(\overline{\mathcal{E}}_5\right)$, 于是 $\sigma\left(\overline{\mathcal{E}}_3\right) \subset \sigma\left(\overline{\mathcal{E}}_5\right)$, 这就完成了 $\sigma\left(\overline{\mathcal{E}}_5\right) = \mathcal{B}\left(\overline{\mathbb{R}}\right)$ 的证明.

(4) 往证 $\sigma\left(\overline{\mathcal{E}}_6\right) = \mathcal{B}\left(\overline{\mathbb{R}}\right)$. 显然 $\overline{\mathcal{E}}_6 \subset \overline{\mathcal{E}}_4$, 从而 $\sigma\left(\overline{\mathcal{E}}_6\right) \subset \sigma\left(\overline{\mathcal{E}}_4\right)$. 反过来, 由

$$[-\infty, b] = [-\infty, \infty] \setminus (b, \infty] \in \sigma\left(\overline{\mathcal{E}}_6\right), \quad b \in \mathbb{R}$$

知

$$(a, b] = [-\infty, b] \setminus [-\infty, a] \in \sigma\left(\overline{\mathcal{E}}_6\right), \quad a, b \in \mathbb{R},$$

$$(a, \infty] = [-\infty, \infty] \setminus [-\infty, a] \in \sigma\left(\overline{\mathcal{E}}_6\right), \quad a \in \mathbb{R},$$

$$(-\infty, \infty] = \bigcup_{n=1}^{\infty} (-n, \infty] \in \sigma\left(\overline{\mathcal{E}}_6\right),$$

故 $\overline{\mathcal{E}}_4 \subset \sigma\left(\overline{\mathcal{E}}_6\right)$, 于是 $\sigma\left(\overline{\mathcal{E}}_4\right) \subset \sigma\left(\overline{\mathcal{E}}_6\right)$, 这就完成了 $\sigma\left(\overline{\mathcal{E}}_6\right) = \mathcal{B}\left(\overline{\mathbb{R}}\right)$ 的证明.

【评注】 本题将应用于命题 5.10 的证明.

3.25 (定理 3.27 再续) 下列诸 $\overline{\mathcal{E}}_i$ 都是 $\mathcal{B}\left(\overline{\mathbb{R}}\right)$ 的生成元:

$$\overline{\mathcal{E}}_7 = \{[r, \infty] : r \in \mathbb{Q}\},$$

$$\overline{\mathcal{E}}_8 = \{(r, \infty] : r \in \mathbb{Q}\}.$$

证明 $\overline{\mathcal{E}}_5$ 如习题 3.24 定义, 并且在那儿已经证明了 $\sigma\left(\overline{\mathcal{E}}_5\right) = \mathcal{B}\left(\overline{\mathbb{R}}\right)$, 进而由 $\overline{\mathcal{E}}_7 \subset \overline{\mathcal{E}}_5$ 知 $\sigma\left(\overline{\mathcal{E}}_7\right) \subset \mathcal{B}\left(\overline{\mathbb{R}}\right)$. 反过来, $\forall a \in \mathbb{R}$, 由 $\mathbb{Q}$ 在 $\mathbb{R}$ 中的稠密性知, $\exists \{r_n, n \geq 1\} \subset \mathbb{Q}$, 使得 $r_n \uparrow a$, 于是

$$[a, \infty] = \bigcap_{n=1}^{\infty} [r_n, \infty],$$

故 $\overline{\mathcal{E}}_5 \subset \sigma\left(\overline{\mathcal{E}}_7\right)$, 从而 $\mathcal{B}\left(\overline{\mathbb{R}}\right) \subset \sigma\left(\overline{\mathcal{E}}_7\right)$, 这就完成了 $\sigma\left(\overline{\mathcal{E}}_7\right) = \mathcal{B}\left(\overline{\mathbb{R}}\right)$ 的证明.

类似地可证 $\sigma\left(\overline{\mathcal{E}}_8\right) = \mathcal{B}\left(\overline{\mathbb{R}}\right)$, 细节从略.

【评注】 (a) 与习题 3.22 一样, 本题说明了 $\mathcal{B}\left(\overline{\mathbb{R}}\right)$ 是可分 σ 代数;

(b) 本题将应用于习题 10.11 的证明.

3.26 设 $\mathcal{F} = \{A \cup B : A \in \mathcal{B}(\mathbb{R}), B = \{-\infty, \infty\}$ 或 $B = \varnothing\}$, 证明: $\mathcal{F}$ 是 $\overline{\mathbb{R}}$ 上由 $\mathcal{B}(\mathbb{R})$ 生成的 σ 代数.

证明 (a) 往证 $\mathcal{F}$ 是 $\overline{\mathbb{R}}$ 上的 σ 代数, 此由下面三条保证.

首先, $\overline{\mathbb{R}} = \mathbb{R} \cup \{-\infty, \infty\} =: A \cup B \in \mathcal{F}$.

其次, $\mathcal{F}$ 对补封闭. 设 $A \cup B \in \mathcal{F}$, 其中 $A \in \mathcal{B}(\mathbb{R})$, $B = \{-\infty, \infty\}$ 或 $B = \varnothing$.
当 $B = \varnothing$ 时,

$$\overline{\mathbb{R}} \backslash (A \cup B) = \overline{\mathbb{R}} \backslash A = (\mathbb{R} \backslash A) \cup \{-\infty, \infty\} \in \mathcal{F}.$$

当 $B = \{-\infty, \infty\}$ 时,

$$\overline{\mathbb{R}} \backslash (A \cup B) = (\mathbb{R} \cup \{-\infty, \infty\}) \backslash (A \cup \{-\infty, \infty\})$$

$$= \mathbb{R} \backslash A = (\mathbb{R} \backslash A) \cup \varnothing \in \mathcal{F}.$$

最后, $\mathcal{F}$ 对可列并封闭, 这是显然的.

(b) 往证 $\sigma_{\overline{\mathbb{R}}}(\mathcal{B}(\mathbb{R})) = \mathcal{F}$, 此由下面两条保证.

首先, 显见 $\mathcal{B}(\mathbb{R}) \subset \mathcal{F}$, 所以 $\sigma_{\overline{\mathbb{R}}}(\mathcal{B}(\mathbb{R})) \subset \mathcal{F}$.

其次, 任取 $A \cup B \in \mathcal{F}$, 其中 $A \in \mathcal{B}(\mathbb{R})$, $B = \{-\infty, \infty\}$ 或 $B = \varnothing$, 由

$$A \in \mathcal{B}(\mathbb{R}) \subset \sigma_{\overline{\mathbb{R}}}(\mathcal{B}(\mathbb{R})),$$

$$B \in \sigma_{\overline{\mathbb{R}}}(\mathcal{B}(\mathbb{R}))$$

知 $\mathcal{F} \subset \sigma_{\overline{\mathbb{R}}}(\mathcal{B}(\mathbb{R}))$.

【评注】 $\mathcal{B}(\mathbb{R})$ 不是 $\mathcal{B}(\overline{\mathbb{R}})$ 的生成元, 由教材相关知识知 $\mathcal{B}(\mathbb{R}) \cup \{-\infty\} \cup \{\infty\}$ 才是 $\mathcal{B}(\overline{\mathbb{R}})$ 的生成元.

第 4 章 测度与概率测度

为了建立比 Riemann 积分具有更强适应性的积分, 人们首先必须考虑如何把长度概念扩充到更广泛的集类上, 这样就产生了测度的概念, 它在分析学中占有重要地位.

一般说来, σ 代数的结构比较复杂, 要想在其上直接建立测度不是一件容易的事. 通常总是先在较简单的集类 (如半环) 上建立测度, 然后再设法将它扩张到更大的集类上去, 这就是测度建立的核心思想——测度的扩张.

4.1 测度的定义及基本性质

4.1.1 内容提要

定义 4.1 设 $\mathcal{E}$ 是 Ω 上一集类, $\mu : \mathcal{E} \to \overline{\mathbb{R}}$ 为 $\mathcal{E}$ 上的**广义实值集函数**.

(i) 称 μ 具有**有限可加性**, 如果 $A_1, A_2, \cdots, A_n \in \mathcal{E}$ 两两不交,

$$\biguplus_{i=1}^{n} A_i \in \mathcal{E} \Rightarrow \mu\left(\biguplus_{i=1}^{n} A_i\right) = \sum_{i=1}^{n} \mu(A_i).$$

特别地, 当 $\mathcal{E}$ 对有限并封闭 (比如, $\mathcal{E}$ 是代数) 时, μ 具有有限可加性当且仅当

$$A_1, A_2 \in \mathcal{E}, A_1 \cap A_2 = \varnothing \Rightarrow \mu(A_1 \uplus A_2) = \mu(A_1) + \mu(A_2).$$

(ii) 称 μ 具有**可列可加性**, 如果 $A_1, A_2, \cdots \in \mathcal{E}$ 两两不交,

$$\biguplus_{i=1}^{\infty} A_n \in \mathcal{E} \Rightarrow \mu\left(\biguplus_{i=1}^{\infty} A_n\right) = \sum_{n=1}^{\infty} \mu(A_n)^{\text{①}}.$$

(iii) 称 μ 具有**有限次可加性**, 如果 $A, A_1, A_2, \cdots, A_n \in \mathcal{E}$,

$$A \subset \bigcup_{i=1}^{n} A_i \Rightarrow \mu(A) \leqslant \sum_{i=1}^{n} \mu(A_i).$$

特别地, 当 $\bigcup_{i=1}^{n} A_i \in \mathcal{E}$ 时, $\mu\left(\bigcup_{i=1}^{n} A_i\right) \leqslant \sum_{i=1}^{n} \mu(A_i)$.

---

① 等式右边的级数如果收敛, 那么一定是绝对收敛, 直观感受是因为级数和不依赖各项的顺序, 理论证明见命题 8.6.

(iv) 称 μ 具有**可列次可加性**, 如果 $A, A_1, A_2, \cdots \in \mathcal{E}$,

$$A \subset \bigcup_{n=1}^{\infty} A_n \Rightarrow \mu(A) \leqslant \sum_{n=1}^{\infty} \mu(A_n).$$

特别地, 当 $\bigcup_{n=1}^{\infty} A_n \in \mathcal{E}$ 时, $\mu\left(\bigcup_{n=1}^{\infty} A_n\right) \leqslant \sum_{n=1}^{\infty} \mu(A_n)$.

定义 4.2   设 $\mathcal{E}$ 是 Ω 上一集类, 称 $\mu : \mathcal{E} \to \overline{\mathbb{R}}$ 为**有限可加测度**, 如果

(i) (非负性) $A \in \mathcal{E} \Rightarrow \mu(A) \geqslant 0$;

(ii) 至少存在一个 $A \in \mathcal{E}$, 使得 $\mu(A) < \infty$;

(iii) μ 具有有限可加性.

注记 4.3   (i) 在定义 4.2 中, 非负性和有限可加性是本质的要求, 而条件 (ii) 的目的是将 $\mu \equiv \infty$ 这种没有研究价值的情形排除在外;

(ii) 若 $\varnothing \in \mathcal{E}$, 则 $\mu(\varnothing) = 0$.

定理 4.5   设 μ 为半环 $\mathcal{E}$ 上的有限可加测度, 则 μ 具有下列性质:

(i) (单调性) $A, B \in \mathcal{E}, A \subset B \Rightarrow \mu(A) \leqslant \mu(B)$;

(ii) (可减性) $A, B \in \mathcal{E}, A \subset B, B \backslash A \in \mathcal{E}, \mu(A) < \infty \Rightarrow \mu(B \backslash A) = \mu(B) - \mu(A)$;

(iii) $A_1, A_2, \cdots \in \mathcal{E}$ 两两不交, $A \in \mathcal{E}, \biguplus_{n=1}^{\infty} A_n \subset A \Rightarrow \sum_{n=1}^{\infty} \mu(A_n) \leqslant \mu(A)$;

(iv) 有限次可加性.

定义 4.6   设 $\mathcal{E}$ 是 Ω 上一集类, 称 $\mu : \mathcal{E} \to \overline{\mathbb{R}}$ 为**测度**, 如果除定义 4.2 中的 (i), (ii) 外, 还有

(iii) μ 具有可列可加性.

定理 4.8   设 μ 为半环 $\mathcal{E}$ 上的测度, 则 μ 具有下列性质:

(i) 可列次可加性;

(ii) (从下连续性) $A_n \in \mathcal{E}, n \geqslant 1, A_n \uparrow$, 且 $\lim\limits_{n \to \infty} A_n \in \mathcal{E} \Rightarrow \lim\limits_{n \to \infty} \mu(A_n) = \mu\left(\lim\limits_{n \to \infty} A_n\right)$;

(iii) (从上连续性) $A_n \in \mathcal{E}, n \geqslant 1, A_n \downarrow, \lim\limits_{n \to \infty} A_n \in \mathcal{E}$, 且存在某个 A_{n_0} 使

$$\mu(A_{n_0}) < \infty \Rightarrow \lim_{n \to \infty} \mu(A_n) = \mu\left(\lim_{n \to \infty} A_n\right).$$

定理 4.10   若 μ 为半环 $\mathcal{E}$ 上的有限可加测度, 则下列各条等价:

(i) μ 是 $\mathcal{E}$ 上的测度;

(ii) μ 具有可列次可加性;

(iii) $A_1, A_2, \cdots \in \mathcal{E}$, 且 $\bigcup_{n=1}^{\infty} A_n \in \mathcal{E} \Rightarrow \mu\left(\bigcup_{n=1}^{\infty} A_n\right) \leqslant \sum_{n=1}^{\infty} \mu(A_n)$.

定理 4.11 设 $\mathcal{E}$ 为代数, 集函数 $\mu : \mathcal{E} \to \mathbb{R}$ 具有非负性和有限可加性. 若 μ 在 $\varnothing$ 处连续, 则 μ 为测度.

定义 4.12 设 $\mathcal{E}$ 为任意集类, μ 为 $\mathcal{E}$ 上的测度.

(i) 称 μ 在 $A \in \mathcal{E}$ 上是**有限的**, 如果 $\mu(A) < \infty$; 称 μ 在 $\mathcal{E}$ 上是有限的, 如果 μ 在每个 $A \in \mathcal{E}$ 上都是有限的.

(ii) 称 μ 在 $A \in \mathcal{E}$ 上是 σ-**有限的**, 如果存在 $\{A_n, n \geqslant 1\} \subset \mathcal{E}$, 使得 $A \subset \bigcup\limits_{n=1}^{\infty} A_n$, 且诸 $\mu(A_n) < \infty$; 称 μ 在 $\mathcal{E}$ 上是 σ-有限的, 如果 μ 在每个 $A \in \mathcal{E}$ 上都是 σ-有限的.

4.1.2 习题 4.1 解答与评注

4.1 设 $\Omega = \mathbb{N}, \mathcal{E} = \{A \subset \Omega : A \text{ 或 } A^c \text{是有限集}\}$[①], 定义 $\mathcal{E}$ 上的集函数如下:

$$\mu(A) = \begin{cases} 0, & A \text{ 是有限集}, \\ \infty, & A \text{ 是无限集}, \end{cases}$$

证明 μ 为 $\mathcal{E}$ 上的有限可加测度且从上连续, 但不是测度且不从下连续.

证明 任给 $A_1, A_2, \cdots, A_n \in \mathcal{E}$, 若 $A_1, A_2, \cdots, A_n$ 都是有限集, 则 $\bigcup\limits_{i=1}^{n} A_i$ 也是有限集, 于是 $\mu\left(\bigcup\limits_{i=1}^{n} A_i\right) = 0 = \sum\limits_{i=1}^{n} \mu(A_i)$; 若 $A_1, A_2, \cdots, A_n$ 中至少有一个是无限集, 则 $\bigcup\limits_{i=1}^{n} A_i$ 是无限集, 于是 $\mu\left(\bigcup\limits_{i=1}^{n} A_i\right) = \infty = \sum\limits_{i=1}^{n} \mu(A_i)$. 这完成了 μ 是 $\mathcal{E}$ 上的有限可加测度的证明.

设 $\{A_n, n \geqslant 1\} \subset \mathcal{E}, A_n \downarrow A$, 若存在某个 $m \geqslant 1$, 使得 $\mu(A_m) < \infty$, 则 $\mu(A_m) = 0$, 从而 A_m 为有限集, 于是 A 为有限集, 故 $\lim\limits_{n\to\infty} \mu(A_n) = 0 = \mu(A)$, 这表明 μ 具有从上连续性.

取 $A_n = \{n\}, n \geqslant 1$, 那么 $\bigcup\limits_{n=1}^{\infty} A_n = \mathbb{N} \in \mathcal{E}$, 但是 $\mu\left(\bigcup\limits_{n=1}^{\infty} A_n\right) = \infty \neq 0 = \sum\limits_{n=1}^{\infty} \mu(A_n)$, 所以 μ 不是测度.

另取 $A_n = \{1, 2, \cdots, n\}, n \geqslant 1$, 那么 $A_n \uparrow \mathbb{N}$, 但 $\lim\limits_{n\to\infty} \mu(A_n) = \lim\limits_{n\to\infty} 0 = 0 \neq \infty = \mu(\mathbb{N})$, 所以 μ 不具有从下连续性.

4.2 设 $\Omega = \mathbb{N}, \mathcal{E} = \mathcal{P}(\Omega) \setminus \{\varnothing\}$, 定义 $\mathcal{E}$ 上的集函数如下:

$$\mu(A) = \begin{cases} 0, & A = \{1, 2\}, \\ \#A, & A \neq \{1, 2\}, \end{cases}$$

[①] 由例 3.7 知 $\mathcal{E}$ 是代数.

证明 μ 为 $\mathcal{E}$ 上的测度但不是有限可加测度.

证明 任给 $A_1, A_2, \cdots \in \mathcal{E}$ 两两不交, 显然 $\bigcup\limits_{n=1}^{\infty} A_n$ 是无限集且 $A_1, A_2, \cdots$ 中最多只有一个是 $\{1,2\}$, 所以 $\mu\left(\bigcup\limits_{n=1}^{\infty} A_n\right) = \infty = \sum\limits_{n=1}^{\infty} \mu(A_n)$, 这表明 μ 为 $\mathcal{E}$ 上的测度.

可是, 当取 $A_1 = \{1\}$, $A_2 = \{2\}$ 时, $A_1 \cup A_2 = \{1,2\}$, 我们有 $\mu(A_1 \cup A_2) = 0 \neq 1 + 1 = \mu(A_1) + \mu(A_2)$, 这表明 μ 不是 $\mathcal{E}$ 上的有限可加测度.

4.3 设 μ 为半环 $\mathcal{E}$ 上的测度, Ω 可表示成 $\mathcal{E}$ 中元素的可列并, 则 μ 在 $\mathcal{E}$ 上 σ-有限 $\Leftrightarrow$ 存在一列不交集 $\{\Omega_n, n \geqslant 1\} \subset \mathcal{E}$, 使得 $\Omega = \biguplus\limits_{n=1}^{\infty} \Omega_n$, 且 $\mu(\Omega_n) < \infty, n \geqslant 1$.

证明 "$\Leftarrow$". 对任意的 $A \in \mathcal{E}$, 都有

$$A \subset \Omega = \biguplus_{n=1}^{\infty} \Omega_n,$$

而 $\mu(\Omega_n) < \infty, n \geqslant 1$, 故 μ 在 $\mathcal{E}$ 上 σ-有限.

"$\Rightarrow$". 注意到 Ω 可表示成 $\mathcal{E}$ 中元素的可列并, 进一步由习题 3.1 知 Ω 可表示成 $\mathcal{E}$ 中元素的可列不交并: $\Omega = \biguplus\limits_{n=1}^{\infty} A_n$. 因为 μ 在 $\mathcal{E}$ 上 σ-有限, 故对每个 A_n, 存在 $\{B_{nk}, k \geqslant 1\} \subset \mathcal{E}$, 使得 $A_n \subset \bigcup\limits_{k=1}^{\infty} B_{nk}$, 且每个 $\mu(B_{nk}) < \infty$.

再一次使用习题 3.1, 我们可以不妨假定 $\{B_{nk}, k \geqslant 1\}$ 是 $\mathcal{E}$ 中互不相交的集列, 于是 $\{A_n \cap B_{nk}, n \geqslant 1, k \geqslant 1\}$ 是 $\mathcal{E}$ 中互不相交的集列, 且

$$\bigcup_{n=1}^{\infty} \bigcup_{k=1}^{\infty} (A_n \cap B_{nk}) = \Omega.$$

令 $\Omega_{nk} = A_n \cap B_{nk}$, 则

$$\Omega = \bigcup_{n=1}^{\infty} \bigcup_{k=1}^{\infty} \Omega_{nk}, \quad \text{且 } \mu(\Omega_{nk}) \leqslant \mu(B_{nk}) < \infty, \quad n \geqslant 1, \quad k \geqslant 1,$$

从而必要性得证.

【评注】 本题将应用于定理 4.21 和习题 8.24 的证明.

4.4 设 μ 是 $(\Omega, \mathcal{F})$ 上的 σ-有限测度, $\mu(\Omega) > 0$, 则存在一列不交集 $\{\Omega_n, n \geqslant 1\} \subset \mathcal{F}$, 使得 $0 < \mu(\Omega_n) < \infty$, 且 $\Omega = \biguplus\limits_{n=1}^{\infty} \Omega_n$. 令

$$\nu(A) = \sum_{n=1}^{\infty} \frac{\mu(A \cap \Omega_n)}{2^n \mu(\Omega_n)}, \quad A \in \mathcal{F},$$

则 ν 为 $(\Omega, \mathcal{F})$ 上的概率测度, 并且 $\mu(A) = 0 \Leftrightarrow \nu(A) = 0$. 此外,

$$\mu(A) = \sum_{n=1}^{\infty} 2^n \nu(A \cap \Omega_n) \mu(\Omega_n), \quad A \in \mathcal{F}.$$

证明 第一个结论由习题 4.3 保证, 第二个结论是显然的, 现在证明最后的式子. 在第一个式子中用 $A \cap \Omega_m$ 代替 A 得

$$\nu(A \cap \Omega_m) = \frac{\mu(A \cap \Omega_m)}{2^m \mu(\Omega_m)},$$

由此立得欲证.

【评注】 (a) 本题的结论使我们可以把 σ-有限测度问题归结为概率测度问题; (b) 本题将应用于习题 8.24 的证明.

4.5 设 $\Omega = \mathbb{N}$, $\mathcal{F} = \mathcal{P}(\Omega)$, $\{a_n, n \geqslant 1\}$ 是非负数列, 定义 $\mathcal{F}$ 上的集函数如下:

$$\mu(A) = \begin{cases} 0, & A = \varnothing, \\ \displaystyle\sum_{n \in A} a_n, & A \neq \varnothing, \end{cases}$$

证明 μ 为 $\mathcal{F}$ 上的 σ-有限测度. 问 $\{a_n, n \geqslant 1\}$ 满足什么条件时, μ 是 $\mathcal{F}$ 上的有限测度?

解 μ 具有非负性, 且 $\mu(\varnothing) = 0$, 另外, 若 $A_1, A_2, \cdots \in \mathcal{F}$ 两两不交, 则

$$\mu\left(\bigcup_{n=1}^{\infty} A_n\right) = \sum_{k \in \bigcup\limits_{n=1}^{\infty} A_n} a_k = \sum_{n=1}^{\infty} \sum_{k \in A_n} a_k = \sum_{n=1}^{\infty} \mu(A_n),$$

即 μ 具有可列可加性, 故 μ 是 $\mathcal{F}$ 上的测度.

进一步由习题 4.3 知, μ 具有 σ-有限性.

当且仅当 $\mu(\Omega) < \infty$, 即 $\displaystyle\sum_{n=1}^{\infty} a_n < \infty$ 时, μ 是 $\mathcal{F}$ 上的有限测度.

【评注】 特别地, 定义 $\mathcal{F}$ 上的集函数如下:

$$\mu(A) = \begin{cases} 0, & A = \varnothing, \\ \displaystyle\sum_{n \in A} \frac{1}{2^n}, & A \neq \varnothing, \end{cases}$$

则 μ 是 $\mathcal{F}$ 上的概率测度.

4.6 设 $\{\mu_n, n \geqslant 1\}$ 是 $(\Omega, \mathcal{F})$ 上的测度列, 则 $\displaystyle\sum_{n=1}^{\infty} \mu_n$ 是 $(\Omega, \mathcal{F})$ 上的测度, 其中 $\displaystyle\sum_{n=1}^{\infty} \mu_n$ 定义为

$$\left(\sum_{n=1}^{\infty} \mu_n\right)(A) = \sum_{n=1}^{\infty} \mu_n(A), \quad A \in \mathcal{F}.$$

证明　记 $\mu = \sum\limits_{n=1}^{\infty} \mu_n$, 根据测度的定义得

(1) $\forall A \in \mathcal{E},\ \mu(A) = \sum\limits_{n=1}^{\infty} \mu_n(A) \geqslant 0$;

(2) $\mu(\varnothing) = \sum\limits_{n=1}^{\infty} \mu_n(\varnothing) = 0$;

(3) 若 $A_1, A_2, \cdots \in \mathcal{F}$ 两两不交, 则

$$\mu\left(\bigcup_{k=1}^{\infty} A_k\right) = \sum_{n=1}^{\infty} \mu_n\left(\bigcup_{k=1}^{\infty} A_k\right) = \sum_{n=1}^{\infty} \sum_{k=1}^{\infty} \mu_n(A_k)$$

$$= \sum_{k=1}^{\infty} \sum_{n=1}^{\infty} \mu_n(A_k) = \sum_{k=1}^{\infty} \mu(A_k).$$

综上, μ 是 $(\Omega, \mathcal{F})$ 上的测度.

【评注】　(a) 本题将应用于习题 4.25 的证明;

(b) 若 μ_1, μ_2 都是 σ-有限测度, 则 $\mu_1 + \mu_2$ 也是 σ-有限测度.

4.7　设 μ 为可测空间 $(\Omega, \mathcal{F})$ 上的有限测度, 则对任意的 $A_1, A_2, \cdots, A_n \in \mathcal{F}$ 有

$$\mu\left(\bigcup_{i=1}^{n} A_i\right) = \sum_{i=1}^{n} \mu(A_i) - \sum_{1 \leqslant i < j \leqslant n} \mu(A_i A_j) + \sum_{1 \leqslant i < j < k \leqslant n} \mu(A_i A_j A_k)$$

$$+ \cdots + (-1)^{n-1} \mu(A_1 A_2 \cdots A_n),$$

称之为 **Poincaré 公式**.

证明　由 μ 的有限可加性得

$$\mu(A_1) = \mu(A_1 A_2) + \mu(A_1 \backslash A_2),$$

$$\mu(A_2) = \mu(A_1 A_2) + \mu(A_2 \backslash A_1),$$

上述二式相加得

$$\mu(A_1) + \mu(A_2) = \mu(A_1 A_2) + [\mu(A_1 \backslash A_2) + \mu(A_2 \backslash A_1) + \mu(A_1 A_2)]$$

$$= \mu(A_1 A_2) + \mu(A_1 \cup A_2),$$

注意到 μ 为有限测度, 因而 $\mu(A_1 \cup A_2) = \mu(A_1) + \mu(A_2) - \mu(A_1 A_2)$, 这表明当 $n = 2$ 时结论成立.

假设结论对 n 成立, 我们证明它对 $n+1$ 也成立. 事实上, 由上述已证结论及归纳假设,

$$\mu\left(\bigcup_{i=1}^{n+1} A_i\right) = \mu\left(\left(\bigcup_{i=1}^{n} A_i\right) \cup A_{n+1}\right)$$

$$= \mu \left(\bigcup_{i=1}^{n} A_i \right) + \mu \left(A_{n+1} \right) - \mu \left(\left(\bigcup_{i=1}^{n} A_i \right) \cap A_{n+1} \right)$$

$$= \mu \left(\bigcup_{i=1}^{n} A_i \right) + \mu \left(A_{n+1} \right) - \mu \left(\bigcup_{i=1}^{n} A_i A_{n+1} \right)$$

$$= \sum_{i=1}^{n} \mu \left(A_i \right) - \sum_{1 \leqslant i_1 < i_2 \leqslant n} \mu \left(A_{i_1} A_{i_2} \right) + \sum_{1 \leqslant i_1 < i_2 < i_3 \leqslant n} \mu \left(A_{i_1} A_{i_2} A_{i_3} \right)$$

$$- \cdots + (-1)^{n-1} \mu \left(A_1 \cdots A_n \right) + \mu \left(A_{n+1} \right)$$

$$- \left\{ \sum_{i=1}^{n} \mu \left(A_i A_{n+1} \right) - \sum_{1 \leqslant i_1 < i_2 \leqslant n} \mu \left(A_{i_1} A_{i_2} A_{n+1} \right) + \cdots \right.$$

$$+ (-1)^{n-2} \sum_{1 \leqslant i_1 < i_2 < \cdots < i_{n-1} \leqslant n} \mu \left(A_{i_1} A_{i_2} \cdots A_{i_{n-1}} A_{n+1} \right)$$

$$\left. + (-1)^{n-1} \mu \left(A_1 \cdots A_n A_{n+1} \right) \right\}$$

$$= \sum_{i=1}^{n+1} \mu \left(A_i \right) - \sum_{1 \leqslant i_1 < i_2 \leqslant n+1} \mu \left(A_{i_1} A_{i_2} \right) + \sum_{1 \leqslant i_1 < i_2 < i_3 \leqslant n+1} \mu \left(A_{i_1} A_{i_2} A_{i_3} \right) - \cdots$$

$$+ (-1)^{n-1} \sum_{1 \leqslant i_1 < i_2 < \cdots < i_n \leqslant n+1} \mu \left(A_{i_1} A_{i_2} \cdots A_{i_n} \right) + (-1)^{n} \mu \left(A_1 \cdots A_{n+1} \right).$$

【评注】 (a) 在概率论中这个公式被称为**多除少补原理**;

(b) 习题 1.15 的评注已经表明

$$I \left(\bigcup_{i=1}^{n} A_i \right) = \sum_{i=1}^{n} I \left(A_i \right) - \sum_{1 \leqslant i < j \leqslant n} I \left(A_i \right) I \left(A_j \right) + \sum_{1 \leqslant i < j < k \leqslant n} I \left(A_i \right) I \left(A_j \right) I \left(A_k \right)$$

$$- \cdots + (-1)^{n+1} I \left(A_1 \right) I \left(A_2 \right) \cdots I \left(A_n \right),$$

待到第 7 章学过 Lebesgue 积分后, 上式两边积分就得到欲证.

4.8 设 $P, \tilde{P}$ 是测度空间 $(\Omega, \mathcal{F})$ 上的两个概率测度, 若对任意的 $A \in \mathcal{F}$, 只要 $P(A) \leqslant \dfrac{1}{2}$, 就有 $P(A) = \tilde{P}(A)$, 证明 $P = \tilde{P}$.

证明 令 $\mathcal{E} = \left\{ A \in \mathcal{F} : P(A) \leqslant \dfrac{1}{2} \right\}$, 显然 $\mathcal{E}$ 是 Ω 上的 π 类. 我们断言 $\sigma(\mathcal{E}) = \mathcal{F}$, 而这只需证明 $\mathcal{F} \subset \sigma(\mathcal{E})$. 事实上, 任给 $A \in \mathcal{F}$, 若 $P(A) \leqslant \dfrac{1}{2}$, 自然就有 $A \in \mathcal{E}$, 从而 $A \in \sigma(\mathcal{E})$. 若 $P(A) > \dfrac{1}{2}$, 则 $P(A^c) \leqslant \dfrac{1}{2}$, 这意味着 $A^c \in \mathcal{E}$, 同样

也有 $A \in \sigma(\mathcal{E})$.

又令
$$\mathcal{A} = \left\{ A \in \mathcal{F} : P(A) = \tilde{P}(A) \right\},$$

则 $\mathcal{A}$ 是 Ω 上的 λ 类, 且 $\mathcal{A} \supset \mathcal{E}$, 于是由 $\pi - \lambda$ 方法知 $\sigma(\mathcal{E}) \subset \mathcal{A} \subset \mathcal{F}$, 进而由 $\sigma(\mathcal{E}) = \mathcal{F}$ 知 $\mathcal{A} = \mathcal{F}$, 这就完成了 $P = \tilde{P}$ 的证明.

【评注】　"$P(A) \leqslant \dfrac{1}{2}$" 中的 "$\dfrac{1}{2}$" 不能更小, 但更大是可以的.

4.9　设 $(\Omega, \mathcal{F}, \mu)$ 为测度空间, $\{A_0, A_1, \cdots, A_n\} \subset \mathcal{F}$, 试证:

(1) $\mu(A_0 \Delta A_n) \leqslant \sum\limits_{i=1}^{n} \mu(A_{i-1} \Delta A_i)$;

(2) $\mu((A_0 \backslash A_1) \Delta (A_2 \backslash A_3)) \leqslant \mu(A_0 \Delta A_2) + \mu(A_1 \Delta A_3)$.

证明　(1) 由习题 1.6 之 (1), $A_0 \Delta A_n \subset \bigcup\limits_{i=1}^{n} (A_{i-1} \Delta A_i)$, 进而由测度的单调性及有限次可加性得

$$\mu(A_0 \Delta A_n) \leqslant \mu\left(\bigcup_{i=1}^{n} (A_{i-1} \Delta A_i) \right) \leqslant \sum_{i=1}^{n} \mu(A_{i-1} \Delta A_i).$$

(2) 由习题 1.6 之 (2), $(A_0 \backslash A_1) \Delta (A_2 \backslash A_3) \subset (A_0 \Delta A_2) \cup (A_1 \Delta A_3)$, 进而由测度的单调性及有限次可加性得

$$\mu((A_0 \backslash A_1) \Delta (A_2 \backslash A_3)) \leqslant \mu((A_0 \Delta A_2) \cup (A_1 \Delta A_3))$$
$$\leqslant \mu(A_0 \Delta A_2) + \mu(A_1 \Delta A_3).$$

4.10　设 $(\Omega, \mathcal{F}, \mu)$ 为测度空间, $\{A_n, n \geqslant 1\} \subset \mathcal{F}$. 试证:

(1) $\mu\left(\varliminf\limits_{n \to \infty} A_n \right) \leqslant \varliminf\limits_{n \to \infty} \mu(A_n)$;

(2) 若 $\mu\left(\bigcup\limits_{n=1}^{\infty} A_n \right) < \infty$, 则 $\varlimsup\limits_{n \to \infty} \mu(A_n) \leqslant \mu\left(\varlimsup\limits_{n \to \infty} A_n \right)$;

(3) 若 $\{A_n, n \geqslant 1\}$ 的极限存在, 且 $\mu\left(\bigcup\limits_{n=1}^{\infty} A_n \right) < \infty$, 则 $\lim\limits_{n \to \infty} \mu(A_n) = \mu\left(\lim\limits_{n \to \infty} A_n \right)$;

(4) 若 $\sum\limits_{n=1}^{\infty} \mu(A_n) < \infty$, 则 $\mu\left(\varlimsup\limits_{n \to \infty} A_n \right) = 0$.

证明　(1) 由 μ 的从下连续及单调性知

$$\mu\left(\varliminf_{n \to \infty} A_n \right) = \mu\left(\bigcup_{n=1}^{\infty} \bigcap_{k=n}^{\infty} A_k \right) = \lim_{n \to \infty} \mu\left(\bigcap_{k=n}^{\infty} A_k \right) \leqslant \varliminf_{n \to \infty} \mu(A_n).$$

(2) 由 μ 的从上连续及单调性知

$$\mu\left(\varliminf_{n\to\infty} A_n\right) = \mu\left(\bigcap_{n=1}^{\infty}\bigcup_{k=n}^{\infty} A_k\right) = \lim_{n\to\infty}\mu\left(\bigcup_{k=n}^{\infty} A_k\right) \geqslant \varlimsup_{n\to\infty}\mu\left(A_n\right).$$

(3) 由 (1) 和 (2) 即得.

(4) 由 μ 的从上连续及可列次可加性知

$$\mu\left(\varlimsup_{n\to\infty} A_n\right) = \mu\left(\bigcap_{n=1}^{\infty}\bigcup_{k=n}^{\infty} A_k\right) = \lim_{n\to\infty}\mu\left(\bigcup_{k=n}^{\infty} A_k\right) \leqslant \lim_{n\to\infty}\sum_{k=n}^{\infty}\mu\left(A_k\right) = 0.$$

【评注】 (a) 例 7.24 将使用 Fatou 引理对本题之 (1),(2) 重新证明;

(b) 本题之 (1) 将应用于引理 4.33 的证明, 本题之 (3) 应用于定理 4.42 的证明.

4.11 设 $(\Omega, \mathcal{F}, P)$ 为概率空间, $\{A, A_n, n \geqslant 1\} \subset \mathcal{F}$, 若 $P(A\Delta A_n) \to 0$, 则 $P(A_n) \to P(A)$.

证明 由 $P(A\Delta A_n) \to 0$ 得 $P(A\backslash A_n) \to 0$, 从而 $P(A) - P(A\cap A_n) \to 0$, 同理 $P(A_n) - P(A\cap A_n) \to 0$. 于是

$$P(A_n) - P(A) = [P(A_n) - P(A\cap A_n)] - [P(A) - P(A\cap A_n)] \to 0,$$

由此得到欲证.

4.12 设 $(\Omega, \mathcal{F}, P)$ 为概率空间, $\{A, B, A_n, B_n, n \geqslant 1\} \subset \mathcal{F}$, $A\doteq B$ 意指 $P(A\Delta B) = 0$[①].

(1) 若 $A\doteq B$, 则 $A^c\doteq B^c$;

(2) 若 $A_1\doteq B_1$, $A_2\doteq B_2$, 则 $A_1\backslash A_2 \doteq B_1\backslash B_2$;

(3) 若 $A_n\doteq B_n$, $n \geqslant 1$, 则 $\bigcup_{n=1}^{\infty} A_n \doteq \bigcup_{n=1}^{\infty} B_n$, $\bigcap_{n=1}^{\infty} A_n \doteq \bigcap_{n=1}^{\infty} B_n$.

证明 (1) 注意到 $A^c\Delta B^c = A\Delta B$ 即可.

(2) 由

$$\begin{aligned}
(A_1\backslash A_2)\,\Delta\,(B_1\backslash B_2) &= (A_1 A_2^c)\,\Delta\,(B_1 B_2^c)\\
&= (A_1 A_2^c\backslash B_1 B_2^c)\cup(B_1 B_2^c\backslash A_1 A_2^c)\\
&= [(A_1 A_2^c)\cap(B_1^c\cup B_2)]\cup[(B_1 B_2^c)\cap(A_1^c\cup A_2)]\\
&= [(A_1 A_2^c B_1^c)\cup(A_1 A_2^c B_2)]\cup[(B_1 B_2^c A_1^c)\cup(B_1 B_2^c A_2)]\\
&= [(A_1 A_2^c B_1^c)\cup(B_1 B_2^c A_1^c)]\cup[(B_1 B_2^c A_2)\cup(A_1 A_2^c B_2)]\\
&\subset (A_1\Delta B_1)\cup(A_2\Delta B_2),
\end{aligned}$$

---

① 此时 A 与 B 只差一个零概集 (概率为零的集合), 称 A 与 B 几乎必然相等.

测度的单调性及有限次可加性得到欲证.

(3) 由习题 1.6 之 (3) 知 $\left(\bigcup\limits_{n=1}^{\infty} A_n\right) \Delta \left(\bigcup\limits_{n=1}^{\infty} B_n\right) \subset \bigcup\limits_{n=1}^{\infty} (A_n \Delta B_n)$, 再由测度的

可列次可加性得到 $\bigcup\limits_{n=1}^{\infty} A_n \doteq \bigcup\limits_{n=1}^{\infty} B_n$.

另外, 习题 1.6 之 (3) 也保证 $\left(\bigcap\limits_{n=1}^{\infty} A_n\right) \Delta \left(\bigcap\limits_{n=1}^{\infty} B_n\right) \subset \bigcup\limits_{n=1}^{\infty} (A_n \Delta B_n)$, 由此得

到 $\bigcap\limits_{n=1}^{\infty} A_n \doteq \bigcap\limits_{n=1}^{\infty} B_n$.

【评注】　$A \doteq B$ 的充分必要条件是 $P(A \cap B) = P(A) \vee P(B)$.

4.13　设 $(\Omega, \mathcal{F}, P)$ 为概率空间, $\{A_1, A_2, B\} \subset \mathcal{F}$, 若 $A_1 \doteq A_2$, 则 $P(A_1 \cap B) = P(A_2 \cap B)$.

证明　由 $A_1 = (A_1 \cap A_2) \cup (A_1 \cap A_2^c)$ 得
$$\begin{aligned}
P(A_1 \cap B) &= P([(A_1 \cap A_2) \cup (A_1 \cap A_2^c)] \cap B) \\
&= P((A_1 \cap A_2 \cap B) \cup (A_1 \cap A_2^c \cap B)) \\
&= P(A_1 \cap A_2 \cap B) + P(A_1 \cap A_2^c \cap B) \\
&= P(A_1 \cap A_2 \cap B) \leqslant P(A_2 \cap B),
\end{aligned}$$

由对称性, 反向不等式也成立, 从而结论得证.

【评注】　本题将应用于定理 8.42 的证明.

4.14　设 $(\Omega, \mathcal{F}, \mu)$ 为有限测度空间, $\mathcal{F}_0$ 为生成 $\mathcal{F}$ 的一个代数, 试证: $\forall A \in \mathcal{F}$ 及 $\varepsilon > 0$, 存在 $A_\varepsilon \in \mathcal{F}_0$, 使得 $\mu(A \Delta A_\varepsilon) < \varepsilon$.

证明　定义
$$\mathcal{A} = \{A \in \mathcal{F} : \forall \varepsilon > 0, 存在某个 A_\varepsilon \in \mathcal{F}_0, 使得 \mu(A \Delta A_\varepsilon) < \varepsilon\},$$
则 $\mathcal{A} \supset \mathcal{F}_0$ (当 $A \in \mathcal{F}_0$ 时, 取 $A_\varepsilon = A$), 进而 $\Omega \in \mathcal{A}$. 我们断言 $\mathcal{A}$ 是 σ 代数, 事实上,

(1) $\mathcal{A}$ 对补封闭: 若 $A \in \mathcal{A}$, 注意到 $A^c \Delta A_\varepsilon^c = A \Delta A_\varepsilon$, 则有 $A^c \in \mathcal{A}$;

(2) $\mathcal{A}$ 对可列并封闭: 若 $A_n \in \mathcal{A}$, $n \geqslant 1$, 则由 $\bigcup\limits_{n=1}^{m} A_n \uparrow \bigcup\limits_{n=1}^{\infty} A_n := A$ 及 μ 的

从下连续性, 我们有 $\mu\left(\bigcup\limits_{n=1}^{m} A_n\right) \uparrow \mu(A)$, 所以存在 $M \in \mathbb{N}$, 使得
$$\mu\left(A \setminus \bigcup\limits_{n=1}^{M} A_n\right) < \frac{\varepsilon}{2}.$$

对每个 $n = 1, 2, \cdots, M$, 取 $A_{n,\varepsilon} \in \mathcal{F}_0$, 使得 $\mu(A_n \Delta A_{n,\varepsilon}) < \dfrac{\varepsilon}{2M}$. 令 $A_\varepsilon = \bigcup\limits_{n=1}^{M} A_{n,\varepsilon}$, 则 $A_\varepsilon \in \mathcal{F}_0$, 且由习题 1.6 之 (1) 及习题 1.6 之 (2) 知

$$\mu\left(A\Delta A_\varepsilon\right) \leqslant \mu\left(A\Delta\left(\bigcup_{n=1}^{M}A_n\right)\right) + \mu\left(\left(\bigcup_{n=1}^{M}A_n\right)\Delta A_\varepsilon\right)$$

$$\leqslant \mu\left(A\Delta\left(\bigcup_{n=1}^{M}A_n\right)\right) + \sum_{n=1}^{M}\mu\left(A_n\Delta A_{n,\varepsilon}\right) \leqslant \frac{\varepsilon}{2} + \sum_{n=1}^{M}\frac{\varepsilon}{2M} = \varepsilon,$$

这表明 $\bigcup_{n=1}^{\infty} A_n \in \mathcal{A}$, 故 $\mathcal{A}$ 对可列并封闭.

于是 $\mathcal{A} \supset \sigma(\mathcal{F}_0)$, 而反包含由 $\mathcal{A}$ 的定义保证, 故 $\mathcal{A} = \sigma(\mathcal{F}_0)$, 再一次由 $\mathcal{A}$ 的定义知结论成立.

【评注】 (a) 粗略地说, $\mathcal{F}$ 中的每个元素都可以用 $\mathcal{F}_0$ 中的元素任意逼近;

(b) 本题将应用于习题 9.23、习题 9.25 和习题 13.22 的证明.

4.15 证明 $\mathbb{N}$ 上的计数测度 μ 是 σ-有限测度但不是有限测度.

证明 对任意的 $A \in \mathcal{P}(\mathbb{N})$, 不妨设 $A = \{n_1, n_2, \cdots\}$, 显然 $A = \bigcup_{k=1}^{\infty}\{n_k\}$, 诸 $\mu(\{n_k\}) = 1 < \infty$, 故 μ 是 $\mathcal{P}(\mathbb{N})$ 上的 σ-有限测度.

因为 $\mu(\mathbb{N}) = \infty$, 所以 μ 不是 $\mathcal{P}(\mathbb{N})$ 上的有限测度.

4.16 设 $(\Omega, \mathcal{F}, \mu)$ 为有限测度空间, 则使得 $\mu(A) > 0$ 且两两不交的 $A \in \mathcal{F}$ 的个数至多可数.

证明 因为 μ 是有限测度, 所以对每个 $n \geqslant 1$, 使得 $\mu(A) > \dfrac{1}{n}$ 的 $A \in \mathcal{F}$ 只能是有限多个, 从而使得 $\mu(A) > 0$ 的 $A \in \mathcal{F}$ 的个数至多可数.

【评注】 本题将应用于习题 5.27 及定理 12.11 的证明.

4.2 测度从半环到 σ 代数的扩张

4.2.1 内容提要

定义 4.14 称 $\mu^*: \mathcal{P}(\Omega) \to \overline{\mathbb{R}}$ 是 Ω 上的一个**外测度**, 如果

(i) $\mu^*(\varnothing) = 0$;

(ii) (单调性) 若 $A \subset B$, 则 $\mu^*(A) \leqslant \mu^*(B)$;

(iii) (可列次可加性) $\mu^*\left(\bigcup_{n=1}^{\infty} A_n\right) \leqslant \sum_{n=1}^{\infty}\mu^*(A_n)$.

定义 4.16 设 μ^* 为 Ω 上的外测度, 称 $A \in \mathcal{P}(\Omega)$ 为 μ^*-**可测集**, 如果 A 的 Carathéodory 条件

$$\mu^*(D) = \mu^*(A \cap D) + \mu^*(A^c \cap D), \quad D \subset \Omega$$

成立. μ^*-可测集全体组成的集类, 简称 μ^*-**可测集类**, 用 $\mathcal{U}_{\mu^*}$ 记之.

引理 4.17　(i) $\mathcal{U}_{\mu^*}$ 为 Ω 上的 σ 代数;

(ii) 当 μ^* 限制在 $\mathcal{U}_{\mu^*}$ 上时为测度, 称此测度为**由外测度** μ^* **诱导的测度**, 记为 $\mu^* \mid u_{\mu^*}$.

引理 4.18　设 μ 为半环 $\mathcal{E}$ 上的测度, 对任意的 $A \subset \Omega$, 令

$$\mu^*(A) = \inf\left\{\sum_n \mu(A_n) : \{A_n, 1 \leqslant n < \infty\} \text{ 是 } \mathcal{E} \text{ 中 } A \text{ 的一个至多可数覆盖}\right\},$$

则 μ^* 限制在 $\mathcal{E}$ 上与 μ 一致, 且 μ^* 为 Ω 上的外测度, 称之为由 μ **诱导的外测度**.

引理 4.19　设 μ^* 为由半环 $\mathcal{E}$ 上的测度 μ 诱导的外测度, 则 $A \in \mathcal{U}_{\mu^*}$ 当且仅当

$$\mu^*(D) \geqslant \mu^*(A \cap D) + \mu^*(A^c \cap D), \quad \forall D \in \mathcal{E}.$$

引理 4.20 (测度的唯一性)　设 $\mathcal{E}$ 为 Ω 上一 π 类, μ_1 及 μ_2 为 $\sigma(\mathcal{E})$ 上的两个有限测度. 若 μ_1 与 μ_2 限于 $\mathcal{E}$ 上一致, 且 $\mu_1(\Omega) = \mu_2(\Omega)$, 则 μ_1 与 μ_2 在 $\sigma(\mathcal{E})$ 上一致.

定理 4.21 (测度扩张定理)　设 μ 为半环 $\mathcal{E}$ 上的测度, 则

(i) (扩张的存在性) μ 在 $\sigma(\mathcal{E})$ 上的扩张必然存在;

(ii) (扩张的唯一性) 若 μ 在 $\mathcal{E}$ 上还 σ-有限, 且 Ω 可以表示成 $\mathcal{E}$ 中元素的可列并, 则 μ 在 $\sigma(\mathcal{E})$ 上的扩张唯一, 并且扩张所得的测度在 $\sigma(\mathcal{E})$ 上也 σ-有限.

4.2.2　习题 4.2 解答与评注

4.17　设 μ_1^* 和 μ_2^* 都是 Ω 上的外测度, 证明 $\mu^* = \max\{\mu_1^*, \mu_2^*\}$ 也是 Ω 上的外测度.

证明　根据 μ_1^* 和 μ_2^* 都是 Ω 上的外测度得

(1) $\mu^*(\varnothing) = \max\{\mu_1^*(\varnothing), \mu_2^*(\varnothing)\} = 0$;

(2) $A \subset B \Rightarrow \mu^*(A) = \max\{\mu_1^*(A), \mu_2^*(A)\} \leqslant \max\{\mu_1^*(B), \mu_2^*(B)\} = \mu^*(B)$;

$$(3)\ \mu^*\left(\bigcup_{n=1}^\infty A_n\right) = \max\left\{\mu_1^*\left(\bigcup_{n=1}^\infty A_n\right), \mu_2^*\left(\bigcup_{n=1}^\infty A_n\right)\right\}$$

$$\leqslant \max\left\{\sum_{n=1}^\infty \mu_1^*(A_n), \sum_{n=1}^\infty \mu_2^*(A_n)\right\}$$

$$\leqslant \sum_{n=1}^\infty \max\{\mu_1^*(A_n), \mu_2^*(A_n)\} = \sum_{n=1}^\infty \mu^*(A_n).$$

综上, μ^* 是 Ω 上的外测度.

4.18　设 $\{\mu_n^*, n \geqslant 1\}$ 是 Ω 上的外测度列, $\{a_n, n \geqslant 1\}$ 是非负数列, 则 $\mu^* = \sum_{n=1}^\infty a_n \mu_n^*$ 也是 Ω 上的外测度.

证明　根据外测度的定义得

(1) $\mu^*(\varnothing) = \sum\limits_{n=1}^{\infty} a_n \mu_n^*(\varnothing) = 0$;

(2) $A \subset B \Rightarrow \mu^*(A) = \sum\limits_{n=1}^{\infty} a_n \mu_n^*(A) \leqslant \sum\limits_{n=1}^{\infty} a_n \mu_n^*(B) = \mu^*(B)$;

(3) $\mu^*\left(\bigcup\limits_{k=1}^{\infty} A_k\right) = \sum\limits_{n=1}^{\infty} a_n \mu_n^*\left(\bigcup\limits_{k=1}^{\infty} A_k\right) \leqslant \sum\limits_{n=1}^{\infty} \sum\limits_{k=1}^{\infty} a_n \mu_n^*(A_k)$

$$= \sum\limits_{k=1}^{\infty} \sum\limits_{n=1}^{\infty} a_n \mu_n^*(A_k) = \sum\limits_{k=1}^{\infty} \mu^*(A_k).$$

综上, μ^* 是 Ω 上的外测度.

【评注】　在上述 (3) 的证明中, 倒数第二个等号成立是因为正项级数的级数和与排列顺序无关.

4.19　设 $\Omega = \{\omega_1, \omega_2\}$ 是恰好包含两个不同点 ω_1 和 ω_2 的空间, 定义

$$\mu^*\{\omega_1\} = 1, \quad \mu^*\{\omega_2\} = 2, \quad \mu^*(\varnothing) = 0, \quad \mu^*(\Omega) = a,$$

其中 $a \in \overline{\mathbb{R}}$.

(1) 当 a 为何值时, μ^* 是 Ω 上的外测度?

(2) 当 a 为何值时, μ^* 是 $\mathcal{P}(\Omega)$ 上的测度?

解　(1) 为使 μ^* 为外测度, 除 $\mu^*(\varnothing) = 0$ 外, 还需要 (i) 单调性: 由 $\mu^*\{\omega_2\} \leqslant \mu^*(\Omega)$ 推得 $a \geqslant 2$; (ii) 次可加性: 由 $\mu^*(\Omega) = \mu^*(\{\omega_1\} \cup \{\omega_2\}) \leqslant \mu^*\{\omega_1\} + \mu^*\{\omega_2\}$ 推得 $a \leqslant 3$.

故 $2 \leqslant a \leqslant 3$.

(2) 为使 μ^* 为测度, 由可加性得 $\mu^*(\Omega) = \mu^*(\{\omega_1\} \cup \{\omega_2\}) = \mu^*\{\omega_1\} + \mu^*\{\omega_2\}$, 从而 $a = 3$.

4.20　外测度 μ^* 如例 4.15 定义, 确定 μ^*-可测集类.

解　$A \subset \mathbb{R}$ 为 μ^*-可测集 $\Leftrightarrow \mu^*(D) \geqslant \mu^*(A \cap D) + \mu^*(A^c \cap D), \forall D \subset \mathbb{R}$

$\Leftrightarrow 1 \geqslant \mu^*(A \cap D) + \mu^*(A^c \cap D), \quad \forall D \neq \varnothing \Leftrightarrow A = \varnothing$ 或 $A = \mathbb{R}$,

所以 μ^*-可测集类 $\mathcal{U}_{\mu^*} = \{\varnothing, \mathbb{R}\}$.

【评注】　μ^*-可测集类 $\mathcal{U}_{\mu^*}$ 是 σ 代数, 本题的结果印证了这个结论.

4.21　定义集函数 $\mu^* : \mathcal{P}(\mathbb{R}) \to \mathbb{R}$ 如下:

$$\mu^*(A) = \begin{cases} 0, & A \text{ 是可数集}, \\ 1, & A \text{ 不是可数集}, \end{cases}$$

证明 μ^* 是 $\mathbb{R}$ 上的外测度, 并确定 μ^*-可测集类.

解　前一部分是显然的, 下面寻找 μ^*-可测集类.

$$A \subset \mathbb{R} \text{ 为 } \mu^*\text{-可测集} \Leftrightarrow \mu^*(D) \geqslant \mu^*(A \cap D) + \mu^*(A^c \cap D), \quad \forall D \subset \mathbb{R}$$

$$\Leftrightarrow 1 \geqslant \mu^*(A \cap D) + \mu^*(A^c \cap D), \quad \forall \text{不可数集 } D$$

$$\Leftrightarrow A \text{ 可数或 } A^c \text{ 可数},$$

所以 μ^*-可测集类 $\mathcal{U}_{\mu^*} = \{A \subset \mathbb{R} : A \text{ 可数或 } A^c \text{ 可数}\}$.

【评注】   由例 3.7 知, 这里的集类 $\mathcal{U}_{\mu^*} = \{A \subset \mathbb{R} : A \text{ 可数或 } A^c \text{ 可数}\}$ 的确是 $\mathbb{R}$ 上的一个 σ 代数.

4.22   设 μ 是半环 $\mathcal{E}$ 上的测度, μ^* 是由 μ 诱导的外测度, $A \in \mathcal{U}_{\mu^*}, \mu^*(A) < \infty$, 则 $\forall \varepsilon > 0$, 存在 $\mathcal{E}$ 中有限多个集合 $B_1, B_2, \cdots, B_{n_0}$, 使得 $\mu^*\left(A \triangle \left(\bigcup_{n=1}^{n_0} B_n\right)\right) < \varepsilon$.

证明 $\mu^*(A) < \infty$ 意味着在 $\mathcal{E}$ 中存在 A 的某个至多可数覆盖 $\{B_n, 1 \leqslant n < \infty\}$, 使得

$$\sum_n \mu(B_n) < \mu^*(A) + \frac{\varepsilon}{2} < \infty.$$

不妨假设 A 的至多可数覆盖 $\{B_n, 1 \leqslant n < \infty\}$ 就是可数覆盖 $\{B_n, n \geqslant 1\}$ (否则以 $\varnothing$ 补充), 于是上式变成

$$\sum_{n=1}^{\infty} \mu(B_n) < \mu^*(A) + \frac{\varepsilon}{2} < \infty.$$

一方面, 由 $\sum_{n=1}^{\infty} \mu(B_n) < \infty$ 知存在 $n_0 \in \mathbb{N}$, 使得 $\sum_{n=n_0+1}^{\infty} \mu(B_n) < \frac{\varepsilon}{2}$, 从而

$$\mu^*\left(\bigcup_{n=n_0+1}^{\infty} B_n\right) \leqslant \sum_{n=n_0+1}^{\infty} \mu^*(B_n) = \sum_{n=n_0+1}^{\infty} \mu(B_n) < \frac{\varepsilon}{2}.$$

另一方面, 注意到 μ^* 是 $(\Omega, \mathcal{U}_{\mu^*})$ 上的测度, 我们有

$$\mu^*\left(\bigcup_{n=1}^{\infty} B_n\right) = \mu^*(A) + \mu^*\left(A^c \cap \left(\bigcup_{n=1}^{\infty} B_n\right)\right),$$

因而

$$\mu^*\left(A^c \cap \left(\bigcup_{n=1}^{\infty} B_n\right)\right) = \mu^*\left(\bigcup_{n=1}^{\infty} B_n\right) - \mu^*(A) \leqslant \sum_{n=1}^{\infty} \mu^*(B_n) - \mu^*(A)$$

$$= \sum_{n=1}^{\infty} \mu(B_n) - \mu^*(A) < \frac{\varepsilon}{2}.$$

最后, 由 $A \subset \bigcup\limits_{n=1}^{\infty} B_n$ 及习题 1.1 之 (1) 推得 $A \setminus \bigcup\limits_{n=1}^{n_0} B_n \subset \bigcup\limits_{n=n_0+1}^{\infty} B_n$, 故

$$\mu^* \left(A \Delta \left(\bigcup_{n=1}^{n_0} B_n \right) \right) \leqslant \mu^* \left(A \setminus \left(\bigcup_{n=1}^{n_0} B_n \right) \right) + \mu^* \left(\left(\bigcup_{n=1}^{n_0} B_n \right) \setminus A \right)$$

$$\leqslant \mu^* \left(\bigcup_{n=n_0+1}^{\infty} B_n \right) + \mu^* \left(A^c \cap \left(\bigcup_{n=1}^{\infty} B_n \right) \right)$$

$$< \frac{\varepsilon}{2} + \frac{\varepsilon}{2} = \varepsilon.$$

【评注】 粗略地说, 每个 μ^* 测度有限的 μ^*-可测集都可以用半环 $\mathcal{E}$ 中集合的有限并任意逼近.

4.23 设 μ_1, μ_2 是可测度量空间 $(X, \mathcal{B}(X), \rho)$ 上的两个有限测度.

(1) 若对任何有界闭集 F, 均有 $\mu_1(F) = \mu_2(F)$, 则 μ_1 与 μ_2 在 $\mathcal{B}(X)$ 上一致;

(2) 若对任何有界开集 G, 均有 $\mu_1(G) = \mu_2(G)$, 则 μ_1 与 μ_2 在 $\mathcal{B}(X)$ 上一致.

证明 (1) 令 $\mathcal{E}$ 表示有界闭集全体, 则 $\mathcal{E}$ 为 X 上一 π 类. 任意固定 $x_0 \in X$, 则

$$S(x_0, n) = \{ x \in X : \rho(x_0, x) \leqslant n \}, \quad n \geqslant 1$$

是 X 中一列有界闭集, 且 $S(x_0, n) \uparrow X$, 从而

$$\mu_1(X) = \lim_{n \to \infty} \mu_1(S(x_0, n)) = \lim_{n \to \infty} \mu_2(S(x_0, n)) = \mu_2(X),$$

于是, 由引理 4.20 知 μ_1 与 μ_2 在 $\sigma(\mathcal{E})$ 上一致, 再由习题 3.19 之 (1) 知 $\mathcal{B}(X) = \sigma(\mathcal{E})$, 所以 μ_1 与 μ_2 在 $\mathcal{B}(X)$ 上一致.

(2) 类似于 (1) 的证明过程, 并在应用习题 3.19 之 (1) 的地方改为习题 3.19 之 (2) 即可.

【评注】 由定理 12.21 也可以得到本题的结论 (推论 12.3).

4.24 设 $\mathcal{E}$ 为 Ω 上的半环, Ω 可以表示成 $\mathcal{E}$ 中元素的可列并, 又设 μ_1 和 μ_2 均为 $\sigma(\mathcal{E})$ 上的测度且在 $\mathcal{E}$ 上都 σ-有限. 若对每个 $A \in \mathcal{E}$, 有

$$\mu_1(A) \leqslant \mu_2(A),$$

则对每个 $A \in \sigma(\mathcal{E})$, 上述不等式仍然成立.

证明 我们暂时把 μ_1 和 μ_2 都限制为半环 $\mathcal{E}$ 上的测度, μ_1^*, μ_2^* 分别表示由 μ_1, μ_2 诱导的外测度. $\forall A \in \mathcal{P}(\Omega)$, 由外测度的定义, 我们有

$$\mu_1^*(A) = \inf \left\{ \sum_n \mu_1(A_n) : \bigcup_n A_n \supset A, \text{诸} A_n \in \mathcal{E} \right\}$$

$$\leqslant \inf \left\{ \sum_n \mu_2 (A_n) : \bigcup_n A_n \supset A, \text{诸} A_n \in \mathcal{E} \right\} = \mu_2^* (A).$$

由定理 4.21, μ_1 和 μ_2 在 $\sigma(\mathcal{E})$ 上都有唯一扩张, 扩张后的测度仍然记为 μ_1 和 μ_2, 以下把 μ_1 和 μ_2 都看作是 $\sigma(\mathcal{E})$ 上的测度.

现在任取 $A \in \sigma(\mathcal{E})$, 由于 $\sigma(\mathcal{E}) \subset \mathcal{U}_{\mu_1^*}$, $\sigma(\mathcal{E}) \subset \mathcal{U}_{\mu_2^*}$, 其中 $\mathcal{U}_{\mu_1^*}$ 和 $\mathcal{U}_{\mu_2^*}$ 分别是 μ_1^*-可测集类和 μ_2^*-可测集类, 所以 $\mu_1^*(A) = \mu_1(A)$, $\mu_2^*(A) = \mu_2(A)$, 于是

$$\mu_1(A) \leqslant \mu_2(A).$$

4.3　测度空间的完备化

4.3.1　内容提要

定义 4.23　设 $(\Omega, \mathcal{F}, \mu)$ 为测度空间.

(i) 若 $M \in \mathcal{F}$ 且 $\mu(M) = 0$, 则称 M 为**零测集**;

(ii) 若 $N \subset M$ 且 M 为零测集, 则称 N 为**可略集**, Ω 中全体可略集组成的集类, 称为**可略集类**, 记为 $\mathcal{N}_\mu$;

(iii) 若 $\mathcal{N}_\mu \subset \mathcal{F}$, 则称 μ 在 $\mathcal{F}$ 上是**完备的**或称 $(\Omega, \mathcal{F}, \mu)$ 是**完备测度空间**.

性质 4.24　设 μ^* 为 Ω 上任一外测度, $\mathcal{U}_{\mu^*}$ 为 μ^*-可测集类, 则 $(\Omega, \mathcal{U}_{\mu^*}, \mu^*)$ 为完备测度空间.

定义 4.26　设 $(\Omega, \mathcal{F}_1, \mu_1)$ 和 $(\Omega, \mathcal{F}_2, \mu_2)$ 是两个测度空间, 称 $(\Omega, \mathcal{F}_2, \mu_2)$ 是 $(\Omega, \mathcal{F}_1, \mu_1)$ 的**完备化**, 如果

(i) $(\Omega, \mathcal{F}_2, \mu_2)$ 是完备测度空间;

(ii) $\mathcal{F}_1 \subset \mathcal{F}_2$;

(iii) $\mu_2|_{\mathcal{F}_1} = \mu_1$, 即 μ_2 是 μ_1 在 $\mathcal{F}_2$ 上的扩张.

定理 4.27　(i) $\overline{\mathcal{F}}$ 为 σ 代数;

(ii) $\overline{\mathcal{F}} = \sigma(\mathcal{F} \cup \mathcal{N}_\mu)$;

(iii) $\overline{\mu}$ 为 $\overline{\mathcal{F}}$ 上的测度;

(iv) $\overline{\mu}$ 为完备测度.

换句话说, $(\Omega, \overline{\mathcal{F}}, \overline{\mu})$ 是 $(\Omega, \mathcal{F}, \mu)$ 的完备化.

命题 4.28　$(\Omega, \overline{\mathcal{F}}, \overline{\mu})$ 是 $(\Omega, \mathcal{F}, \mu)$ 的最小的完备化测度空间.

命题 4.29　$\overline{\mathcal{F}} = \mathcal{F}^\Delta = \mathcal{F}^*$.

定理 4.30　对每个 $A \Delta N \in \mathcal{F}^\Delta$, 其中 $A \in \mathcal{F}$, $N \in \mathcal{N}_\mu$, 令

$$\mu^\Delta (A \Delta N) = \mu(A),$$

则

(i) $\mu^\Delta = \overline{\mu}$;

(ii) $(\Omega, \mathcal{F}^\Delta, \mu^\Delta) = (\Omega, \overline{\mathcal{F}}, \overline{\mu})$.

定理 4.31 对每个 $A \in \mathcal{F}^*$, 即存在 $A_1, A_2 \in \mathcal{F}$, 使得 $A_1 \subset A \subset A_2$ 且 $\mu(A_1) = \mu(A_2)$, 令

$$\mu^*(A) = \mu(A_1),$$

则

(i) $\mu^* = \overline{\mu}$;

(ii) $(\Omega, \mathcal{F}^*, \mu^*) = (\Omega, \overline{\mathcal{F}}, \overline{\mu})$.

定理 4.32 $(\Omega, \mathcal{U}_{\mu^*}, \mu^*)$ 是 $(\Omega, \mathcal{F}, \mu)$ 的最小完备化.

引理 4.33 设 $(\Omega, \mathcal{F}, \mu)$ 为 σ-有限测度空间, μ^* 为由 μ 诱导的外测度, $\mathcal{U}_{\mu^*}$ 为 μ^*-可测集类, 则 $\forall A \in \mathcal{U}_{\mu^*}, \exists B \in \mathcal{F}, \text{s.t.} A \subset B$ 且 $\mu^*(B \backslash A) = 0$.

定理 4.34 设 $(\Omega, \mathcal{F}, \mu)$ 为 σ-有限测度空间, 则

(i) $\mathcal{U}_{\mu^*} = \overline{\mathcal{F}}$;

(ii) $\mu^*|_{\mathcal{U}_{\mu^*}} = \overline{\mu}$.

推论 4.35 设 μ 为半环 $\mathcal{E}$ 上的 σ-有限测度, Ω 可以表示成 $\mathcal{E}$ 中元素的可列并, μ^* 为由 μ 诱导的外测度, $\mathcal{U}_{\mu^*}$ 为 μ^*-可测集类, 则 $(\Omega, \mathcal{U}_{\mu^*}, \mu^*)$ 是 $(\Omega, \sigma(\mathcal{E}), \mu^*)$ 的完备化.

4.3.2 习题 4.3 解答与评注

4.25 若 μ_1, μ_2 都是 $(\Omega, \mathcal{F})$ 上的测度, 且其中至少之一是完备的, 则 $\mu_1 + \mu_2$ 是 $(\Omega, \mathcal{F})$ 上的完备测度.

证明 习题 4.6 已经证明 $\mu_1 + \mu_2$ 是 $(\Omega, \mathcal{F})$ 上的测度, 现假设 μ_1 是 $(\Omega, \mathcal{F})$ 上的完备测度, 往证 $\mu_1 + \mu_2$ 的完备性.

设 N 是任意一个 $(\mu_1 + \mu_2)$-可略集, 则 $\exists M \in \mathcal{F}, N \subset M, \text{s.t.} (\mu_1 + \mu_2)(M) = 0$, 从而 $\mu_1(M) = 0$, 而由 μ_1 的完备性知 $N \in \mathcal{F}$. 这表明 $\mathcal{F}$ 包含了所有的 $(\mu_1 + \mu_2)$-可略集, 故 $\mu_1 + \mu_2$ 是完备测度.

4.26 设 $A, N, M \subset \Omega$, 且 $N \subset M$, 则

(1) $A \cup N = (A \backslash M) \cup \left[(A \cup N) \cap M\right]$;

(2) $A \Delta N = (A \backslash M) \cup \left[(A \Delta N) \cap M\right]$.

证明 (1) 由 $N \subset M$ 得 $N \cap M^c = \varnothing$, 于是

$$A \cup N = \left[(A \cup N) \cap M^c\right] \cup \left[(A \cup N) \cap M\right]$$

$$= \left[(A \cap M^c) \cup (N \cap M^c)\right] \cup \left[(A \cup N) \cap M\right]$$

$$= (A \cap M^c) \cup \Big[(A \cup N) \cap M\Big]$$

$$= (A \backslash M) \cup \Big[(A \cup N) \cap M\Big].$$

(2) 由 $N \subset M$ 得 $N \cap A^c \cap M^c = \varnothing$, 于是

$$A \Delta N = \Big[(A \Delta N) \cap M^c\Big] \cup \Big[(A \Delta N) \cap M\Big]$$

$$= \Big[(A \cap N^c \cap M^c) \cup (N \cap A^c \cap M^c)\Big] \cup \Big[(A \Delta N) \cap M\Big]$$

$$= (A \cap M^c) \cup \Big[(A \Delta N) \cap M\Big].$$

注意到 $(A \cap M^c) \cap \Big[(A \Delta N) \cap M\Big] = \varnothing$, 所以

$$(A \cap M^c) \cup \Big[(A \Delta N) \cap M\Big] = (A \cap M^c) \Delta \Big[(A \Delta N) \cap M\Big],$$

故

$$A \Delta N = (A \cap M^c) \Delta \Big[(A \Delta N) \cap M\Big] = (A \backslash M) \Delta \Big[(A \Delta N) \cap M\Big].$$

4.27　证明: 由 (4.10) 式定义的 μ^Δ 不依赖 $\mathcal{F}^\Delta$ 中元素的具体表示法.

证明　任取 $\mathcal{F}^\Delta$ 中的一个元素 $A_1 \Delta N_1$, 假设它还可以表示成 $A_2 \Delta N_2$, 则由 $A_1 A_2^c N_1^c \subset N_2, A_2 A_1^c N_2^c \subset N_1$, 我们有

$$\begin{aligned}
\mu(A_1) &= \mu(A_1 A_2) + \mu(A_1 A_2^c) \\
&= \mu(A_1 A_2) + \mu(A_1 A_2^c N_1) + \mu(A_1 A_2^c N_1^c) \\
&= \mu(A_1 A_2), \\
\mu(A_2) &= \mu(A_2 A_1) + \mu(A_2 A_1^c) \\
&= \mu(A_2 A_1) + \mu(A_2 A_1^c N_2) + \mu(A_2 A_1^c N_2^c) \\
&= \mu(A_2 A_1),
\end{aligned}$$

故 $\mu^\Delta(A_1 \Delta N_1) = \mu^\Delta(A_2 \Delta N_2)$.

4.28　证明: 由 (4.11) 式定义的 μ^* 不依赖 A_1, A_2 的具体选择.

证明　任取 $\mathcal{F}^*$ 中的一个元素 A, 即存在 $A_1, A_2 \in \mathcal{F}$, 使得 $A_1 \subset A \subset A_2$ 且 $\mu(A_1) = \mu(A_2)$, 假设还存在 $B_1, B_2 \in \mathcal{F}$, 使得 $B_1 \subset A \subset B_2$ 且 $\mu(B_1) = \mu(B_2)$. 注意到

$$\mu(A_1) = \mu(A_2) = \mu(A_2 B_1) + \mu(A_2 B_1^c)$$

$$= \mu(B_1) + \mu(A_2 B_1^c) = \mu(B_2) + \mu(A_2 B_1^c)$$

$$= \mu(B_2 A_1) + \mu(B_2 A_1^c) + \mu(A_2 B_1^c)$$

$$= \mu(A_1) + \mu(B_2 A_1^c) + \mu(A_2 B_1^c),$$

因而必有

$$\mu(B_2 A_1^c) = \mu(A_2 B_1^c) = 0,$$

代入上式得

$$\mu(A_1) = \mu(A_2) = \mu(B_1) = \mu(B_2),$$

故 $\mu^*(A)$ 不依赖 A_1, A_2 的具体选择.

4.4 d 维欧氏空间中的 L-S 测度

4.4.1 内容提要

定义 4.36 设 $F : \mathbb{R}^d \to \mathbb{R}$.

(i) 称 F 为 Lebesgue-Stieltjes 函数, 简称 **L-S 函数**, 如果

① F 处处上连续;

② F 在任一矩形 $(\boldsymbol{a}, \boldsymbol{b}]$ 上具有非负增量, 即

$$\Delta_{(\boldsymbol{a},\boldsymbol{b}]} F = F(b_1, \cdots, b_d) - [F(a_1, b_2, \cdots, b_d) + \cdots + F(b_1, \cdots, b_{d-1}, a_d)]$$

$$+ [F(a_1, a_2, b_3, \cdots, b_d) + \cdots + F(b_1, \cdots, b_{d-2}, a_{d-1}, a_d)]$$

$$- \cdots + (-1)^d F(a_1, \cdots, a_d) \geqslant 0;$$

(ii) 称 F 为**分布函数** (简记为 d.f.), 如果除①和②外, F 还满足

③ F 单调不减, 即 $\boldsymbol{x} \leqslant \boldsymbol{y} \Rightarrow F(\boldsymbol{x}) \leqslant F(\boldsymbol{y})$;

④ 对每个 $i = 1, 2, \cdots, d$,

$$F(x_1, \cdots, x_{i-1}, -\infty, x_{i+1}, \cdots, x_d)$$

$$:= \lim_{x_i \to -\infty} F(x_1, \cdots, x_{i-1}, x_i, x_{i+1}, \cdots, x_d) = 0$$

且

$$F(\infty) := \lim_{\boldsymbol{x} \to \infty} F(\boldsymbol{x}) = 1,$$

这里 $\boldsymbol{x} \to \infty$ 意指每一个坐标分量 $x_i \to \infty$;

(iii) 称 F 为**准分布函数** (简记为 q.d.f.), 如果存在 $\sigma^2 > 0$, 使得 $F(\boldsymbol{x}) = \sigma^2 G(\boldsymbol{x})$, 其中 G 是某个 d.f..

注记 4.37 在定义 4.36 中,

(i) ③保证了④中的极限有意义;

(ii) 对一元函数来说, ③ ⇔ ②;

(iii) 对多元函数来说, ② ⇏ ③且③ ⇏ ②.

引理 4.38　由 (4.12) 式定义的集函数 μ_F 是半环 $\mathcal{E}$ 上的有限可加测度.

引理 4.39　由 (4.12) 式定义的集函数 μ_F 在半环 $\mathcal{E}$ 上具有可列次可加性.

定理 4.40　由 (4.12) 式定义的集函数 μ_F 有下列结论:

(i) μ_F 为半环 $\mathcal{E}$ 上的测度;

(ii) μ_F 可以唯一地扩张成 $\mathcal{B}(\mathbb{R}^d)$ 上的 σ-有限测度.

定义 4.41　设 μ 为 $\mathcal{B}(\mathbb{R}^d)$ 上的 σ-有限测度, 称 μ 为 Lebesgue-Stieltjes 测度, 简称 **L-S 测度**, 如果对 $\mathbb{R}^d$ 中任意的有限区间 I, 都有 $\mu(I) < \infty$.

定理 4.42　设 μ 是 $\mathcal{B}(\mathbb{R}^d)$ 上的 L-S 测度, 则存在 $\mathbb{R}^d$ 上的 L-S 函数 F (但不唯一), 使 μ 恰好是由 F 诱导的 L-S 测度.

定理 4.43　$\mathcal{B}(\mathbb{R}^d)$ 上的有限测度与 $\mathbb{R}^d$ 上的 q.d.f. 之间依 (4.12) 式形成一一对应关系. 特别地, $\mathcal{B}(\mathbb{R}^d)$ 上的概率测度与 $\mathbb{R}^d$ 上的 d.f. 之间依 (4.12) 式形成一一对应关系.

定义 4.44　设 μ 是 $(\mathbb{R}^d, \mathcal{B}(\mathbb{R}^d))$ 上的有限测度, $A \in \mathcal{B}(\mathbb{R}^d)$, $\boldsymbol{a} \in \mathbb{R}^d$, $I \subset \mathbb{R}^d$ 为区间.

(i) 若 $\mu(\partial A) = 0$, 其中 ∂A 表示 A 的边界, 则称 A 为 μ **连续集**;

(ii) 若 I 是 μ 连续集, 则称 I 为 μ **连续区间**;

(iii) 若 $(-\infty, \boldsymbol{a}]$ 是 μ 连续区间, 则称 $\boldsymbol{a}$ 为 μ **连续点**, μ 连续点的全体记作 $C(\mu)$.

命题 4.45　设 F 是 $\mathbb{R}^d$ 上的 q.d.f., μ_F 是由 F 诱导的 $(\mathbb{R}^d, \mathcal{B}(\mathbb{R}^d))$ 上的有限测度, $\boldsymbol{x} \in \mathbb{R}^d$, 则 $\boldsymbol{x} \in C(F) \Leftrightarrow \boldsymbol{x} \in C(\mu_F)$.

命题 4.46　设 F 是 $\mathbb{R}^d$ 上的 q.d.f., $\boldsymbol{x} = (x_1, x_2, \cdots, x_d) \in \mathbb{R}^d$, 若诸 x_i 都是 F_i 的连续点, 则 $\boldsymbol{x}$ 是 F 的连续点.

4.4.2　习题 4.4 解答与评注

4.29　设 $F: \mathbb{R}^d \to \mathbb{R}$, 则 F 单调不减 $\Leftrightarrow$ F 关于每个分量都单调不减.

证明　"⇒". 这是显然的.

"⇐". 不妨假设 F 是二元函数, 则 $\forall \boldsymbol{a}, \boldsymbol{b} \in \mathbb{R}^2$,

$$F(\boldsymbol{b}) - F(\boldsymbol{a}) = F(b_1, b_2) - F(a_1, a_2)$$

$$= [F(b_1, b_2) - F(b_1, a_2)] + [F(b_1, a_2) - F(a_1, a_2)] \geqslant 0.$$

【评注】　定义 4.36 中的条件③"F 单调不减" 可以改为 "F 关于每个分量都单调不减".

4.30 设 $F : \mathbb{R}^d \to \mathbb{R}$ 单调不减, 则 F 处处上连续 $\Leftrightarrow$ F 关于每个分量都处处右连续.

证明 "$\Rightarrow$". 这是显然的.

"$\Leftarrow$". 这里以二元函数为例证明 F 在 $\boldsymbol{x} = (x_1, x_2)$ 处上连续.

$\forall \varepsilon > 0$, 由 $s_1 \mapsto F(s_1, x_2)$ 在 x_1 处右连续, $\exists \delta_1 > 0$, 当 $x_1 < s_1 < x_1 + \delta_1$ 时,

$$0 \leqslant F(s_1, x_2) - F(x_1, x_2) < \frac{\varepsilon}{2},$$

特别地,

$$0 \leqslant F\left(x_1 + \frac{\delta_1}{2}, x_2\right) - F(x_1, x_2) < \frac{\varepsilon}{2}.$$

又由 $s_2 \mapsto F\left(x_1 + \dfrac{\delta_1}{2}, s_2\right)$ 在 x_2 处右连续, $\exists \delta_2 > 0$, 当 $x_2 < s_2 < x_2 + \delta_2$ 时,

$$0 \leqslant F\left(x_1 + \frac{\delta_1}{2}, s_2\right) - F\left(x_1 + \frac{\delta_1}{2}, x_2\right) < \frac{\varepsilon}{2}.$$

特别地,

$$0 \leqslant F\left(x_1 + \frac{\delta_1}{2}, x_2 + \frac{\delta_2}{2}\right) - F\left(x_1 + \frac{\delta_1}{2}, x_2\right) < \frac{\varepsilon}{2}.$$

现在取 $\delta = \min\left\{\dfrac{\delta_1}{2}, \dfrac{\delta_2}{2}\right\} > 0$, 则当 $\boldsymbol{x} < \boldsymbol{s} < \boldsymbol{x} + \delta\boldsymbol{e}$ 时,

$$
\begin{aligned}
|F(\boldsymbol{s}) - F(\boldsymbol{x})| &= F(\boldsymbol{s}) - F(\boldsymbol{x}) \\
&\leqslant F\left(x_1 + \frac{\delta_1}{2}, x_2 + \frac{\delta_2}{2}\right) - F(x_1, x_2) \\
&= \left[F\left(x_1 + \frac{\delta_1}{2}, x_2 + \frac{\delta_2}{2}\right) - F\left(x_1 + \frac{\delta_1}{2}, x_2\right)\right] \\
&\quad + \left[F\left(x_1 + \frac{\delta_1}{2}, x_2\right) - F(x_1, x_2)\right] \\
&< \frac{\varepsilon}{2} + \frac{\varepsilon}{2} = \varepsilon,
\end{aligned}
$$

这就完成了 F 在 $\boldsymbol{x} = (x_1, x_2)$ 处上连续的证明.

【评注】 对于 q.d.f. F (或者 d.f. F), 定义 4.36 中的条件①"F 处处上连续"可以改为 "F 关于每个分量都处处右连续".

4.31　设 $F : \mathbb{R}^d \to \mathbb{R}$ 为 L-S 函数, $\boldsymbol{a} \in \mathbb{R}^d$, 则 $\boldsymbol{a} \in C(F) \Leftrightarrow F$ 在 $\boldsymbol{a}$ 处下连续 $\Leftrightarrow F(\boldsymbol{a} - \boldsymbol{0}) = F(\boldsymbol{a})$.

证明　第二个蕴含关系式是显然的. 又因为 L-S 函数处处上连续, 而连续等价于既上连续又下连续, 所以第一个蕴含关系式也是显然的.

4.32　证明: $F(x, y) = \Phi(x)\Phi(y)\{1 + \alpha[1 - \Phi(x)][1 - \Phi(y)]\}$ 是二维分布函数, 其中 $|\alpha| \leqslant 1$, $\Phi(x)$ 是标准正态分布函数.

证明　只需证明定义 4.36 之②, 即 F 在任一矩形 $(\boldsymbol{a}, \boldsymbol{b}]$ 上具有非负增量. 事实上,

$$\Delta_{(\boldsymbol{a},\boldsymbol{b}]}F = F(b_1, b_2) - [F(a_1, b_2) + F(b_1, a_2)] + F(a_1, a_2)$$

$$= \Phi(b_1)\Phi(b_2) - \Phi(a_1)\Phi(b_2) - \Phi(b_1)\Phi(a_2) + \Phi(a_1)\Phi(a_2)$$

$$+ \alpha\Phi(b_1)\Phi(b_2)[1 - \Phi(b_1)][1 - \Phi(b_2)]$$

$$- \alpha\Phi(a_1)\Phi(b_2)[1 - \Phi(a_1)][1 - \Phi(b_2)]$$

$$- \alpha\Phi(b_1)\Phi(a_2)[1 - \Phi(b_1)][1 - \Phi(a_2)]$$

$$+ \alpha\Phi(a_1)\Phi(a_2)[1 - \Phi(a_1)][1 - \Phi(a_2)],$$

而

$$\Phi(b_1)\Phi(b_2) - \Phi(a_1)\Phi(b_2) - \Phi(b_1)\Phi(a_2) + \Phi(a_1)\Phi(a_2)$$

$$= [\Phi(b_1) - \Phi(a_1)][\Phi(b_2) - \Phi(a_2)],$$

$$\alpha\Phi(b_1)\Phi(b_2)[1 - \Phi(b_1)][1 - \Phi(b_2)]$$

$$- \alpha\Phi(a_1)\Phi(b_2)[1 - \Phi(a_1)][1 - \Phi(b_2)]$$

$$- \alpha\Phi(b_1)\Phi(a_2)[1 - \Phi(b_1)][1 - \Phi(a_2)]$$

$$+ \alpha\Phi(a_1)\Phi(a_2)[1 - \Phi(a_1)][1 - \Phi(a_2)]$$

$$= \alpha\Phi(b_2)[1 - \Phi(b_2)][\Phi(b_1) - \Phi(a_1)][1 - \Phi(a_1) - \Phi(b_1)]$$

$$+ \alpha\Phi(a_2)[1 - \Phi(a_2)][\Phi(a_1) - \Phi(b_1)][1 - \Phi(a_1) - \Phi(b_1)]$$

$$= \alpha[\Phi(b_1) - \Phi(a_1)][\Phi(b_2) - \Phi(a_2)]$$

$$\times [1 - \Phi(a_1) - \Phi(b_1)][1 - \Phi(a_2) - \Phi(b_2)],$$

故

$$\Delta_{(\boldsymbol{a},\boldsymbol{b}]}F = [\Phi(b_1) - \Phi(a_1)][\Phi(b_2) - \Phi(a_2)]$$

$$\times \left\{1 + \alpha \left[1 - \Phi\left(a_1\right) - \Phi\left(b_1\right)\right]\left[1 - \Phi\left(a_2\right) - \Phi\left(b_2\right)\right]\right\}$$

$$\geqslant 0.$$

4.33 设 $F : \mathbb{R}^d \to \mathbb{R}$ 和 $G : \mathbb{R}^d \to \mathbb{R}$ 都是 L-S 函数, D 是 $\mathbb{R}^d$ 的稠密子集, 若 F 与 G 在 D 上处处相等, 则 $F = G$.

证明　$\forall \boldsymbol{x} \in \mathbb{R}^d$, 选取 $\{\boldsymbol{x}_n, n \geqslant 1\} \subset D$, 使得 $\boldsymbol{x}_n \downarrow \boldsymbol{x}$, 于是由 L-S 函数的上连续性,

$$F\left(\boldsymbol{x}\right) = \lim_{n \to \infty} F\left(\boldsymbol{x}_n\right) = \lim_{n \to \infty} G\left(\boldsymbol{x}_n\right) = G\left(\boldsymbol{x}\right).$$

【评注】　(a) 由习题 1.30 知 L-S 函数的连续集是 $\mathbb{R}^d$ 的稠密子集, 故 L-S 函数由其连续点处的值唯一决定;

(b) 本题将应用于习题 12.9 的证明.

4.34　(分布函数的距离) $\mathcal{D}_F$ 表示 $\mathbb{R}$ 上一切 d.f. 的集合, 则

$$\rho\left(F, G\right) = \inf\left\{\varepsilon > 0 : F\left(x - \varepsilon\right) - \varepsilon \leqslant G\left(x\right) \leqslant F\left(x + \varepsilon\right) + \varepsilon, \; \forall x \in \mathbb{R}\right\}$$

定义了 $\mathcal{D}_F$ 上的一个距离, 称之为 Lévy 距离.

证明　显然 $\rho\left(F, G\right) \geqslant 0$. 其次, 由

$$F\left(x - \varepsilon\right) - \varepsilon \leqslant G\left(x\right) \leqslant F\left(x + \varepsilon\right) + \varepsilon, \quad \forall x \in \mathbb{R} \tag{①}$$

得

$$F\left(x - \varepsilon\right) \leqslant G\left(x\right) + \varepsilon, \quad G\left(x\right) - \varepsilon \leqslant F\left(x + \varepsilon\right), \quad \forall x \in \mathbb{R},$$

因而

$$G\left(x - \varepsilon\right) - \varepsilon \leqslant F\left(x\right) \leqslant G\left(x + \varepsilon\right) + \varepsilon, \quad \forall x \in \mathbb{R}, \tag{②}$$

反之, ②式 $\Rightarrow$ ①式, 故得 $\rho\left(F, G\right) = \rho\left(G, F\right)$.

再次, 若 $F = G$, 则 $\forall \varepsilon > 0$, ①式成立, 因而 $\rho\left(F, G\right) = 0$. 反之, 若 $\rho\left(F, G\right) = 0$, 则存在 $\varepsilon_n \downarrow 0$, 使①式对任何 $\varepsilon = \varepsilon_n$ 成立. 令 $n \to \infty$, 则由①式右边不等式及 F 的上连续性知 $G\left(x\right) \leqslant F\left(x\right)$, $\forall x \in \mathbb{R}$. 再由 $\rho\left(G, F\right) = \rho\left(F, G\right) = 0$ 及上述证明得 $F\left(x\right) \leqslant G\left(x\right)$, $\forall x \in \mathbb{R}$, 故 $F = G$.

最后, 设 $F, G, H \in \mathcal{D}_F$, 往证 $\rho\left(F, G\right) \leqslant \rho\left(F, H\right) + \rho\left(H, G\right)$. 事实上, 若 $\rho\left(F, H\right) < \varepsilon_1$, $\rho\left(H, G\right) < \varepsilon_2$, 则

$$F\left(x - \varepsilon_1\right) - \varepsilon_1 \leqslant H\left(x\right) \leqslant F\left(x + \varepsilon_1\right) + \varepsilon_1, \quad \forall x \in \mathbb{R},$$

$$H\left(x - \varepsilon_2\right) - \varepsilon_2 \leqslant G\left(x\right) \leqslant H\left(x + \varepsilon_2\right) + \varepsilon_2, \quad \forall x \in \mathbb{R}$$

都成立, 进而

$$F\left(x - \varepsilon_2 - \varepsilon_1\right) - \varepsilon_2 - \varepsilon_1 = \left[F\left(x - \varepsilon_2 - \varepsilon_1\right) - \varepsilon_1\right] - \varepsilon_2$$

$$\leqslant H\left(x-\varepsilon_2\right)-\varepsilon_2 \leqslant G\left(x\right)$$

$$\leqslant H\left(x+\varepsilon_2\right)+\varepsilon_2$$

$$\leqslant F\left(x+\varepsilon_1+\varepsilon_2\right)+\varepsilon_1+\varepsilon_2,$$

故有 $\rho\left(F,G\right)\leqslant\varepsilon_1+\varepsilon_2$. 令 $\varepsilon_1\downarrow\rho\left(F,H\right)$, $\varepsilon_2\downarrow\rho\left(H,G\right)$, 就完成 $\rho\left(F,G\right)\leqslant\rho\left(F,H\right)+\rho\left(H,G\right)$ 的证明.

4.35 设 $F\left(x\right)\equiv c$ (c 是常数), 证明: F 是 L-S 函数, 并求由 F 诱导的 L-S 测度 μ.

证明 前一部分是显然的. 为求 μ, 注意到

$$\mu\left(a,b\right]=F\left(b\right)-F\left(a\right)=c-c=0, \quad -\infty<a\leqslant b<\infty,$$

所以 μ 是半环

$$\mathcal{E}=\{\left(a,b\right]:a\leqslant b,a,b\in\mathbb{R}\}$$

上的恒零测度, 它扩张到 $\mathcal{B}\left(\mathbb{R}\right)=\sigma\left(\mathcal{E}\right)$ 后显然仍然为恒零测度, 故所求 $\mu\equiv 0$.

4.36 设 $\boldsymbol{a}=\left(a_1,a_2,\cdots,a_d\right)\in\mathbb{R}^d$, $F:\mathbb{R}^d\to\mathbb{R}$ 为 L-S 函数, μ 是由 F 诱导的 L-S 测度.

(1) $\mu\left\{\boldsymbol{a}\right\}=F\left(a_1,\cdots,a_d\right)-[F\left(a_1-0,a_2,\cdots,a_d\right)$

$+\cdots+F\left(a_1,\cdots,a_{d-1},a_n-0\right)]$

$+[F\left(a_1-0,a_2-0,a_3,\cdots,a_d\right)+\cdots$

$+F\left(a_1,\cdots,a_{d-2},a_{d-1}-0,a_d-0\right)]$

$-\cdots+\left(-1\right)^d F\left(a_1-0,\cdots,a_d-0\right);$

(2) $\boldsymbol{a}\in C\left(F\right)\Rightarrow\mu\left\{\boldsymbol{a}\right\}=0;$

(3) 若进一步假设 F 是 q.d.f., 则 $\mu\left(-\infty,\boldsymbol{a}\right)=F\left(a_1-0,a_2-0,\cdots,a_d-0\right)$.

证明 (1) 由测度的从上连续性得 $\mu\left\{\boldsymbol{a}\right\}=\mu\left[\boldsymbol{a},\boldsymbol{a}\right]=\lim\limits_{m\to\infty}\mu\left(\mathop{\times}\limits_{i=1}^{d}\left(a_i-\dfrac{1}{m},a_i\right]\right)$, 而

$$\mu\left(\mathop{\times}\limits_{i=1}^{d}\left(a_i-\frac{1}{m},a_i\right]\right)=F\left(a_1,\cdots,a_d\right)-\left[F\left(a_1-\frac{1}{m},a_2,\cdots,a_d\right)+\cdots\right.$$

$$\left.+F\left(a_1,\cdots,a_{d-1},a_d-\frac{1}{m}\right)\right]$$

$$+\left[F\left(a_1-\frac{1}{m},a_2-\frac{1}{m},a_3,\cdots,a_d\right)\right.$$

$$+ \cdots + F\left(a_1, \cdots, a_{d-2}, a_{d-1} - \frac{1}{m}, a_d - \frac{1}{m}\right)\Bigg]$$

$$- \cdots + (-1)^d F\left(a_1 - \frac{1}{m}, \cdots, a_d - \frac{1}{m}\right),$$

上式求极限即得欲证.

(2) 设 $\boldsymbol{a} \in C(F)$, 注意到

$$F(a_1 - 0, a_2, \cdots, a_d) = \cdots = F(a_1, \cdots, a_{d-1}, a_d - 0)$$

$$= F(a_1 - 0, a_2 - 0, a_3, \cdots, a_d) = \cdots = F(a_1, \cdots, a_{d-2}, a_{d-1} - 0, a_d - 0)$$

$$= \cdots = F(a_1 - 0, \cdots, a_d - 0) = F(a_1, a_2, \cdots, a_d),$$

从而由已证的 (1) 得

$$\mu\{\boldsymbol{a}\} = \left[\mathrm{C}_d^0 - \mathrm{C}_d^1 + \mathrm{C}_d^2 - \cdots + (-1)^d \mathrm{C}_d^d\right] F(a_1, \cdots, a_d) = 0.$$

(3) 由测度的从下连续性,

$$\mu(-\infty, \boldsymbol{a}) = \lim_{m \to \infty} \mu\left(\mathop{\times}_{i=1}^{d}\left(-m, a_i - \frac{1}{m}\right]\right),$$

而

$$\mu\left(\mathop{\times}_{i=1}^{d}\left(-m, a_i - \frac{1}{m}\right]\right)$$

$$= F\left(a_1 - \frac{1}{m}, \cdots, a_d - \frac{1}{m}\right) - \left[F\left(-m, a_2 - \frac{1}{m}, \cdots, a_d - \frac{1}{m}\right) + \cdots\right.$$

$$\left. + F\left(a_1 - \frac{1}{m}, \cdots, a_{d-1} - \frac{1}{m}, -m\right)\right]$$

$$+ \left[F\left(-m, -m, a_3 - \frac{1}{m}, \cdots, a_d - \frac{1}{m}\right)\right.$$

$$\left. + \cdots + F\left(a_1 - \frac{1}{m}, \cdots, a_{d-2} - \frac{1}{m}, -m, -m\right)\right]$$

$$- \cdots + (-1)^d F(-m, \cdots, -m),$$

注意到

$$F\left(x_1, \cdots, x_{i-1}, -\infty, x_{i+1}, \cdots, x_d\right) = 0$$

对所有的 $x_1, \cdots, x_{i-1}, x_{i+1}, \cdots, x_d$ 恒成立, 所以

$$\mu\left(-\infty, \boldsymbol{a}\right) = F\left(a_1 - 0, a_2 - 0, \cdots, a_d - 0\right).$$

【评注】　本题之 (2) 的逆命题是假命题, 即

$$\mu\{\boldsymbol{a}\} = 0 \not\Rightarrow \boldsymbol{a} \text{ 是 } F \text{ 的连续点}.$$

例如, 设

$$F(x, y) = \begin{cases} 0, & x < 0 \text{ 或 } y < 0, \\ 0.2, & 0 \leqslant x < 1, 0 \leqslant y < 1, \\ 0.5, & 0 \leqslant x < 1, y \geqslant 1 \text{ 或 } x \geqslant 1, 0 \leqslant y < 1, \\ 1, & \text{其他}, \end{cases}$$

显然 F 在点 $(1, 2)$ 不连续, 但是

$$F(1, 2) - [F(1 - 0, 2) + F(1, 2 - 0)] + F(1 - 0, 2 - 0)$$

$$= 1 - (0.5 + 1) + 0.5 = 0.$$

4.37　设 μ 是由 L-S 函数 $F : \mathbb{R} \to \mathbb{R}$ 诱导的 L-S 测度, 则

(1) $\mu[a, b] = F(b) - F(a - 0)$;

(2) $\mu(a, b) = F(b - 0) - F(a)$;

(3) $\mu[a, b] = F(b - 0) - F(a - 0)$;

(4) $\mu(-\infty, b] = F(b) - F(-\infty)$;

(5) $\mu(\mathbb{R}) = F(\infty) - F(-\infty)$.

证明　(1) 由 $\left(a - \dfrac{1}{n}, b\right] \downarrow [a, b]$ 及 μ 的从上连续性知

$$\mu[a, b] = \lim_{n \to \infty} \mu\left(a - \frac{1}{n}, b\right] = \lim_{n \to \infty} \left[F(b) - F\left(a - \frac{1}{n}\right)\right] = F(b) - F(a - 0).$$

(2) 由 $\left(a, b - \dfrac{1}{n}\right] \downarrow (a, b)$ 及 μ 的从下连续性知

$$\mu(a, b) = \lim_{n \to \infty} \mu\left(a, b - \frac{1}{n}\right] = \lim_{n \to \infty} \left[F\left(b - \frac{1}{n}\right) - F(a)\right] = F(b - 0) - F(a).$$

(3) 由 $\left(a - \dfrac{1}{n}, b\right) \downarrow [a, b)$ 及 μ 的从下连续性和 (2) 知

$$\mu[a, b) = \lim_{n \to \infty} \mu\left(a - \frac{1}{n}, b\right)$$

$$= \lim_{n \to \infty} \left[F(b-0) - F\left(a - \frac{1}{n}\right) \right] = F(b-0) - F(a-0).$$

(4) 由 $(-n, b] \uparrow (-\infty, b]$ 及 μ 的从下连续性知

$$\mu(-\infty, b] = \lim_{n \to \infty} \mu(-n, b] = \lim_{n \to \infty} [F(b) - F(-n)] = F(b) - F(-\infty).$$

(5) 由 $(-n, n] \uparrow \mathbb{R}$ 及 μ 的从下连续性知

$$\mu(\mathbb{R}) = \lim_{n \to \infty} \mu(-n, n] = \lim_{n \to \infty} [F(n) - F(-n)] = F(\infty) - F(-\infty).$$

【评注】 当 $F(x)$ 是分布函数时, 本题之 (5) 变成 $\mu(\mathbb{R}) = 1$. 可见, 由分布函数诱导的 L-S 测度是概率测度.

4.38 设

$$F(x) = \begin{cases} 0, & x < 0, \\ 2x, & 0 \leqslant x < 2, \\ 5, & 2 \leqslant x < 4, \\ 6, & x \geqslant 4, \end{cases}$$

μ 是由 F 诱导的 L-S 测度, 求 μ 作用于下列集上的测度值: (1) $[-2, 0]$; (2) $[-1, 1)$; (3) $(1, 3)$; (4) $\{1\} \cup (3, 5]$.

解 由上题可得

(1) $\mu[-2, 0] = F(0) - F(-2-0) = 0 - 0 = 0$;

(2) $\mu[-1, 1) = F(1-0) - F(-1-0) = 2 - 0 = 2$;

(3) $\mu(1, 3) = F(3-0) - F(1) = 5 - 2 = 3$;

(4) $\mu(\{1\} \cup (3, 5]) = \mu\{1\} + \mu(3, 5]$

$\quad = [F(1) - F(1-0)] + [F(5) - F(3)] = (2-2) + (6-5) = 1.$

4.39 举例说明命题 4.46 的逆命题不真.

解 取二维分布函数

$$F(x, y) = \begin{cases} (1 - \mathrm{e}^{-x})(1 - \mathrm{e}^{-y}), & 0 \leqslant x < 1, 0 \leqslant y < 1 \text{ 或 } x \geqslant 1, y \geqslant 1, \\ (1 - \mathrm{e}^{-1})(1 - \mathrm{e}^{-y}), & 0 \leqslant x < 1, y \geqslant 1, \\ (1 - \mathrm{e}^{-x})(1 - \mathrm{e}^{-1}), & x \geqslant 1, 0 \leqslant y < 1, \\ 0, & \text{其他}, \end{cases}$$

不难得到边缘分布函数

$$F_1(x) = \begin{cases} 0, & x < 0, \\ 1 - \mathrm{e}^{-1}, & 0 \leqslant x < 1, \\ 1 - \mathrm{e}^{-x}, & x \geqslant 1. \end{cases}$$

显然, $(x_0, y_0) = (0,0)$ 是 F 的连续点, 但 $x_0 = 0$ 不是 F_1 的连续点.

【评注】　再举一个例子. 设

$$F(x_1, x_2) = \begin{cases} 0, & x_1 < 0 \text{ 或 } x_2 < 0, \\ \dfrac{1}{2}, & x_1 \geqslant 0, 0 \leqslant x_2 < 1 \text{ 或 } 0 \leqslant x_1 < 1, x_2 \geqslant 1, \\ 1, & x_1 \geqslant 1, x_2 \geqslant 1, \end{cases}$$

则

$$F_1(x_1) = \begin{cases} 0, & x_1 < 0, \\ \dfrac{1}{2}, & 0 \leqslant x_1 < 1, \\ 1, & x_1 \geqslant 1, \end{cases} \quad F_2(x_2) = \begin{cases} 0, & x_2 < 0, \\ \dfrac{1}{2}, & 0 \leqslant x_2 < 1, \\ 1, & x_2 \geqslant 1. \end{cases}$$

显然, F 在点 $(0,0)$ 处连续, 但 F_1 和 F_2 在点 0 都不连续.

4.5　d 维欧氏空间中的 L 测度

4.5.1　内容提要

引理 4.47　设 $A, B \subset \mathbb{R}^d$, 则对任意的 $\boldsymbol{y} \in \mathbb{R}^d$, 有

(i) $A \cap (B + \boldsymbol{y}) = (A - \boldsymbol{y}) \cap B + \boldsymbol{y}$;

(ii) $A^c + \boldsymbol{y} = (A + \boldsymbol{y})^c$;

(iii) $\lambda^*(A + \boldsymbol{y}) = \lambda^*(A)$.

命题 4.48 (L 测度的平移不变性)　设 $A \subset \mathbb{R}^d$, $\boldsymbol{y} \in \mathbb{R}^d$, 则 A 为 L 可测集当且仅当 $A + \boldsymbol{y}$ 为 L 可测集, 并且此时 $\lambda(A + \boldsymbol{y}) = \lambda(A)$.

命题 4.49 (L 测度的反射不变性)　对任意的 $A \subset \mathbb{R}^d$ 都有

$$\lambda^*(A) = \lambda^*(-A),$$

因而 $A \subset \mathbb{R}^d$ 是 L 可测集当且仅当 $-A$ 是 L 可测集.

4.5.2　习题 4.5 解答与评注

4.40　(1) 设 $\boldsymbol{x} \in \mathbb{R}^d$, 求 $\lambda\{\boldsymbol{x}\}$;

(2) 设 $A = \{\boldsymbol{x}^{(m)}\}$ 是 $\mathbb{R}^d$ 中的可数集, 求 $\lambda(A)$.

解　(1) λ 是由 $F(\boldsymbol{x}) = x_1 x_2 \cdots x_d$ 诱导的 L-S 测度, 其中 $\boldsymbol{x} = (x_1, x_2, \cdots, x_d)$, 注意到 F 是连续函数, 由习题 4.36 之 (2) 知 $\lambda\{\boldsymbol{x}\} = 0$.

(2) 由测度的可列次可加性及已证的 (1),

$$\lambda(A) \leqslant \sum_m \lambda\left\{\boldsymbol{x}^{(m)}\right\} = 0,$$

于是 $\lambda(A) = 0$.

【评注】   本题之 (2) 说明至多可数集的 L 测度为零，此结论将应用于习题 10.26 之 (1) 的证明.

4.41 $\mathbb{R}^d$ 中任何有限区间的 L 测度等于其体积.

解   由定理 3.25 知, $\mathbb{R}^d$ 中任何有限区间都是 $\mathcal{B}(\mathbb{R}^d)$ 中的成员，因而是 L 可测集.

(a) 注意到 λ 是由 $F(x_1, x_2, \cdots, x_d) = x_1 x_2 \cdots x_d$ 诱导的 L-S 测度, 我们有

$$\lambda(\boldsymbol{a}, \boldsymbol{b}] = \Delta_{(\boldsymbol{a}, \boldsymbol{b}]} F = \prod_{i=1}^d (b_i - a_i),$$

这就完成了 $(\boldsymbol{a}, \boldsymbol{b}]$ 的 L 测度等于其体积的证明.

(b) 对于 $[\boldsymbol{a}, \boldsymbol{b}]$, 因为 $\mathop{\times}\limits_{i=1}^d \left(a_i - \dfrac{1}{m}, b_i\right] \downarrow \mathop{\times}\limits_{i=1}^d [a_i, b_i] = [\boldsymbol{a}, \boldsymbol{b}]$, 所以由测度的从上连续性及 (a) 得

$$\lambda[\boldsymbol{a}, \boldsymbol{b}] = \lim_{m\to\infty} \lambda\left(\mathop{\times}\limits_{i=1}^d \left(a_i - \frac{1}{m}, b_i\right]\right) = \lim_{m\to\infty} \prod_{i=1}^d \left(b_i - a_i + \frac{1}{m}\right) = \prod_{i=1}^d (b_i - a_i),$$

这就完成了 $[\boldsymbol{a}, \boldsymbol{b}]$ 的 L 测度等于其体积的证明.

(c) 对于 $[\boldsymbol{a}, \boldsymbol{b})$, 因为 $\mathop{\times}\limits_{i=1}^d \left[a_i, b_i - \dfrac{1}{m}\right] \uparrow \mathop{\times}\limits_{i=1}^d [a_i, b_i) = [\boldsymbol{a}, \boldsymbol{b})$, 所以由测度的从下连续性及 (b) 得

$$\lambda[\boldsymbol{a}, \boldsymbol{b}) = \lim_{m\to\infty} \lambda\left(\mathop{\times}\limits_{i=1}^d \left[a_i, b_i - \frac{1}{m}\right]\right) = \lim_{m\to\infty} \prod_{i=1}^d \left(b_i - a_i - \frac{1}{m}\right) = \prod_{i=1}^d (b_i - a_i),$$

这就完成了 $[\boldsymbol{a}, \boldsymbol{b})$ 的 L 测度等于其体积的证明.

(d) 对于 $(\boldsymbol{a}, \boldsymbol{b})$, 因为 $\mathop{\times}\limits_{i=1}^d \left[a_i - \dfrac{1}{m}, b_i\right) \uparrow \mathop{\times}\limits_{i=1}^d (a_i, b_i) = (\boldsymbol{a}, \boldsymbol{b})$, 所以由测度的从下连续性及 (c) 得

$$\lambda(\boldsymbol{a}, \boldsymbol{b}) = \lim_{m\to\infty} \lambda\left(\mathop{\times}\limits_{i=1}^d \left[a_i - \frac{1}{m}, b_i\right)\right) = \lim_{m\to\infty} \prod_{i=1}^d \left(b_i - a_i - \frac{1}{m}\right) = \prod_{i=1}^d (b_i - a_i),$$

这就完成了 $(\boldsymbol{a}, \boldsymbol{b})$ 的 L 测度等于其体积的证明.

4.42 证明引理 4.47.

证明 (i) $\boldsymbol{x} \in A \cap (B + \boldsymbol{y}) \Leftrightarrow \boldsymbol{x} \in A$ 且 $\boldsymbol{x} \in B + \boldsymbol{y}$

$$\Leftrightarrow \boldsymbol{x} - \boldsymbol{y} \in A - \boldsymbol{y} \text{ 且 } \boldsymbol{x} - \boldsymbol{y} \in B$$

$$\Leftrightarrow \boldsymbol{x} - \boldsymbol{y} \in (A - \boldsymbol{y}) \cap B \Leftrightarrow \boldsymbol{x} \in (A - \boldsymbol{y}) \cap B + \boldsymbol{y}.$$

(ii) $\boldsymbol{x} \in A^c + \boldsymbol{y} \Leftrightarrow \boldsymbol{x} - \boldsymbol{y} \in A^c \Leftrightarrow \boldsymbol{x} - \boldsymbol{y} \notin A \Leftrightarrow \boldsymbol{x} \notin A + \boldsymbol{y} \Leftrightarrow \boldsymbol{x} \in (A + \boldsymbol{y})^c.$

(iii) 由 d 维区间体积的平移不变性及 λ^* 的定义即得.

4.43 对 $\mathbb{R}^d$ 中每个子集 A, 都存在一个 Borel 集 B, 使得 $A \subset B$, 且 $\lambda(B) = \lambda^*(A)$.

证明 当 $\lambda^*(A) = \infty$ 时, 取 $B = \mathbb{R}^d$ 即可.

下面假设 $\lambda^*(A) < \infty$, 则 $\forall m \geqslant 1$, 由 λ^* 的定义, 存在 $\mathbb{R}^d$ 中至多可数个左开右闭区间 $\left\{ \left(\boldsymbol{a}^{(m,k)}, \boldsymbol{b}^{(m,k)} \right] \right\}$, 使得 $A \subset \bigcup_k \left(\boldsymbol{a}^{(m,k)}, \boldsymbol{b}^{(m,k)} \right]$, 且

$$\sum_k \lambda \left(\boldsymbol{a}^{(m,k)}, \boldsymbol{b}^{(m,k)} \right] < \lambda^*(A) + \frac{1}{m}.$$

取 $B = \bigcap_{m=1}^{\infty} \bigcup_k \left(\boldsymbol{a}^{(m,k)}, \boldsymbol{b}^{(m,k)} \right]$, 显然, $A \subset B$, $B \in \mathcal{B}\left(\mathbb{R}^d \right)$, 且

$$\lambda(B) \leqslant \lambda \left(\bigcup_k \left(\boldsymbol{a}^{(m,k)}, \boldsymbol{b}^{(m,k)} \right] \right) \leqslant \sum_k \lambda \left(\boldsymbol{a}^{(m,k)}, \boldsymbol{b}^{(m,k)} \right] < \lambda^*(A) + \frac{1}{m},$$

令 $m \to \infty$, 得 $\lambda(B) \leqslant \lambda^*(A)$, 但由 λ^* 的单调性, 反向不等式恒成立, 故 $\lambda(B) = \lambda^*(A)$.

4.44 $A \subset \mathbb{R}^d$ 为 L 可测集当且仅当对任何左开右闭区间 $I \subset \mathbb{R}^d$, 有

$$\lambda^*(I) \geqslant \lambda^*(A \cap I) + \lambda^*(A^c \cap I).$$

证明 只需证明充分必要条件的后半部分能够推出

$$\lambda^*(D) \geqslant \lambda^*(A \cap D) + \lambda^*(A^c \cap D), \quad \forall D \subset \mathbb{R}^d. \qquad \qquad ①$$

不妨假设 $\lambda^*(D) < \infty$, 那么由 λ^* 的定义, $\forall \varepsilon > 0$, 存在至多可数个左开右闭区间 $\left\{ I^{(m)} = \left(\boldsymbol{a}^{(m)}, \boldsymbol{b}^{(m)} \right] \right\}$, 使得 $D \subset \bigcup_m I^{(m)}$, 且 $\sum_m \prod_{i=1}^d \left(b_i^{(m)} - a_i^{(m)} \right) < \lambda^*(D) + \varepsilon$. 于是依次由充分必要条件的后半部分、$\lambda^*$ 的可列次可加性及单调性得

$$\lambda^*(D) > \sum_m \prod_{i=1}^d \left(b_i^{(m)} - a_i^{(m)} \right) - \varepsilon$$

$$= \sum_m \lambda^* \left(I^{(m)} \right) - \varepsilon$$

$$\geqslant \sum_m \left[\lambda^* \left(A \cap I^{(m)} \right) + \lambda^* \left(A^c \cap I^{(m)} \right) \right] - \varepsilon$$

$$\geqslant \lambda^* \left(A \cap \left(\bigcup_m I^{(m)} \right) \right) + \lambda^* \left(A^c \cap \left(\bigcup_m I^{(m)} \right) \right) - \varepsilon$$

$$\geqslant \lambda^* \left(A \cap D \right) + \lambda^* \left(A^c \cap D \right) - \varepsilon, \quad \forall D \subset \mathbb{R}^d,$$

令 $\varepsilon \downarrow 0$ 即得①式.

【评注】 完全类似于引理 4.19 所起的作用, 本充分必要条件给出了 $\mathbb{R}^d$ 中 L 可测集的一个简单刻画.

第 5 章 可测映射与随机变量

熟知, 连续映射使大多数拓扑性质从一个拓扑空间传递到另一个拓扑空间, 本章讨论的可测映射之于可测空间, 比起连续映射之于拓扑空间有过之而无不及. 可测映射一方面包含了连续映射作为其特例, 另一方面又在理论上和应用上具有足够的广泛性.

5.1 可 测 映 射

5.1.1 内容提要

定义 5.1 设 $(\Omega, \mathcal{F})$ 及 $(E, \mathcal{E})$ 为两个可测空间, 若映射 $f : \Omega \to E$ 满足 $f^{-1}(\mathcal{E}) \subset \mathcal{F}$, 即 $\mathcal{E}$ 中的每个集合在 f 下的逆像都是 $\mathcal{F}$ 中的集合, 则称 f 是从 $(\Omega, \mathcal{F})$ 到 $(E, \mathcal{E})$ 的**可测映射**.

注记 5.2 可测映射有以下简单结论:

(i) 若 $f \in \mathcal{F}_1/\mathcal{E}, \mathcal{F}_1 \subset \mathcal{F}_2$, 则 $f \in \mathcal{F}_2/\mathcal{E}$;

(ii) (可测映射的复合仍然可测) 若 f 是从 $(\Omega, \mathcal{F})$ 到 $(E, \mathcal{E})$ 的可测映射, g 是从 $(E, \mathcal{E})$ 到 $(G, \mathcal{G})$ 的可测映射, 则由命题 1.18 知, $g \circ f$ 是从 $(\Omega, \mathcal{F})$ 到 $(G, \mathcal{G})$ 的可测映射;

(iii) 连续映射可测.

命题 5.3 设 $(\Omega, \mathcal{F})$ 及 $(E, \mathcal{E})$ 为两个可测空间, 集类 $\mathcal{C}$ 为 $\mathcal{E}$ 的一个生成元, 即 $\sigma(\mathcal{C}) = \mathcal{E}$, 则

$$f \in \mathcal{F}/\mathcal{E} \Leftrightarrow f^{-1}(\mathcal{C}) \subset \mathcal{F}.$$

定义 5.4 设 $\{(E_t, \mathcal{E}_t), t \in T\}$ 是一族可测空间, 诸 $f_t : \Omega \to E_t$, 称

$$\sigma(f_t, t \in T) := \sigma\left(\bigcup_{t \in T} \sigma(f_t)\right) = \sigma\left(\bigcup_{t \in T} f_t^{-1}(\mathcal{E}_t)\right)$$

为由 $\{f_t, t \in T\}$ 生成的 σ 代数, 有时也将 $\sigma(f_t, t \in T)$ 写成 $\bigvee_{t \in T} \sigma(f_t)$.

定理 5.5 设 $(\Omega, \mathcal{F}), (E, \mathcal{E})$ 是可测空间, $f : \Omega \to E$, T 是任意非空指标集. 若

(i) $\forall t \in T, (S_t, \mathcal{S}_t)$, 是可测空间, $\varphi_t : E \to S_t$ 为可测映射;

(ii) $\mathcal{E} = \sigma(\varphi_t, t \in T)$,

则 $f \in \mathcal{F}/\mathcal{E} \Leftrightarrow \forall t \in T, \varphi_t \circ f \in \mathcal{F}/\mathcal{S}_t.$

5.1.2 习题 5.1 解答与评注

5.1 (连续映射可测) 设 $(X, \mathcal{T})$, $(Y, \mathcal{U})$ 是两个拓扑空间, 映射 $f : X \to Y$ 连续, 则 $f \in \mathcal{B}(X)/\mathcal{B}(Y)$.

证明 由连续映射的定义, $\forall G \in \mathcal{U}$, $f^{-1}(G) \in \mathcal{T}$, 于是 $f^{-1}(\mathcal{U}) \subset \sigma(\mathcal{T}) = \mathcal{B}(X)$, 最后由 $\sigma(\mathcal{U}) = \mathcal{B}(Y)$ 及命题 5.3 得 $f \in \mathcal{B}(X)/\mathcal{B}(Y)$.

5.2 设 $f_n : \Omega \to (E, \mathcal{E})$, $n \geqslant 1$, 则

(1) $\bigcup\limits_{n=1}^{\infty} \sigma(f_i, 1 \leqslant i \leqslant n)$ 为代数;

(2) $\sigma(f_n, n \geqslant 1) = \sigma\left(\bigcup\limits_{n=1}^{\infty} \sigma(f_i, 1 \leqslant i \leqslant n) \right)$.

证明 (1) $\bigcup\limits_{n=1}^{\infty} \sigma(f_i, 1 \leqslant i \leqslant n)$ 为代数由下面 3 条保证:

① 对每个 $n \geqslant 1$, $\sigma(f_i, 1 \leqslant i \leqslant n)$ 都是 σ 代数, Ω 是其中的元素, 所以 $\Omega \in \bigcup\limits_{n=1}^{\infty} \sigma(f_i, 1 \leqslant i \leqslant n)$.

② 对补封闭: 若 $A \in \bigcup\limits_{n=1}^{\infty} \sigma(f_i, 1 \leqslant i \leqslant n)$, 则存在某个 $n \geqslant 1$, 使得 $A \in \sigma(f_i, 1 \leqslant i \leqslant n)$, 注意到后者是 σ 代数, 于是 $A^{\mathrm{c}} \in \sigma(f_i, 1 \leqslant i \leqslant n)$, 进而 $A^{\mathrm{c}} \in \bigcup\limits_{n=1}^{\infty} \sigma(f_i, 1 \leqslant i \leqslant n)$.

③ 对有限并封闭: 若 $A_1, A_2 \in \bigcup\limits_{n=1}^{\infty} \sigma(f_i, 1 \leqslant i \leqslant n)$, 则存在 $n_1 \geqslant 1$, $n_2 \geqslant 1$, 使得 $A_1 \in \sigma(f_i, 1 \leqslant i \leqslant n_1)$, $A_2 \in \sigma(f_i, 1 \leqslant i \leqslant n_2)$. 不妨假设 $n_1 \leqslant n_2$, 注意 $\sigma(f_i, 1 \leqslant i \leqslant n)$ 关于 n 单调增, 我们有 $\sigma(f_i, 1 \leqslant i \leqslant n_1) \subset \sigma(f_i, 1 \leqslant i \leqslant n_2)$, 进而 $A_1, A_2 \in \sigma(f_i, 1 \leqslant i \leqslant n_2)$, 再注意到后者是 σ 代数, 故 $A_1 \cup A_2 \in \sigma(f_i, 1 \leqslant i \leqslant n_2)$, 进而 $A_1 \cup A_2 \in \bigcup\limits_{n=1}^{\infty} \sigma(f_i, 1 \leqslant i \leqslant n)$.

(2) 一方面,

$$\sigma(f_n, n \geqslant 1) = \sigma\left(\bigcup_{n=1}^{\infty} \sigma(f_n) \right) \subset \sigma\left(\bigcup_{n=1}^{\infty} \sigma(f_i, 1 \leqslant i \leqslant n) \right);$$

另一方面, $\forall n \geqslant 1$,

$$\sigma(f_i, 1 \leqslant i \leqslant n) = \sigma\left(\bigcup_{i=1}^{n} \sigma(f_i) \right) \subset \sigma\left(\bigcup_{n=1}^{\infty} \sigma(f_n) \right) = \sigma(f_n, n \geqslant 1),$$

故 $\bigcup\limits_{n=1}^{\infty} \sigma(f_i, 1 \leqslant i \leqslant n) \subset \sigma(f_n, n \geqslant 1)$, 进而 $\sigma\left(\bigcup\limits_{n=1}^{\infty} \sigma(f_i, 1 \leqslant i \leqslant n) \right) \subset \sigma(f_n,$

$n \geqslant 1$).

【评注】　(a) 可以把本题之 (1) 的结论提炼成更一般的命题: 若 $\mathcal{A}_1, \mathcal{A}_2, \cdots$ 都是 σ 代数, 且 $\mathcal{A}_1 \subset \mathcal{A}_2 \subset \cdots$, 则 $\bigcup\limits_{n=1}^{\infty} \mathcal{A}_n$ 为代数;

(b) 本题将应用于定理 13.26 和习题 13.22 的证明.

5.3　设 T 是任意非空指标集, $\forall t \in T$, $(E_t, \mathcal{E}_t)$ 是可测空间, $f_t : \Omega \to E_t$. 若 $\forall t \in T, \mathcal{C}_t$ 是 $\mathcal{E}_t$ 的一个生成元, 则 $\sigma(f_t, t \in T) = \sigma\left(\bigcup\limits_{t \in T} f_t^{-1}(\mathcal{C}_t)\right)$.

证明　由 $f_t^{-1}(\mathcal{C}_t) \subset f_t^{-1}(\mathcal{E}_t)$ 知

$$\sigma\left(\bigcup_{t \in T} f_t^{-1}(\mathcal{C}_t)\right) \subset \sigma\left(\bigcup_{t \in T} f_t^{-1}(\mathcal{E}_t)\right) = \sigma(f_t, t \in T).$$

反过来, 由命题 3.20 知, $f_t^{-1}(\mathcal{E}_t) = f_t^{-1}(\sigma(\mathcal{C}_t)) = \sigma(f_t^{-1}(\mathcal{C}_t))$, 于是 $f_t^{-1}(\mathcal{E}_t) \subset \sigma\left(\bigcup\limits_{t \in T} f_t^{-1}(\mathcal{C}_t)\right)$, 进而 $\bigcup\limits_{t \in T} f_t^{-1}(\mathcal{E}_t) \subset \sigma\left(\bigcup\limits_{t \in T} f_t^{-1}(\mathcal{C}_t)\right)$, 故

$$\sigma(f_t, t \in T) = \sigma\left(\bigcup_{t \in T} f_t^{-1}(\mathcal{E}_t)\right) \subset \sigma\left(\bigcup_{t \in T} f_t^{-1}(\mathcal{C}_t)\right).$$

5.4　设 $g : (\Omega, \mathcal{F}) \to E$, 则 $\mathcal{E} = \{A \subset E : g^{-1}(A) \in \mathcal{F}\}$ 是 E 上的 σ 代数.

证明　$\mathcal{E}$ 是 E 上的 σ 代数由如下三条保证:

(i) 由 $g^{-1}(E) = \Omega \in \mathcal{F}$ 知 $E \in \mathcal{E}$;

(ii) 对补封闭: 若 $A \in \mathcal{E}$, 则由 $g^{-1}(A) \in \mathcal{F}$ 知 $g^{-1}(A^c) = [g^{-1}(A)]^c \in \mathcal{F}$, 于是 $A^c \in \mathcal{E}$;

(iii) 对可列并封闭: 若 $A_1, A_2, \cdots \in \mathcal{E}$, 则 $g^{-1}\left(\bigcup\limits_{n=1}^{\infty} A_n\right) = \bigcup\limits_{n=1}^{\infty} g^{-1}(A_n) \in \mathcal{F}$, 于是 $\bigcup\limits_{n=1}^{\infty} A_n \in \mathcal{E}$.

【评注】　当在值空间上给定一个 σ 代数时, 由逆像可以诱导定义域上的一个 σ 代数. 本题表明: 当在定义域上给定一个 σ 代数时, 由逆像也可以诱导值空间上的一个 σ 代数.

5.2　可 测 函 数

5.2.1　内容提要

命题 5.6　设 (Ω, ρ) 为度量空间, 则 $\mathcal{B}a(\Omega) = \mathcal{B}(\Omega)$.

注记 5.7　从集类的观点看, Borel σ 代数是包含所有开集的最小 σ 代数; 从可测函数的观点看, (度量空间上的)Borel σ 代数是使所有连续函数都可测的最小 σ 代数.

命题 5.8 $f \in \mathcal{L}(\Omega, \mathcal{F})$ 等价于下列条件之一:

(i) $\forall b \in \mathbb{R}, \{f < b\} \in \mathcal{F}$;

(ii) $\forall b \in \mathbb{R}, \{f \leqslant b\} \in \mathcal{F}$;

(iii) $\forall a \in \mathbb{R}, \{f > a\} \in \mathcal{F}$;

(iv) $\forall a \in \mathbb{R}, \{f \geqslant a\} \in \mathcal{F}$.

这里 $\{f < b\}$ 是集合 $\{\omega \in \Omega : f(\omega) < b\}$ 的简写, 对 $\{f \leqslant b\}, \{f > a\}$ 和 $\{f \geqslant a\}$ 作类似地解释.

命题 5.10 $f \in \overline{\mathcal{L}}(\Omega, \mathcal{F})$ 等价于下列条件之一:

(i) $\forall b \in \mathbb{R}, \{f < b\} \in \mathcal{F}$;

(ii) $\forall b \in \mathbb{R}, \{f \leqslant b\} \in \mathcal{F}$;

(iii) $\forall a \in \mathbb{R}, \{f > a\} \in \mathcal{F}$;

(iv) $\forall a \in \mathbb{R}, \{f \geqslant a\} \in \mathcal{F}$.

命题 5.12 若 $f, g \in \overline{\mathcal{L}}(\Omega, \mathcal{F})$, 则 $\{f < g\}, \{f \leqslant g\}, \{f = g\} \in \mathcal{F}$.

命题 5.13 设 $f, g \in \mathcal{L}(\Omega, \mathcal{F})$, $\lambda \in \mathbb{R}$, 则 $\lambda f, f \pm g, f^2, fg, \dfrac{f}{g}$ 都可测.

命题 5.14 设 $f, g \in \mathcal{L}(\Omega, \mathcal{F})$ (相应地, $\overline{\mathcal{L}}(\Omega, \mathcal{F})$), 则 $f \wedge g, f \vee g \in \mathcal{L}(\Omega, \mathcal{F})$ (相应地, $\overline{\mathcal{L}}(\Omega, \mathcal{F})$).

命题 5.15 设 $\{f_n, n \geqslant 1\} \subset \overline{\mathcal{L}}(\Omega, \mathcal{F})$, 则 $\inf\limits_{n \geqslant 1} f_n, \sup\limits_{n \geqslant 1} f_n, \varliminf\limits_{n \to \infty} f_n, \varlimsup\limits_{n \to \alpha} f_n$, $\lim\limits_{n \to \infty} f_n$ (如果存在) 都可测.

命题 5.16 若 $(\Omega, \mathcal{F})$ 为可测空间, 则

$$\boldsymbol{f} \in \mathcal{F}/\mathcal{B}\left(\mathbb{R}^d\right) \Leftrightarrow f_i \in \mathcal{F}/\mathcal{B}(\mathbb{R}), \quad i = 1, 2, \cdots, d.$$

命题 5.17 若 $(\Omega, \mathcal{F})$ 为可测空间, 则

$$\boldsymbol{f} \in \mathcal{F}/\mathcal{B}(\mathbb{C}) \Leftrightarrow \operatorname{Re}\boldsymbol{f} \in \mathcal{F}/\mathcal{B}(\mathbb{R}) \text{ 且 } \operatorname{Im}\boldsymbol{f} \in \mathcal{F}/\mathcal{B}(\mathbb{R}).$$

5.2.2 习题 5.2 解答与评注

5.5 设 (Ω, ρ) 是度量空间, $C(\Omega)$ 是 Ω 上的连续函数全体, $C_b(\Omega)$ 是 Ω 上的有界连续函数全体, 则 $\mathcal{B}(\Omega) = \sigma(f : f \in C(\Omega)) = \sigma(f : f \in C_b(\Omega))$, 即度量空间上的 Borel σ 代数是使每个连续函数都可测的最小 σ 代数, 同时也是使每个有界连续函数都可测的最小 σ 代数.

证明 显然有 $\sigma(f : f \in C_b(\Omega)) \subset \sigma(f : f \in C(\Omega)) \subset \mathcal{B}(\Omega)$, 所以我们只需证明 $\mathcal{B}(\Omega) \subset \sigma(f : f \in C_b(\Omega))$. 事实上, 设 F 是 Ω 中的闭集, 令

$$G_n = \left\{\omega \in \Omega : \min\{\rho(\omega, F), 1\} < \frac{1}{n}\right\},$$

则 $G_n \downarrow F$. 由习题 2.26 之 (1) 知 $\rho(\omega, F)$ 是 ω 的连续函数, 从而 $\min\{\rho(\omega, F), 1\}$ 是 ω 的有界连续函数, 于是 $G_n \in \sigma(f : f \in C_b(\Omega))$, 故 $F = \bigcap\limits_{n=1}^{\infty} G_n \in \sigma(f : f \in C_b(\Omega))$, 这样就完成了 $\mathcal{B}(\Omega) \subset \sigma(f : f \in C_b(\Omega))$ 的证明.

5.6 (命题 5.8 续) $f \in \mathcal{L}(\Omega, \mathcal{F})$ 等价于下列条件之一:

(i) $\forall r \in \mathbb{Q}$, $\{f < r\} \in \mathcal{F}$;

(ii) $\forall r \in \mathbb{Q}$, $\{f \leqslant r\} \in \mathcal{F}$;

(iii) $\forall r \in \mathbb{Q}$, $\{f > r\} \in \mathcal{F}$;

(iv) $\forall r \in \mathbb{Q}$, $\{f \geqslant r\} \in \mathcal{F}$.

证明 由命题 3.20 及习题 3.22, 我们有
$$f \in \mathcal{L}(\Omega, \mathcal{F}) \Leftrightarrow f^{-1}(\mathcal{B}(\mathbb{R})) \subset \mathcal{F}$$
$$\Leftrightarrow \forall r \in \mathbb{Q},\ f^{-1}(-\infty, r) \in \mathcal{F} \Leftrightarrow \forall r \in \mathbb{Q},\ \{f < r\} \in \mathcal{F},$$

这证明了 $f \in \mathcal{L}(\Omega, \mathcal{F})$ 与 (i) 等价. 类似地可证明 $f \in \mathcal{L}(\Omega, \mathcal{F})$ 与 (ii), (iii) 和 (iv) 也分别等价.

【评注】 本题将应用于习题 6.6 的证明.

5.7 设 $\{A_i : i \in I\}$ 是 Ω 的一个划分, $\{f_i : i \in I\} \subset \overline{\mathcal{L}}(\Omega, \mathcal{F})$, 其中指标集 I 至多可数. 若 $\{A_i : i \in I\} \subset \mathcal{F}$, 则 $\sum\limits_{i \in I} f_i I_{A_i} \in \overline{\mathcal{L}}(\Omega, \mathcal{F})$.

证明 记 $g = \sum\limits_{i \in I} f_i I_{A_i}$, 任给 $B \in \mathcal{B}(\mathbb{R})$, 有
$$g^{-1}(B) = \bigcup_{i \in I}\left(g^{-1}(B) \cap A_i\right) = \bigcup_{i \in I}\left(f_i^{-1}(B) \cap A_i\right),$$

注意到 $f_i \in \overline{\mathcal{L}}(\Omega, \mathcal{F})$, 从而 $f_i^{-1}(B) \in \mathcal{F}$, 于是 $f_i^{-1}(B) \cap A_i \in \mathcal{F}$, 故 $g^{-1}(B) \in \mathcal{F}$, 这表明 $g \in \overline{\mathcal{L}}(\Omega, \mathcal{F})$.

5.8 设 $\{\Omega_1, \Omega_2, \cdots, \Omega_n, \cdots\} \subset \mathcal{F}$ 是 Ω 的一个至多可数划分. 若 $f : \Omega \to \mathbb{R}$, 且 f 限制在诸 Ω_n 上是 $(\Omega_n, \Omega_n \cap \mathcal{F})$ 上的可测函数, 则 f 是 $(\Omega, \mathcal{F})$ 上的可测函数.

证明 记 f_n 为 f 在 Ω_n 上的限制, 由题设, f_n 是 $(\Omega_n, \Omega_n \cap \mathcal{F})$ 上的可测函数, 从而 $\forall B \in \mathcal{B}(\mathbb{R})$, 有
$$f_n^{-1}(B) \in \Omega_n \cap \mathcal{F}.$$
注意到 $\Omega_n \in \mathcal{F}$, 所以 $f_n^{-1}(B) \in \mathcal{F}$. 再注意到 $f_n^{-1}(B) = \Omega_n \cap f^{-1}(B)$, 我们有
$$f^{-1}(B) = \Omega \cap f^{-1}(B) = \bigcup_{n=1}^{\infty}\left(\Omega_n \cap f^{-1}(B)\right) = \bigcup_{n=1}^{\infty} f_n^{-1}(B) \in \mathcal{F},$$

因此 f 是 $(\Omega, \mathcal{F})$ 上的可测函数.

【评注】 本题将应用于推论 6.12 的证明.

5.9 设 $f \in \mathcal{L}(\Omega, \mathcal{F})$(相应地, $\overline{\mathcal{L}}(\Omega, \mathcal{F})$), $a \in \mathbb{R}$(相应地, $\overline{\mathbb{R}}$), 则 $\{f = a\}$ 是 $\mathcal{F}$-可测集.

证明 取 $g \equiv a$, 则由例 5.11 知 g 为可测函数或广义实值可测函数, 再由命题 5.12 知 $\{f = a\} = \{f = g\}$ 是 $\mathcal{F}$-可测集.

5.10 设 $f \in \mathcal{L}(\mathbb{R}^n, \mathcal{B}(\mathbb{R}^n))$, 对任意的 $\boldsymbol{y} \in \mathbb{R}^n$, 令 $g(\boldsymbol{x}) = f(\boldsymbol{x} + \boldsymbol{y})$, 则 $g \in \mathcal{L}(\mathbb{R}^n, \mathcal{B}(\mathbb{R}^n))$.

证明 $\forall B \in \mathcal{B}(\mathbb{R})$,

$$g^{-1}(B) = \{\boldsymbol{x} \in \mathbb{R}^n : g(\boldsymbol{x}) \in B\} = \{\boldsymbol{x} \in \mathbb{R}^n : f(\boldsymbol{x} + \boldsymbol{y}) \in B\}$$

$$= \{\boldsymbol{x} \in \mathbb{R}^n : \boldsymbol{x} + \boldsymbol{y} \in f^{-1}(B)\} = f^{-1}(B) - \boldsymbol{y}.$$

注意到 $f^{-1}(B) \in \mathcal{B}(\mathbb{R}^n)$, 从而命题 4.48 保证 $f^{-1}(B) - \boldsymbol{y} \in \mathcal{B}(\mathbb{R}^n)$, 即 $g^{-1}(B) \in \mathcal{B}(\mathbb{R}^n)$, 故 $g \in \mathcal{L}(\mathbb{R}^n, \mathcal{B}(\mathbb{R}^n))$.

5.11 设 $(\Omega, \mathcal{F})$ 为一可测空间, 称 A 为 $\mathcal{F}$ 的**原子集** (atom set), 如果 $A \in \mathcal{F}$, 且除 $\varnothing$ 及 A 本身外, A 不包含其他任何的 $\mathcal{F}$-可测子集. 试证: 若 $f \in \mathcal{L}(\Omega, \mathcal{F})$, A 为 $\mathcal{F}$ 的非空原子集, 则 f 在 A 上必为常数.

证明 注意到 A 非空, 任取一 $\omega_0 \in A$, 由 f 为 $\mathcal{F}$-可测函数知

$$A_0 := \{f = f(\omega_0)\} \cap A \in \mathcal{F}.$$

再由 $\omega_0 \in A_0 \subset A$ 及原子集的定义知, $A_0 = A$, 这表明 f 在 A 上是常数.

【评注】 (a) 设 A, B 是两个原子集, 则 $A \cap B = \varnothing$ 或者 $A = B$;

(b) 若 $\mathcal{F} = \{\varnothing, \Omega\}$ 为 Ω 上的平凡 σ 代数, 则 f 为 $\mathcal{F}$-可测函数 $\Leftrightarrow$ $f = c$ (常数).

5.12 设 $\mathcal{E} = \{A_i, i \in I\}$ 是 Ω 的一个划分, $\mathcal{F} = \sigma(\mathcal{E})$, 其中指标集 I 至多可数, 则 $f \in \mathcal{L}(\Omega, \mathcal{F})$ 当且仅当存在常数 $\{a_i, i \in I\}$, 使得 $f = \sum\limits_{i \in I} a_i I_{A_i}$.

证明 "$\Rightarrow$". 若 $f \in \mathcal{L}(\Omega, \mathcal{F})$, 注意到诸 A_i 都是 $\mathcal{F}$ 的原子集, 则由习题 5.11 知 f 在诸 A_i 上都是常数, 并记这个常数为 a_i, 于是 $f = \sum\limits_{i \in I} a_i I_{A_i}$.

"$\Rightarrow$". (类似于习题 5.7 的证明) 任给 $B \in \mathcal{B}(\mathbb{R})$, 有

$$f^{-1}(B) = \bigcup_{i \in I} \left(f^{-1}(B) \cap A_i \right) = \bigcup_{i \in I} \left(\{a_i \in B\} \cap A_i \right),$$

注意到 $\{a_i \in B\} = \begin{cases} \Omega, & a_i \in B, \\ \varnothing, & a_i \notin B \end{cases} \in \mathcal{F}$, 从而 $\{a_i \in B\} \cap A_i \in \mathcal{F}$, 故 $f^{-1}(B) \in \mathcal{F}$, 这表明 $f \in \mathcal{L}(\Omega, \mathcal{F})$.

5.13   试找出 $(\Omega, \mathcal{F})$ 上的所有可测函数, 其中 $\mathcal{F} = \{\varnothing, A, A^c, \Omega\}$, 而 A, A^c 均不等于 $\varnothing$.

解   设 f 为任一 $\mathcal{F}$-可测函数, 注意到 A, A^c 都是 $\mathcal{F}$ 的非空原子集, 则由习题 5.11 知

$$f(\omega) = 常数, \quad \omega \in A; \quad f(\omega) = 常数, \quad \omega \in A^c.$$

故 f 可以写成 $f = aI_A + bI_{A^c}$, 其中 $a, b \in \mathbb{R}$.

5.14   设 $f: \Omega \to \mathbb{R}$, 试举例说明: $\forall a \in \mathbb{R}, \quad \{\omega: f(\omega) = a\}$ 都是可测集, 但 f 未必是可测函数.

解   设 $\Omega = \{1, 2, 3\}$, $\mathcal{F} = \{\varnothing, \{1\}, \{2, 3\}, \Omega\}$, 显然

$$f(\omega) = \begin{cases} -1, & \omega = 1, 2, \\ 1, & \omega = 3, \end{cases}$$

不是 $\mathcal{F}$-可测函数, 但 $|f| \equiv 1$ 是可测函数.

5.15   设 $(\Omega, \mathcal{F})$ 为一可测空间, $f: \Omega \to \mathbb{R}$.

(1) 如果 $|f|$ 是可测函数, 问是否 f 一定是可测函数?

(2) 如果 f^2 是可测函数, 问是否 f 一定是可测函数?

(3) 如果 f^3 是可测函数, 问是否 f 一定是可测函数?

解   (1) 不一定. 事实上, 设 $\Omega = \{1, 2, 3\}$, $\mathcal{F} = \{\varnothing, \{1\}, \{2, 3\}, \Omega\}$, 显然

$$f(\omega) = \begin{cases} -1, & \omega = 1, 2, \\ 1, & \omega = 3 \end{cases}$$

不是可测函数, 但 $|f| \equiv 1$ 是可测函数.

(2) 不一定, 可使用 (1) 中的例子说明.

(3) 注意, $f = g \circ f^3$, 其中 $g(x) = x^{\frac{1}{3}}$ 是连续函数, 从而是可测函数. 又由题设知 f^3 是可测函数, 从而 f 是可测函数. 所以答案是肯定的.

【评注】   "若 f 可测, 则 $|f|$ 可测" 的逆命题是假命题.

5.16   若 $f: \mathbb{R} \to \mathbb{R}$ 可导, 则导函数 f' 可测.

证明   由导数的定义, $f'(x) = \lim\limits_{n \to \infty} \dfrac{f\left(x + \dfrac{1}{n}\right) - f(x)}{\dfrac{1}{n}}$, 注意到可导必连续,

从而 f 可测 (习题 5.1), 进而 $\forall n \geqslant 1$, $\dfrac{f\left(x + \dfrac{1}{n}\right) - f(x)}{\dfrac{1}{n}}$ 可测, 由命题 5.15 知

f' 广义实值可测, 但 f' 取实值, 所以 f' 实值可测.

【评注】 本题结论所蕴含的信息远比证明方法重要: 可导函数的导函数未必连续, 但这个不连续函数依旧可测.

5.17 (1) $(f+g)^+ \leqslant f^+ + g^+$, $(f+g)^- \leqslant f^- + g^-$;

(2) $(fg)^+ = f^+g^+ + f^-g^-$, $(fg)^- = f^+g^- + f^-g^+$;

(3) 当 $c \geqslant 0$ 时, $(cf)^+ = cf^+$, $(cf)^- = cf^-$;

(4) 当 $c < 0$ 时, $(cf)^+ = -cf^-$, $(cf)^- = -cf^+$.

证明 (1) 由上端和下端的定义得

$$(f+g)^+ = (f+g) \vee 0 \leqslant f \vee 0 + g \vee 0 = f^+ + g^+,$$

$$(f+g)^- = [-(f+g)] \vee 0 \leqslant [(-f) \vee 0] + [(-g) \vee 0] = f^- + g^-.$$

(2) 注意到 $f^+ = fI_{\{f \geqslant 0\}}$, $f^- = -fI_{\{f<0\}}$, 所以

$$(fg)^+ = (fg)\, I_{\{fg \geqslant 0\}} = (fg)\, I_{\{f \geqslant 0\}} I_{\{g \geqslant 0\}} + (fg)\, I_{\{f<0\}} I_{\{g<0\}}$$

$$= f^+g^+ + \left(-f^-\right)\left(-g^-\right) = f^+g^+ + f^-g^-,$$

$$(fg)^- = -(fg)\, I_{\{fg<0\}} = -(fg)\, I_{\{f>0\}} I_{\{g<0\}} - (fg)\, I_{\{f<0\}} I_{\{g>0\}}$$

$$= f^+g^- + f^-g^+.$$

(3) 令 $g = c$, 当 $c \geqslant 0$ 时, $g^+ = c$, $g^- = 0$, 由 (2) 立得.

(4) 令 $g = c$, 当 $c < 0$ 时, $g^+ = 0$, $g^- = -c$, 由 (2) 立得.

【评注】 (a) 设 $A \in \mathcal{F}$, 则由 (2) 知, $(fI_A)^+ = f^+I_A$, $(fI_A)^- = f^-I_A$, 当然这两个等式也可以直接验证;

(b) 本题之 (1) 将应用于定理 7.14 之 (2) 的证明, 本题之 (2) 将应用于推论 8.24 的证明.

5.18 若 $\{f_n, n \geqslant 1\} \subset \mathcal{L}^+(\Omega, \mathcal{F})$, 则 $\sum\limits_{n=1}^{\infty} f_n \in \overline{\mathcal{L}}^+(\Omega, \mathcal{F})$.

证明 令 $g_m = \sum\limits_{n=1}^{m} f_n$, $m \geqslant 1$, 则由命题 5.13 知 $g_m \in \mathcal{L}^+(\Omega, \mathcal{F})$. 再注意到 $g_m \uparrow \sum\limits_{n=1}^{\infty} f_n$, 由命题 5.15 知 $\sum\limits_{n=1}^{\infty} f_n \in \overline{\mathcal{L}}^+(\Omega, \mathcal{F})$.

【评注】 本题将服务于引理 10.19 的证明.

5.19 设 $g(x_1, x_2, \cdots, x_n)$ 为 n 维 Borel 可测函数, $f_1, f_2, \cdots, f_n$ 都是 $(\Omega, \mathcal{F})$ 上的可测函数, 则 $h(\omega) = g(f_1(\omega), f_2(\omega), \cdots, f_n(\omega))$ 是 $(\Omega, \mathcal{F})$ 上的可测函数.

证明 注意到 $f_1, f_2, \cdots, f_n$ 都是 $(\Omega, \mathcal{F})$ 上的可测函数, 由命题 5.16 知

$$(f_1, f_2, \cdots, f_n) \in \mathcal{F}/\mathcal{B}(\mathbb{R}^n).$$

进一步由 $g \in \mathcal{B}(\mathbb{R}^n)/\mathcal{B}(\mathbb{R})$ 及注记 5.2 之 (ii) 知

$$h = g \circ (f_1, f_2, \cdots, f_n) \in \mathcal{F}/\mathcal{B}(\mathbb{R}),$$

这完成了结论的证明.

5.3   简单可测函数和可测函数的结构性质

5.3.1   内容提要

定义 5.18   设 $(\Omega, \mathcal{F})$ 为一可测空间, $A_1, A_2, \cdots, A_n \in \mathcal{F}$ 是 Ω 的一个划分, $a_1, a_2, \cdots, a_n \in \mathbb{R}$, 称函数

$$f(\omega) = \sum_{i=1}^n a_i I_{A_i}(\omega), \quad \omega \in \Omega$$

为**简单可测函数**.

命题 5.19   若 $f, g \in \mathcal{S}(\Omega, \mathcal{F})$, 则 $f \pm g \in \mathcal{S}(\Omega, \mathcal{F})$.

定理 5.20   设 $(\Omega, \mathcal{F})$ 为一可测空间, $f : \Omega \to \overline{\mathbb{R}}$.

(i) 若 f 非负可测, 则存在 $\{f_n, n \geqslant 1\} \subset \mathcal{S}^+(\Omega, \mathcal{F})$ 使得 $f_n \uparrow f$;

(ii) f 可测当且仅当存在 $\{f_n, n \geqslant 1\} \subset \mathcal{S}(\Omega, \mathcal{F})$, 使得 $f_n \to f$.

定理 5.21 (因子分解引理) $\varphi \in \sigma(f)/\mathcal{B}(\overline{\mathbb{R}}) \Leftrightarrow$ 存在可测函数 $g : (E, \mathcal{E}) \to (\overline{\mathbb{R}}, \mathcal{B}(\overline{\mathbb{R}}))$, 使得 $\varphi = g \circ f$.

定理 5.22 (函数形式的单调类定理)   设 $\mathcal{E}$ 为 Ω 上一 π 类, $\mathcal{H}$ 为 Ω 上的一些实值函数构成的线性空间, 且满足

(i) $1 \in \mathcal{H}$;

(ii) $f_n \in \mathcal{H}, n \geqslant 1, 0 \leqslant f_n \uparrow f$, 且 f 实值 (相应地, 有界) $\Rightarrow f \in \mathcal{H}$;

(iii) $\forall A \in \mathcal{E}, I_A \in \mathcal{H}$,

则 $\mathcal{H}$ 包含 Ω 上所有 $\sigma(\mathcal{E})$-可测的实值 (相应地, 有界) 函数.

5.3.2   习题 5.3 解答与评注

5.20   若 $f, g \in \mathcal{S}(\Omega, \mathcal{F})$, 则 $fg, f \vee g, f \wedge g \in \mathcal{S}(\Omega, \mathcal{F})$.

证明   设 $f = \sum\limits_{i=1}^m a_i I_{A_i}, g = \sum\limits_{j=1}^n b_j I_{B_j}$. 由

$$fg = \left(\sum_{i=1}^m a_i I_{A_i}\right)\left(\sum_{j=1}^n b_j I_{B_j}\right) = \sum_{i=1}^m \sum_{j=1}^n a_i b_j I_{A_i \cap B_j}$$

及 $\biguplus\limits_{i=1}^m \biguplus\limits_{j=1}^n (A_i \cap B_j) = \Omega$ 知 fg 是简单可测函数. 由

$$A_i = A_i \cap \left(\biguplus_{j=1}^n B_j\right) = \biguplus_{j=1}^n (A_i \cap B_j)$$

得 $I_{A_i} = \sum\limits_{j=1}^{n} I_{A_i \cap B_j}$, $i = 1, 2, \cdots, m$, 故 $f = \sum\limits_{i=1}^{m} \sum\limits_{j=1}^{n} a_i I_{A_i \cap B_j}$, 同理

$$g = \sum_{j=1}^{n} \sum_{i=1}^{m} b_j I_{A_i \cap B_j}.$$

于是由

$$f \vee g = \left(\sum_{i=1}^{m} \sum_{j=1}^{n} a_i I_{A_i \cap B_j} \right) \vee \left(\sum_{j=1}^{n} \sum_{i=1}^{m} b_j I_{A_i \cap B_j} \right) = \sum_{i=1}^{m} \sum_{j=1}^{n} \left(a_i \vee b_j \right) I_{A_i \cap B_j},$$

$$f \wedge g = \left(\sum_{i=1}^{m} \sum_{j=1}^{n} a_i I_{A_i \cap B_j} \right) \wedge \left(\sum_{j=1}^{n} \sum_{i=1}^{m} b_j I_{A_i \cap B_j} \right) = \sum_{i=1}^{m} \sum_{j=1}^{n} \left(a_i \wedge b_j \right) I_{A_i \cap B_j}$$

及 $\biguplus\limits_{i=1}^{m} \biguplus\limits_{j=1}^{n} (A_i \cap B_j) = \Omega$ 知 $f \vee g$ 和 $f \wedge g$ 均为简单可测函数.

5.21 设 $(\Omega, \mathcal{F})$ 为一可测空间, $f \in \overline{\mathcal{L}}(\Omega, \mathcal{F})$. 若 $f \geqslant 0$, 则存在 $A_1, A_2, \cdots \in \mathcal{F}$, $a_1, a_2, \cdots \in [0, \infty)$, 使得 $f = \sum\limits_{n=1}^{\infty} a_n I_{A_n}$.

证明 $\forall m \geqslant 1$, 取非负简单可测函数

$$f_m = \sum_{k=0}^{m2^m - 1} \frac{k}{2^m} I_{\left\{ \frac{k}{2^m} \leqslant f < \frac{k+1}{2^m} \right\}} + m I_{\{f \geqslant m\}},$$

由定理 5.20 之 (i) 的证明过程知 $f_m \uparrow f$, 从而

$$f = f_0 + \sum_{m=1}^{\infty} (f_m - f_{m-1}),$$

其中 $f_0 = 0$.

对每个 $m \geqslant 1$ 及 $k = 1, 2, \cdots, 2^m$, 令

$$B_{m,k} = \left\{ \omega \in \Omega : f_m(\omega) - f_{m-1}(\omega) = \frac{k}{2^m} \right\},$$

$$b_{m,k} = \frac{k}{2^m},$$

则 $f_m - f_{m-1} = \sum\limits_{k=1}^{2^m} b_{m,k} I_{B_{m,k}}$. 从而

$$f = \sum_{m=1}^{\infty} \sum_{k=1}^{2^m} b_{m,k} I_{B_{m,k}},$$

对 (m, k) 重新编号即得 $f = \sum\limits_{n=1}^{\infty} a_n I_{A_n}$.

5.22　设 $(\Omega, \mathcal{F})$ 为一可测空间, $f: \Omega \to \mathbb{R}$, 则 f 可测 $\Leftrightarrow$ 存在取可数值的可测函数列 $\{f_n, n \geq 1\}$, 使得 f_n 一致收敛于 f.

证明　"$\Leftarrow$". 这是显然的.

"$\Rightarrow$". 设 $\{x_n, n \geq 1\}$ 是 $\mathbb{R}$ 中的可数稠密子集, 对每个 $n \geq 1$, 定义

$$A_{ni} = \left\{ x : |x - x_i| \leq \frac{1}{n} \right\}, \quad i \geq 1,$$

从而 $\bigcup\limits_{i=1}^{\infty} A_{ni} = \mathbb{R}$. 又设 $\biguplus\limits_{i=1}^{\infty} A_{ni}^*$ 是 $\bigcup\limits_{i=1}^{\infty} A_{ni}$ 的不交化, 其中 $A_{n1}^* = A_{n1}$, $A_{ni}^* = A_{n1}^c \cdots A_{n,i-1}^c A_{ni}$, $i \geq 2$, 于是 $\biguplus\limits_{i=1}^{\infty} A_{ni}^* = \mathbb{R}$. 对每个 $n \geq 1$, 定义

$$f_n = \sum_{i=1}^{\infty} x_i I_{f^{-1}\left(A_{ni}^*\right)},$$

注意到 $A_{ni}^* \in \mathcal{B}(\mathbb{R})$, $f^{-1}\left(A_{ni}^*\right) \in \mathcal{F}$, 所以 f_n 是取可数值的可测函数.

由于

$$\biguplus_{i=1}^{\infty} f^{-1}\left(A_{ni}^*\right) = f^{-1}\left(\biguplus_{i=1}^{\infty} A_{ni}^*\right) = f^{-1}(\mathbb{R}) = \Omega,$$

所以 $\forall \omega \in \Omega$, 当 $\omega \in f^{-1}\left(A_{ni}^*\right)$ 时, 一方面根据 f_n 的定义有 $f_n(\omega) = x_i$, 另一方面根据 A_{ni}^* 的定义有 $|f(\omega) - x_i| \leq \frac{1}{n}$, 从而 $|f(\omega) - f_n(\omega)| \leq \frac{1}{n}$, 这表明 f_n 一致收敛于 f.

5.23[①]　对于有界闭区间 $[a, b]$ 上任何连续函数 f, 总存在阶梯函数[②]列 $\{f_n, n \geq 1\}$, 使得 f_n 一致收敛于 f.

证明　设 $a = x_{0,n} < x_{1,n} < \cdots < x_{v_n,n} = b$ 是 $[a, b]$ 的一个分割, 满足 $\Delta_n = \max\limits_{1 \leq i \leq v_n} (x_{i,n} - x_{i-1,n}) \to 0, n \to \infty$. 令

$$f_n(x) = f(x_{1,n}) I_{[x_{0,n}, x_{1,n}]}(x) + \sum_{i=2}^{v_n} f(x_{i,n}) I_{(x_{i-1,n}, x_{i,n}]}(x).$$

因为 f 在 $[a, b]$ 上连续, 从而一致连续, 即 $\forall \varepsilon > 0, \exists \delta > 0$, 只要 $|x - y| < \delta$, 就有 $|f(x) - f(y)| < \varepsilon$. 对上述 δ, 由 $\Delta_n \to 0$ 知, $\exists n_0 \in \mathbb{N}$, 使得当 $n > n_0$ 时, $\Delta_n < \delta$. 注意到

---

① 本题表明 "闭区间上的连续函数能用阶梯函数逼近", 它与定理 5.20 所表明的 "可测函数能用简单可测函数逼近" 形成对照.

② 设 $a = x_0 < x_1 < \cdots < x_n = b$ 是 $[a, b]$ 的任一**分割** (division), 称形如 $g(x) = c_1 I_{[x_0, x_1]}(x) + \sum\limits_{i=2}^{n} c_i I_{(x_{i-1}, x_i]}(x)$ 的函数为 $[a, b]$ 上的**阶梯函数** (step function), 其中 $c_1, c_2, \cdots, c_n \in \mathbb{R}$.

$$|f_n(x) - f(x)|$$

$$= |f(x_{1,n}) - f(x)| I_{[x_{0,n},x_{1,n}]}(x) + \sum_{i=2}^{v_n} |f(x_{i,n}) - f(x)| I_{(x_{i-1,n},x_{i,n}]}(x),$$

所以 $\sup\limits_{a \leqslant x \leqslant b} |f_n(x) - f(x)| < \varepsilon$.

5.24 (定理 5.22 的另一种形式) 设 $\mathcal{E}$ 为 Ω 上一 π 类, $\mathcal{H}$ 为 Ω 上的一族非负实值函数, 且满足

(i) $1 \in \mathcal{H}$;

(ii) $\mathcal{H}$ 对非负线性组合封闭, 且 $f, g \in \mathcal{H}$, $f \geqslant g \Rightarrow f - g \in \mathcal{H}$;

(iii) $f_n \in \mathcal{H}$, $n \geqslant 1$, $0 \leqslant f_n \uparrow f$, 且 f 实值 (相应地, 有界) $\Rightarrow f \in \mathcal{H}$;

(iv) $\forall A \in \mathcal{E}$, $I_A \in \mathcal{H}$,

则 $\mathcal{H}$ 包含 Ω 上所有的非负 $\sigma(\mathcal{E})$-可测的实值 (相应地, 有界) 函数.

证明 几乎逐字逐句地照搬定理 5.22 的证明即得. 不过, 只能证明 $\mathcal{H}$ 包含 Ω 上所有的非负 $\sigma(\mathcal{E})$-可测的实值 (相应地, 有界) 函数, 其中 "非负" 二字不能去掉.

5.25 设 $f(x, y)$ 是 $\mathcal{B}(\mathbb{R}^2)$-可测函数, 则对每个 $x_0 \in \mathbb{R}$, $f_{x_0}(y) := f(x_0, y)$ 是 $\mathcal{B}(\mathbb{R})$-可测函数.

证明 令

$$\mathcal{E} = \{(a, b] \times (c, d] : -\infty < a \leqslant b < \infty, -\infty < c \leqslant d < \infty\},$$

则 $\mathcal{E}$ 是 $\mathbb{R}^2$ 上的 π 类, 且由定理 3.25 知 $\sigma(\mathcal{E}) = \mathcal{B}(\mathbb{R}^2)$. 又令

$$\mathcal{H} = \left\{ f \in \mathcal{L}\left(\mathbb{R}^2, \mathcal{B}(\mathbb{R}^2)\right) : \forall x_0 \in \mathbb{R}, f_{x_0}(y) \text{ 是 } \mathcal{B}(\mathbb{R})\text{-可测函数} \right\},$$

则易见 $\mathcal{H}$ 满足定理 5.22 中的 (i), (ii), 下面证明 $\mathcal{H}$ 满足定理 5.22 中的 (iii), 事实上, $\forall (a, b] \times (c, d] \in \mathcal{E}$, 由例 5.9 有

$$I_{(a,b] \times (c,d]} := f \in \mathcal{L}\left(\mathbb{R}^2, \mathcal{B}(\mathbb{R}^2)\right),$$

并且 $\forall x_0 \in \mathbb{R}$,

$$f_{x_0}(y) = I_{(a,b] \times (c,d]}(x_0, y) = \begin{cases} I_{(c,d]}(y), & x_0 \in (a, b], \\ 0, & x_0 \in (a, b], \end{cases}$$

这表明 $I_{(a,b] \times (c,d]} \in \mathcal{H}$.

至此, $\mathcal{H}$ 满足定理 5.22 中的全部条件, 故 $\mathcal{H}$ 包含 $\mathbb{R}^2$ 上所有的 $\mathcal{B}(\mathbb{R}^2)$-可测函数, 再由 $\mathcal{H}$ 的定义得到欲证.

5.26 设 $f_1, f_2, \cdots, f_n$ 都是 $(\Omega, \mathcal{F})$ 上的可测函数, $\boldsymbol{f} = (f_1, f_2, \cdots, f_n)$, 则由命题 5.16 知 $\boldsymbol{f} \in \mathcal{F}/\mathcal{B}(\mathbb{R}^n)$, 证明:

(1) 由 $\boldsymbol{f}$ 生成的 σ 代数与由 $f_1, f_2, \cdots, f_n$ 生成的 σ 代数相等, 即 $\sigma(\boldsymbol{f}) = \bigvee_{i=1}^{n} \sigma(f_i)$;

(2) 函数 $\varphi : \Omega \to \mathbb{R}$ 为 $\sigma(\boldsymbol{f})$-可测的充分必要条件是存在一个可测映射 $g : \mathbb{R}^n \to \mathbb{R}$, 使得 $\varphi = g \circ \boldsymbol{f}$, 即 $\varphi(\omega) = g(f_1(\omega), f_2(\omega), \cdots, f_n(\omega))$.

证明　(1) 由 $\bigvee_{i=1}^{n} \sigma(f_i)$ 的定义, 本题归结于证明

$$\boldsymbol{f}^{-1}(\mathcal{B}(\mathbb{R}^n)) = \sigma\left(\bigcup_{i=1}^{n} f_i^{-1}(\mathcal{B}(\mathbb{R}))\right).$$

为此, 设 $A \in \mathcal{B}(\mathbb{R})$, 则由

$$f_i^{-1}(A) = \boldsymbol{f}^{-1}(\mathbb{R} \times \cdots \times \mathbb{R} \times A \times \mathbb{R} \times \cdots \times \mathbb{R}) \in \boldsymbol{f}^{-1}(\mathcal{B}(\mathbb{R}^n))$$

得知 $\sigma\left(\bigcup_{i=1}^{n} f_i^{-1}(\mathcal{B}(\mathbb{R}))\right) \subset \boldsymbol{f}^{-1}(\mathcal{B}(\mathbb{R}^n))$.

反过来, 设 $\mathcal{E} = \{(-\infty, \boldsymbol{b}] : \boldsymbol{b} \in \mathbb{R}^n\}$, $\forall (-\infty, \boldsymbol{b}] \in \mathcal{E}$, 我们有

$$\boldsymbol{f}^{-1}(-\infty, \boldsymbol{b}] = \bigcap_{i=1}^{n} \{f_i \leqslant b_i\} \in \sigma\left(\bigcup_{i=1}^{n} f_i^{-1}(\mathcal{B}(\mathbb{R}))\right),$$

从而

$$\boldsymbol{f}^{-1}(\mathcal{B}(\mathbb{R}^n)) = \boldsymbol{f}^{-1}(\sigma(\mathcal{E})) = \sigma(\boldsymbol{f}^{-1}(\mathcal{E})) \subset \sigma\left(\bigcup_{i=1}^{n} f_i^{-1}(\mathcal{B}(\mathbb{R}))\right),$$

其中第二个等号由命题 3.20 保证.

(2) 由定理 5.21 即得.

【评注】　本题只讨论了有限维的情形, 习题 10.9 将讨论可列无穷维的情形.

5.4　像测度和概率分布

5.4.1　内容提要

定理 5.23　设 $f : (\Omega, \mathcal{F}, \mu) \to (E, \mathcal{E})$ 为可测映射, 令

$$\mu \circ f^{-1}(B) = \mu(f^{-1}(B)), \quad B \in \mathcal{E},$$

则 $\mu \circ f^{-1}$ 为 $(E, \mathcal{E})$ 上的测度, 从而 $(E, \mathcal{E}, \mu \circ f^{-1})$ 为一新的测度空间, 称 $\mu \circ f^{-1}$ 为 μ 在 f 下的**像测度**.

定理 5.24　设 $L : \mathbb{R}^n \to \mathbb{R}^n$ 为可逆的线性变换, λ 是 $\mathbb{R}^n$ 上的 L 测度, 则 $\lambda \circ L = |\det L| \lambda$.

命题 5.27 $\boldsymbol{X}$ 为 R.V. $\Leftrightarrow$ 诸分量 X_i 均为 r.v..

定理 5.28 设 $F(x)$ 为 d.f., 则存在某个概率空间 $(\Omega, \mathcal{F}, \mathcal{P})$ 上的 r.v. X, 使得 $X \sim F(x)$.

注记 5.29 (i) 习题 5.34 给出了另一个概率空间上的 r.v., 其 d.f. 也是给定的 $F(x)$, 所以定理 5.28 中的 r.v. X 不唯一;

(ii) 尽管 r.v. 不唯一, 但所有的 r.v. 有相同的 d.f., 等价地说, 有相同的概率分布, 谓之为**同分布**, 通常用 $X \stackrel{d}{=} Y$ 表示 X 与 Y 同分布.

定理 5.30 设 $F(\boldsymbol{x})$ 为 d 维 d.f., 则存在某个概率空间 $(\Omega, \mathcal{F}, P)$ 上的 d 维 R.V. $\boldsymbol{X}$, 使得 $\boldsymbol{X} \sim F(\boldsymbol{x})$.

命题 5.31 $\boldsymbol{X}$ 为复值 R.V. $\Leftrightarrow \boldsymbol{X}$ 的实部 $\mathrm{Re}\boldsymbol{X}$ 和虚部 $\mathrm{Im}\boldsymbol{X}$ 同时是实值 R.V..

5.4.2 习题 5.4 解答与评注

5.27 设 $\boldsymbol{X}$ 为 d 维 R.V., 则使得 $P\{\boldsymbol{X} = \boldsymbol{x}_n\} > 0$ 的 $\boldsymbol{x}_n \in \mathbb{R}^d$ 的个数至多可数.

证明 对每个 $\boldsymbol{x} \in \mathbb{R}^d$, $\{\boldsymbol{X} = \boldsymbol{x}\} \in \mathcal{F}$, 进而习题 4.16 保证使得 $P\{\boldsymbol{X} = \boldsymbol{x}_n\} > 0$ 的 $\boldsymbol{x}_n \in \mathbb{R}^d$ 的个数至多可数.

【评注】 注意, 满足 $P\{\boldsymbol{X} = \boldsymbol{x}_n\} > 0$ 的诸 $\boldsymbol{x}_n \in \mathbb{R}^d$ 使得 $\sum_n P\{\boldsymbol{X} = \boldsymbol{x}_n\} \leqslant 1$, 但未必有 $\sum_n P\{\boldsymbol{X} = \boldsymbol{x}_n\} = 1$.

5.28[①] 设 $\boldsymbol{X} = (X_1, X_2, \cdots, X_d)$ 为 d 维 R.V., $F(x_1, x_2, \cdots, x_d)$ 为其联合 d.f., 则 $P_F = P_{\boldsymbol{X}}$, 即 F 的概率分布 P_F 等于 $\boldsymbol{X}$ 的概率分布 $P_{\boldsymbol{X}}$.

证明 令 $\mathcal{E} = \{(-\infty, \boldsymbol{x}] : \boldsymbol{x} \in \mathbb{R}^d\}$, 它是 $\mathbb{R}^d$ 上一 π 类, $\sigma(\mathcal{E}) = \mathcal{B}(\mathbb{R}^d)$ (习题 3.21). 由 (4.17) 式知
$$P_F(-\infty, \boldsymbol{x}] = F(\boldsymbol{x}) = P_{\boldsymbol{X}}(-\infty, \boldsymbol{x}],$$
且因为 P_F 和 $P_{\boldsymbol{X}}$ 都是 $\mathcal{B}(\mathbb{R}^d)$ 上的概率测度, 所以由引理 4.19 知, P_F 与 $P_{\boldsymbol{X}}$ 在 $\mathcal{B}(\mathbb{R}^d)$ 上一致.

【评注】 本题将应用于定理 7.32 的证明.

5.29 设 $(X_1, X_2, \cdots, X_d) \sim F(x_1, x_2, \cdots, x_d)$, $X_i \sim F_i(x_i)$, $i = 1, 2, \cdots, d$, 则
$$F(b_1, b_2, \cdots, b_d) - F(a_1, a_2, \cdots, a_d) \leqslant \sum_{i=1}^d [F_i(b_i) - F_i(a_i)],$$
其中 $(a_1, a_2, \cdots, a_d) \leqslant (b_1, b_2, \cdots, b_d)$.

证明 由定理 4.10,
$$F(b_1, b_2, \cdots, b_d) - F(a_1, a_2, \cdots, a_d) = P\left(\bigcap_{i=1}^d \{X_i \leqslant b_i\}\right) - P\left(\bigcap_{i=1}^d \{X_i \leqslant a_i\}\right)$$

---

① 本题应该与习题 4.37 比较.

$$\leqslant P\left(\left[\bigcap_{i=1}^{d}\{X_i \leqslant b_i\}\right] \setminus \left[\bigcap_{i=1}^{d}\{X_i \leqslant a_i\}\right]\right)$$

$$\leqslant P\left(\bigcup_{i=1}^{d}\{a_i < X_i \leqslant b_i\}\right)$$

$$\leqslant \sum_{i=1}^{d} P\{a_i < X_i \leqslant b_i\}$$

$$= \sum_{i=1}^{d}\left[F_i(b_i) - F_i(a_i)\right].$$

【评注】　本题给出了联合 d.f. 与边缘 d.f. 的一种关系, 它在初等概率论中不曾讨论过.

5.30　设 $L: \mathbb{R}^d \to \mathbb{R}^d$ 为正交变换, 则 $\lambda \circ L = \lambda$, 即 λ 在正交变换下不变.

证明　因为 $LL^{\mathrm{T}} = I$, 其中 L^{T} 是 L 的转置变换, I 为恒等变换, 所以 $|\det L| = 1$, 由定理 5.24 得到结论.

5.31　设 $L: \mathbb{R}^d \to \mathbb{R}^d$ 为伸缩变换: $\boldsymbol{x} \mapsto a\boldsymbol{x}$, 其中 $a > 0$ 为常数, 则 $\lambda \circ L = a^d \lambda$.

证明　由 $|\det L| = a^d$ 和定理 5.24 推得.

5.32　设 X, Y 都是概率空间 $(\Omega, \mathcal{F}, P)$ 上的 r.v., 则 $X \overset{d}{=} Y \Leftrightarrow f(X) \overset{d}{=} f(Y)$ 对任意 Borel 可测函数 $f: \mathbb{R} \to \mathbb{R}$ 成立.

证明　"$\Rightarrow$". $P_{f(X)} = P_X \circ f^{-1} = P_Y \circ f^{-1} = P_{f(Y)}$, 其中第二个等号成立是因为 $X \overset{d}{=} Y$.

"$\Leftarrow$". 取 $f(x) = x$, 则 $P_X = P_{f(X)} = P_{f(Y)} = P_Y$, 其中第二个等号成立是因为 $f(X) \overset{d}{=} f(Y)$.

【评注】　同分布是概率论中使用频率非常高的概念, 除了用概率分布、分布函数判断是否同分布外, 还可以用特征函数 (第 17 章) 是否相等来判断.

5.33　(1) $(X_1, X_2) \overset{d}{=} (Y_1, Y_2) \Rightarrow X_1 \overset{d}{=} Y_1$, $X_2 \overset{d}{=} Y_2$;

(2) 试举例说明 (1) 的逆不真.

解　(1) 设 $(X_1, X_2) \overset{d}{=} (Y_1, Y_2)$, 即

$$P \circ (X_1, X_2)^{-1} = P \circ (Y_1, Y_2)^{-1}, \quad \forall A \in \mathcal{B}(\mathbb{R}),$$

则

$$P \circ X_1^{-1}(A) = P\{X_1 \in A\} = P\{X_1 \in A, X_2 \in \mathbb{R}\}$$

$$= P \circ (X_1, X_2)^{-1} (A \times \mathbb{R}) = P \circ (Y_1, Y_2)^{-1} (A \times \mathbb{R}) = P \circ Y_1^{-1} (A),$$

这表明 $X_1 \overset{d}{=} Y_1$. 同理, $X_2 \overset{d}{=} Y_2$.

(2) 假设 (X_1, X_2) 的联合分布列及 X_1, X_2 的边缘分布列为

X_1 \ X_2	0	1	$p_{i\cdot}$
0	$\dfrac{1}{100}$	$\dfrac{9}{100}$	$\dfrac{1}{10}$
1	$\dfrac{9}{100}$	$\dfrac{81}{100}$	$\dfrac{9}{10}$
$p_{\cdot j}$	$\dfrac{1}{10}$	$\dfrac{9}{10}$	

假设 (Y_1, Y_2) 的联合分布列及 Y_1, Y_2 的边缘分布列为

Y_1 \ Y_2	0	1	$p_{i\cdot}$
0	$\dfrac{1}{110}$	$\dfrac{1}{11}$	$\dfrac{1}{10}$
1	$\dfrac{1}{11}$	$\dfrac{89}{110}$	$\dfrac{9}{10}$
$p_{\cdot j}$	$\dfrac{1}{10}$	$\dfrac{9}{10}$	

在上述例子中, $X_1 \overset{d}{=} Y_1$, $X_2 \overset{d}{=} Y_2$, 但 $(X_1, X_2) \overset{d}{\neq} (Y_1, Y_2)$.

【评注】 在初等概率论中, 熟知:

$$联合分布 \quad \overset{\Rightarrow}{\underset{\nLeftarrow}{}} \quad 边缘分布$$

本题是这个结论的进一步强化.

5.34 设 $F(x)$ 为 $\mathbb{R}$ 上的 d.f., 定义

$$X_F(t) := \inf\{x : F(x) \geq t\}, \quad 0 < t < 1^{\text{①}},$$

则 X_F 是 $(\Omega, \mathcal{F}, P) = ((0,1), (0,1) \cap \mathcal{B}(\mathbb{R}), \lambda)$ 上的 r.v., 其 d.f. 为 F.

证明 由 X_F 的单调不减性知 X_F 可测, 因而是 r.v..

---

① 称 X_F 是 F 的左连续逆, 见定义 8.36.

为证 F 是 X_F 的 d.f., 我们先证明

$$F(x) \geqslant t \Leftrightarrow X_F(t) \leqslant x. \qquad \text{①}$$

事实上, 由 X_F 的定义, 左边蕴含右边. 反过来, 如果右边成立, 那么对任意的正整数 n 有 $F\left(x + \dfrac{1}{n}\right) \geqslant t$. 令 $n \to \infty$, 由 F 的右连续性得 $F(x) \geqslant t$, 即左边成立.

接下来, 由①式得到

$$P\{t : X_F(t) \leqslant x\} = P\{t : t \leqslant F(x)\} = F(x),$$

即 F 是 X_F 的 d.f..

【评注】　(a) 若 $F(x) = \begin{cases} 0, & x < 0, \\ 1, & x \geqslant 0 \end{cases}$ 是在 0 点处的退化分布的 d.f., 则

$X_F(t) = 0, 0 < t < 1$; 若 $F(x) = \begin{cases} 0, & x < 0, \\ x, & 0 \leqslant x < 1, \\ 1, & x \geqslant 1 \end{cases}$ 是区间 $(0, 1)$ 上均匀分布

的 d.f., 则 $X_F(t) = t, 0 < t < 1$.

(b) 继定理 5.28 和本习题之后, 教材中注记 8.39 后面又给出了一个从分布函数到随机变量的结果.

5.35　(1) 设 $\sigma(X)$ 是由 r.v. X 生成的 σ 代数, 则 $\Lambda \in \sigma(X)$ 的充分必要条件是存在某个 $B \in \mathcal{B}(\mathbb{R})$, 使 $\Lambda = X^{-1}(B)$. 问此 B 是否唯一? 能否存在一个集 $A \notin \mathcal{B}(\mathbb{R})$, 使 $\Lambda = X^{-1}(A)$?

(2) 将 (1) 中的论断推广到有限个 r.v. 的情形.

解　(1) 由 $\sigma(X)$ 的定义, $\Lambda \in \sigma(X)$ 的充分必要条件是存在某个 $B \in \mathcal{B}(\mathbb{R})$, 使 $\Lambda = X^{-1}(B)$.

上述 B 是不唯一的. 例如, 设 X 是有界 r.v., 即存在 $M < \infty$, 使得 $|X| \leqslant M$, 令 $\Lambda = \Omega, B_1 = (-\infty, M], B_2 = (-\infty, M + 1]$, 则 $X^{-1}(B_1) = \Lambda = X^{-1}(B_2)$.

同时, 对 $\Lambda \in \sigma(X)$, 可能存在一个集 $A \notin \mathcal{B}(\mathbb{R})$, 使 $\Lambda = X^{-1}(A)$. 例如, 取 $X \equiv c \, (c \in \mathbb{R}), \Lambda = \Omega, C \subset \mathbb{R}$ 且 $C \notin \mathcal{B}(\mathbb{R})$, 则 $A := C \cup \{c\} \notin \mathcal{B}(\mathbb{R})$, 且 $\Lambda = X^{-1}(A)$.

(2) 设 $\sigma(X_1, X_2, \cdots, X_n)$ 是由 r.v. $X_1, X_2, \cdots, X_n$ 生成的 σ 代数, 由习题 5.26 知, $\sigma(X_1, X_2, \cdots, X_n) = (X_1, X_2, \cdots, X_n)^{-1}(\mathcal{B}(\mathbb{R}^n))$.

$\Lambda \in \sigma(X_1, X_2, \cdots, X_n)$ 的充分必要条件是存在某个 $B \in \mathcal{B}(\mathbb{R}^n)$, 使 $\Lambda = (X_1, X_2, \cdots, X_n)^{-1}(B)$. 另外, 此 B 不唯一, 且可能存在一个集 $A \notin \mathcal{B}(\mathbb{R}^n)$, 使 $\Lambda = X^{-1}(A)$.

5.36 设 $\boldsymbol{X} = (X_1, X_2, \cdots, X_d)$ 为随机样本, $T = T(\boldsymbol{X})$ 和 $S = S(\boldsymbol{X})$ 是两个统计量. 若 $\sigma(T) = \sigma(S)$, 则存在可测函数 $g, h : \mathbb{R} \to \mathbb{R}$, 使得 $T = g \circ S$, $S = h \circ T$.

证明 因为 $\sigma(T) = \sigma(S)$, 所以 $T \in \sigma(S)/\mathcal{B}(\mathbb{R})$, 进而由定理 5.21 知, 存在可测函数 $g : \mathbb{R} \to \mathbb{R}$, 使得 $T = g \circ S$.

同理, 存在可测函数 $h : \mathbb{R} \to \mathbb{R}$, 使得 $S = h \circ T$.

【评注】 对于统计量 T 和 S, $\sigma(T) = \sigma(S)$ 意味着: 当知道 T 的值时就可以算出 S 的值, 当知道 S 的值时就可以算出 T 的值, 所以, 统计量 $T = T(\boldsymbol{X})$ 中包含的关于总体的信息全包含在 σ 代数 $\sigma(T(\boldsymbol{X}))$ 中.

5.37 设 X 为复值 r.v., 则 $|X|$ 为实值 r.v..

证明 由 X 为复值 r.v. 推出 $\mathrm{Re}(X), \mathrm{Im}(X)$ 都为实值 r.v., 从而

$$|X| = \sqrt{[\mathrm{Re}(X)]^2 + [\mathrm{Im}(X)]^2}$$

可测, 故 $|X|$ 为实值 r.v..

第 6 章　几乎处处收敛和依测度收敛

第 5 章已经涉及了可测函数列的收敛性, 不过, 那里是纯粹的点态收敛, 未曾与测度挂钩. 可是, 可测函数与测度的结合是迟早的事情, 这样的工作将在第 7 章关于积分的工作中全面展开, 作为它的一个铺垫, 本章讨论可测函数列的几种重要的收敛性.

本章恒设 $(\Omega, \mathcal{F}, \mu)$ 为给定的测度空间, 若不特别说明, 所有函数都是定义在 Ω 上的实值或广义实值函数.

6.1　几乎处处收敛及其基本列

6.1.1　内容提要

定义 6.1 设 f, g 均为广义实值函数.

(i) 若 $\{f = \pm\infty\}$ 是零测集, 则称 f **几乎处处有限**, 简记为 a.e. 有限;

(ii) 若存在某个 $M > 0$, 使得 $\{|f| > M\}$ 是零测集, 则称 f **几乎处处有界**, 简记为 a.e. 有界;

(iii) 若 $\{f \neq g\}$ 是零测集, 则称 f 与 g **几乎处处相等**, 简记为 $f = g$ a.e.[①];

(iv) 若 $\{f < g\}$ 是零测集, 则称 f **几乎处处大于** g, 简记为 $f \geqslant g$ a.e.;

(v) 若存在某个广义实值可测函数 h, 使得 $f = h$ a.e., 则称 f **几乎处处可测**.

命题 6.2 若 μ 是 $\mathcal{F}$ 上的完备测度, 则

(i) 几乎处处相等的函数要么都可测, 要么都不可测;

(ii) 几乎处处可测函数是可测函数.

定义 6.3 设 $\{f, f_n, n \geqslant 1\}$ 是 a.e. 有限的广义实值函数列, 若存在零测集 N, 使得当 $\omega \in N^c$ 时, $f_n(\omega) \to f(\omega)$, 则称 $\{f_n\}$ **几乎处处收敛**于 f, 记作 $f_n \overset{\text{a.e.}}{\to} f$ 或者 $f_n \to f$ a.e..

命题 6.4 设 $\{f_n, n \geqslant 1\} \subset \overline{\mathcal{L}}(\Omega, \mathcal{F})$, f 为广义实值函数, $f_n \overset{\text{a.e.}}{\to} f$, 则 f a.e. 可测. 如果进一步假设 μ 是完备测度, 那么 f 可测.

定理 6.5 设 $\{f, f_n, n \geqslant 1\}$ 是 a.e. 有限的广义实值可测函数列, 则 $f_n \overset{\text{a.e.}}{\to} f$ 当且仅当

---

① 当需要强调测度 μ 的存在时, 常将 $f = g$ a.e. 写成 $f = g$ μ-a.e..

$$\mu\left(\bigcap_{n=1}^{\infty}\bigcup_{k=n}^{\infty}\{|f_k - f| \geqslant \varepsilon\}\right) = 0^{①}, \quad \forall \varepsilon > 0.$$

定理 6.6 设 $\{f, f_n, n \geqslant 1\}$ 是 a.e. 有限的广义实值可测函数列, μ 为有限测度, 则 $f_n \stackrel{\text{a.e.}}{\to} f$ 当且仅当

$$\lim_{n\to\infty}\mu\left(\bigcup_{k=n}^{\infty}\{|f_k - f| \geqslant \varepsilon\}\right) = 0, \quad \forall \varepsilon > 0,$$

等价地

$$\lim_{n\to\infty}\mu\left\{\sup_{k\geqslant n}|f_k - f| \geqslant \varepsilon\right\} = 0, \quad \forall \varepsilon > 0.$$

定义 6.7 设 $\{f_n, n \geqslant 1\}$ 是 a.e. 有限的广义实值函数列, 若存在零测集 N, 使得当 $\omega \in N^c$ 时, $\{f_n(\omega), n \geqslant 1\}$ 为基本列, 则称 $\{f_n\}$ 为**几乎处处收敛的基本列**.

注记 6.8 在上述几乎处处收敛的基本列定义中, $f_n(\omega) - f_m(\omega)$ 可能出现 $\infty - \infty$ 或 $(-\infty) - (-\infty)$ 这种无意义的情形, 但因为 f_n, f_m 的 a.e. 有限性导致这种情形发生的集合是零测集, 并不影响往后的各种讨论和结论, 所以为确定起见, 从现在起若不另加说明, 约定 $\infty - \infty = 0, (-\infty) - (-\infty) = 0$.

定理 6.9 设 $\{f_n, n \geqslant 1\}$ 是 a.e. 有限的广义实值可测函数列, 则 $\{f_n\}$ 为几乎处处收敛的基本列当且仅当

$$\mu\left(\bigcap_{n=1}^{\infty}\bigcup_{k=n}^{\infty}\{|f_k - f_n| \geqslant \varepsilon\}\right) = 0, \quad \forall \varepsilon > 0.$$

定理 6.10 设 $\{f_n, n \geqslant 1\}$ 是 a.e. 有限的广义实值可测函数列.

(i) 若

$$\lim_{n\to\infty}\mu\left(\bigcup_{k=n}^{\infty}\{|f_k - f_n| \geqslant \varepsilon\}\right) = 0, \quad \forall \varepsilon > 0, \qquad (6.6)$$

则 $\{f_n\}$ 为几乎处处收敛的基本列;

(ii) 当 $\{f_n\}$ 为几乎处处收敛的基本列, 且 μ 为有限测度时, (6.6) 式成立.

注记 6.11 (6.6) 式等价于

$$\lim_{n\to\infty}\mu\left\{\sup_{k\geqslant n}|f_k - f_n| \geqslant \varepsilon\right\} = 0, \quad \forall \varepsilon > 0.$$

推论 6.12 设 $\{f_n, n \geqslant 1\}$ 是 a.e. 有限的广义实值可测函数列, 则 $\{f_n\}$ 为几乎处处收敛的基本列当且仅当存在某个广义实值可测函数 f, 使得 $f_n \stackrel{\text{a.e.}}{\longrightarrow} f$.

---

① 其中的 "$\geqslant \varepsilon$" 可改为 "$> \varepsilon$", 见习题 6.8.

6.1.2 习题 6.1 解答与评注

6.1 设 $f \in \overline{\mathcal{L}}(\Omega, \mathcal{F})$, A 为零测集, 则 $fI_A = 0$ a.e..

证明 若 $\omega \in A^c$, 则 $f(\omega)I_A(\omega) = 0$[①], 这表明 $A^c \subset \{fI_A = 0\}$, 等价地说, $\{fI_A \neq 0\} \subset A$. 注意到 A 为零测集, 于是可测集 $\{fI_A \neq 0\}$ 也为零测集, 故 $fI_A = 0$ a.e..

【评注】 本题将应用于命题 7.11 的证明.

6.2 举例说明: 命题 6.2 及命题 6.4 中的条件 "μ 是完备测度" 去掉后结论都未必成立.

解 设

$$\Omega = \{1, 2, 3\}, \mathcal{F} = \{\varnothing, \{1, 2\}, \{3\}, \Omega\},$$

$$\mu(\varnothing) = \mu(\{1, 2\}) = 0, \mu(\{3\}) = \mu(\Omega) = 1.$$

因为 $\{1\} \notin \mathcal{F}$, 所以 μ 非 $\mathcal{F}$ 上的完备测度. 定义

$$f(1) = f(2) = 0, \quad f(3) = 3,$$

$$g(1) = 1, \quad g(2) = 2, \quad g(3) = 3,$$

显然, f 为 $\mathcal{F}$-可测, $f = g$ a.e., 但 g 非 $\mathcal{F}$-可测, 所以命题 6.2 的结论不成立.

f, g 如上定义, 取 $f_n \equiv f, n \geqslant 1$, 我们有 $f_n \to g$ a.e., 尽管诸 f_n 都是 $\mathcal{F}$-可测函数, 可是没有命题 6.4 的结论.

6.3 设 $f, g \in \overline{\mathcal{L}}(\Omega, \mathcal{F})$.

(1) 若 $f = g$ a.e., 则 $f^+ = g^+$ a.e., 且 $f^- = g^-$ a.e.;

(2) 若 $f \leqslant g$ a.e., 则 $f^+ \leqslant g^+$ a.e., 且 $f^- \geqslant g^-$ a.e..

证明 由 f 和 g 都是广义实值可测函数, 命题 5.12 及命题 5.10 知, $\{f \neq g\}$, $\{f > g\}$, $\{f^+ \neq g^+\}$, $\{f^- \neq g^-\}$, $\{f^+ > g^+\}$, $\{f^- < g^-\}$ 等均为可测集.

(1) 假设 $\omega \in \{f = g\}$, 那么

$$f^+(\omega) = f(\omega) \vee 0 = g(\omega) \vee 0 = g^+(\omega),$$

$$f^-(\omega) = -(f(\omega) \wedge 0) = -(g(\omega) \wedge 0) = g^-(\omega),$$

这表明 $\{f = g\} \subset \{f^+ = g^+\}$, $\{f = g\} \subset \{f^- = g^-\}$, 它们分别等价于 $\{f^+ \neq g^+\} \subset \{f \neq g\}$, $\{f^- \neq g^-\} \subset \{f \neq g\}$.

因为 $f = g$ a.e., 所以 $\mu\{f \neq g\} = 0$, 于是 $\mu\{f^+ \neq g^+\} = 0$, $\mu\{f^- \neq g^-\} = 0$, 由此得所需结论.

---

① 因为 f 取广义实值, 所以可能出现 $f(\omega) = \infty$, 而此时 $I_A(\omega) = 0$, 但致使 $0 \cdot \infty$ 这种无意义情形发生的集合是一个零测集, 并不影响往后的讨论和结论, 故规定 $0 \cdot \infty = 0$.

(2) 假设 $\omega \in \{f \leqslant g\}$, 那么

$$f^{+}(\omega) = f(\omega) \vee 0 \leqslant g(\omega) \vee 0 = g^{+}(\omega),$$

$$f^{-}(\omega) = -(f(\omega) \wedge 0) \geqslant -(g(\omega) \wedge 0) = g^{-}(\omega),$$

这表明 $\{f \leqslant g\} \subset \{f^{+} \leqslant g^{+}\}$, $\{f \leqslant g\} \subset \{f^{-} \geqslant g^{-}\}$, 它们分别等价于 $\{f^{+} > g^{+}\}$ $\subset \{f > g\}$, $\{f^{-} < g^{-}\} \subset \{f > g\}$.

因为 $f \leqslant g$ a.e., 所以 $\mu\{f > g\} = 0$, 于是 $\mu\{f^{+} > g^{+}\} = 0$, $\mu\{f^{-} < g^{-}\} = 0$, 由此得所需结论.

【评注】 本题之 (1) 将应用于命题 7.9 的证明.

6.4   设广义实值函数 f, g, h 满足 $g \leqslant f \leqslant h$, 若 g, h 都可测, 且 $g = h$ a.e., 则 f a.e. 可测.

证明   因为 $g = h$ a.e., 所以 $\exists N \in \mathcal{F}$, $\mu(N) = 0$, s.t.

$$g(\omega) = h(\omega), \quad \omega \in N^{c}.$$

于是当 $\omega \in N^{c}$ 时, $f(\omega) = h(\omega)$, 从而 $f = h$ a.e., 故 f a.e. 可测.

【评注】 本题将应用于定理 7.43 的证明.

6.5   几乎处处相等的 r.v. 同分布.

证明   设 $X = Y$ a.e., 则 $\forall A \in \mathcal{B}(\mathbb{R})$, 我们有

$$P_{X}(A) = P\{X \in A\} = P(\{X \in A\} \cap \{X = Y\}) + P(\{X \in A\} \cap \{X \neq Y\})$$

$$= P(\{X \in A\} \cap \{X = Y\}) = P(\{Y \in A\} \cap \{X = Y\})$$

$$= P\{Y \in A\} = P_{Y}(A),$$

这就证明了 $P_{X} = P_{Y}$, 即 $X \overset{d}{=} Y$.

6.6   设 $(\Omega, \overline{\mathcal{F}}, \overline{\mu})$ 是 $(\Omega, \mathcal{F}, \mu)$ 的完备化测度空间, 试证: 对任意的 $\overline{\mathcal{F}}$-可测函数 f, 必存在一个 $\mathcal{F}$-可测函数 g, 使得 $f = g$ μ-a.e..

证明   设 f 为 $\overline{\mathcal{F}}$-可测函数, 则对任意的 $r \in \mathbb{Q}$, 有 $\{f < r\} \in \overline{\mathcal{F}}$, 故 $\{f < r\}$ 可以写成

$$\{f < r\} = A_{r} \cup N_{r},$$

其中 $A_{r} \in \mathcal{F}$, $N_{r} \in \mathcal{N}_{\mu}$. 由 $\mathcal{N}_{\mu}$ 的定义, 对每个 N_{r}, $\exists M_{r} \in \mathcal{F}$, 满足 $N_{r} \subset M_{r}$, 且 $\mu(M_{r}) = 0$. 记 $M = \bigcup\limits_{r \in \mathbb{Q}} M_{r}$, 则 $M \in \mathcal{F}$, 满足 $\mu(M) = 0$. 定义

$$g(\omega) = \begin{cases} 0, & \omega \in M, \\ f(\omega), & \omega \notin M, \end{cases}$$

则

$$\{g < r\} = (M \cap \{g < r\}) \cup (M^c \cap \{g < r\})$$
$$= (M \cap \{0 < r\}) \cup (M^c \cap \{f < r\}).$$

注意到

$$M \cap \{0 < r\} \in \mathcal{F},$$

$$M^c \cap \{f < r\} = M^c \cap (A_r \cup N_r) = M^c \cap A_r \in \mathcal{F},$$

所以, 对任意的 $r \in \mathbb{Q}$, $\{g < r\} \in \mathcal{F}$. 再由习题 5.6 知 g 为 $\mathcal{F}$-可测函数, 且 $f = g$ μ-a.e..

6.7 证明 (6.2) 式.

证明 设 $\omega \in \bigcup_{\varepsilon > 0} \bigcap_{n=1}^{\infty} \bigcup_{k=n}^{\infty} \{|f_k(\omega) - f(\omega)| \geqslant \varepsilon\}$, 则 $\exists \varepsilon > 0$, s.t.

$$\omega \in \bigcap_{n=1}^{\infty} \bigcup_{k=n}^{\infty} \{|f_k(\omega) - f(\omega)| \geqslant \varepsilon\}.$$

任取满足 $\frac{1}{m} \leqslant \varepsilon$ 的 $m \in \mathbb{N}$, 我们有

$$\omega \in \bigcap_{n=1}^{\infty} \bigcup_{k=n}^{\infty} \left\{|f_k(\omega) - f(\omega)| \geqslant \frac{1}{m}\right\},$$

故 $\omega \in \bigcup_{m=1}^{\infty} \bigcap_{n=1}^{\infty} \bigcup_{k=n}^{\infty} \left\{|f_k - f| \geqslant \frac{1}{m}\right\}$.

反过来, 设 $\omega \in \bigcup_{m=1}^{\infty} \bigcap_{n=1}^{\infty} \bigcup_{k=n}^{\infty} \left\{|f_k - f| \geqslant \frac{1}{m}\right\}$, 则 $\exists m \in \mathbb{N}$, s.t.

$$\omega \in \bigcap_{n=1}^{\infty} \bigcup_{k=n}^{\infty} \left\{|f_k - f| \geqslant \frac{1}{m}\right\}.$$

任取满足 $\varepsilon \leqslant \frac{1}{m}$ 的 $\varepsilon > 0$, 我们有

$$\omega \in \bigcap_{n=1}^{\infty} \bigcup_{k=n}^{\infty} \{|f_k(\omega) - f(\omega)| \geqslant \varepsilon\},$$

故 $\omega \in \bigcup_{\varepsilon > 0} \bigcap_{n=1}^{\infty} \bigcup_{k=n}^{\infty} \{|f_k(\omega) - f(\omega)| \geqslant \varepsilon\}$.

6.8 定理 6.5 中的 "$\geqslant \varepsilon$" 可改为 "$> \varepsilon$", 即

$$\mu\left(\bigcap_{n=1}^{\infty}\bigcup_{k=n}^{\infty}\{|f_k - f| \geqslant \varepsilon\}\right) = 0, \quad \forall \varepsilon > 0$$

$$\Leftrightarrow \mu\left(\bigcap_{n=1}^{\infty}\bigcup_{k=n}^{\infty}\{|f_k - f| > \varepsilon\}\right) = 0, \quad \forall \varepsilon > 0.$$

证明 "$\Rightarrow$" 是显然的, 下面证明 "$\Leftarrow$". 因为

$$\{|f_k - f| \geqslant \varepsilon\} = \bigcap_{m=1}^{\infty}\left\{|f_k - f| > \varepsilon - \frac{1}{m}\right\},$$

所以 $\forall \varepsilon > 0$, 对任意满足 $\varepsilon - \dfrac{1}{m_0} > 0$ 的 $m_0 \in \mathbb{N}$, 都有

$$\mu\left(\bigcap_{n=1}^{\infty}\bigcup_{k=n}^{\infty}\{|f_k - f| \geqslant \varepsilon\}\right) = \mu\left(\bigcap_{n=1}^{\infty}\bigcup_{k=n}^{\infty}\bigcap_{m=1}^{\infty}\left\{|f_k - f| > \varepsilon - \frac{1}{m}\right\}\right)$$

$$\leqslant \mu\left(\bigcap_{n=1}^{\infty}\bigcup_{k=n}^{\infty}\left\{|f_k - f| > \varepsilon - \frac{1}{m_0}\right\}\right) = 0,$$

故 $\mu\left(\bigcap_{n=1}^{\infty}\bigcup_{k=n}^{\infty}\{|f_k - f| \geqslant \varepsilon\}\right) = 0, \forall \varepsilon > 0$, 这完成了充分性的证明.

6.9 (1) (a.e. 收敛的唯一性) 若 $f_n \overset{\text{a.e.}}{\to} f$ 且 $f_n \overset{\text{a.e.}}{\to} g$, 则 $f = g$ a.e.;

(2) 若 $f = g$ a.e. 且 $f_n \overset{\text{a.e.}}{\to} f$, 则 $f_n \overset{\text{a.e.}}{\to} g$.

证明 (1) 由 $f_n \overset{\text{a.e.}}{\to} f$ 知, 存在 $N_1 \in \mathcal{F}$, 且 $\mu(N_1) = 0$, 使得

$$f_n(\omega) \to f(\omega), \quad \omega \in N_1^{\text{c}}.$$

由 $f_n \overset{\text{a.e.}}{\to} g$ 知, 存在 $N_2 \in \mathcal{F}$, 且 $\mu(N_2) = 0$, 使得

$$f_n(\omega) \to g(\omega), \quad \omega \in N_2^{\text{c}}.$$

令 $N = N_1 \cup N_2$, 则 $N \in \mathcal{F}$, $\mu(N) = 0$, 且

$$f_n(\omega) \to f(\omega), \quad f_n(\omega) \to g(\omega), \quad \omega \in N^{\text{c}}.$$

于是, $f(\omega) = g(\omega)$, $\omega \in N^{\text{c}}$, 即 $f = g$ a.e..

(2) 若 $f = g$ a.e. 且 $f_n \overset{\text{a.e.}}{\to} f$, 如前面证明所示, N 和 N_1 分别是使 $f = g$ a.e. 和 $f_n \overset{\text{a.e.}}{\to} f$ 成立的例外集, 则

$$f(\omega) = g(\omega), \quad f_n(\omega) \to f(\omega), \quad \omega \in (N \cup N_1)^{\text{c}}.$$

于是, $f_n(\omega) \to g(\omega)$, $\omega \in (N \cup N_1)^c$, 故 $f_n \overset{\text{a.e.}}{\to} g$.

6.10 设 $\{A, A_n, n \geq 1\} \subset \mathcal{F}$, 则

(1) $I_{A_n} \overset{\text{a.e.}}{\to} 0 \Leftrightarrow \mu\left(\varlimsup_{n\to\infty} A_n\right) = 0$;

(2) $I_{A_n} \overset{\text{a.e.}}{\to} I_A \Leftrightarrow A, \varlimsup\limits_{n\to\infty} A_n, \varliminf\limits_{n\to\infty} A_n$ 这三个集合中两两仅相差一个零测集.

证明　(1) 由定理 6.5,

$$I_{A_n} \overset{\text{a.e.}}{\to} 0 \Leftrightarrow \mu\left(\bigcap_{n=1}^{\infty}\bigcup_{k=n}^{\infty}\{I_{A_k} \geq \varepsilon\}\right) = 0, \quad \forall \varepsilon > 0$$

$$\Leftrightarrow \mu\left(\bigcap_{n=1}^{\infty}\bigcup_{k=n}^{\infty}\{I_{A_k} = 1\}\right) = 0 \Leftrightarrow \mu\left(\bigcap_{n=1}^{\infty}\bigcup_{k=n}^{\infty} A_k\right) = 0$$

$$\Leftrightarrow \mu\left(\varlimsup_{n\to\infty} A_n\right) = 0.$$

(2) 仍由定理 6.5,

$$I_{A_n} \overset{\text{a.e.}}{\to} I_A \Leftrightarrow \mu\left(\bigcap_{n=1}^{\infty}\bigcup_{k=n}^{\infty}\{|I_{A_k} - I_A| \geq \varepsilon\}\right) = 0, \quad \forall \varepsilon > 0$$

$$\Leftrightarrow \mu\left(\bigcap_{n=1}^{\infty}\bigcup_{k=n}^{\infty}\{|I_{A_k} - I_A| = 1\}\right) = 0.$$

由定理 1.6 之 (vi) 知 $|I_{A_k} - I_A| = I_{A_k \Delta A}$, 故

$$I_{A_n} \overset{\text{a.e.}}{\to} I_A \Leftrightarrow \mu\left(\bigcap_{n=1}^{\infty}\bigcup_{k=n}^{\infty} A_k \Delta A\right) = 0$$

$$\Leftrightarrow \mu\left(\left(\varlimsup_{n\to\infty} A_n \setminus A\right) \cup \left(A \setminus \varliminf_{n\to\infty} A_n\right)\right) = 0$$

$$\Leftrightarrow \mu\left(\varlimsup_{n\to\infty} A_n \setminus A\right) = 0 \text{ 且 } \mu\left(A \setminus \varliminf_{n\to\infty} A_n\right) = 0$$

$$\Leftrightarrow A, \varlimsup_{n\to\infty} A_n, \varliminf_{n\to\infty} A_n \text{ 这三个集合中两两仅相差一个零测集},$$

最后一步只需注意 $\varliminf\limits_{n\to\infty} A_n \subset \varlimsup\limits_{n\to\infty} A_n$.

6.11　若 $\forall \varepsilon > 0, \sum\limits_{n=1}^{\infty} \mu\{|f_n - f| \geq \varepsilon\} < \infty$, 则 $f_n \overset{\text{a.e.}}{\to} f$.

证明　注意到

$$\mu\left(\bigcap_{n=1}^{\infty}\bigcup_{k=n}^{\infty}\{|f_k-f|\geqslant\varepsilon\}\right)\leqslant\mu\left(\bigcup_{k=n}^{\infty}\{|f_k-f|\geqslant\varepsilon\}\right)$$

$$\leqslant\sum_{k=n}^{\infty}\mu\{|f_k-f|\geqslant\varepsilon\},$$

令 $n\to\infty$ 得 $\mu\left(\bigcap_{n=1}^{\infty}\bigcup_{k=n}^{\infty}\{|f_k-f|\geqslant\varepsilon\}\right)=0,\ \forall\varepsilon>0$, 这表明 $f_n\xrightarrow{\text{a.e.}}f$.

【评注】　(a) 本题表明, 只要依测度收敛充分地快就可能导致几乎处处收敛.

(b) 本题的逆命题是假命题, 例如, 设 $\xi\sim\mathrm{U}\,[0,1]$, 先取 $A_n=\left\{1-\dfrac{1}{n}\leqslant\xi\leqslant 1\right\}$, 则易知

$$A_n=\left\{1-\frac{1}{n}\leqslant\xi\leqslant 1\right\}\to\{\xi=1\}.$$

再取 $X_n=I_{A_n}$, 则由定理 1.8 之 (iii) 知

$$X_n\to I_{\{\xi=1\}}.$$

因为 $P\left\{I_{\{\xi=1\}}=0\right\}=P\{\xi\neq 1\}=1$, 即 $I_{\{\xi=1\}}=0$ a.s., 所以

$$X_n\to 0\quad\text{a.s.}.$$

但当 $0<\varepsilon<1$ 时, 由 $P\{|X_n|\geqslant\varepsilon\}=P\{X_n=1\}=P(A_n)=\dfrac{1}{n}$ 得

$$\sum_{n=1}^{\infty}P\{|X_n|\geqslant\varepsilon\}=\infty.$$

(c) 本题将应用于习题 6.12、习题 9.21 和定理 20.7 的证明.

6.12　对任何 r.v. 序列 $\{X_n,n\geqslant 1\}$ 及实数列 $\{a_n,n\geqslant 1\}$, 总存在正数列 $\{b_n,n\geqslant 1\}$, 使得 $\dfrac{X_n-a_n}{b_n}\to 0$ a.s..

证明　$\forall\varepsilon>0$, 取 $b_1>0$ 使

$$P\left\{\frac{|X_1-a_1|}{b_1}\geqslant\varepsilon\right\}<\frac{1}{2},$$

取 $b_2\geqslant b_1$ 使

$$P\left\{\frac{|X_2-a_2|}{b_2}\geqslant\varepsilon\right\}<\frac{1}{2^2}.$$

$$\cdots\cdots$$

一般地, 取 $b_n\geqslant b_{n-1}$ 使

$$P\left\{\frac{|X_n - a_n|}{b_n} \geqslant \varepsilon\right\} < \frac{1}{2^n},$$

从而 $\sum_{n=1}^{\infty} P\left\{\frac{|X_n - a_n|}{b_n} \geqslant \varepsilon\right\} < \infty$, 于是由习题 6.11 得 $\frac{X_n - a_n}{b_n} \to 0$ a.s..

【评注】　(a) 本题说明, 任何 r.v. 序列 $\{X_n, n \geqslant 1\}$ 总服从现代意义下的大数定律 ("服从现代意义下的大数定律" 的具体含义见定义 19.1);

(b) 假设 $\{X_n, n \geqslant 1\}$ 是同分布的 r.v. 序列, 那么对任何满足 $|b_n| \uparrow \infty$ 的实数列 $\{b_n, n \geqslant 1\}$, 有 $\frac{X_n}{b_n} \xrightarrow{P} 0$;

(c) 本题将应用于习题 23.1 的证明.

6.2　几乎一致收敛

6.2.1　内容提要

定义 6.14　设 $\{f, f_n, n \geqslant 1\}$ 是 a.e. 有限的广义实值可测函数列, 若 $\forall \delta > 0$, 存在满足 $\mu(A) < \delta$ 的 $A \in \mathcal{F}$, 使得 $\{f_n\}$ 在 A^c 上一致收敛于 f, 则称 $\{f_n\}$ **几乎一致收敛**于 f, 记作 $f_n \xrightarrow{\text{a.un.}} f$.

定理 6.15　$f_n \xrightarrow{\text{a.un.}} f$ 当且仅当

$$\lim_{n \to \infty} \mu\left(\bigcup_{k=n}^{\infty} \{|f_k - f| \geqslant \varepsilon\}\right) = 0, \quad \forall \varepsilon > 0.$$

推论 6.16　(i) $f_n \xrightarrow{\text{a.un.}} f \Rightarrow f_n \xrightarrow{\text{a.e.}} f$;

(ii) (Egorov 定理) 若 μ 为有限测度, 则

$$f_n \xrightarrow{\text{a.e.}} f \Rightarrow f_n \xrightarrow{\text{a.un.}} f,$$

即有限测度空间上几乎处处收敛的可测函数列必定几乎一致收敛.

6.2.2　习题 6.2 解答与评注

6.13　(1) (几乎一致收敛的唯一性[①]) 若 $f_n \xrightarrow{\text{a.un.}} f$ 且 $f_n \xrightarrow{\text{a.un.}} g$, 则 $f = g$ a.e.;

(2) 若 $f = g$ a.e. 且 $f_n \xrightarrow{\text{a.un.}} f$, 则 $f_n \xrightarrow{\text{a.un.}} g$.

证明　(1) $\forall \varepsilon > 0$, 有

$$\{|f - g| \geqslant \varepsilon\} \subset \left\{|f_n - f| \geqslant \frac{\varepsilon}{2}\right\} \cup \left\{|f_n - g| \geqslant \frac{\varepsilon}{2}\right\}.$$

---

① 几乎一致收敛的极限在 a.e. 意义下是唯一的.

故由定理 6.15, 当 $n \to \infty$ 时,

$$0 \leqslant \mu\{|f - g| \geqslant \varepsilon\} \leqslant \mu\left\{|f_n - f| \geqslant \frac{\varepsilon}{2}\right\} + \mu\left\{|f_n - g| \geqslant \frac{\varepsilon}{2}\right\} \to 0,$$

即 $\mu\{|f - g| \geqslant \varepsilon\} = 0$. 于是

$$\mu\{f \neq g\} = \mu\{|f - g| > 0\} = \mu\left(\bigcup_{n=1}^{\infty}\left\{|f - g| \geqslant \frac{1}{n}\right\}\right)$$

$$\leqslant \sum_{n=1}^{\infty} \mu\left(|f - g| \geqslant \frac{1}{n}\right) = 0,$$

这就证明了 $f = g$ a.e..

(2) 若 $f = g$ a.e. 且 $f_n \overset{\text{a.un.}}{\to} f$, 则仍由定理 6.15,

$$\mu\left(\bigcup_{k=n}^{\infty}\{|f_k - g| \geqslant \varepsilon\}\right)$$

$$= \mu\left(\left(\bigcup_{k=n}^{\infty}\{|f_k - g| \geqslant \varepsilon\}\right) \cap \{f = g\}\right) + \mu\left(\left(\bigcup_{k=n}^{\infty}\{|f_k - g| \geqslant \varepsilon\}\right) \cap \{f \neq g\}\right)$$

$$= \mu\left(\left(\bigcup_{k=n}^{\infty}\{|f_k - f| \geqslant \varepsilon\}\right) \cap \{f = g\}\right) \leqslant \mu\left(\bigcup_{k=n}^{\infty}\{|f_k - f| \geqslant \varepsilon\}\right) \to 0,$$

故 $f_n \overset{\text{a.un.}}{\to} g$.

6.14 设 $(\Omega, \mathcal{F}, \mu) = ([0,1], [0,1] \cap \mathcal{B}(\mathbb{R}), \lambda)$, 令

$$f_n(x) = x^n, \quad n \geqslant 1,$$

$$f(x) = \begin{cases} 0, & 0 \leqslant x < 1, \\ 1, & x = 1, \end{cases}$$

则 $f_n \overset{\text{a.un.}}{\to} f$, 但 $\{f_n\}$ 并不一致收敛于 f.

证明 $\forall \varepsilon \in (0,1)$, 因为

$$\lambda\left(\bigcup_{k=n}^{\infty}\{|f_k - f| \geqslant \varepsilon\}\right) = \lambda\left(\bigcup_{k=n}^{\infty}[\sqrt[k]{\varepsilon}, 1)\right) = \lambda[\sqrt[n]{\varepsilon}, 1) = 1 - \sqrt[n]{\varepsilon},$$

所以

$$\lim_{n \to \infty} \lambda\left(\bigcup_{k=n}^{\infty}\{|f_k - f| \geqslant \varepsilon\}\right) = 0,$$

由推论 6.16 知 $f_n \overset{\text{a.un.}}{\to} f$.

可是, 因为

$$\sup_{x \in [0,1]} |f_n(x) - f(x)| = \sup_{x \in [0,1)} x^n = 1 \not\to 0,$$

所以 $\{f_n\}$ 不一致收敛于 f.

6.15　若存在 $\varepsilon_n \downarrow 0$, 使 $\sum\limits_{n=1}^{\infty} \mu\{|f_n - f| \geqslant \varepsilon_n\} < \infty$, 则 $f_n \overset{\text{a.un.}}{\to} f$.

证明　$\forall \varepsilon > 0$, 由 $\varepsilon_n \to 0$ 知, 存在 $N \in \mathbb{N}$, 当 $n \geqslant N$ 时, 有 $\varepsilon_n \leqslant \varepsilon$. 故当 $n \geqslant N$ 时,

$$\mu\left(\bigcup_{k=n}^{\infty} \{|f_k - f| \geqslant \varepsilon\} \right) \leqslant \sum_{k=n}^{\infty} \mu\{|f_k - f| \geqslant \varepsilon\} \leqslant \sum_{k=n}^{\infty} \mu\{|f_k - f| \geqslant \varepsilon_k\},$$

从而

$$\lim_{n \to \infty} \mu\left(\bigcup_{k=n}^{\infty} \{|f_k - f| \geqslant \varepsilon\} \right) = 0,$$

再由定理 6.15 知 $f_n \overset{\text{a.un.}}{\to} f$.

6.3　依测度收敛及其基本列

6.3.1　内容提要

定义 6.17　设 $\{f, f_n, n \geqslant 1\}$ 是 a.e. 有限的广义实值可测函数列, 若

$$\lim_{n \to \infty} \mu\{|f_n - f| \geqslant \varepsilon\} = 0, \quad \forall \varepsilon > 0,$$

则称 $\{f_n, n \geqslant 1\}$ **依测度收敛**于 f, 记作 $f_n \overset{\mu}{\to} f$.

定理 6.18　(i) $f_n \overset{\text{a.un.}}{\to} f \Rightarrow f_n \overset{\mu}{\to} f$;

(ii) 若 μ 为有限测度, 则 $f_n \overset{\text{a.e.}}{\to} f \Rightarrow f_n \overset{\mu}{\to} f$.

定理 6.20　$f_n \overset{\mu}{\to} f$ 当且仅当对 $\{f_n, n \geqslant 1\}$ 的任何子序列 $\{f_{n_k}, k \geqslant 1\}$, 都存在更进一步的子序列 $\{f_{n_{k_l}}, l \geqslant 1\}$, 使得 $f_n \overset{\text{a.un.}}{\to} f$.

推论 6.21　若 μ 为有限测度, 则 $f_n \overset{\mu}{\to} f$ 当且仅当对 $\{f_n, n \geqslant 1\}$ 的任何子序列 $\{f_{n_k}, k \geqslant 1\}$, 都存在进一步的子序列 $\{f_{n_{k_l}}, l \geqslant 1\}$, 使得 $f_n \overset{\text{a.e.}}{\to} f$.

定义 6.22　设 $\{f_n, n \geqslant 1\}$ 是 a.e. 有限的广义实值可测函数列, 若

$$\lim_{m,n \to \infty} \mu\{|f_m - f_n| \geqslant \varepsilon\} = 0, \quad \forall \varepsilon > 0,$$

则称 $\{f_n\}$ 为**依测度收敛的基本列**.

定理 6.23 若 $\{f_n, n \geqslant 1\}$ 是依测度收敛的基本列, 则存在其子序列 $\{f_{n_k}, k \geqslant 1\}$, 使得 $\{f_{n_n}\}$ 是几乎处处收敛的基本列.

推论 6.24 $\{f_n, n \geqslant 1\}$ 是依测度收敛的基本列当且仅当存在某个广义实值可测函数 f, 使得 $f_n \stackrel{\mu}{\to} f$.

定理 6.25 设 $\left\{f^{(i)}, f_n^{(i)}, n \geqslant 1\right\}$ 为实值可测函数列, $f_n^{(i)} \stackrel{\mu}{\to} f^{(i)}, i = 1, 2, \cdots, k$. 又设 $h : \mathbb{R}^k \to \mathbb{R}$ 为可测函数, $\boldsymbol{f}_n := \left(f_n^{(1)}, f_n^{(2)}, \cdots, f_n^{(k)}\right)$ 和 $\boldsymbol{f} := (f^{(1)}, f^{(2)}, \cdots, f^{(k)})$ 都在 $D \subset \mathbb{R}^k$ 中取值.

(i) 若 h 在 D 上一致连续, 则 $h \circ \boldsymbol{f}_n \stackrel{\mu}{\to} h \circ \boldsymbol{f}$;

(ii) 若 h 在 D 上连续, μ 为有限测度, 则 $h \circ \boldsymbol{f}_n \stackrel{\mu}{\to} h \circ \boldsymbol{f}$.

定义 6.26 设 $\{\boldsymbol{X}, \boldsymbol{X}_n, n \geqslant 1\}$ 是 d 维 R.V. 序列, 若

$$\lim_{n \to \infty} P\{\|\boldsymbol{X}_n - \boldsymbol{X}\| \geqslant \varepsilon\} = 0, \quad \forall \varepsilon > 0,$$

则称 $\{\boldsymbol{X}_n\}$ **依概率收敛**于 $\boldsymbol{X}$, 记作 $\boldsymbol{X}_n \stackrel{P}{\to} \boldsymbol{X}$.

命题 6.28 设 $\{\boldsymbol{X}, \boldsymbol{X}_n, n \geqslant 1\}$ 是 d 维 R.V. 序列, 则 $\boldsymbol{X}_n \stackrel{P}{\to} \boldsymbol{X}$ 当且仅当对 $\{\boldsymbol{X}_n, n \geqslant 1\}$ 的每个子序列 $\{\boldsymbol{X}_{n_k}, k \geqslant 1\}$, 都存在进一步的子序列 $\left\{\boldsymbol{X}_{n_{k_l}}, l \geqslant 1\right\}$, 使得 $\boldsymbol{X}_{n_{k_l}} \stackrel{a.s.}{\to} \boldsymbol{X}$.

命题 6.29 设 $\{\boldsymbol{X}, \boldsymbol{X}_n, n \geqslant 1\}$ 是 d 维 R.V. 序列, $\boldsymbol{X}_n \stackrel{P}{\to} \boldsymbol{X}, \boldsymbol{h} : \mathbb{R}^d \to \mathbb{R}^j$, 若 $\boldsymbol{h}$ 连续, 则 $\boldsymbol{h}(\boldsymbol{X}_n) \stackrel{P}{\to} \boldsymbol{h}(\boldsymbol{X})$.

引理 6.30 设 h 是度量空间 (E, ρ) 到另一度量空间 (S, d) 的映射, $D(h)$ 表示 h 的不连续点全体, 则 $D(h)$ 为 E 中的 Borel 集.

定理 6.31 设 $\{\boldsymbol{X}, \boldsymbol{X}_n, n \geqslant 1\}$ 是 d 维 R.V. 序列, $\boldsymbol{X}_n \stackrel{P}{\to} \boldsymbol{X}, \boldsymbol{h} : \mathbb{R}^d \to \mathbb{R}^j$ 为可测映射, 若 $P\{\boldsymbol{X} \in D(\boldsymbol{h})\} = 0$, 则 $\boldsymbol{h}(\boldsymbol{X}_n) \stackrel{P}{\to} \boldsymbol{h}(\boldsymbol{X})$.

命题 6.32(依概率收敛的子序列原理) 设 $\{\boldsymbol{X}, \boldsymbol{X}_n, n \geqslant 1\}$ 是 d 维 R.V. 序列, 则 $\boldsymbol{X}_n \stackrel{P}{\to} \boldsymbol{X}$ 当且仅当对 $\{\boldsymbol{X}_n, n \geqslant 1\}$ 的每个子序列 $\{\boldsymbol{X}_{n_k}, k \geqslant 1\}$, 都存在进一步的子序列 $\left\{\boldsymbol{X}_{n_{k_l}}, l \geqslant 1\right\}$, 使得 $\boldsymbol{X}_{n_{k_l}} \stackrel{P}{\to} \boldsymbol{X}$.

6.3.2 习题 6.3 解答与评注

6.16 定义 6.22 中的 "$\geqslant \varepsilon$" 可改为 "$> \varepsilon$", 即

$$\lim_{n \to \infty} \mu\{|f_n - f| \geqslant \varepsilon\} = 0, \forall \varepsilon > 0 \Leftrightarrow \lim_{n \to \infty} \mu\{|f_n - f| > \varepsilon\} = 0, \forall \varepsilon > 0.$$

证明 "$\Rightarrow$" 是显然的, 下面证明 "$\Leftarrow$". 因为

$$\{|f_n - f| \geqslant \varepsilon\} = \bigcap_{m=1}^{\infty} \left\{|f_n - f| > \varepsilon - \frac{1}{m}\right\},$$

所以 $\forall \varepsilon > 0$, 对任意满足 $\varepsilon - \dfrac{1}{m_0} > 0$ 的 $m_0 \in \mathbb{N}$, 都有

$$\mu\{|f_n - f| \geqslant \varepsilon\} = \mu\left(\bigcap_{m=1}^{\infty}\left\{|f_n - f| > \varepsilon - \frac{1}{m}\right\}\right) \leqslant \mu\left\{|f_n - f| > \varepsilon - \frac{1}{m_0}\right\},$$

故由 $\lim\limits_{n \to \infty} \mu\left\{|f_n - f| > \varepsilon - \dfrac{1}{m_0}\right\} = 0$ 得 $\lim\limits_{n \to \infty} \mu\{|f_n - f| \geqslant \varepsilon\} = 0$, $\forall \varepsilon > 0$, 这就完成了充分性的证明.

6.17 (1) (依测度收敛的唯一性[①]) 若 $f_n \overset{\mu}{\to} f$ 且 $f_n \overset{\mu}{\to} g$, 则 $f = g$ a.e.;

(2) 若 $f = g$ a.e. 且 $f_n \overset{\mu}{\to} f$, 则 $f_n \overset{\mu}{\to} g$.

证明　(1) $\forall \varepsilon > 0$, 有

$$\{|f - g| \geqslant \varepsilon\} \subset \left\{|f_n - f| \geqslant \frac{\varepsilon}{2}\right\} \cup \left\{|f_n - g| \geqslant \frac{\varepsilon}{2}\right\}.$$

故当 $n \to \infty$ 时,

$$\mu\{|f - g| \geqslant \varepsilon\} \leqslant \mu\left\{|f_n - f| \geqslant \frac{\varepsilon}{2}\right\} + \mu\left\{|f_n - g| \geqslant \frac{\varepsilon}{2}\right\} \to 0,$$

即 $\mu\{|f - g| \geqslant \varepsilon\} = 0$. 于是

$$\mu\{f \neq g\} = \mu\{|f - g| > 0\} = \mu\left(\bigcup_{n=1}^{\infty}\left\{|f - g| \geqslant \frac{1}{n}\right\}\right)$$

$$\leqslant \sum_{n=1}^{\infty} \mu\left\{|f - g| \geqslant \frac{1}{n}\right\} = 0,$$

这就证明了 $f = g$ a.e..

(2) 若 $f = g$ a.e. 且 $f_n \overset{\mu}{\to} f$, 则由

$$\mu\{|f_n - g| \geqslant \varepsilon\} = \mu(\{|f_n - g| \geqslant \varepsilon\} \cap \{f = g\}) + \mu(\{|f_n - g| \geqslant \varepsilon\} \cap \{f \neq g\})$$

$$= \mu(\{|f_n - f| \geqslant \varepsilon\} \cap \{f = g\}) \leqslant \mu\{|f_n - f| \geqslant \varepsilon\} \to 0$$

知 $f_n \overset{\mu}{\to} g$.

【评注】 本题之 (1) 将应用于习题 9.18 之 (1) 的证明.

---

① 依测度收敛的极限在 a.e. 意义下是唯一的.

6.18[①] 设 $\{A_n, n \geqslant 1\} \subset \mathcal{F}$, 则 $I_{A_n} \overset{\mu}{\to} 0 \Leftrightarrow \lim\limits_{n \to \infty} \mu(A_n) = 0$.

证明 $I_{A_n} \overset{\mu}{\to} 0 \Leftrightarrow \lim\limits_{n \to \infty} \mu\{I_{A_n} \geqslant \varepsilon\} = 0, \forall \varepsilon > 0 \Leftrightarrow \lim\limits_{n \to \infty} \mu(A_n) = 0$.

6.19 设 μ 是 $\mathbb{N}$ 上的计数测度, $f, f_1, f_2, \cdots$ 都是 $\mathbb{N}$ 上的实值函数, 则 $f_n \overset{\mu}{\to} f \Leftrightarrow f_n \overset{\text{a.un.}}{\to} f$.

证明 "⇒". 若 $f_n \overset{\mu}{\to} f$, 则 $\forall \varepsilon > 0, \lim\limits_{n \to \infty} \mu\{|f_n - f| \geqslant \varepsilon\} = 0$. 注意到 μ 为计数测度, 所以当 n 充分大时, $\{|f_n - f| \geqslant \varepsilon\} = \varnothing$, 进而 $\bigcup\limits_{k=n}^{\infty} \{|f_k - f| \geqslant \varepsilon\} = \varnothing$, 故 $\lim\limits_{n \to \infty} \mu\left(\bigcup\limits_{k=n}^{\infty} \{|f_k - f| \geqslant \varepsilon\} \right) = 0$, 这表明 $f_n \overset{\text{a.un.}}{\to} f$.

"⇐". 这是因为

$$f_n \overset{\text{a.un.}}{\to} f \Rightarrow \lim_{n \to \infty} \mu\left(\bigcup_{k=n}^{\infty} \{|f_k - f| \geqslant \varepsilon\} \right) = 0, \quad \forall \varepsilon > 0$$

$$\Rightarrow \lim_{n \to \infty} \mu\{|f_n - f| \geqslant \varepsilon\} = 0, \ \forall \varepsilon > 0 \Rightarrow f_n \overset{\mu}{\to} f.$$

6.20 若 $f_n \overset{\mu}{\to} f$, 则 $\varliminf\limits_{n \to \infty} f_n \leqslant f \leqslant \varlimsup\limits_{n \to \infty} f_n$ a.e..

证明 设 $f_n \overset{\mu}{\to} f$, 则由推论 6.21 知, 存在 $\{f_n, n \geqslant 1\}$ 的子序列 $\{f_{n_k}, k \geqslant 1\}$, 使得 $f_{n_k} \overset{\text{a.e.}}{\to} f$, 于是

$$\varliminf_{n \to \infty} f_n = \lim_{n \to \infty} \inf_{k \geqslant n} f_k \leqslant \lim_{n \to \infty} \inf_{k \geqslant n} f_{n_k} = f$$

$$= \lim_{n \to \infty} \sup_{k \geqslant n} f_k \leqslant \lim_{n \to \infty} \sup_{k \geqslant n} f_{n_k} = \varlimsup_{n \to \infty} f_n \text{ a.e..}$$

6.21 设 $\{f, f_n, n \geqslant 1\}$ 和 $\{g, g_n, n \geqslant 1\}$ 都是可测函数列, $f_n \overset{\mu}{\to} f$, $g_n \overset{\mu}{\to} g$.
(1) $|f_n| \overset{\mu}{\to} |f|$;
(2) $af_n + bg_n \overset{\mu}{\to} af + bg$;
(3) 当 μ 是有限测度时, $f_n^2 \overset{\mu}{\to} f^2$, $f_n g_n \overset{\mu}{\to} fg$, $\dfrac{f_n}{g_n} \overset{\mu}{\to} \dfrac{f}{g}$ (诸 $g_n \neq 0$ a.e. 且 $g \neq 0$ a.e.).

证明 (1) 取一元一致连续函数 $h(x) = |x|$, 由定理 6.25 之 (i) 得 $h(f_n) \overset{\mu}{\to} h(f)$, 即 $|f_n| \overset{\mu}{\to} |f|$.

(2) 取二元一致连续函数 $h(x_1, x_2) = ax_1 + bx_2$, 由定理 6.25 之 (i) 得 $h(f_n, g_n) \overset{\mu}{\to} h(f, g)$, 即 $af_n + bg_n \overset{\mu}{\to} af + bg$.

---

① 本题应该与习题 6.10 之 (1) 比较.

(3) 取一元连续函数 $h(x) = x^2$, 由定理 6.25 之 (ii) 得 $h(f_n) \overset{\mu}{\to} h(f)$, 即 $f_n^2 \overset{\mu}{\to} f^2$; 取二元连续函数 $h(x_1, x_2) = x_1 x_2$, 由定理 6.25 之 (ii) 得 $h(f_n, g_n) \overset{\mu}{\to} h(f, g)$, 即 $f_n g_n \overset{\mu}{\to} fg$; 取二元连续函数 $h(x_1, x_2) = \dfrac{x_1}{x_2}$, 由定理 6.25 之 (ii) 得 $h(f_n, g_n) \overset{\mu}{\to} h(f, g)$, 即 $\dfrac{f_n}{g_n} \overset{\mu}{\to} \dfrac{f}{g}$.

6.22 设 μ 为有限测度, 则

$$f_n \overset{\mu}{\to} f \Leftrightarrow \frac{f_n}{1 + |f_n|} \overset{\mu}{\to} \frac{f}{1 + |f|}.$$

证明　"$\Rightarrow$". 取连续函数 $h(x) = \dfrac{x}{1 + |x|}$, 由定理 6.25 之 (ii) 即得.

"$\Leftarrow$". 先取连续函数 $h(x) = \dfrac{|x|}{1 - |x|}$, 由定理 6.25 之 (ii) 得 $|f_n| \overset{\mu}{\to} |f|$. 然后取连续函数 $h(x, y) = x(1 + y)$, 由 $\dfrac{f_n}{1 + |f_n|} \overset{\mu}{\to} \dfrac{f}{1 + |f|}$ 及 $|f_n| \overset{\mu}{\to} |f|$ 得 $f_n \overset{\mu}{\to} f$.

【评注】　本题将应用于习题 9.20 的证明.

6.23　设 $X_n \overset{P}{\to} X$, $a_n \to a$, 则 $a_n X_n \overset{P}{\to} aX$.

证明　任取 $\{a_n X_n, n \geqslant 1\}$ 的一个子序列 $\{a_{n_k} X_{n_k}, k \geqslant 1\}$, 注意 $X_n \overset{P}{\to} X$ 保证了 $X_{n_k} \overset{P}{\to} X$, 由命题 6.28 的必要性知, 存在进一步的子序列 $\left\{ X_{n_{k_l}}, l \geqslant 1 \right\}$, 使得 $X_{n_{k_l}} \overset{\text{a.s.}}{\to} X$, 从而 $a_{n_{k_l}} X_{n_{k_l}} \overset{\text{a.s.}}{\to} aX$, 再由命题 6.28 的充分性知 $a_n X_n \overset{P}{\to} aX$.

【评注】　文献中常把 $X_n \overset{P}{\to} 0$ 记为 $X_n = o_p(1)$, 而把 $\dfrac{X_n}{Y_n} = o_p(1)$ 记为 $X_n = o_p(Y_n)$, 容易明白以下几个简单的结论:

(1) $o_p(1) + o_p(1) = o_p(1)$;

(2) $c \cdot o_p(1) = o_p(1)$, 其中 c 为常数;

(3) $o_p(1) \cdot o_p(1) = o_p(1)$;

(4) $o_p(Y_n) = Y_n o_p(1)$.

6.24　(数列收敛的子序列原理) 设 $\{a, a_n, n \geqslant 1\}$ 为数列, 则 $a_n \to a$ 当且仅当对 $\{a_n, n \geqslant 1\}$ 的每个子列 $\{a_{n_k}, k \geqslant 1\}$, 都存在进一步的子列 $\{a_{n_{k_l}}, l \geqslant 1\}$, 使得 $a_{n_{k_l}} \to a$.

证明　"$\Rightarrow$" 是显然的.

"$\Leftarrow$". 谬设 $a_n \nrightarrow a$, 则存在某个 $\varepsilon_0 > 0$, 对任意的 $N \in \mathbb{N}$, 总存在 $n \geqslant N$, 使得 $|a_n - a| \geqslant \varepsilon_0$. 于是可挑选出子列 $\{a_{n_k}, k \geqslant 1\}$, 使得 $|a_{n_k} - a| \geqslant \varepsilon_0$. 显然, 子列 $\{a_{n_k}, k \geqslant 1\}$ 不存在进一步的子列 $\left\{ a_{n_{k_l}}, l \geqslant 1 \right\}$, 使得 $a_{n_{k_l}} \to a$, 此与假设矛盾.

【评注】 (a) 本题的条件和结论可以扩展到一般的拓扑空间 (特别地, $\{a, a_n, n \geqslant 1\}$ 可以放宽为复数列):

设 $\{x, x_n, n \geqslant 1\}$ 是拓扑空间 X 中的点列, 则 $x_n \to x$ 当且仅当对 $\{x_n, n \geqslant 1\}$ 的每个子序列 $\{x_{n_k}, k \geqslant 1\}$, 都存在进一步的子序列 $\left\{x_{n_{k_l}}, l \geqslant 1\right\}$, 使得 $x_{n_{k_l}} \to x$;

(b) 习题 18.3 将给出一个判断数列收敛的更直截了当的充分必要条件;

(c) 本题将应用于推论 7.27 的证明.

6.25 设 $F: \mathbb{R}^d \to \mathbb{R}$ 为 d.f., 则 F 为可测函数.

证明 首先, 由引理 6.30 知, $D(F)$ 是 $\mathbb{R}^d$ 中的 Borel 集, 从而 $C(F) = [D(F)]^c$ 也是 $\mathbb{R}^d$ 中的 Borel 集.

其次, $\forall a \in \mathbb{R}$, 显然有

$$\{F < a\} = (\{F < a\} \cap C(F)) \cup (\{F < a\} \cap D(F))$$
$$= \left\{F|_{C(F)} < a\right\} \cup (\{F < a\} \cap D(F)).$$

由习题 2.27 知 $F|_{C(F)}$ 连续, 从而 $\left\{F|_{C(F)} < a\right\}$ 是 $C(F)$ 中的开集, 于是 $\left\{F|_{C(F)} < a\right\}$ 可写成

$$\left\{F|_{C(F)} < a\right\} = C(F) \cap G,$$

其中 G 是 $\mathbb{R}^d$ 中的开集, 故 $\left\{F|_{C(F)} < a\right\}$ 是 $\mathbb{R}^d$ 中的 Borel 集.

又注意, $D(F)$ 是 $\mathbb{R}^d$ 中至多可数集, 从而 $\{F < a\} \cap D(F)$ 也是 $\mathbb{R}^d$ 中至多可数集, 故 $\{F < a\} \cap D(F)$ 是 $\mathbb{R}^d$ 中的 Borel 集.

综上, F 为可测函数.

【评注】 (a) 既然 d.f. 是可测函数, 将来就可以谈论 d.f. 的积分;

(b) 本题将应用于习题 10.23 的证明.

6.26 (依概率收敛的保号性) 设 $X_n \xrightarrow{P} X$, $Y_n \xrightarrow{P} Y$, 若 $X_n \leqslant Y_n$ a.s. 对每个 $n \geqslant 1$ 成立, 则 $X \leqslant Y$ a.s..

证明 对于 $X_n \xrightarrow{P} X$, 由推论 6.21 知, 存在 $\{X_n, n \geqslant 1\}$ 的子序列 $\{X_{n_k}, k \geqslant 1\}$, 使得 $X_{n_k} \to X$ a.s.. 对于 $Y_{n_k} \xrightarrow{P} Y$, 又存在 $\{Y_{n_k}, k \geqslant 1\}$ 的子序列 $\left\{Y_{n_{k_l}}, l \geqslant 1\right\}$, 使得 $Y_{n_{k_l}} \to Y$ a.s..

现在 $X_{n_{k_l}} \to X$ a.s., $Y_{n_{k_l}} \to Y$ a.s., 由 $X_{n_k} \leqslant Y_{n_k}$ 及数列极限的保号性得 $X \leqslant Y$ a.s..

第 7 章　Lebesgue 积分与数学期望

Riemann 积分, 简称 R 积分, 分割定义域并积分值域上的区间产生; Lebesgue 积分, 简称 L 积分, 分割值域并积分定义域上的可测集产生. 相较于 R 积分的自然引入, L 积分显示了构造上的美感. L 积分的发现是分析史上的重大突破, L 积分是经典分析与现代分析的分水岭和 20 世纪结构数学的重要组成部分.

7.1　Lebesgue 积分的定义

7.1.1　内容提要

定义 7.1　设 $f = \sum_{i=1}^{n} a_i I_{A_i} \in \mathcal{S}^+(\Omega, \mathcal{F})$, 称广义实数 $\sum_{i=1}^{n} a_i \mu(A_i)$ 为 f 关于 μ 的 L 积分, 记作 $\int f \mathrm{d}\mu$, 即

$$\int f \mathrm{d}\mu = \sum_{i=1}^{n} a_i \mu(A_i).$$

为简便起见, 有时用 $\mu(f)$ 代替 $\int f \mathrm{d}\mu$.

注记 7.2　$\mu(f)$ 与 f 具体表示式的选择无关.

引理 7.3　设 $f, g \in \mathcal{S}^+(\Omega, \mathcal{F})$, 则

(i) $\int \lambda f \mathrm{d}\mu = \lambda \int f \mathrm{d}\mu$, 其中 $\lambda \geqslant 0$.

(ii) $\int (f+g) \mathrm{d}\mu = \int f \mathrm{d}\mu + \int g \mathrm{d}\mu$.

特别地, 当 $\int g \mathrm{d}\mu < \infty$ 时有

$$\int (f+g) \mathrm{d}\mu - \int g \mathrm{d}\mu = \int f \mathrm{d}\mu.$$

(iii) $f \leqslant g \Rightarrow \int f \mathrm{d}\mu \leqslant \int g \mathrm{d}\mu$.

引理 7.4　设 $\{f, f_n, g_n, n \geqslant 1\} \subset \mathcal{S}^+(\Omega, \mathcal{F})$, 则

(i) $f_n \uparrow$, 且 $\lim_{n \to \infty} f_n \geqslant f \Rightarrow \lim_{n \to \infty} \int f_n \mathrm{d}\mu \geqslant \int f \mathrm{d}\mu$;

(ii) $f_n \uparrow$, $g_n \uparrow$, 且 $\lim\limits_{n \to \infty} f_n = \lim\limits_{n \to \infty} g_n \Rightarrow \lim\limits_{n \to \infty} \int f_n \mathrm{d}\mu = \lim\limits_{n \to \infty} \int g_n \mathrm{d}\mu$.

定义 7.5 设 $f \in \overline{\mathcal{L}}^+(\Omega, \mathcal{F})$, 对任意满足 $f_n \uparrow f$ 的 $\{f_n, n \geqslant 1\} \subset \mathcal{S}^+(\Omega, \mathcal{F})$, 令

$$\int f \mathrm{d}\mu := \lim_{n \to \infty} \int f_n \mathrm{d}\mu,$$

则由引理 7.3 之 (iii) 知上述右端极限存在 (可能是 ∞), 且由引理 7.4 之 (ii) 知这个极限不依赖于 $\{f_n\}$ 的选择, 称为 f 关于 μ 的 L 积分.

引理 7.6 设 $f, g \in \overline{\mathcal{L}}^+(\Omega, \mathcal{F})$, 则

(i) $\int \lambda f \mathrm{d}\mu = \lambda \int f \mathrm{d}\mu$, 其中 $\lambda \geqslant 0$;

(ii) $\int (f + g) \mathrm{d}\mu = \int f \mathrm{d}\mu + \int g \mathrm{d}\mu$;

(iii) $f \leqslant g \Rightarrow \int f \mathrm{d}\mu \leqslant \int g \mathrm{d}\mu$.

命题 7.7 设 $f \in \overline{\mathcal{L}}^+(\Omega, \mathcal{F})$, 令 $A_t = \{f \geqslant t\}$, 则

$$\mu(A_t) \leqslant \frac{1}{t} \int f I_{A_i} \mathrm{d}\mu \leqslant \frac{1}{t} \int f \mathrm{d}\mu, \quad t > 0.$$

定义 7.8 设 $f \in \overline{\mathcal{L}}(\Omega, \mathcal{F})$, 若 f^+ 和 f^- 中至少有一个的积分不是 ∞, 则称 f 关于 μ 的**积分存在**, 并规定 f 的积分为

$$\int f \mathrm{d}\mu := \int f^+ \mathrm{d}\mu - \int f^- \mathrm{d}\mu.$$

特别地, 当 $\int f \mathrm{d}\mu$ 为实数时, 称 f **可积**.

7.1.2 习题 7.1 解答与评注

7.1 (定义 7.5 的另一种版本) 设 $f \in \overline{\mathcal{L}}^+(\Omega, \mathcal{F})$, 则

$$\int f \mathrm{d}\mu = \sup \left\{ \int g \mathrm{d}\mu : 0 \leqslant g \leqslant f, g \text{ 为简单可测函数} \right\}.$$

证明 一方面, 由 $g \leqslant f$ 及引理 7.6 之 (iii) 得 $\int g \mathrm{d}\mu \leqslant \int f \mathrm{d}\mu$, 从而

$$\sup \left\{ \int g \mathrm{d}\mu : 0 \leqslant g \leqslant f, g \text{ 为简单可测函数} \right\} \leqslant \int f \mathrm{d}\mu.$$

另一方面, 注意到 f 是非负可测函数, 由定理 5.21 之 (i), 存在非负简单可测函数列 $\{f_n, n \geqslant 1\}$ 使得 $f_n \uparrow f$, 再由定义 7.5 得到

$$\int f \mathrm{d}\mu = \lim_{n\to\infty} \int f_n \mathrm{d}\mu \leqslant \sup\left\{\int g\mathrm{d}\mu : 0 \leqslant g \leqslant f, g \text{为简单可测函数}\right\}.$$

综上所述, 我们有

$$\int f \mathrm{d}\mu = \sup\left\{\int g\mathrm{d}\mu : 0 \leqslant g \leqslant f, g \text{ 为简单可测函数}\right\}.$$

7.2 若简单可测函数 $f = \sum_{i=1}^{n} a_i I_{A_i}$ 的积分存在, 则 $\int f\mathrm{d}\mu = \sum_{i=1}^{n} a_i \mu(A_i)$.

证明　不妨假设

$$f^+ = \sum_{i=1}^{n'} a_i I_{A_i}, \quad f^- = \sum_{i=n'+1}^{n} (-a_i)I_{A_i},$$

其中 $n' \in \{0, 1, 2, \cdots, n\}$, 则

$$\int f\mathrm{d}\mu = \int f^+\mathrm{d}\mu - \int f^-\mathrm{d}\mu = \sum_{i=1}^{n'} a_i\mu(A_i) - \sum_{i=n'+1}^{n}(-a_i)\mu(A_i)$$

$$= \sum_{i=1}^{n} a_i\mu(A_i).$$

7.3　设 $f = \sum_{i=1}^{n} a_i I_{A_i}$, $a_1, a_2, \cdots, a_n \in \overline{\mathbb{R}}$, $\{A_1, A_2, \cdots, A_n\} \subset \mathcal{F}$ 是 Ω 的有限划分. 若 f 的积分存在, 则 $\int f\mathrm{d}\mu = \sum_{i=1}^{n} a_i\mu(A_i)$.

证明　若 $a_1, a_2, \cdots, a_n$ 全是实数, 此时 f 是简单可测函数, 则由上题知所证结论成立. 下面假设在 $a_1, a_2, \cdots, a_n$ 中至少有一个 $a_i = -\infty$ 或 ∞.

先设 $f \geqslant 0$, 这时可设 $f = \sum_{i=1}^{n-1} a_i I_{A_i} + \infty I_{A_n}$, 其中 $a_1, a_2, \cdots, a_{n-1}$ 都是非负实数. 对每个 $m \geqslant 1$, 令

$$f_m = \sum_{i=1}^{n-1} a_i I_{A_i} + m I_{A_n},$$

则 $\{f_m, m \geqslant 1\}$ 是非负简单可测函数列, 且 $f_m \uparrow f$, 故

$$\int f\mathrm{d}\mu = \lim_{m\to\infty}\int f_m\mathrm{d}\mu = \lim_{m\to\infty}\left[\sum_{i=1}^{n-1} a_i\mu(A_i) + m\mu(A_n)\right]$$

$$= \sum_{i=1}^{n-1} a_i\mu(A_i) + \infty\mu(A_n) = \sum_{i=1}^{n} a_i\mu(A_i).$$

对一般情形, 不妨假设 $f^+ = \sum\limits_{i=1}^{n'} a_i I_{A_i}$, $f^- = \sum\limits_{i=n'+1}^{n} (-a_i) I_{A_i}$, 其中 $n' \in \{0, 1, 2, \cdots, n\}$. 因为 f 的积分存在, 所以

$$\int f \mathrm{d}\mu = \int f^+ \mathrm{d}\mu - \int f^- \mathrm{d}\mu = \sum_{i=1}^{n'} a_i \mu(A_i) - \sum_{i=n'+1}^{n} (-a_i) \mu(A_i) = \sum_{i=1}^{n} a_i \mu(A_i).$$

7.4 如果实值函数 f 能够表示成

$$f = \sum_{n=1}^{\infty} a_n I_{A_n}$$

的形式, 其中 $a_1, a_2, \cdots \in \mathbb{R}$, $\{A_n, n \geq 1\} \subset \mathcal{F}$ 是 Ω 的可数划分, 那么称 f 为**初等函数**. 试证:

(1) f 是可测函数;

(2) 若 f 的积分存在, 则 $\int f \mathrm{d}\mu = \sum\limits_{n=1}^{\infty} a_n \mu(A_n)$;

(3) f 可积当且仅当 $\sum\limits_{n=1}^{\infty} |a_n| \mu(A_n) < \infty$.

证明 (1) $\forall B \in \mathcal{B}(\mathbb{R})$, 我们有

$$f^{-1}(B) = \{\omega \in \Omega : f(\omega) \in B\}$$
$$= \bigcup_{a_n \in B} \{\omega \in \Omega : f(\omega) = a_n\} = \bigcup_{a_n \in B} A_n \in \mathcal{F},$$

因此 f 是可测函数.

(2) 对每个 $m \geq 1$, 令 $f_m = \sum\limits_{n=1}^{m} a_n I_{A_n}$, 则 $|f_m| = \sum\limits_{n=1}^{m} |a_n| I_{A_n}$ 是非负简单可测函数, 且 $|f_m| \uparrow |f|$.

先设 $f \geq 0$, 则由非负可测函数积分的定义得

$$\int f \mathrm{d}\mu = \lim_{m \to \infty} \int f_m \mathrm{d}\mu = \lim_{m \to \infty} \sum_{n=1}^{m} a_n \mu(A_n) = \sum_{n=1}^{\infty} a_n \mu(A_n).$$

对一般情形, 将 f 分解为 $f = f^+ - f^-$, 其中 $f^+ = \sum\limits_{n'} a_{n'} I_{A_{n'}}$, $f^- = \sum\limits_{n''} (-a_{n''}) I_{A_{n''}}$. 因为 f 的积分存在, 所以

$$\int f \mathrm{d}\mu = \int f^+ \mathrm{d}\mu - \int f^- \mathrm{d}\mu$$

$$= \sum_{n'} a_{n'} \mu\left(A_{n'}\right) - \sum_{n''}\left(-a_{n''}\right) \mu\left(A_{n''}\right) = \sum_{n=1}^{\infty} a_n \mu\left(A_n\right).$$

(3) 假设 f 可积, 即 $\int |f| \mathrm{d}\mu < \infty$, 注意到 $\int |f_m| \mathrm{d}\mu = \sum_{n=1}^{m} |a_n| \mu\left(A_n\right)$, 则由非负可测函数积分的单调性得 $\sup\limits_{m \geqslant 1} \sum_{n=1}^{m} |a_n| \mu\left(A_n\right) < \infty$, 即 $\sum_{n=1}^{\infty} |a_n| \mu\left(A_n\right) < \infty$.

反过来, 假设 $\sum_{n=1}^{\infty} |a_n| \mu\left(A_n\right) < \infty$, 则由非负可测函数积分的定义,

$$\int |f| \mathrm{d}\mu = \lim_{m \to \infty} \int |f_m| \mathrm{d}\mu = \lim_{m \to \infty} \sum_{n=1}^{m} |a_n| \mu\left(A_n\right) = \sum_{n=1}^{\infty} |a_n| \mu\left(A_n\right) < \infty,$$

即 f 可积.

【评注】　本题之 (2) 将应用于习题 7.21 的证明.

7.5　设 Ω 是可数集合, μ 是 Ω 上的计数测度, 则对任何函数 $f : \Omega \to \mathbb{R}$, 当 f 的积分存在时, 有 $\int f \mathrm{d}\mu = \sum_{\omega \in \Omega} f\left(\omega\right)$.

证明　注意到 f 关于 $\mathcal{F} = \mathcal{P}\left(\Omega\right)$ 可测, 且 $f = \sum_{\omega \in \Omega} f\left(\omega\right) I_{\{\omega\}}$, 由上题得欲证.

【评注】　任何 (收敛) 级数 $\sum_{n=1}^{\infty} f\left(n\right)$ 都可以看作是函数 $f : \mathbb{N} \to \mathbb{R}$ 关于 $\mathbb{N}$ 上的计数测度的 L 积分.

7.6　若 f 是积分存在 (相应地, 可积) 的广义实值函数, 则 $\forall A \in \mathcal{F}$, fI_A 的积分也存在 (相应地, 可积).

证明　假设 f 的积分存在, 为确定起见, 设 $\int f^+ \mathrm{d}\mu < \infty$, 则由引理 7.6 之 (iii) 知 $\int f^+ I_A \mathrm{d}\mu < \infty$. 注意到 $(fI_A)^+ = f^+ I_A$, 我们有 $\int (fI_A)^+ \mathrm{d}\mu < \infty$, 因而 fI_A 的积分存在.

进一步, 假设 f 可积, 则 $\int f^+ \mathrm{d}\mu < \infty$ 且 $\int f^- \mathrm{d}\mu < \infty$. 类似于前面由 $\int f^+ \mathrm{d}\mu < \infty$ 导出 $\int (fI_A)^+ \mathrm{d}\mu < \infty$ 的讨论, 由 $\int f^- \mathrm{d}\mu < \infty$ 可导出 $\int (fI_A)^- \mathrm{d}\mu < \infty$. 综合起来, fI_A 可积.

【评注】　本题将应用于习题 7.16 之 (1) 的证明.

7.7　举一个 $f : \Omega \to \overline{\mathbb{R}}$ 本身不可积但 $|f|$ 可积的例子.

解　设 $\Omega = \{1, 2, 3\}$, $\mathcal{F} = \{\varnothing, \{1\}, \{2, 3\}, \Omega\}$, μ 是 $\mathcal{F}$ 上的任意有限测度. 显然

$$f(\omega) = \begin{cases} -1, & \omega = 1, 2, \\ 1, & \omega = 3 \end{cases}$$

不是 $\mathcal{F}$-可测函数, 因而不能谈论可积性; 但 $|f| \equiv 1$ 是可测函数, $\int |f| \mathrm{d}\mu = \mu(\Omega) < \infty$, 因而可积.

7.2 Lebesgue 积分的性质

7.2.1 内容提要

命题 7.9　设 $f, g \in \overline{\mathcal{L}}(\Omega, \mathcal{F})$.

(i) f 的积分存在 $\Rightarrow \left| \int f \mathrm{d}\mu \right| \leqslant \int |f| \mathrm{d}\mu$;

(ii) 若 f 与 g 是**等价的** (即 $f = g$ a.e.), f 与 g 中有一个的积分存在, 则另一个的积分也存在, 且 $\int f \mathrm{d}\mu = \int g \mathrm{d}\mu$.

定义 7.10　设 f 是 a.e. 可测的广义实值函数, $A \in \mathcal{F}$, 若 $f I_A$ 的积分存在 (相应地, 可积), 则称 f 在 A 上的积分存在 (相应地, 可积), 且规定 f 在 A 上的积分为

$$\int_A f \mathrm{d}\mu := \int f I_A \mathrm{d}\mu.$$

命题 7.11　设 $f \in \overline{\mathcal{L}}(\Omega, \mathcal{F})$, A 为零测集, 则 $\displaystyle\int_A f \mathrm{d}\mu = 0$.

注记 7.12　在处理涉及积分的问题时, 广义实值函数之间 a.e. 成立的等式或不等式, 可以取消其中的 "a.e.".

定理 7.13　设 $f \in \overline{\mathcal{L}}(\Omega, \mathcal{F})$ 的积分存在, 则

(i) f 可积 $\Rightarrow |f| < \infty$ a.e.;

(ii) $\int |f| \mathrm{d}\mu = 0 \Rightarrow f = 0$ a.e.;

(iii) $\displaystyle\int_A f \mathrm{d}\mu \geqslant 0, \forall A \in \mathcal{F} \Rightarrow f \geqslant 0$ a.e..

定理 7.14　设 $f, g \in \overline{\mathcal{L}}(\Omega, \mathcal{F})$ 的积分都存在, 则

(i) (齐性) cf 的积分存在, 且 $\int cf \mathrm{d}\mu = c \int f \mathrm{d}\mu$, 其中 $c \in \mathbb{R}$;

(ii) (可加性) $\int f \mathrm{d}\mu + \int g \mathrm{d}\mu$ 有意义 $\Rightarrow f + g$ a.e. 有定义, $f + g$ 的积分存在, 且

$$\int (f + g)\mathrm{d}\mu = \int f\mathrm{d}\mu + \int g\mathrm{d}\mu;$$

(iii) (单调性) $f \leqslant g$ a.e. $\Rightarrow \int f\mathrm{d}\mu \leqslant \int g\mathrm{d}\mu$.

推论 7.15 (线性性)　设 $a, b \in \mathbb{R}$, $f, g \in \overline{\mathcal{L}}(\Omega, \mathcal{F})$ 的积分都存在, 若 $a \int f\mathrm{d}\mu + b \int g\mathrm{d}\mu$ 有意义, 则 $af + bg$ a.e. 有定义, $af + bg$ 的积分存在, 且

$$\int (af + bg)\mathrm{d}\mu = a \int f\mathrm{d}\mu + b \int g\mathrm{d}\mu.$$

定理 7.16　设 f 是 a.e. 有限的广义实值可测函数, 且 μ 为有限测度, 则下列三条等价:

(i) f 可积;

(ii) $\sum\limits_{n=1}^{\infty} n\mu\{n \leqslant |f| < n + 1\} < \infty$;

(iii) $\sum\limits_{n=1}^{\infty} \mu\{|f| \geqslant n\} < \infty$.

7.2.2　习题 7.2 解答与评注

7.8　(命题 7.9 之 (ii) 的特别情形) 设 $f, g \in \overline{\mathcal{L}}^+(\Omega, \mathcal{F})$, 若 $f = g$ a.e., 则

$$\int f\mathrm{d}\mu = \int g\mathrm{d}\mu.$$

证明　令 $A = \{f \neq g\}$, 则 $A \in \mathcal{F}$, $\mu(A) = 0$. 又令 $h_n = nI_A$, 则 $\int h_n\mathrm{d}\mu = 0$. 再令

$$h(\omega) = \begin{cases} \infty, & \omega \in A, \\ 0, & \omega \notin A, \end{cases}$$

则由 $0 \leqslant h_n \uparrow h$ 及定义 7.5 得 $\int h\mathrm{d}\mu = 0$. 注意到 $f \leqslant g + h$, 依次由引理 7.6 之 (iii) 和 (ii) 得

$$\int f\mathrm{d}\mu \leqslant \int (g + h)\mathrm{d}\mu = \int g\mathrm{d}\mu + \int h\mathrm{d}\mu = \int g\mathrm{d}\mu,$$

类似地讨论可得 $\int g\mathrm{d}\mu \leqslant \int f\mathrm{d}\mu$, 从而 $\int f\mathrm{d}\mu = \int g\mathrm{d}\mu$.

7.9　(关于积分区域的有限可加性[①]) 若 $f \in \overline{\mathcal{L}}(\Omega, \mathcal{F})$ 的积分存在, $A_1, A_2 \in \mathcal{F}$ 且 $A_1 \cap A_2 = \varnothing$, 则 $\displaystyle\int_{A_1 \uplus A_2} f\mathrm{d}\mu = \int_{A_1} f\mathrm{d}\mu + \int_{A_2} f\mathrm{d}\mu$.

---

① 关于积分区域的可列可加性见习题 7.22.

证明 为确定起见, 不妨假设 $\int f^+ \mathrm{d}\mu < \infty$, 从而 $\int_{A_1} f^+ \mathrm{d}\mu < \infty$, $\int_{A_2} f^+ \mathrm{d}\mu < \infty$, 由此推知 $\int_{A_1} f\mathrm{d}\mu + \int_{A_2} f\mathrm{d}\mu$ 有意义, 从而由定理 7.14 之 (ii) 知

$$\int_{A_1 \uplus A_2} f\mathrm{d}\mu = \int f I_{A_1 \uplus A_2} \mathrm{d}\mu = \int (f I_{A_1} + f I_{A_2}) \mathrm{d}\mu$$

$$= \int f I_{A_1} \mathrm{d}\mu + \int f I_{A_2} \mathrm{d}\mu = \int_{A_1} f\mathrm{d}\mu + \int_{A_2} f\mathrm{d}\mu.$$

$$= \int_B X\mathrm{d}\mu.$$

【评注】 (a) 对于可积 r.v. X, 若 $P(A\Delta B) = 0$, 则 $\int_A X\mathrm{d}\mu = \int_B X\mathrm{d}\mu$. 这是因为

$$\int_A X\mathrm{d}\mu = \int_{A \uplus (B\setminus A)} X\mathrm{d}\mu = \int_{A \cup B} X\mathrm{d}\mu = \int_{B \uplus (A\setminus B)} X\mathrm{d}\mu = \int_B X\mathrm{d}\mu.$$

(b) 本题将应用于习题 7.15 之 (2) 的证明.

7.10 设 $f, g \in \overline{\mathcal{L}}(\Omega, \mathcal{F})$ 满足 $f \leqslant g$ a.e..

(1) 若 f 可积, 则 g 的积分存在, 且 $\int g\mathrm{d}\mu = \int f\mathrm{d}\mu + \int (g-f)\mathrm{d}\mu$;

(2) 若 g 可积, 则 f 的积分存在, 且 $\int f\mathrm{d}\mu = \int g\mathrm{d}\mu + \int (f-g)\mathrm{d}\mu$.

证明 由注记 7.12, 不妨假设 $f \leqslant g$.

(1) 由 f 可积得 $\int f\mathrm{d}\mu$ 有限, 再由 $g - f \geqslant 0$ 知 $g - f$ 的积分存在, 综合起来, $\int (g-f)\mathrm{d}\mu + \int f\mathrm{d}\mu$ 有意义. 于是由定理 7.14 之 (ii) 知 $(g-f) + f$ 的积分存在, 即 g 的积分存在, 且

$$\int g\mathrm{d}\mu = \int [f + (g-f)]\mathrm{d}\mu = \int f\mathrm{d}\mu + \int (g-f)\mathrm{d}\mu.$$

(2) 由 g 可积得 $\int g\mathrm{d}\mu$ 有限, 进而 $\int g\mathrm{d}\mu + \int (f-g)\mathrm{d}\mu$ 有意义, 于是由定理 7.14 之 (ii) 知 $g + (f-g)$ 的积分存在, 即 f 的积分存在, 且

$$\int f\mathrm{d}\mu = \int [g + (f-g)]\mathrm{d}\mu = \int g\mathrm{d}\mu + \int (f-g)\mathrm{d}\mu.$$

7.11　(可积性的夹逼准则) 设 $f, g, h \in \overline{\mathcal{L}}(\Omega, \mathcal{F})$ 满足 $g \leqslant f \leqslant h$ a.e., 若 g, h 都可积, 则 f 也可积.

证明　由注记 7.12, 不妨假设 $g \leqslant f \leqslant h$, 从而 $f^+ \leqslant h^+$, $f^- \leqslant g^-$, 故

$$\int |f|\,\mathrm{d}\mu = \int f^+\mathrm{d}\mu + \int f^-\mathrm{d}\mu \leqslant \int h^+\mathrm{d}\mu + \int g^-\mathrm{d}\mu < \infty,$$

因而 f 可积.

【评注】　可将题中条件 "g, h 都可积" 减弱成 "g, h 的积分都存在, 且 $\int g\mathrm{d}\mu > -\infty$, $\int h\mathrm{d}\mu < \infty$".

事实上, "g 的积分存在, 且 $\int g\mathrm{d}\mu > -\infty$" 蕴含 "$\int g^-\mathrm{d}\mu < \infty$", "$h$ 的积分存在, 且 $\int h\mathrm{d}\mu < \infty$" 蕴含 "$\int h^+\mathrm{d}\mu < \infty$", 而 $\int g^-\mathrm{d}\mu < \infty$, $\int h^+\mathrm{d}\mu < \infty$ 正是证明中所需的条件.

7.12　设 f, g 都可积, 则 $f + g$, $f - g$, $f \vee g$, $f \wedge g$ 都可积.

证明　由 $|f \pm g| \leqslant |f| + |g|$ 及引理 7.6 之 (ii) 知

$$\int |f \pm g|\,\mathrm{d}\mu \leqslant \int |f|\,\mathrm{d}\mu + \int |g|\,\mathrm{d}\mu < \infty,$$

所以 $f + g$, $f - g$ 都可积. 由此及

$$f \vee g = \frac{f + g + |f - g|}{2}, \quad f \wedge g = \frac{f + g - |f - g|}{2}$$

知 $f \vee g$, $f \wedge g$ 都可积.

7.13　设 $f \in \overline{\mathcal{L}}(\Omega, \mathcal{F})$, 则 f 可积 $\Leftrightarrow$ 存在实值可积函数 f_0, 使得 $f = f_0$ a.e..

证明　"$\Leftarrow$". 由 $f = f_0$ a.e. 易知 $|f| = |f_0|$ a.e., 于是由 f_0 的可积性及命题 7.9 之 (ii) 知 f 可积.

"$\Rightarrow$". 假设 f 可积, 令 $A = \{|f| = \infty\}$, 则 $A \in \mathcal{F}$, 且由定理 7.12 之 (ii) 知 $\mu(A) = 0$. 令 $f_0 = fI_{A^c}$, 则 $f = f_0$ a.e., 且类似于上述推理过程可知 f_0 可积.

7.14　(命题 7.9 之 (i) 的推广) 复值函数 $\boldsymbol{f}$ 可积 $\Rightarrow \left|\int \boldsymbol{f}\mathrm{d}\mu\right| \leqslant \int |\boldsymbol{f}|\,\mathrm{d}\mu$.

证明　根据复数的三角表示式: $z = r(\cos\theta + \mathrm{i}\sin\theta)$, $\int \boldsymbol{f}\mathrm{d}\mu$ 可以写成

$$\int \boldsymbol{f}\mathrm{d}\mu = w\left|\int \boldsymbol{f}\mathrm{d}\mu\right|,$$

其中, 复数 w 满足 $|w| = 1$. 于是,

$$\left| \int \boldsymbol{f} \mathrm{d}\mu \right| = \frac{1}{w} \int \boldsymbol{f} \mathrm{d}\mu = \int \left(\frac{1}{w} \boldsymbol{f} \right) \mathrm{d}\mu = \int \mathrm{Re} \left(\frac{1}{w} \boldsymbol{f} \right) \mathrm{d}\mu + \mathrm{i} \int \mathrm{Im} \left(\frac{1}{w} \boldsymbol{f} \right) \mathrm{d}\mu$$

$$= \int \mathrm{Re} \left(\frac{1}{w} \boldsymbol{f} \right) \mathrm{d}\mu \leqslant \int |\boldsymbol{f}| \mathrm{d}\mu.$$

【评注】 本题将应用于命题 17.2 之 (iii) 的证明.

7.15 设 $f \in \overline{\mathcal{L}}(\Omega, \mathcal{F})$ 关于 μ 可积.

(1) 若在 $D \in \mathcal{F}$ 上, 恒有 $f(\omega) \geqslant 0$ 或 $f(\omega) \leqslant 0$, 则 $\left| \int_D f \mathrm{d}\mu \right| = \int_D |f| \mathrm{d}\mu$;

(2) 若 $\int f \mathrm{d}\mu = 0$, 则 $\sup\limits_{F \in \mathcal{F}} \left| \int_F f \mathrm{d}\mu \right| = \frac{1}{2} \int |f| \mathrm{d}\mu$.

证明 (1) 不妨假设 $f(\omega) \leqslant 0, \omega \in D$, 那么

$$\int_D |f| \mathrm{d}\mu = \int_D (-f) \mathrm{d}\mu = - \int_D f \mathrm{d}\mu = \left| \int_D f \mathrm{d}\mu \right|.$$

(2) 记

$$A = \{\omega \in \Omega : f(\omega) > 0\},$$
$$B = \{\omega \in \Omega : f(\omega) = 0\},$$
$$C = \{\omega \in \Omega : f(\omega) < 0\},$$

则由习题 7.9 知

$$0 = \int f \mathrm{d}\mu = \int_{A \cup C} f \mathrm{d}\mu = \int_A f \mathrm{d}\mu + \int_C f \mathrm{d}\mu,$$

从而 $\int_A f \mathrm{d}\mu = - \int_C f \mathrm{d}\mu$, 再由 (1) 得 $\int_A |f| \mathrm{d}\mu = \int_C |f| \mathrm{d}\mu$, 进而 $\int |f| \mathrm{d}\mu = 2 \int_A |f| \mathrm{d}\mu = 2 \int_C |f| \mathrm{d}\mu$. 于是 $\forall F \in \mathcal{F}$,

$$-\frac{1}{2} \int |f| \mathrm{d}\mu = \int_C f \mathrm{d}\mu \leqslant \int_{C \cap F} f \mathrm{d}\mu \leqslant \int_F f \mathrm{d}\mu \leqslant \int_{F \cap A} f \mathrm{d}\mu$$
$$\leqslant \int_A f \mathrm{d}\mu = \frac{1}{2} \int |f| \mathrm{d}\mu,$$

由此得

$$\left| \int_F f \mathrm{d}\mu \right| \leqslant \frac{1}{2} \int |f| \mathrm{d}\mu.$$

注意到当 $F = A$ 或 $F = C$ 时, 上式不等式中的等号成立, 因而 $\sup\limits_{F \in \mathcal{F}} \left| \int_F f \mathrm{d}\mu \right| = \dfrac{1}{2} \int |f| \mathrm{d}\mu.$

7.16 (定理 7.14 之 (iii) 的部分逆) 设 $f, g \in \overline{\mathcal{L}}(\Omega, \mathcal{F})$ 关于 μ 的积分都存在, 且对一切 $A \in \mathcal{F}$ 都有 $\int_A f \mathrm{d}\mu \leqslant \int_A g \mathrm{d}\mu.$

(1) 若 f, g 都可积, 则 $f \leqslant g$ a.e.;

(2) 若 μ 为 σ-有限测度, 则 $f \leqslant g$ a.e..

证明　(1) $\forall A \in \mathcal{F}$, 由习题 7.6 知, fI_A, gI_A 都可积, 于是 $\int_A g \mathrm{d}\mu - \int_A f \mathrm{d}\mu$ 有意义, 进而由定理 7.14 之 (ii) 得

$$\int_A (g - f) \mathrm{d}\mu = \int_A g \mathrm{d}\mu - \int_A f \mathrm{d}\mu \geqslant 0,$$

由此及定理 7.12 之 (iv), $g - f \geqslant 0$ a.e., 即 $f \leqslant g$ a.e..

(2) 谬设 $\mu\{g < f\} > 0$, 注意到

$$\{g < f\} = \{g < f, |f| < \infty\} \cup \{g < f, f = \infty\}$$
$$= \left(\bigcup_{n=1}^{\infty} \left\{ g < f - \frac{1}{n}, |f| < n \right\} \right) \cup \left(\bigcup_{m=1}^{\infty} \{g < m, f = \infty\} \right)$$
$$=: \left(\bigcup_{n=1}^{\infty} A_n \right) \cup \left(\bigcup_{m=1}^{\infty} B_m \right),$$

所以, 存在某个 n 或 m, 使得 $\mu(A_n) > 0$ 或 $\mu(B_m) > 0$.

若 $\mu(A_n) > 0$, 则由 μ 的 σ-有限性知, 存在 $A \subset A_n$, $A \in \mathcal{F}$, 使得 $0 < \mu(A) < \infty$. 这时有

$$\int_A g \mathrm{d}\mu \leqslant \int_A \left(f - \frac{1}{n} \right) \mathrm{d}\mu = \int_A f \mathrm{d}\mu - \frac{1}{n} \mu(A) < \int_A f \mathrm{d}\mu,$$

此与假定 $\int_A f \mathrm{d}\mu \leqslant \int_A g \mathrm{d}\mu$ 矛盾.

若 $\mu(B_m) > 0$, 同样由 μ 的 σ-有限性知, 存在 $B \subset B_m$, $B \in \mathcal{F}$, 使得 $0 < \mu(B) < \infty$. 这时有

$$\int_B g \mathrm{d}\mu \leqslant m\mu(B) < \infty = \int_B f \mathrm{d}\mu,$$

仍然与假定 $\int_B f\mathrm{d}\mu \leqslant \int_B g\mathrm{d}\mu$ 矛盾.

【评注】 (a) 本题可以演进为如下版本: 设广义实值函数 f, g 的积分都存在, 且对一切 $A \in \mathcal{F}$ 都有 $\int_A f\mathrm{d}\mu = \int_A g\mathrm{d}\mu$.

(1) 若 f, g 都可积, 则 $f = g$ a.e.;

(2) 若 μ 为 σ-有限测度, 则 $f = g$ a.e..

(b) 本题将服务于习题 7.25、定理 8.21 和习题 15.18 之 (1) 的证明.

7.17 举例说明习题 7.16 之 (2) 中的条件 "μ 为 σ-有限测度" 不能去掉.

解 设 $\mathcal{F} = \{\varnothing, \Omega\}$ 是任意非空集合 Ω 上的平凡 σ 代数, 定义

$$\mu(A) = \begin{cases} 0, & A = \varnothing, \\ \infty, & A = \Omega, \end{cases}$$

则 μ 不是 $\mathcal{F}$ 上的 σ-有限测度. 取 $f \equiv 2$, $g \equiv 1$, 我们有

$$\infty = \int_A f\mathrm{d}\mu \leqslant \int_A g\mathrm{d}\mu = \infty, \quad \forall A \in \mathcal{F},$$

但 $f \leqslant g$ a.e. 不成立.

7.18 若 $a \leqslant X \leqslant b$, 则 $\mathrm{Var}X \leqslant \left(\dfrac{b-a}{2}\right)^2$.

证明 由 $a \leqslant X \leqslant b$ 得 $-\dfrac{b-a}{2} \leqslant X - \dfrac{a+b}{2} \leqslant \dfrac{b-a}{2}$, 从而

$$\left(X - \frac{a+b}{2}\right)^2 \leqslant \left(\frac{b-a}{2}\right)^2,$$

于是

$$\mathrm{Var}X = \mathrm{E}(X - \mathrm{E}X)^2 = \mathrm{E}\left[\left(X - \frac{a+b}{2}\right) - \left(\mathrm{E}X - \frac{a+b}{2}\right)\right]^2$$

$$= \mathrm{E}\left(X - \frac{a+b}{2}\right)^2 - \left(\mathrm{E}X - \frac{a+b}{2}\right)^2$$

$$\leqslant \mathrm{E}\left(X - \frac{a+b}{2}\right)^2 \leqslant \left(\frac{b-a}{2}\right)^2.$$

【评注】 本题中不等式的边界是可以达到的, 比如, $X \sim \mathrm{Be}\left(\dfrac{1}{2}\right)$, 显然有

$$\mathrm{Var}X = \frac{1}{4} = \left(\frac{1-0}{2}\right)^2.$$

7.19　设 $\{n_k, k \geqslant 1\}$ 是满足 $\varlimsup\limits_{k\to\infty} \dfrac{n_k}{n_{k+1}} < 1$ 的严格单调增的正整数列, $f \in$

$\overline{\mathcal{L}}(\Omega, \mathcal{F})$ 关于 μ 可积. 若 μ 为有限测度, 则 $\sum\limits_{k=1}^{\infty} n_k \mu\{|f| \geqslant n_k\} < \infty$.

证明　记 $\Sigma = \sum\limits_{k=1}^{\infty} n_k \mu\{|f| \geqslant n_k\}$. $\varlimsup\limits_{k\to\infty} \dfrac{n_k}{n_{k+1}} < 1$ 意味着存在 $\lambda > 1$, 使得

$n_{k+1} \geqslant \lambda n_k, \forall k \geqslant 1$, 从而

$$\Sigma = \sum_{k=1}^{\infty} \left[n_{k-1} + (n_k - n_{k-1}) \right] \mu\{|f| \geqslant n_k\}$$

$$\leqslant \sum_{k=1}^{\infty} \lambda^{-1} n_k \mu\{|f| \geqslant n_k\} + \sum_{k=1}^{\infty} \sum_{j=n_{k-1}+1}^{n_k} \mu\{|f| \geqslant j\}$$

$$\leqslant \lambda^{-1}\Sigma + \sum_{j=1}^{\infty} \mu\{|f| \geqslant j\},$$

故

$$\Sigma \leqslant \frac{\lambda}{\lambda - 1} \sum_{j=1}^{\infty} \mu\{|f| \geqslant j\}.$$

注意到 f 可积, 由定理 7.16 知 $\sum\limits_{j=1}^{\infty} \mu\{|f| \geqslant j\} < \infty$, 从而 $\Sigma < \infty$.

7.3　三大积分收敛定理

7.3.1　内容提要

引理 7.17　设 $\{f, f_n, n \geqslant 1\} \subset \overline{\mathcal{L}}^+(\Omega, \mathcal{F})$.

(i) 若 $f_n \uparrow f$ a.e., 则 $\int f_n \mathrm{d}\mu \uparrow \int f \mathrm{d}\mu$;

(ii) 若 f_1 可积, $f_n \downarrow f$ a.e., 则 $\int f_n \mathrm{d}\mu \downarrow \int f \mathrm{d}\mu$.

推论 7.18 (Levi 定理)　设 $\{f_n, n \geqslant 1\} \subset \overline{\mathcal{L}}^+(\Omega, \mathcal{F})$, 则

$$\int \left(\sum_{n=1}^{\infty} f_n \right) \mathrm{d}\mu = \sum_{n=1}^{\infty} \int f_n \mathrm{d}\mu.$$

推论 7.19 (逐项积分)　若 $\{f_n, n \geqslant 1\} \subset \overline{\mathcal{L}}(\Omega, \mathcal{F})$ 满足 $\sum\limits_{n=1}^{\infty} \int f_n^+ \mathrm{d}\mu < \infty$ 或

$\sum\limits_{n=1}^{\infty} \int f_n^- \mathrm{d}\mu < \infty$, 则 $\sum\limits_{n=1}^{\infty} f_n$ a.e. 有意义, $\sum\limits_{n=1}^{\infty} f_n$ 的积分存在, 且

$$\int \left(\sum_{n=1}^{\infty} f_n \right) \mathrm{d}\mu = \sum_{n=1}^{\infty} \int f_n \mathrm{d}\mu.$$

推论 7.20 (积分的绝对连续性的一种诠释) 若 $f \in \overline{\mathcal{L}}(\Omega, \mathcal{F})$ 可积, 则 $\forall \varepsilon > 0, \exists \delta > 0$, 只要 $A \in \mathcal{F}$ 满足 $\mu(A) < \delta$, 就有

$$\int_A |f| \mathrm{d}\mu < \varepsilon.$$

定理 7.21 (单调收敛定理) 设 $\{f_n, n \geqslant 1\} \subset \overline{\mathcal{L}}(\Omega, \mathcal{F})$ 均积分存在.

(i) 若 $f_n \uparrow f$ a.e., $\int f_1 \mathrm{d}\mu > -\infty$, 则 f 的积分存在, 且 $\int f_n \mathrm{d}\mu \uparrow \int f \mathrm{d}\mu$;

(ii) 若 $f_n \downarrow f$ a.e., $\int f_1 \mathrm{d}\mu < \infty$, 则 f 的积分存在, 且 $\int f_n \mathrm{d}\mu \downarrow \int f \mathrm{d}\mu$.

定理 7.22 (积分变换定理) 设 $(\Omega, \mathcal{F}, \mu)$ 为测度空间, f 为从 $(\Omega, \mathcal{F})$ 到 $(E, \mathcal{E})$ 的可测映射, $\mu \circ f^{-1}$ 为 μ 在 f 下的像测度. 若 $g \in \overline{\mathcal{L}}(E, \mathcal{E})$, 则 g 关于 $\mu \circ f^{-1}$ 的积分存在 (相应地, 可积), 当且仅当 $g \circ f$ 关于 μ 的积分存在 (相应地, 可积). 此外,

$$\int_{f^{-1}(B)} g \circ f \mathrm{d}\mu = \int_B g \, \mathrm{d}\mu \circ f^{-1}, \quad B \in \mathcal{E}.$$

定理 7.23 (Fatou 引理) 设 $\{g, h, f_n, n \geqslant 1\} \subset \overline{\mathcal{L}}(\Omega, \mathcal{F})$ 均积分存在.

(i) 若 $\int g \mathrm{d}\mu > -\infty$, 且对每个 $n \geqslant 1$ 都有 $f_n \geqslant g$ a.e., 则 $\varliminf_{n \to \infty} f_n$ 的积分存在, 且

$$\int \varliminf_{n \to \infty} f_n \mathrm{d}\mu \leqslant \varliminf_{n \to \infty} \int f_n \mathrm{d}\mu;$$

(ii) 若 $\int h \mathrm{d}\mu < \infty$, 且对每个 $n \geqslant 1$ 都有 $f_n \leqslant h$ a.e., 则 $\varlimsup_{n \to \infty} f_n$ 的积分存在, 且

$$\int \varlimsup_{n \to \infty} f_n \mathrm{d}\mu \geqslant \varlimsup_{n \to \infty} \int f_n \mathrm{d}\mu.$$

定理 7.25 (离散参数的控制收敛定理) 设 $\{f_n, n \geqslant 1\} \subset \overline{\mathcal{L}}(\Omega, \mathcal{F})$, 且存在 $f : \Omega \to \overline{\mathbb{R}}$ 使得 $f_n \overset{\text{a.e.}}{\longrightarrow} f$.

(i) 若存在可积的广义实值函数 g 和 h, 使对每个 $n \geqslant 1$ 都有 $g \leqslant f_n \leqslant h$ a.e., 则 f 可积, 且 $\int f_n \mathrm{d}\mu \to \int f \mathrm{d}\mu$;

(ii) 若存在可积的非负广义实值函数 φ, 使 $|f_n| \leqslant \varphi$ a.e., $n \geqslant 1$, 则 f 可积, 且 $\int |f_n - f| \mathrm{d}\mu \to 0$, 因而 $\int f_n \mathrm{d}\mu \to \int f \mathrm{d}\mu$.

推论 7.26　设 $\{a_{nk}, k \geqslant 1, n \geqslant 1\}$ 是二重数列, 若存在数列 $\{b_k, k \geqslant 1\}$, 使得 $\lim\limits_{n\to\infty} a_{nk} = b_k$ 对每个 $k \geqslant 1$ 成立, 同时又存在非负数列 $\{c_k, k \geqslant 1\}$, 使得 $\sum\limits_{k=1}^{\infty} c_k < \infty$ 且 $|a_{nk}| \leqslant c_k$ 对每个 $k \geqslant 1$ 成立, 则

$$\lim_{n\to\infty} \sum_{k=1}^{\infty} a_{nk} = \sum_{k=1}^{\infty} b_k.$$

推论 7.27　设 $\{f, f_n, n \geqslant 1\}$ 是 a.e. 有限的广义实值可测函数列, $f_n \xrightarrow{\mu} f$. 若存在可积的非负广义实值函数 φ, 使 $|f_n| \leqslant \varphi$ a.e., $n \geqslant 1$, 则 f 可积, 且 $\lim\limits_{n\to\infty} \int |f_n - f| \mathrm{d}\mu = 0$.

定理 7.28 (连续参数的控制收敛定理)　设 $t_0 \in \mathbb{R}$, T 是 t_0 的某个去心邻域, 函数 $f : T \times \Omega \to \overline{\mathbb{R}}$ 满足

(i) 对每个 $t \in T, f(t, \cdot)$ 都可测, 且存在广义实值函数 f 使得 $\lim\limits_{t\to t_0} f(t, \cdot) = f(\cdot)$ a.e.;

(ii) 存在可积的非负可测函数 φ, 使对所有的 $t \in T, |f(t, \cdot)| \leqslant \varphi(\cdot)$ a.e.,

则 f 可积, 且 $\lim\limits_{t\to t_0} \int |f(t, \omega) - f(\omega)| \mu(\mathrm{d}\omega) = 0$, 因而更有

$$\lim_{t\to t_0} \int f(t, \omega) \mathrm{d}\mu = \int f(\omega) \mathrm{d}\mu.$$

注记 7.29　不难证明, 定理 7.28 中参数的极限并不局限于 "$t \to t_0$" 这种情形, 可以改成 "$t \to -\infty$" 或 "$t \to \infty$".

推论 7.31　设 t_0, T 如定理 7.28 所述, 函数 $g : T \times \Omega \to \mathbb{R}$ 满足

(i) 对每个 $t \in T, g(t, \cdot)$ 都可测;

(ii) 对每个 $\omega \in \Omega, g(\cdot, \omega)$ 在 T 上处处可微;

(iii) 存在非负可积函数 φ, 使对所有的 $t \in T, \left| \dfrac{g(t, \cdot) - g(t_0, \cdot)}{t - t_0} \right| \leqslant \varphi(\cdot)$ a.e.,

则 $\left[\dfrac{\partial g(t, \omega)}{\partial t} \right]_{t=t_0}$ 可积, 且

$$\left[\frac{\mathrm{d}}{\mathrm{d}t} \int g(t, \omega) \mu(\mathrm{d}\omega) \right]_{t=t_0} = \int \left[\frac{\partial g(t, \omega)}{\partial t} \right]_{t=t_0} \mu(\mathrm{d}\omega).$$

7.3.2 习题 7.3 解答与评注

7.20 证明: 在引理 7.17 证明中定义的 $\{h_n, n \geqslant 1\}$ 满足 $\lim\limits_{n \to \infty} h_n = f$.

证明 对每个固定的 f_n, 因为 $g_{n,k} \uparrow f_n$ (当 $k \to \infty$ 时), 所以 $\forall \varepsilon > 0$, $\exists$ 充分大的 i_n (不妨假设 $i_n \geqslant n$), s.t. $f_n - g_{n,i_n} < \varepsilon$. 这样,

$$f \geqslant f_{i_n} \geqslant h_{i_n} = \max\{g_{1,i_n}, g_{2,i_n}, \cdots, g_{i_n,i_n}\} \geqslant g_{n,i_n} \geqslant f_n - \varepsilon,$$

注意到 $f_n \uparrow f$ 及 ε 的任意性, 我们有 $\lim\limits_{n \to \infty} h_{i_n} = f$, 再由 $\{h_n, n \geqslant 1\}$ 的单调性进而有 $\lim\limits_{n \to \infty} h_n = f$.

7.21 设 $f = \sum\limits_{n=1}^{\infty} a_n I_{A_n}$, $a_1, a_2, \cdots \in \overline{\mathbb{R}}$, $A_1, A_2, \cdots \in \mathcal{F}$ 且 $\biguplus\limits_{n=1}^{\infty} A_n = \Omega$. 若 f 的积分存在, 则 $\int f \mathrm{d}\mu = \sum\limits_{n=1}^{\infty} a_n \mu(A_n)$.

证明 若 $a_1, a_2, \cdots$ 全是实数, 此时 f 是初等函数, 则由习题 7.4 之 (2) 知所证结论成立. 下面假设在 $a_1, a_2, \cdots$ 中至少有一个 $a_i = -\infty$ 或 ∞.

先设 $f \geqslant 0$, 这时可设 $f = \infty I_{A_1} + \sum\limits_{n=2}^{\infty} a_n I_{A_n}$, 其中 $a_2, a_3, \cdots$ 都是非负实数. 对每个 $m \geqslant 1$, 令

$$f_m = m I_{A_1} + \sum_{n=2}^{\infty} a_n I_{A_n},$$

则 $\{f_m, m \geqslant 1\}$ 单调上升, 且 $f_m \uparrow f$. 故由引理 7.17 及习题 7.4 之 (2) 得

$$\int f \mathrm{d}\mu = \lim_{m \to \infty} \int f_m \mathrm{d}\mu = \lim_{m \to \infty} \left[m\mu(A_1) + \sum_{n=2}^{\infty} a_n \mu(A_n) \right]$$

$$= \infty \mu(A_1) + \sum_{n=2}^{\infty} a_n \mu(A_n).$$

对一般情形, 不妨假设 $f^+ = \sum\limits_{n'} a_{n'} I_{A_{n'}}$, $f^- = \sum\limits_{n''} a_{n''} I_{A_{n''}}$. 因为 f 的积分存在, 所以

$$\int f \mathrm{d}\mu = \int f^+ \mathrm{d}\mu - \int f^- \mathrm{d}\mu$$

$$= \sum_{n'} a_{n'} \mu(A_{n'}) - \sum_{n''} (-a_{n''}) \mu(A_{n''}) = \sum_{n=1}^{\infty} a_n \mu(A_n).$$

7.22 (关于积分区域的可列可加性[①]) 设 $A_1, A_2, \cdots \in \mathcal{F}$ 两两不交, 若 $f \in$

[①] 本题是习题 7.9 的推广.

$\overline{\mathcal{L}}(\Omega, \mathcal{F})$ 在 $\biguplus\limits_{n=1}^{\infty} A_n$ 上关于 μ 的积分存在, 则

$$\int_{\biguplus\limits_{n=1}^{\infty} A_n} f \mathrm{d}\mu = \sum_{n=1}^{\infty} \int_{A_n} f \mathrm{d}\mu.$$

证明　由 Levi 定理 (推论 7.18),

$$\int_{\biguplus\limits_{n=1}^{\infty} A_n} f^+ \mathrm{d}\mu = \sum_{n=1}^{\infty} \int_{A_n} f^+ \mathrm{d}\mu,$$

$$\int_{\biguplus\limits_{n=1}^{\infty} A_n} f^- \mathrm{d}\mu = \sum_{n=1}^{\infty} \int_{A_n} f^- \mathrm{d}\mu.$$

而 f 在 $\biguplus\limits_{n=1}^{\infty} A_n$ 上的积分存在, 即 $\sum\limits_{n=1}^{\infty} \int_{A_n} f^+ \mathrm{d}\mu < \infty$ 或 $\sum\limits_{n=1}^{\infty} \int_{A_n} f^- \mathrm{d}\mu < \infty$ 中至少有一个成立, 所以 $\sum\limits_{n=1}^{\infty} \int_{A_n} f^+ \mathrm{d}\mu - \sum\limits_{n=1}^{\infty} \int_{A_n} f^- \mathrm{d}\mu$ 有意义. 于是

$$\int_{\biguplus\limits_{n=1}^{\infty} A_n} f \mathrm{d}\mu = \int_{\biguplus\limits_{n=1}^{\infty} A_n} f^+ \mathrm{d}\mu - \int_{\biguplus\limits_{n=1}^{\infty} A_n} f^- \mathrm{d}\mu$$

$$= \sum_{n=1}^{\infty} \int_{A_n} f^+ \mathrm{d}\mu - \sum_{n=1}^{\infty} \int_{A_n} f^- \mathrm{d}\mu = \sum_{n=1}^{\infty} \int_{A_n} f \mathrm{d}\mu.$$

【评注】　本题有益于对注记 8.22 的理解.

7.23　(积分的绝对连续性的另一种诠释) 若 $f \in \overline{\mathcal{L}}(\Omega, \mathcal{F})$ 可积, 则对任给的 $\{A_n, n \geqslant 1\} \subset \mathcal{F}$, 只要 $\mu(A_n) \to 0$, 就有 $\int_{A_n} |f| \mathrm{d}\mu \to 0$.

证明　$\forall \varepsilon > 0$, 由推论 7.20 知 $\exists \delta > 0$, 只要 $\mu(A) < \delta$, 就有 $\int_A |f| \mathrm{d}\mu < \varepsilon$. 对上述 $\delta > 0$, 由 $\mu(A_n) \to 0$ 知, $\exists n_0 \in \mathbb{N}$, s.t.

$$\mu(A_n) < \delta, \quad n \geqslant n_0,$$

进而

$$\int_{A_n} |f| \mathrm{d}\mu < \varepsilon, \quad n \geqslant n_0,$$

故 $\int_{A_n} |f| \mathrm{d}\mu \to 0$.

7.24　设 μ_1, μ_2 都是 $\mathcal{F}$ 上的测度, 若 $f \in \overline{\mathcal{L}}(\Omega, \mathcal{F})$ 关于 μ_1, μ_2 都可积, 则 f 关于 $\mu_1 + \mu_2$ 可积, 且

$$\int f \mathrm{d}\left(\mu_1 + \mu_2\right) = \int f \mathrm{d}\mu_1 + \int f \mathrm{d}\mu_2.$$

证明 因 f 关于 μ_1, μ_2 都可积, 故欲证等式右边有意义. 如果能证明欲证等式, 那么 f 关于 $\mu_1 + \mu_2$ 也可积. 为证明所给等式, 我们使用典型方法, 分如下几步完成.

(a) 设 $f = I_A$, 其中 $A \in \mathcal{F}$, 则

$$\int f \mathrm{d}\left(\mu_1 + \mu_2\right) = \int I_A \mathrm{d}\left(\mu_1 + \mu_2\right) = \left(\mu_1 + \mu_2\right)(A)$$

$$= \mu_1(A) + \mu_2(A) = \int I_A \mathrm{d}\mu_1 + \int I_A \mathrm{d}\mu_2$$

$$= \int f \mathrm{d}\mu_1 + \int f \mathrm{d}\mu_2,$$

这说明欲证等式对示性函数成立.

(b) 设 $f = \sum_{i=1}^{n} a_i I_{A_i}$, 其中 $a_i \geqslant 0$, $A_i \in \mathcal{F}$, $\biguplus_{i=1}^{n} A_i = \Omega$, 则由积分的线性性及 (a) 得

$$\int f \mathrm{d}\left(\mu_1 + \mu_2\right) = \sum_{i=1}^{n} a_i \int I_{A_i} \mathrm{d}\left(\mu_1 + \mu_2\right)$$

$$= \sum_{i=1}^{n} a_i \int I_{A_i} \mathrm{d}\mu_1 + \sum_{i=1}^{n} a_i \int I_{A_i} \mathrm{d}\mu_2$$

$$= \int \left(\sum_{i=1}^{n} a_i I_{A_i}\right) \mathrm{d}\mu_1 + \int \left(\sum_{i=1}^{n} a_i I_{A_i}\right) \mathrm{d}\mu_2$$

$$= \int f \mathrm{d}\mu_1 + \int f \mathrm{d}\mu_2,$$

这说明欲证等式对非负简单可测函数也成立.

(c) 设 f 为非负可测函数, 则由定理 5.20 知, 存在非负简单可测函数列 $\{f_n, n \geqslant 1\}$ 使得 $f_n \uparrow f$, 从而由单调收敛定理及 (b) 得

$$\int f \mathrm{d}\left(\mu_1 + \mu_2\right) = \lim_{n \to \infty} \int f_n \mathrm{d}\left(\mu_1 + \mu_2\right)$$

$$= \lim_{n \to \infty} \left[\int f_n \mathrm{d}\mu_1 + \int f_n \mathrm{d}\mu_2\right]$$

$$= \lim_{n \to \infty} \int f_n \mathrm{d}\mu_1 + \lim_{n \to \infty} \int f_n \mathrm{d}\mu_2$$

$$= \int f \mathrm{d}\mu_1 + \int f \mathrm{d}\mu_2,$$

这说明欲证等式对非负可测函数也成立.

(d) 设 f 为一般可测函数, 则由 (c) 得

$$\int f \mathrm{d}(\mu_1 + \mu_2) = \int f^+ \mathrm{d}(\mu_1 + \mu_2) - \int f^- \mathrm{d}(\mu_1 + \mu_2)$$

$$= \int f^+ \mathrm{d}\mu_1 + \int f^+ \mathrm{d}\mu_2 - \int f^- \mathrm{d}\mu_1 + \int f^- \mathrm{d}\mu_2$$

$$= \int f \mathrm{d}\mu_1 + \int f \mathrm{d}\mu_2,$$

欲证等式的证明得以完成.

【评注】 本题将应用于定理 8.28 的证明.

7.25 设 X, Y 是 $(\Omega, \mathcal{F}, P)$ 上可积的 r.v., $\mathcal{E}$ 是 Ω 上的 π 类, $\sigma(\mathcal{E}) = \mathcal{F}$. 若

(1) $\int_A X \mathrm{d}P = \int_A Y \mathrm{d}P,\ A \in \mathcal{E}$;

(2) $\int_\Omega X \mathrm{d}P = \int_\Omega Y \mathrm{d}P,$

则 $X = Y$ a.s..

证明 设

$$\mathcal{A} = \left\{ A \in \mathcal{F} : \int_A X \mathrm{d}P = \int_A Y \mathrm{d}P \right\},$$

则由条件 (1) 知 $\mathcal{E} \subset \mathcal{A}$. 若能证明 $\mathcal{A}$ 是 λ 类, 则由 π-λ 定理知 $\mathcal{A} = \mathcal{F}$, 即

$$\int_A X \mathrm{d}P = \int_A Y \mathrm{d}P, \quad A \in \mathcal{F},$$

此结合习题 7.16 推得 $X = Y$ a.s..

现在补充证明 $\mathcal{A}$ 是 λ 类, 这由下面三条保证.

(a) 由条件 (2) 知 $\Omega \in \mathcal{A}$.

(b) $\mathcal{A}$ 对真差封闭. 设 $A_1, A_2 \in \mathcal{A}$ 且 $A_1 \subset A_2$, 则

$$\int_{A_2 \backslash A_1} X \mathrm{d}P = \int_{A_2} X \mathrm{d}P - \int_{A_1} X \mathrm{d}P = \int_{A_2} Y \mathrm{d}P - \int_{A_1} Y \mathrm{d}P = \int_{A_2 \backslash A_1} Y \mathrm{d}P,$$

这表明 $A_2 \backslash A_1 \in \mathcal{A}$.

(c) $\mathcal{A}$ 对单调上升序列的极限封闭. 设 $A_n \in \mathcal{A}$, $n \geqslant 1$, $A_n \uparrow A$, 则由控制收敛定理得

$$\int_A X \mathrm{d}P = \lim_{n\to\infty} \int_{A_n} X \mathrm{d}P = \lim_{n\to\infty} \int_{A_n} Y \mathrm{d}P = \int_A Y \mathrm{d}P,$$

这表明 $A \in \mathcal{A}$.

7.26 (密度形式的 Scheffé 引理) 设 $\{f, f_n, n \geqslant 1\} \subset \overline{\mathcal{L}}(\Omega, \mathcal{F})$ 关于 μ 均可积, 若 $f_n \overset{\text{a.e.}}{\to} f$, 则 $\lim\limits_{n\to\infty} \int |f_n - f| \mathrm{d}\mu = 0$ 当且仅当 $\lim\limits_{n\to\infty} \int |f_n| \mathrm{d}\mu = \int |f| \mathrm{d}\mu$.

证明 "⇒". 这是显然的.

"⇐". 令 $g_n = |f_n| + |f| - |f_n - f|$, 则 $g_n \geqslant 0$, $n \geqslant 1$, 且由 $f_n \overset{\text{a.e.}}{\to} f$ 知 $g_n \overset{\text{a.e.}}{\to} 2|f|$. 注意 $\lim\limits_{n\to\infty} \int |f_n| \mathrm{d}\mu = \int |f| \mathrm{d}\mu$, 对 $\{g_n, n \geqslant 1\}$ 使用 Fatou 引理得

$$2\int |f| \mathrm{d}\mu = \int \varliminf_{n\to\infty} g_n \mathrm{d}\mu \leqslant \varliminf_{n\to\infty} \int g_n \mathrm{d}\mu = 2\int |f| \mathrm{d}\mu - \varlimsup_{n\to\infty} \int |f_n - f| \mathrm{d}\mu,$$

从而 $\lim\limits_{n\to\infty} \int |f_n - f| \mathrm{d}\mu = 0$.

【评注】 (a) 设 $\{\boldsymbol{X}, \boldsymbol{X}_n, n \geqslant 1\}$ 是 d 维绝对连续 R.V. 序列, $\{f, f_n, n \geqslant 1\}$ 是对应的密度函数序列. 若

$$f_n(\boldsymbol{x}) \to f(\boldsymbol{x}) \quad \lambda\text{-a.e.},$$

则 $\lim\limits_{n\to\infty} \int_{\mathbb{R}^d} |f_n(\boldsymbol{x}) - f(\boldsymbol{x})| \mathrm{d}x = 0$;

(b) 本题将应用于想一想 12.2 的证明.

7.27 (分布列形式的 Scheffé 引理) 设 $\{p_{nk}, k \geqslant 1, n \geqslant 1\}$ 是对每个 $n \geqslant 1$ 都满足 $\sum\limits_{k=1}^{\infty} |p_{nk}| < \infty$ 的二重数列, 而 $\{p_k, k \geqslant 1\}$ 是满足 $\sum\limits_{k=1}^{\infty} |p_k| < \infty$ 的数列. 若 $p_{nk} \to p_k$ 对每个 $k \geqslant 1$ 都成立, 则 $\sum\limits_{k=1}^{\infty} |p_{nk} - p_k| \to 0$ 当且仅当 $\sum\limits_{k=1}^{\infty} |p_{nk}| \to \sum\limits_{k=1}^{\infty} |p_k|$.

证明 令 μ 是 $\mathbb{N}$ 上的计数测度, 引入函数 $f : \mathbb{N} \to \mathbb{R}$, $k \mapsto p_k$ 及 $f_n : \mathbb{N} \to \mathbb{R}$, $k \mapsto p_{nk}$. 由题设知 f 及诸 f_n 均关于 μ 可积, 且 $f_n \to f$. 故由习题 7.26 得到 $\lim\limits_{n\to\infty} \int |f_n - f| \mathrm{d}\mu = 0$ 当且仅当 $\lim\limits_{n\to\infty} \int |f_n| \mathrm{d}\mu = \int |f| \mathrm{d}\mu$, 即 $\sum\limits_{k=1}^{\infty} |p_{nk} - p_k| \to 0$ 当且仅当 $\sum\limits_{k=1}^{\infty} |p_{nk}| \to \sum\limits_{k=1}^{\infty} |p_k|$.

【评注】　(a) 设 $\{\boldsymbol{x}_k, k \geqslant 1\}$ 是 d 维离散型 R.V. 序列 $\{\boldsymbol{X}, \boldsymbol{X}_n, n \geqslant 1\}$ 的所有可能取值, 若对每个 $k \geqslant 1$, 都有 $P\{\boldsymbol{X}_n = \boldsymbol{x}_k\} \to P\{\boldsymbol{X} = \boldsymbol{x}_k\}$, 则

$$\lim_{n\to\infty} \sum_{k=1}^{\infty} |P\{\boldsymbol{X}_n = \boldsymbol{x}_k\} - P\{\boldsymbol{X} = \boldsymbol{x}_k\}| = 0;$$

(b) 本题将应用于命题 12.33 的证明.

7.28　设 (X, ρ), (Y, d) 是两个度量空间, $f: X \to Y$, $x_0 \in X$, $y_0 \in Y$, 则 $\lim\limits_{x\to x_0} f(x) = y_0 \Leftrightarrow$ 对任意满足 $x_n \to x_0$ 的 $\{x_n, n \geqslant 1\} \subset X$ 都有 $\lim\limits_{n\to\infty} f(x_n) = y_0$.

证明　"⇒". 这是显然的.

"⇐". 谬设 $\lim\limits_{x\to x_0} f(x) = y_0$ 不成立, 则 $\exists \varepsilon_0 > 0$, 使对任意的 $n \geqslant 1$, 都存在 $x_n \in X$ 满足 $\rho(x_n, x_0) < \dfrac{1}{n}$, 但

$$d(f(x_n), y_0) > \varepsilon_0.$$

从而 $x_n \to x_0$, 可是 $\lim\limits_{n\to\infty} f(x_n) = y_0$ 不成立, 此与已知条件矛盾.

【评注】　除服务于定理 7.28 的证明外, 本题还将应用于命题 17.2 之 (iv) 的证明.

7.29　设 $f(t) = \int_0^{\infty} x e^{-2x} \cos tx \, dx$, $t \in \mathbb{R}$, 试求 $\lim\limits_{t\to 0} f(t)$.

解　对任意的 $x > 0$, 注意到 $xe^{-x} \leqslant c$ (某个常数), 我们有

$$|xe^{-2x} \cos tx| \leqslant xe^{-2x} \leqslant ce^{-x}, \quad t \in \mathbb{R},$$

而 $\int_0^{\infty} ce^{-x} dx = c < \infty$, 即 ce^{-x} 关于 $[0, \infty)$ 上的 Lebesgue 测度可积, 故由连续参数的控制收敛定理得

$$\lim_{t\to 0} f(t) = \lim_{t\to 0} \int_0^{\infty} xe^{-2x} \cos tx \, dx = \int_0^{\infty} \lim_{t\to 0} xe^{-2x} \cos tx \, dx$$

$$= \int_0^{\infty} xe^{-2x} dx = \frac{1}{4}.$$

7.30　求 $\lim\limits_{t\to 0+0} \sum\limits_{n=1}^{\infty} \dfrac{\cos tn}{3^n + t^n}$.

解　令 $\Omega = \mathbb{N}$, μ 是 Ω 上的计数测度, 则

$$\sum_{n=1}^{\infty} \frac{\cos tn}{3^n + t^n} = \int_{\Omega} \frac{\cos t\omega}{3^\omega + t^\omega} \mu(d\omega).$$

注意, 当 $t \geqslant 0$ 时, $\left| \dfrac{\cos t\omega}{3^\omega + t^\omega} \right| \leqslant \dfrac{1}{3^\omega}$, 而 $\dfrac{1}{3^\omega}$ 关于 μ 可积, 故由连续参数的控制收敛定理得

$$\lim_{t \to 0+0} \sum_{n=1}^{\infty} \frac{\cos tn}{3^n + t^n} = \lim_{t \to 0+0} \int_{\Omega} \frac{\cos t\omega}{3^\omega + t^\omega} \mu\,(\mathrm{d}\omega) = \int_{\Omega} \lim_{t \to 0+0} \frac{\cos t\omega}{3^\omega + t^\omega} \mu\,(\mathrm{d}\omega)$$

$$= \int_{\Omega} \frac{1}{3^\omega} \mu\,(\mathrm{d}\omega) = \sum_{n=1}^{\infty} \frac{1}{3^n} = \frac{1}{2}.$$

7.31 设 $T = (a,b) \subset \mathbb{R}$, 函数 $g : T \times \Omega \to \mathbb{R}$ 满足

(1) 对每个 $t \in T$, $g\,(t, \cdot)$ 可测;

(2) 对每个 $\omega \in \Omega$, $g\,(\cdot, \omega)$ 在 T 上处处可微;

(3) 存在非负可积函数 φ, 使对所有的 $t \in T$, $\left| \dfrac{\partial g\,(t, \cdot)}{\partial t} \right| \leqslant \varphi\,(\cdot)$ a.e.,

则对所有的 $t \in T$, $\dfrac{\partial g\,(t, \cdot)}{\partial t}$ 都可积, 且

$$\frac{\mathrm{d}}{\mathrm{d}t} \int g\,(t, \omega)\,\mu\,(\mathrm{d}\omega) = \int \frac{\partial g\,(t, \omega)}{\partial t} \mu\,(\mathrm{d}\omega).$$

证明 $\forall t_0 \in (a,b)$, 取 $t \in (a,b) \setminus \{t_0\}$, 由拉格朗日中值定理知, 存在介于 t 与 t_0 之间的 $t' = t'\,(\omega)$ 满足

$$\frac{g\,(t, \omega) - g\,(t_0, \omega)}{t - t_0} = \left[\frac{\partial g\,(t, \omega)}{\partial t} \right]_{t = t'},$$

故由条件 (3) 得

$$\left| \frac{g\,(t, \cdot) - g\,(t_0, \cdot)}{t - t_0} \right| \leqslant \varphi\,(\cdot) \;\; \text{a.e.},$$

即推论 7.31 之 (iii) 成立, 故推论 7.30 的结论对一切 $t_0 \in (a,b)$ 都成立, 由此得到本题的结论.

【评注】 本题将应用于引理 22.20 的证明.

7.32 (连续参数的 Fatou 引理) 设 $t_0 \in \mathbb{R}$, T 是 t_0 的某个去心邻域, 函数 $f : T \times \Omega \to [0, \infty)$ 满足

(1) 对每个 $t \in T$, $f\,(t, \cdot)$ 都可测;

(2) 存在函数 f, 使得 $\lim\limits_{t \to t_0} f\,(t, \cdot) = f\,(\cdot)$.

若广义实值可测函数 g (对应地, h) 的积分存在, 满足 $\displaystyle\int g\mathrm{d}\mu > -\infty$ (对应地, $\displaystyle\int h\mathrm{d}\mu < \infty$), 且对每个 $t \in T$ 都有 $f\,(t, \cdot) \geqslant g\,(\cdot)$ (对应地, $f\,(t, \cdot) \leqslant g\,(\cdot)$), 则

$\varliminf\limits_{t\to t_0} f(t, \cdot)$ (对应地, $\varlimsup\limits_{t\to t_0} f(t, \cdot)$) 可测, 且

$$\int \varliminf_{t\to t_0} f(t,\omega)\,\mathrm{d}\mu(\omega) \leqslant \varliminf_{t\to t_0} \int f(t,\omega)\,\mathrm{d}\mu(\omega)$$

$$\left(\text{对应地,} \int \varlimsup_{t\to t_0} f(t,\omega)\,\mathrm{d}\mu(\omega) \geqslant \varlimsup_{t\to t_0} \int f(t,\omega)\,\mathrm{d}\mu(\omega)\right).$$

证明　这里只证下极限情形, 上极限可类似地证明. 由条件 (2) 知, 对任意满足 $t_n \to t_0$ 的数列 $\{t_n, n\geqslant 1\} \subset T$ 有

$$\lim_{n\to\infty} f(t_n,\omega) = f(\omega).$$

于是, 由 $\{f(t_n,\cdot), n\geqslant 1\}$ 的可测性知 f 可测, 从而 $\lim\limits_{t\to t_0} f(t,\cdot)$, 即 $\varliminf\limits_{t\to t_0} f(t,\cdot)$ 可测.

对上述数列 $\{t_n, n\geqslant 1\} \subset T$, 由离散参数的 Fatou 引理,

$$\int \varliminf_{n\to\infty} f(t_n,\omega)\,\mathrm{d}\mu(\omega) \leqslant \varliminf_{n\to\infty} \int f(t_n,\omega)\,\mathrm{d}\mu(\omega).$$

注意到这里 $\varliminf\limits_{n\to\infty} f(t_n,\omega) = \lim\limits_{t\to t_0} f(t,\omega) = \varliminf\limits_{t\to t_0} f(t,\omega)$, 故

$$\int \varliminf_{t\to t_0} f(t,\omega)\,\mathrm{d}\mu(\omega) \leqslant \varliminf_{n\to\infty} \int f(t_n,\omega)\,\mathrm{d}\mu(\omega).$$

注意左边与 $\{t_n, n\geqslant 1\}$ 无关, 而右边中的 $\{t_n, n\geqslant 1\}$ 是任意的, 由下极限的性质[①], 我们得到

$$\int \varliminf_{t\to t_0} f(t,\omega)\,\mathrm{d}\mu(\omega) \leqslant \varliminf_{t\to t_0} \int f(t,\omega)\,\mathrm{d}\mu(\omega).$$

【评注】　(a) 条件 (2) 去掉后, 不能保证 $\varliminf\limits_{t\to t_0} f(t, \cdot)$ 的可测性;

(b) 本题将应用于定理 22.21 的证明.

7.4　Stieltjes 积分

7.4.1　内容提要

定理 7.32　设 r.v. $X \sim F(x)$, 则对任意的 Borel 可测函数 g, 若 $g(X)$ 可积, 则

---

① 这里使用的是: $\varliminf\limits_{t\to t_0} p(t) = \inf\left\{\varliminf\limits_{n\to\infty} p(t_n): t_n\to t_0, \{t_n, n\geqslant 1\} \subset T\right\}.$

$$\mathrm{E}g\left(X\right) = (\text{L-S}) \int_{-\infty}^{\infty} g\left(x\right) \mathrm{d}F\left(x\right).$$

引理 7.33 (i) $l(g, F; \mathbb{P}) \leqslant u(g, F; \mathbb{P})$;

(ii) 设 $\mathbb{P}_1$ 和 $\mathbb{P}_2$ 都是 $(a, b]$ 的分割, 若 $\mathbb{P}_2$ 是 $\mathbb{P}_1$ 的一个**加细**, 即 $\mathbb{P}_1$ 的每个分割点都是 $\mathbb{P}_2$ 的一个分割点, 则

$$l\left(g, F, \mathbb{P}_1\right) \leqslant l\left(g, F, \mathbb{P}_2\right), \quad u\left(g, F, \mathbb{P}_1\right) \geqslant u\left(g, F, \mathbb{P}_2\right);$$

(iii) 对 $(a, b]$ 的任何两个分割 $\mathbb{P}_1$ 和 $\mathbb{P}_2$, 总有 $l\left(g, F, \mathbb{P}_1\right) \leqslant u\left(g, F, \mathbb{P}_2\right)$.

定义 7.34 分别称

$$\int_{\underline{a}}^{b} g\left(x\right) \mathrm{d}F\left(x\right) = \sup\left\{l\left(g, F, \mathbb{P}\right) : \mathbb{P} \in \mathcal{P}\right\},$$

$$\int_{a}^{\overline{b}} g\left(x\right) \mathrm{d}F\left(x\right) = \inf\left\{u\left(g, F, \mathbb{P}\right) : \mathbb{P} \in \mathcal{P}\right\},$$

为 g 在 $(a, b]$ 上关于 F 的 Riemann-Stieltjes **下积分**与 Riemann-Stieltjes **上积分**.

显然, 引理 7.33 之 (iii) 保证了 $\displaystyle\int_{\underline{a}}^{b} g\left(x\right) \mathrm{d}F\left(x\right) \leqslant \int_{a}^{\overline{b}} g\left(x\right) \mathrm{d}F\left(x\right)$, 若进一步有

$$\int_{\underline{a}}^{b} g\left(x\right) \mathrm{d}F\left(x\right) = \int_{a}^{\overline{b}} g\left(x\right) \mathrm{d}F\left(x\right),$$

则称 g 在 $(a, b]$ 上关于 F Riemann-Stieltjes 可积, 简称 **R-S 可积**, 并称此共同值为 g 在 $(a, b]$ 上关于 F 的 **R-S 积分**, 记为 $(\text{R-S}) \displaystyle\int_{a}^{b} g\left(x\right) \mathrm{d}F\left(x\right)$, 其中 g 称为**被积函数**, F 称为**积分函数**.

定理 7.35 设 $g, h : (a, b] \to \mathbb{R}$ 都是有界函数, 且在 $(a, b]$ 上关于 F 都 R-S 可积, 则

(i) (齐性) 对任意的 $c \in \mathbb{R}$, cg 在 $(a, b]$ 上关于 F 也 R-S 可积, 且

$$(\text{R-S}) \int_{a}^{b} cg\left(x\right) \mathrm{d}F\left(x\right) = c\left(\text{R-S}\right) \int_{a}^{b} g\left(x\right) \mathrm{d}F\left(x\right);$$

(ii) (关于被积函数具有可加性) $g + h$ 在 $(a, b]$ 上关于 F 也 R-S 可积, 且

$$(\text{R-S}) \int_{a}^{b} \left[g\left(x\right) + h\left(x\right)\right] \mathrm{d}F\left(x\right) = (\text{R-S}) \int_{a}^{b} g\left(x\right) \mathrm{d}F\left(x\right) + (\text{R-S}) \int_{a}^{b} h\left(x\right) \mathrm{d}F\left(x\right);$$

(iii) (单调性) $g \leqslant h \Rightarrow (\text{R-S}) \displaystyle\int_{a}^{b} g(x) \mathrm{d}F(x) \leqslant (\text{R-S}) \int_{a}^{b} h(x) \mathrm{d}F(x).$

定理 7.36 (关于积分区间具有可加性)　设 $c \in (a, b)$, g 在 $(a, c]$ 及 $(c, b]$ 上都关于 F R-S 可积, 则 g 在 $(a, b]$ 上关于 F 也 R-S 可积, 且

$$(\text{R-S}) \int_a^b g(x) \, dF(x) = (\text{R-S}) \int_a^c g(x) \, dF(x) + (\text{R-S}) \int_c^b g(x) \, dF(x).$$

定理 7.37 (R-S 可积准则)　g 在 $(a, b]$ 上关于 F R-S 可积当且仅当 $\forall \varepsilon > 0$, 存在 $(a, b]$ 的一个分割 $\mathbb{P}$, 使得

$$u(g, F, \mathbb{P}) - l(g, F, \mathbb{P}) < \varepsilon.$$

推论 7.38　若 g 在 $(a, b]$ 上连续, F 在 $(a, b]$ 上单调不减, 则 g 在 $(a, b]$ 上关于 F R-S 可积.

推论 7.39　若 g 在 $(a, b]$ 上单调, F 在 $(a, b]$ 上单调不减且连续, 则 g 在 $(a, b]$ 上关于 F R-S 可积.

定理 7.40　(R 可积准则) g 在 $(a, b]$ 上 R 可积当且仅当 g 关于 L 测度 λ 几乎处处连续.

定理 7.41　若 g 在 $(a, b]$ 上 R 可积, 则

(i) g 在 $(a, b]$ 上 L 可积;

(ii) $(\text{L}) \displaystyle\int_a^b g(x) \, dx = (\text{R}) \int_a^b g(x) \, dx.$

定理 7.43　设 F 是 $\mathbb{R}$ 上的 L-S 函数, 若 g 在 $(a, b]$ 上关于 F R-S 可积, 则

(i) g 在 $(a, b]$ 上关于 F L-S 可积;

(ii) $(\text{L-S}) \displaystyle\int_a^b g(x) \, dF(x) = (\text{R-S}) \int_a^b g(x) \, dF(x).$

定义 7.44　设 g 是定义在 $\mathbb{R}$ 上的实值函数, 若对任意的 $(a, b] \subset \mathbb{R}$, (R-S) $\displaystyle\int_{(a, b]} g(x) \, dF(x)$ 都存在, 且

$$\lim_{a \to -\infty, \ b \to \infty} (\text{R-S}) \int_{(a, b]} g(x) \, dF(x)$$

存在, 则称此极限为 g 在 $\mathbb{R}$ 上关于 F 的 R-S 积分, 记作 $(\text{R-S}) \displaystyle\int_{-\infty}^{\infty} g(x) \, dF(x)$. 若此积分为一实数, 则进一步称 g 在 $\mathbb{R}$ 上关于 F R-S 可积.

定理 7.45　设连续函数 g 在 $\mathbb{R}$ 上关于 F L-S 可积, 则 g 在 $\mathbb{R}$ 上关于 F R-S 可积, 且

$$(\text{L-S}) \int_{-\infty}^{\infty} g(x) \, dF(x) = (\text{R-S}) \int_{-\infty}^{\infty} g(x) \, dF(x).$$

7.4.2 习题 7.4 解答与评注

7.33 (L 积分的平移不变性) 设 $f \in \mathcal{L}\left(\mathbb{R}^d, \mathcal{B}\left(\mathbb{R}^d\right)\right)$ 可积, 对任意的 $\boldsymbol{y} \in \mathbb{R}^d$, 有

$$(\mathrm{L}) \int_{\mathbb{R}^d} f\left(\boldsymbol{x} + \boldsymbol{y}\right) \mathrm{d}\boldsymbol{x} = (\mathrm{L}) \int_{\mathbb{R}^d} f\left(\boldsymbol{x}\right) \mathrm{d}\boldsymbol{x}.$$

证明 假设 f 是非负简单可测函数 $f\left(\boldsymbol{x}\right) = \sum\limits_{i=1}^{n} a_i I_{A_i}\left(\boldsymbol{x}\right)$, 则

$$f\left(\boldsymbol{x} + \boldsymbol{y}\right) = \sum_{i=1}^{n} a_i I_{A_i - \boldsymbol{y}}\left(\boldsymbol{x}\right),$$

它仍然是非负简单可测函数, 从而由 L 测度的平移不变性 (命题 4.48),

$$(\mathrm{L}) \int_{\mathbb{R}^d} f\left(\boldsymbol{x} + \boldsymbol{y}\right) \mathrm{d}\boldsymbol{x} = \sum_{i=1}^{n} a_i \lambda\left(A_i - \boldsymbol{y}\right) = \sum_{i=1}^{n} a_i \lambda\left(A_i\right) = (\mathrm{L}) \int_{\mathbb{R}^d} f\left(\boldsymbol{x}\right) \mathrm{d}\boldsymbol{x}.$$

这说明所证结论对非负简单可测函数成立, 进而由积分的典型方法完成欲证.

7.34 设 $g\left(x\right) = F\left(x\right) = \begin{cases} -1, & -2 < x < 0, \\ 1, & 0 \leqslant x \leqslant 2, \end{cases}$ 计算 $(\mathrm{L\text{-}S}) \int_{-2}^{2} g\left(x\right) \mathrm{d}F\left(x\right)$.

解 由 L-S 积分的定义,

$$(\mathrm{L\text{-}S}) \int_{-2}^{2} g\left(x\right) \mathrm{d}F\left(x\right) = (\mathrm{L\text{-}S}) \int_{(-2,2]} g\left(x\right) \mathrm{d}F\left(x\right)$$

$$= \int_{(-2,0)} g\left(x\right) \mu_F\left(\mathrm{d}x\right) + \int_{\{0\}} g\left(x\right) \mu_F\left(\mathrm{d}x\right) + \int_{(0,2]} g\left(x\right) \mu_F\left(\mathrm{d}x\right)$$

$$= (-1) \times \left[F\left(0-0\right) - F\left(-2\right)\right] + 1 \times \left[F\left(0\right) - F\left(0-0\right)\right] + 1 \times \left[F\left(2\right) - F\left(0\right)\right]$$

$$= (-1) \times \left[\left(-1\right) - \left(-1\right)\right] + 1 \times \left[1 - \left(-1\right)\right] + 1 \times \left(1 - 1\right) = 2.$$

【评注】 表面上看, $F\left(-2\right)$ 没有定义, 实际上这里默认

$$F\left(x\right) = \begin{cases} -1, & -\infty < x < 0, \\ 1, & 0 \leqslant x < \infty, \end{cases}$$

它是 $\mathbb{R}$ 上的 L-S 函数.

7.35 对非负 r.v. X, 有

(1) $\mathrm{E}X + \mathrm{E}\dfrac{1}{X} \geqslant 2$;

(2) $\mathrm{E}\left(X \vee \dfrac{1}{X}\right) \geqslant 1.$

解　(1) $\mathrm{E}X + \mathrm{E}\dfrac{1}{X} = \mathrm{E}\left(X + \dfrac{1}{X}\right) = \displaystyle\int_0^\infty \left(x + \dfrac{1}{x}\right) \mathrm{d}P \circ X^{-1}$

$$\geqslant \int_0^\infty 2\mathrm{d}P \circ X^{-1} = 2.$$

(2) $\mathrm{E}\left(X \vee \dfrac{1}{X}\right) = \displaystyle\int_0^\infty \left(x \vee \dfrac{1}{x}\right) \mathrm{d}P \circ X^{-1} \geqslant \int_0^\infty \mathrm{d}P \circ X^{-1} = 1.$

7.36　设 F 是二维 R.V. (X, Y) 的 d.f., h 是二维 Borel 可测函数, 若 $h(X, Y)$ 可积, 则

$$\mathrm{E}h(X, Y) = (\text{L-S}) \int_{-\infty}^\infty h(x, y) \,\mathrm{d}F(x, y).$$

证明　注意概率测度 $P \circ (X, Y)^{-1}$ 是由 d.f. F 诱导的 L-S 测度, 由定理 7.23 得

$$\mathrm{E}h(X, Y) = \int_\Omega h(X, Y) \,\mathrm{d}P = \int_{(X,Y)^{-1}(\mathbb{R}^2)} h \circ (X, Y) \,\mathrm{d}P$$

$$= \int_{\mathbb{R}^2} h\mathrm{d}P \circ (X, Y)^{-1} = (\text{L-S}) \int_{-\infty}^\infty h(x, y) \,\mathrm{d}F(x, y).$$

7.37　设 g 在 $(a, b]$ 上有界, F 在 $(a, b]$ 上单调不减, $m = \inf\{g(x) : a < x \leqslant b\}$, $M = \sup\{g(x) : a < x \leqslant b\}$, 则对 $(a, b]$ 的任一分割 $\mathbb{P}$ 有

$$m[F(b) - F(a+0)] \leqslant l(g, F, \mathbb{P}) \leqslant u(g, F, \mathbb{P})$$

$$\leqslant M[F(b) - F(a+0)].$$

证明　设分割 $\mathbb{P}$: $a = x_0 < x_1 < \cdots < x_n = b$, 令

$$m_i = \inf\{g(x) : x_{i-1} < x \leqslant x_i\}, \quad 1 \leqslant i \leqslant n,$$

$$M_i = \sup\{g(x) : x_{i-1} < x \leqslant x_i\}, \quad 1 \leqslant i \leqslant n,$$

显然 $m \leqslant m_i \leqslant M_i \leqslant M$. 于是

$$m[F(b) - F(a+0)] = m \sum_{i=1}^n \Delta F_i \leqslant \sum_{i=1}^n m_i \Delta F_i = l(g, F, \mathbb{P})$$

$$\leqslant \sum_{i=1}^n M_i \Delta F_i = u(g, F, \mathbb{P}) \leqslant M \sum_{i=1}^n \Delta F_i = M[F(b) - F(a+0)].$$

7.38 若 $F : (a, b] \to \mathbb{R}$ 为常值函数, 则对每个有界函数 $g : (a, b] \to \mathbb{R}$, 有

$$(\text{R-S}) \int_a^b g(x) \, \mathrm{d}F(x) = 0.$$

证明 对 $(a, b]$ 的任一分割 $\mathbb{P}$: $a = x_0 < x_1 < \cdots < x_n = b$, 显然

$$l(g, F, \mathbb{P}) = \sum_{i=1}^n m_i \Delta F_i = 0, \quad u(g, F, \mathbb{P}) = \sum_{i=1}^n M_i \Delta F_i = 0,$$

由 R-S 积分的定义知 $(\text{R-S}) \displaystyle\int_a^b g(x) \, \mathrm{d}F(x) = 0$.

7.39 证明定理 7.35.

证明 设 $\mathbb{P}$: $a = x_0 < x_1 < \cdots < x_n = b$ 是 $(a, b]$ 的任一分割, $\mathcal{P}$ 是对 $(a, b]$ 的所有分割的集合.

(i) 不妨假设 $c < 0$, 则

$$\begin{aligned}
(\text{R-S}) \underline{\int_a^b} cg(x) \, \mathrm{d}F(x) &= \sup \{ l(cg, F, \mathbb{P}) : \mathbb{P} \in \mathcal{P} \} \\
&= \sup \{ cu(g, F, \mathbb{P}) : \mathbb{P} \in \mathcal{P} \} \\
&= c \inf \{ u(g, F, \mathbb{P}) : \mathbb{P} \in \mathcal{P} \} \\
&= c \overline{\int_a^b} g(x) \, \mathrm{d}F(x).
\end{aligned}$$

另一方面,

$$\begin{aligned}
(\text{R-S}) \overline{\int_a^b} cg(x) \, \mathrm{d}F(x) &= \inf \{ u(cg, F, \mathbb{P}) : \mathbb{P} \in \mathcal{P} \} \\
&= \inf \{ cl(g, F, \mathbb{P}) : \mathbb{P} \in \mathcal{P} \} \\
&= c \sup \{ l(g, F, \mathbb{P}) : \mathbb{P} \in \mathcal{P} \} \\
&= c \underline{\int_a^b} g(x) \, \mathrm{d}F(x).
\end{aligned}$$

g 关于 F R-S 可积意味着 $\displaystyle\underline{\int_a^b} g(x) \, \mathrm{d}F(x) = \overline{\int_a^b} g(x) \, \mathrm{d}F(x)$, 于是

$$(\text{R-S}) \int_a^b cg(x) \, \mathrm{d}F(x) = c (\text{R-S}) \int_a^b g(x) \, \mathrm{d}F(x).$$

(ii) 显然,

$$l\left(g+h,F,\mathbb{P}\right)=\sum_{i=1}^{n}\inf_{x_{i-1}\leqslant x\leqslant x_{i}}\left[g\left(x\right)+h\left(x\right)\right]\Delta F_{i}$$

$$\geqslant\sum_{i=1}^{n}\left[\inf_{x_{i-1}\leqslant x\leqslant x_{i}}g\left(x\right)+\inf_{x_{i-1}\leqslant x\leqslant x_{i}}h\left(x\right)\right]\Delta F_{i}$$

$$=l\left(g,F,\mathbb{P}\right)+l\left(h,F,\mathbb{P}\right),$$

故

$$\int_{\underline{a}}^{b}\left[g\left(x\right)+h\left(x\right)\right]\mathrm{d}F\left(x\right)\geqslant\int_{\underline{a}}^{b}g\left(x\right)\mathrm{d}F\left(x\right)+\int_{\underline{a}}^{b}h\left(x\right)\mathrm{d}F\left(x\right)$$

$$=\left(\text{R-S}\right)\int_{a}^{b}g\left(x\right)\mathrm{d}F\left(x\right)+\left(\text{R-S}\right)\int_{a}^{b}h\left(x\right)\mathrm{d}F\left(x\right).$$

同理

$$\int_{a}^{\overline{b}}\left[g\left(x\right)+h\left(x\right)\right]\mathrm{d}F\left(x\right)\leqslant\left(\text{R-S}\right)\int_{a}^{b}g\left(x\right)\mathrm{d}F\left(x\right)+\left(\text{R-S}\right)\int_{a}^{b}h\left(x\right)\mathrm{d}F\left(x\right),$$

由最后二式得到欲证结论.

(iii) 由 $g\leqslant h$ 易知 $u\left(g,F,\mathbb{P}\right)\leqslant u\left(h,F,\mathbb{P}\right)$, 从而

$$\left(\text{R-S}\right)\int_{a}^{b}g\left(x\right)\mathrm{d}F\left(x\right)=\int_{a}^{\overline{b}}g\left(x\right)\mathrm{d}F\left(x\right)=\inf\left\{u\left(g,F,\mathbb{P}\right):\mathbb{P}\in\mathcal{P}\right\}$$

$$\leqslant\inf\left\{u\left(h,F,\mathbb{P}\right):\mathbb{P}\in\mathcal{P}\right\}=\int_{a}^{\overline{b}}h\left(x\right)\mathrm{d}F\left(x\right)=\left(\text{R-S}\right)\int_{a}^{b}h\left(x\right)\mathrm{d}F\left(x\right).$$

7.40　证明定理 7.36.

证明　$\forall\varepsilon>0$, 因为 g 在 $(a,c]$ 上关于 F R-S 可积, 所以存在 $(a,c]$ 的一个分割 $\mathbb{P}'$, 使得

$$\left(\text{R-S}\right)\int_{a}^{c}g\left(x\right)\mathrm{d}F\left(x\right)-\frac{\varepsilon}{2}<l\left(g,F,\mathbb{P}'\right)$$

$$\leqslant u\left(g,F,\mathbb{P}'\right)<\left(\text{R-S}\right)\int_{a}^{c}g\left(x\right)\mathrm{d}F\left(x\right)+\frac{\varepsilon}{2}.$$

同理, 存在 $(c,b]$ 的一个分割 $\mathbb{P}''$, 使得

$$\left(\text{R-S}\right)\int_{c}^{b}g\left(x\right)\mathrm{d}F\left(x\right)-\frac{\varepsilon}{2}<l\left(g,F,\mathbb{P}''\right)$$

$$\leqslant u\left(g, F, \mathbb{P}''\right) < (\text{R-S}) \int_c^b g\left(x\right) \mathrm{d}F\left(x\right) + \frac{\varepsilon}{2}.$$

令 $\mathbb{P} = \mathbb{P}' \cup \mathbb{P}''$, 则 $\mathbb{P}$ 是 $(a, b]$ 的一个分割. 注意到 c 是 $\mathbb{P}$ 的一个分割点, 我们有

$$l\left(g, F, \mathbb{P}\right) = l\left(g, F, \mathbb{P}'\right) + l\left(g, F, \mathbb{P}''\right),$$

$$u\left(g, F, \mathbb{P}\right) = u\left(g, F, \mathbb{P}'\right) + u\left(g, F, \mathbb{P}''\right),$$

于是

$$(\text{R-S}) \int_a^c g\left(x\right) \mathrm{d}F\left(x\right) + (\text{R-S}) \int_c^b g\left(x\right) \mathrm{d}F\left(x\right) - \varepsilon < l\left(g, F, \mathbb{P}\right)$$

$$\leqslant u\left(g, F, \mathbb{P}\right) < (\text{R-S}) \int_a^c g\left(x\right) \mathrm{d}F\left(x\right) + (\text{R-S}) \int_c^b g\left(x\right) \mathrm{d}F\left(x\right) + \varepsilon.$$

上式中的 $l\left(g, F, \mathbb{P}\right)$ 和 $u\left(g, F, \mathbb{P}\right)$ 分别对一切可能分割 $\mathbb{P}$ 取上、下确界, 就得到

$$(\text{R-S}) \int_a^c g\left(x\right) \mathrm{d}F\left(x\right) + (\text{R-S}) \int_c^b g\left(x\right) \mathrm{d}F\left(x\right) - \varepsilon < \int_{\underline{\ }a}^b g\left(x\right) \mathrm{d}F\left(x\right)$$

$$\leqslant \int_a^{\overline{\ }b} g\left(x\right) \mathrm{d}F\left(x\right) < (\text{R-S}) \int_a^c g\left(x\right) \mathrm{d}F\left(x\right) + (\text{R-S}) \int_c^b g\left(x\right) \mathrm{d}F\left(x\right) + \varepsilon.$$

由 ε 的任意性知, $\int_{\underline{\ }a}^b g\left(x\right) \mathrm{d}F\left(x\right) = \int_a^{\overline{\ }b} g\left(x\right) \mathrm{d}F\left(x\right)$, 即 g 在 $(a, b]$ 上关于 F R-S 可积, 并且

$$(\text{R-S}) \int_a^b g\left(x\right) \mathrm{d}F\left(x\right) = (\text{R-S}) \int_a^c g\left(x\right) \mathrm{d}F\left(x\right) + (\text{R-S}) \int_c^b g\left(x\right) \mathrm{d}F\left(x\right).$$

7.41 证明推论 7.38.

证明 补充定义 $g(a) = g(a+0)$, 则 $g(x)$ 在 $[a, b]$ 上连续, 因而一致连续, 故 $\forall \varepsilon > 0$, $\exists \delta > 0$, 当 $s, t \in [a, b]$, $|s - t| < \delta$ 时, $|g(s) - g(t)| < \dfrac{\varepsilon}{F(b) - F(a)}$.

取 $(a, b]$ 的任何一个满足 $\Delta x_i < \delta$ 的分割 $\mathbb{P}$: $a = x_0 < x_1 < \cdots < x_n = b$, 我们有

$$u\left(g, F; \mathbb{P}\right) - l\left(g, F; \mathbb{P}\right) = \sum_{i=1}^n M_i \left[F\left(x_i\right) - F\left(x_{i-1}\right)\right] - \sum_{i=1}^n m_i \left[F\left(x_i\right) - F\left(x_{i-1}\right)\right]$$

$$= \sum_{i=1}^n \left(M_i - m_i\right) \left[F\left(x_i\right) - F\left(x_{i-1}\right)\right]$$

$$< \frac{\varepsilon}{F(b) - F(a)} \sum_{i=1}^{n} [F(x_i) - F(x_{i-1})]$$

$$= \frac{\varepsilon}{F(b) - F(a)} [F(b) - F(a)] = \varepsilon,$$

由定理 7.37 知 g 在 $(a, b]$ 上关于 F R-S 可积.

7.42 证明推论 7.39.

证明　补充定义 $g(a) = g(a + 0)$. $\forall \varepsilon > 0$, 取 $n \in \mathbb{N}$ 使

$$[F(b) - F(a)] |g(b) - g(a)| < n\varepsilon.$$

又因为 F 是单调不减的连续函数, 所以我们可选取 $(a, b]$ 的一个分割 $\mathbb{P}$: $a = x_0 < x_1 < \cdots < x_n = b$, 使 $\Delta F_i = F(x_i) - F(x_{i-1}) = \dfrac{F(b) - F(a+0)}{n}$.

不妨假设 g 在 $(a, b]$ 上的单调不减, 那么

$$u(g, F, \mathbb{P}) - l(g, F, \mathbb{P}) = \sum_{i=1}^{n} (M_i - m_i) \Delta F_i$$

$$= \frac{F(b) - F(a+0)}{n} \sum_{i=1}^{n} [g(x_i) - g(x_{i-1})]$$

$$= \frac{F(b) - F(a+0)}{n} [g(b) - g(a)] < \varepsilon,$$

由定理 7.37 知 g 在 $(a, b]$ 上关于 F R-S 可积.

7.43 举例说明: $|g|$ 在 $(a, b]$ 上关于 F R-S 可积, 但 g 在 $(a, b]$ 上关于 F 未必 R-S 可积.

解　考虑

$$g(x) = \begin{cases} -1, & x \in (a, b] \cap \mathbb{Q}, \\ 1, & x \in (a, b] \cap \mathbb{Q}^c, \end{cases}$$

对于任意的 L-S 函数 F (除非 F 在 $(a, b]$ 上恒等于零), 利用定理 7.37 容易说明, g 在 $(a, b]$ 上关于 F 非 R-S 可积.

可是, 由 $|g| \equiv 1$ 及上一习题知, $|g|$ 在 $(a, b]$ 上关于 F R-S 可积.

7.44 设 F 和 G 都是 $\mathbb{R}$ 上的 L-S 函数, 且 F 与 G 没有公共的不连续点, 则对任意满足 $a < b$ 的 $a, b \in \mathbb{R}$, 都有 (R-S) $\displaystyle\int_a^b [G(x) - G(x - 0)] \mathrm{d}F(x) = 0$.

证明　因 G 的不连续点至多可数 (习题 1.30), 故可假设 $\{x_n, 1 \leqslant n < \infty\}$ 是 G 在 $(a, b]$ 上的所有不连续点的集合. 令 $g(x) = G(x) - G(x - 0)$, 则诸

$g(x_n) > 0$. 但因为 F 与 G 没有公共的不连续点, 所以诸 $F(x_n) - F(x_n - 0) = 0$. 于是

$$(\text{R-S}) \int_a^b [G(x) - G(x-0)]\, \mathrm{d}F(x) = \int_{(a,b]} g(x)\, \mu_F(\mathrm{d}x)$$

$$= \int_{\bigcup_n \{x_n\}} g(x)\mu_F(\mathrm{d}x) = \sum_n g(x_n)[F(x_n) - F(x_n - 0)] = 0.$$

【评注】 (a) 在题设不变的条件下, 可将结论改成

$$\int_{(a,b]} [G(x) - G(x-0)]\, \mu_F(\mathrm{d}x) = 0,$$

其中 μ_F 是由 F 诱导的 L-S 测度.

(b) 本题将应用于习题 10.21 的证明.

7.45 若 g 在 $\mathbb{R}$ 上 L 可积, 则

$$(\text{L}) \int_{\mathbb{R}} g(x)\, \mathrm{d}x = \lim_{a \to -\infty, b \to \infty} (\text{L}) \int_{(a,b]} g(x)\, \mathrm{d}x.$$

证明 注意到 $\lim_{a \to -\infty,\, b \to \infty} gI_{(a,b]} = g$ 及 g 在 $\mathbb{R}$ 上 L 可积, 由连续参数的控制收敛定理得

$$(\text{L}) \int_{\mathbb{R}} g(x)\, \mathrm{d}x = (\text{L}) \int_{\mathbb{R}} \lim_{a \to -\infty,\, b \to \infty} g(x) I_{(a,b]}(x)\, \mathrm{d}x$$

$$= \lim_{a \to -\infty,\, b \to \infty} (\text{L}) \int_{\mathbb{R}} g(x) I_{(a,b]}(x)\, \mathrm{d}x = \lim_{a \to -\infty,\, b \to \infty} (\text{L}) \int_{(a,b]} g(x)\, \mathrm{d}x.$$

7.46 证明 $g = \sum_{n=1}^\infty \dfrac{(-1)^n}{n} I_{(n,n+1]}$ 在 $\mathbb{R}$ 上 R 可积, 但非 L 可积.

证明 由 $|g| = \sum_{n=1}^\infty \dfrac{1}{n} I_{(n,n+1]}$ 得

$$(\text{L}) \int_{\mathbb{R}} |g(x)|\, \mathrm{d}x = \sum_{n=1}^\infty \frac{1}{n} = \infty,$$

这表明 g 在 $\mathbb{R}$ 上非 L 可积.

另一方面, 因为

$$(\text{R}) \int_{-n}^n g(x)\, \mathrm{d}x = (\text{R}) \int_1^n g(x)\, \mathrm{d}x = \sum_{i=1}^{n-1} (\text{R}) \int_i^{i+1} g(x)\, \mathrm{d}x$$

$$= \sum_{i=1}^{n-1} (\mathrm{R}) \int_i^{i+1} \frac{(-1)^i}{i} \mathrm{d}x = \sum_{i=1}^{n-1} \frac{(-1)^i}{i},$$

所以

$$(\mathrm{R}) \int_{-\infty}^{\infty} g(x)\,\mathrm{d}x = \lim_{n\to\infty} (\mathrm{R}) \int_{-n}^{n} g(x)\,\mathrm{d}x = \sum_{n=1}^{\infty} \frac{(-1)^n}{n},$$

而最后的级数收敛, 故 g 在 $\mathbb{R}$ 上 R 可积.

7.47　证明 $g(x) = \begin{cases} \dfrac{\sin x}{x}, & x \neq 0, \\ 1, & x = 0 \end{cases}$　在 $\mathbb{R}$ 上 R 可积, 但非 L 可积.

证明　由数学分析的知识知 g 在 $\mathbb{R}$ 上 R 可积, 且 $(\mathrm{R}) \int_{-\infty}^{\infty} g(x)\,\mathrm{d}x = \dfrac{\pi}{2}$. 但是,

$$(\mathrm{L}) \int_{-\infty}^{\infty} |g(x)|\,\mathrm{d}x = 2 (\mathrm{L}) \int_0^{\infty} |g(x)|\,\mathrm{d}x$$

$$= 2 \sum_{n=0}^{\infty} \left[(\mathrm{L}) \int_{2n\pi}^{(2n+1)\pi} \left| \frac{\sin x}{x} \right| \mathrm{d}x + (\mathrm{L}) \int_{(2n+1)\pi}^{(2n+2)\pi} \left| \frac{\sin x}{x} \right| \mathrm{d}x \right]$$

$$= 2 \sum_{n=0}^{\infty} \left[(\mathrm{R}) \int_{2n\pi}^{(2n+1)\pi} \left| \frac{\sin x}{x} \right| \mathrm{d}x + (\mathrm{R}) \int_{(2n+1)\pi}^{(2n+2)\pi} \left| \frac{\sin x}{x} \right| \mathrm{d}x \right]$$

$$\geqslant 2 \sum_{n=0}^{\infty} \left[\frac{2}{(2n+1)\pi} + \frac{2}{(2n+2)\pi} \right] \geqslant \frac{4}{\pi} \sum_{n=0}^{\infty} \frac{1}{n+1} = \infty,$$

故 g 在 $\mathbb{R}$ 上非 L 可积.

7.48　设 $X \sim F(x)$, g 是 $\mathbb{R}$ 上的连续函数, 则 $g(X)$ 可积的充分必要条件是

$$(\mathrm{R\text{-}S}) \int_{-\infty}^{\infty} |g(x)|\,\mathrm{d}F(x) < \infty,$$

此时有

$$\mathrm{E}g(X) = (\mathrm{R\text{-}S}) \int_{-\infty}^{\infty} g(x)\,\mathrm{d}F(x).$$

证明　$g(X)$ 的数学期望存在 $\Leftrightarrow g(X)$ 关于 P 可积
　　　　　$\Leftrightarrow |g(X)|$ 关于 P 可积

$$\Leftrightarrow (\text{L-S}) \int_{-\infty}^{\infty} |g(x)| \mathrm{d}F(x) < \infty \ (\text{定理 } 7.32)$$

$$\Leftrightarrow (\text{R-S}) \int_{-\infty}^{\infty} |g(x)| \mathrm{d}F(x) < \infty \ (\text{定理 } 7.45).$$

另外, 由定理 7.32 及定理 7.45 立得所需的等式.

第 8 章 不定积分和符号测度

第 4 章讨论了可测空间上测度的建立问题, 如果把测度定义中的非负性去掉就成为本章将要专门研究的符号测度, 不定积分为其理论建设提供了可以参照的范本. Radon-Nikodým 定理为条件概率分布理论提供了关键工具, Lebesgue 分解定理为概率分布函数的分类指明了方向.

本章恒设 $(\Omega, \mathcal{F}, \mu)$ 为给定的测度空间, 回忆前面多次使用过的符号: $\overline{\mathcal{L}}(\Omega, \mathcal{F})$ 表示 Ω 上 $\mathcal{F}$-可测的广义实值函数全体, $\overline{\mathcal{L}}^+(\Omega, \mathcal{F})$ 表示 Ω 上 $\mathcal{F}$-可测的非负广义实值函数全体.

8.1 符号测度与 Hahn-Jordan 分解

8.1.1 内容提要

定义 8.1 设 $f \in \overline{\mathcal{L}}(\Omega, \mathcal{F})$ 关于 μ 的积分存在, 称如下定义的广义实值集函数

$$\nu(A) = \int_A f \mathrm{d}\mu, \quad A \in \mathcal{F}$$

为 f 关于 μ 的**不定积分**, 记作 $\nu = f \cdot \mu$.

注记 8.2 显然, 由 (8.1) 式定义的不定积分 ν 满足 $\nu(\varnothing) = 0$, 且由习题 7.22 知 ν 具有可列可加性. 进一步, 若 f 非负, 则 ν 为测度.

定理 8.3 设 $f \in \overline{\mathcal{L}}^+(\Omega, \mathcal{F})$, $\nu = f \cdot \mu$ (从而 ν 为一测度). 若 $g \in \overline{\mathcal{L}}(\Omega, \mathcal{F})$, 则 g 关于 ν 的积分存在当且仅当 gf 关于 μ 的积分存在, 且

$$\int_A g \mathrm{d}\nu = \int_A gf \mathrm{d}\mu, \quad \forall A \in \mathcal{F}.$$

定义 8.4 称广义实值集函数 $\nu : \mathcal{F} \to \overline{\mathbb{R}}$ 为 $\mathcal{F}$ 上的**符号测度**, 如果
(i) 至少存在一个 $A \in \mathcal{F}$, 使得 $-\infty < \nu(A) < \infty$;
(ii) (可列可加性或 σ-可加性) 若 $A_1, A_2, \cdots \in \mathcal{F}$ 两两不交, 则

$$\nu \left(\biguplus_{n=1}^{\infty} A_n \right) = \sum_{n=1}^{\infty} \nu(A_n).$$

注记 8.5 对于 $\mathcal{F}$ 上的符号测度 ν, 我们有

(i) $\nu(\varnothing) = 0$;

(ii) 对所有的 $A \in \mathcal{F}$, 要么 $-\infty \leqslant \nu(A) < \infty$, 要么 $-\infty < \nu(A) \leqslant \infty$;

(iii) 若 $\nu(A) \in \mathbb{R}$, 则 $\forall B \in \mathcal{F}, B \subset A$, 都有 $\nu(B) \in \mathbb{R}$.

命题 8.6 设 ν 是 $\mathcal{F}$ 上的符号测度, $A_1, A_2, \cdots \in \mathcal{F}$ 两两不交, 若 $\sum\limits_{n=1}^{\infty} \nu(A_n)$ 收敛, 则 $\sum\limits_{n=1}^{\infty} \nu(A_n)$ 绝对收敛.

定义 8.8 设 ν 是 $\mathcal{F}$ 上的符号测度, $A \in \mathcal{F}$. 如果对 A 的每个可测子集 B 都有 $\nu(B) \geqslant 0$, 那么称 A 是 ν 的**正集**; 如果对 A 的每个可测子集 B 都有 $\nu(B) \leqslant 0$, 那么称 A 是 ν 的**负集**.

引理 8.9 若 $\{A_n, n \geqslant 1\}$ 是正集列, 则 $\bigcup\limits_{n=1}^{\infty} A_n$ 是正集; 若 $\{A_n, n \geqslant 1\}$ 是负集列, 则 $\bigcup\limits_{n=1}^{\infty} A_n$ 是负集.

定理 8.10 (Hahn 分解定理) 设 ν 是符号测度, 则存在 ν 的正集 P 和负集 N, 使得 $P \uplus N = \Omega$, 称 (P, N) 是 ν 的一个 **Hahn 分解**.

定理 8.11 (Jordan 分解定理) 每一个符号测度都可以表示成两个测度之差, 并且其中至少之一为有限测度.

命题 8.12 设 ν 是 $\mathcal{F}$ 上的符号测度, (P_1, N_1) 及 (P_2, N_2) 都是 ν 的 Hahn 分解, 则 $\forall A \in \mathcal{F}$, 有

$$\nu(A \cap P_1) = \nu(A \cap P_2), \quad \nu(A \cap N_1) = \nu(A \cap N_2).$$

定义 8.13 设 ν 为一符号测度, 若 $|\nu|$ 为有限测度, 则称 ν 为**有限符号测度**; 若 $|\nu|$ 为 σ-有限测度, 则称 ν 为 σ-**有限符号测度**.

注记 8.14 (i) ν 为有限符号测度 $\Leftrightarrow \nu^+, \nu^-$ 均为有限测度 $\Leftrightarrow |\nu(\Omega)| < \infty$;

(ii) ν 为 σ-有限符号测度 $\Leftrightarrow \exists \Omega_1, \Omega_2, \cdots \in \mathcal{F}$ 两两不交, s.t. $\biguplus\limits_{n=1}^{\infty} \Omega_n = \Omega$, 且 $|\nu(\Omega_n)| < \infty$ 对一切 n 都成立 $\Leftrightarrow \nu^+, \nu^-$ 均为 σ-有限测度.

定义 8.15 设 ν 是 $\mathcal{F}$ 上的符号测度, $f \in \overline{\mathcal{L}}(\Omega, \mathcal{F})$, 若 f 关于 ν^+ 及 ν^- 的积分都存在, 且 $\int f \mathrm{d}\nu^+ - \int f \mathrm{d}\nu^-$ 有意义, 则称 f 关于 ν 的积分存在, 并称

$$\int f \mathrm{d}\nu := \int f \mathrm{d}\nu^+ - \int f \mathrm{d}\nu^-$$

为 f 关于 ν 的积分. 特别地, 若 $\int f \mathrm{d}\nu$ 为实数, 则称 f 关于 ν 可积.

8.1.2　习题 8.1 解答与评注

8.1　设 ν 是 $\mathcal{F}$ 上的符号测度, $A_1, A_2, \cdots \in \mathcal{F}$ 两两不交, 若 $\sum\limits_{n=1}^{\infty} \nu(A_n)$ 发散, 则对 $\{A_n, n \geqslant 1\}$ 的任意重新排列 $\{A_{n'}, n' \geqslant 1\}$, $\sum\limits_{n'=1}^{\infty} \nu(A_{n'})$ 都发散.

证明　倘若存在一种排列 $\{A_{n'}, n' \geqslant 1\}$, 使得 $\sum\limits_{n'=1}^{\infty} \nu(A_{n'})$ 收敛, 则由命题 8.6 知 $\sum\limits_{n'=1}^{\infty} \nu(A_{n'})$ 绝对收敛, 因而 $\sum\limits_{n'=1}^{\infty} \nu(A_{n'})$ 的收敛性与排列顺序无关, 故 $\sum\limits_{n=1}^{\infty} \nu(A_n)$ 收敛, 此与题设矛盾.

【评注】　(a) 本题结合命题 8.6 可以得到关于符号测度的如下结论: 如果 $A_1, A_2, \cdots \in \mathcal{F}$ 两两不交, 那么 $\sum\limits_{n=1}^{\infty} \nu(A_n)$ 总具有确定的意义, 具体地讲, 这个级数或者是绝对收敛的, 或者发散到 ∞ 或 $-\infty$.

(b) 对于发散级数 $\sum\limits_{n=1}^{\infty} a_n$, 当 $\{a_n, n \geqslant 1\}$ 重新排列成 $\{a_{n'}, n' \geqslant 1\}$ 后, 有可能 $\sum\limits_{n'=1}^{\infty} a_{n'}$ 收敛.

8.2　若 $\{A_n, n \geqslant 1\}$ 是正集列, 则 $\bigcup\limits_{n=1}^{\infty} A_n$ 是正集.

证明　设 $\biguplus\limits_{n=1}^{\infty} A_n^*$ 是 $\bigcup\limits_{n=1}^{\infty} A_n$ 的不交化, 其中 $A_1^* = A_1$, $A_n^* = A_1^c \cap \cdots \cap A_{n-1}^c \cap A_n$, $n \geqslant 2$. 由于 A_n 是正集, 注意到 $A_n^* \subset A_n$, $n \geqslant 1$, 我们有

$$\nu(A_n^* \cap B) = \nu(A_n^* \cap B \cap A_n) \geqslant 0, \quad \forall B \in \mathcal{F},$$

故

$$\nu\left(\left(\bigcup_{n=1}^{\infty} A_n\right) \cap B\right) = \nu\left(\left(\biguplus_{n=1}^{\infty} A_n^*\right) \cap B\right) = \sum_{n=1}^{\infty} \nu(A_n^* \cap B) \geqslant 0, \quad \forall B \in \mathcal{F},$$

这表明 $\bigcup\limits_{n=1}^{\infty} A_n$ 是正集.

8.3　设 $\Omega = \{1, 2, 3\}$, $\mathcal{F} = \mathcal{P}(\Omega)$, 定义 $\mathcal{F}$ 上的集函数如下:

$$\nu\{1\} = \nu\{1, 2\} = -1,$$

$$\nu(\varnothing) = \nu(\Omega) = \nu\{2\} = \nu\{1, 3\} = 0,$$

$$\nu\{3\} = \nu\{2, 3\} = 1.$$

证明: (1) ν 是 $\mathcal{F}$ 上的符号测度; (2) $(\{2, 3\}, \{1\})$ 与 $(\{3\}, \{1, 2\})$ 都是 ν 的 Hahn 分解.

证明 (1) 容易验证 ν 具有可列可加性.

(2) 对于 $(\{2,3\},\{1\})$, 因为 $\{2,3\}$ 的每个 (可测) 子集都具有非负的 ν 值, $\{1\}$ 的每个 (可测) 子集都具有非正的 ν 值, 所以 $(\{2,3\},\{1\})$ 是 ν 的一个 Hahn 分解.

同理, $(\{3\},\{1,2\})$ 也是 ν 的一个 Hahn 分解.

【评注】 本题表明: 符号测度的 Hahn 分解未必唯一.

8.4 设 ν 是 $\mathcal{F}$ 上的符号测度, (P,N) 是 ν 的一个 Hahn 分解, 则

$$\nu(P) = \sup\{\nu(A) : A \in \mathcal{F}\},$$

$$\nu(N) = \inf\{\nu(A) : A \in \mathcal{F}\}.$$

反过来, 若 $\exists P, N \in \mathcal{F}$, s.t. $P \uplus N = \Omega$, 且同时满足上述二式, 则 (P,N) 是 ν 的一个 Hahn 分解.

证明 "$\Rightarrow$". $\forall A \in \mathcal{F}$, 注意到 P 和 N 分别是 ν 的正集和负集, 我们有

$$\nu(A) = \nu(A \cap P) + \nu(A \cap N) \leqslant \nu(A \cap P) = \nu^+(A) \leqslant \nu^+(\Omega) = \nu(P),$$

$$\nu(A) = \nu(A \cap P) + \nu(A \cap N) \geqslant \nu(A \cap N) = -\nu^-(A) \geqslant -\nu^-(\Omega) = \nu(N),$$

由此得到欲证.

"$\Leftarrow$". 由注记 8.5 之 (ii), 不妨假设

$$-\infty \leqslant \nu(A) < \infty, \quad \forall A \in \mathcal{F}.$$

我们首先断言: N 是 ν 的负集. 倘若不然, 则 $\exists N_1 \in \mathcal{F}$, $N_1 \subset N$ 满足 $\nu(N_1) > 0$, 从而 $0 < \nu(N_1) < \infty$. 注意到 $0 \leqslant \nu(P) < \infty$, 我们有

$$\nu(P \uplus N_1) = \nu(P) + \nu(N_1) > \nu(P),$$

此与 $\nu(P)$ 是上确界矛盾.

接下来断言: P 是 ν 的正集. 倘若不然, 则 $\exists P_1 \in \mathcal{F}$, $P_1 \subset P$ 满足 $\nu(P_1) < 0$, 于是, 由 $0 \leqslant \nu(P) < \infty$ 得 $\nu(P \backslash P_1) \in \mathbb{R}$, 进而有

$$\nu(P) = \nu(P_1) + \nu(P \backslash P_1) < \nu(P \backslash P_1),$$

此也与 $\nu(P)$ 是上确界矛盾.

【评注】 (a) 符号测度能够达到上、下确界. 特别地, 实值符号测度必为有界符号测度.

(b) $\|\nu\| \leqslant 2\sup\{|\nu(A)| : A \in \mathcal{F}\} \leqslant 2\|\nu\|$, 事实上,

$$\|\nu\| = |\nu|(\Omega) = \nu^+(\Omega) + \nu^-(\Omega) = \nu(P) - \nu(N)$$

$$\leqslant \sup\{|\nu(A)| : A \in \mathcal{F}\} + \sup\{|\nu(A)| : A \in \mathcal{F}\}$$

$$= 2\sup\left\{|\nu(A)| : A \in \mathcal{F}\right\} \leqslant 2\,\|\nu\|.$$

(c) 本题将应用于习题 9.30 的证明.

8.5 设 ν 是 $\mathcal{F}$ 上的符号测度, 则 $\forall A \in \mathcal{F}$,

(1) $\nu^+(A) = \sup\left\{\nu(B) : B \in A \cap \mathcal{F}\right\}$, $\nu^-(A) = -\inf\left\{\nu(B) : B \in A \cap \mathcal{F}\right\}$;

(2) $|\nu|(A) = \sup\left\{\sum_n |\nu(A_n)| : A_1, \cdots, A_n, \cdots \in \mathcal{F}$ 是 A 的至多可数划分$\right\}$.

证明　(1) 设 (P, N) 是 ν 的某个 Hahn 分解, 则 $\forall B \in \mathcal{F}$, $B \subset A$, 我们有

$$\nu(B) = \nu^+(B) - \nu^-(B) \leqslant \nu^+(B) \leqslant \nu^+(A) = \nu(A \cap P),$$

当 $B = A \cap P$ 时, 上式成为等式, 从而第一个式子的证明得以完成.

同样地,

$$-\nu(B) = \nu^-(B) - \nu^+(B) \leqslant \nu^-(B) \leqslant \nu^-(A) = -\nu(A \cap N),$$

当 $B = A \cap N$ 时, 上式成为等式, 从而第二个式子的证明得以完成.

(2) 由

$$|\nu|(A) = \nu^+(A) + \nu^-(A) = |\nu(A \cap P)| + |\nu(A \cap N)|$$

知上确界是可以达到的. 另一方面, 我们有

$$\sum_n |\nu(A_n)| = \sum_n |\nu^+(A_n) - \nu^-(A_n)|$$

$$\leqslant \sum_n \left[\nu^+(A_n) + \nu^-(A_n)\right] = \sum_n |\nu|(A_n) = |\nu|(A),$$

从而证明得以完成.

【评注】　(a) 从这里也可以看出 (另一个视角是命题 8.12), 正部 ν^+ 和负部 ν^- 都不依赖于在它们构造过程中所使用的 Hahn 分解;

(b) 设 $A \in \mathcal{F}$, 则 $|\nu|(A) = 0 \Leftrightarrow \nu^+(A) = 0$, $\nu^-(A) = 0 \Leftrightarrow \forall B \in \mathcal{F}$, $B \subset A$, 都有 $\nu(B) = 0$;

(c) $\nu(A) = 0 \not\Rightarrow |\nu|(A) = 0$;

(d) 设 ν_1, ν_2 是 $\mathcal{F}$ 上的符号测度, 则

$$(\nu_1 + \nu_2)^+ \leqslant \nu_1^+ + \nu_2^+, \quad (\nu_1 + \nu_2)^- \leqslant \nu_1^- + \nu_2^-,$$

$$|\nu_1 + \nu_2| \leqslant |\nu_1| + |\nu_2|,$$

$$(a\nu)^+ = \begin{cases} a\nu^+, & a \geqslant 0, \\ -a\nu^-, & a < 0, \end{cases} \quad (a\nu)^- = \begin{cases} a\nu^-, & a \geqslant 0, \\ -a\nu^+, & a < 0. \end{cases}$$

(e) 上述评注 (d) 将应用于习题 9.29 的证明.

8.6 设 μ 是 $(\Omega, \mathcal{F})$ 上的测度, $f \in \overline{\mathcal{L}}(\Omega, \mathcal{F})$ 关于 μ 的积分存在, $\nu = f \cdot \mu$, 即

$$\nu(A) = \int_A f \mathrm{d}\mu, \quad A \in \mathcal{F},$$

则 $\nu^+ = f^+ \cdot \mu$, $\nu^- = f^- \cdot \mu$, $|\nu| = |f| \cdot \mu$.

证明 $\forall A \in \mathcal{F}$, 由习题 8.5 之 (1) 知

$$\nu^+(A) = \sup \{\nu(B) : B \in \mathcal{F}, B \subset A\} = \sup \left\{ \int_B f \mathrm{d}\mu : B \in \mathcal{F}, B \subset A \right\}$$

$$\leqslant \sup \left\{ \int_B f^+ \mathrm{d}\mu : B \in \mathcal{F}, B \subset A \right\} = \int_A f^+ \mathrm{d}\mu.$$

另一方面, 由

$$\int_A f^+ \mathrm{d}\mu = \int_{A \cap \{f \geqslant 0\}} f \mathrm{d}\mu = \nu(A \cap \{f \geqslant 0\})$$

及习题 8.5 之 (1) 知 $\int_A f^+ \mathrm{d}\mu \leqslant \nu^+(A)$, 故 $\nu^+(A) = \int_A f^+ \mathrm{d}\mu$, $A \in \mathcal{F}$. 同理可证 $\nu^-(A) = \int_A f^- \mathrm{d}\mu$, $A \in \mathcal{F}$. 综合这两个式子即完成第三个等式的证明.

【评注】 设 ν 如本题中由不定积分定义的符号测度.

(a) $(\{f \geqslant 0\}, \{f < 0\})$ 是它的一个 Hahn 分解, 而 $\nu^+(A) = \int_A f^+ \mathrm{d}\mu$, $\nu^-(A) = \int_A f^- \mathrm{d}\mu$ 是它的 Jordan 分解. 比如, 取 $f(x) = x^2 - 3x + 2$, ν 是由 $\nu(A) = (\mathrm{R}) \int_A f(x) \mathrm{d}x$ 定义的符号测度, 很容易找到 ν 的一个 Hahn 分解及 Jordan 分解.

(b) $A \in \mathcal{F}$ 是 ν 的正集的充分必要条件是 $\mu(A \cap \{f < 0\}) = 0$, $A \in \mathcal{F}$ 是 ν 的负集的充分必要条件是 $\mu(A \cap \{f > 0\}) = 0$.

8.7 设 μ 是 $(\Omega, \mathcal{F})$ 上的测度, $f \in \overline{\mathcal{L}}(\Omega, \mathcal{F})$ 关于 μ 可积, $\nu = f \cdot \mu$, 则 ν 是 $\mathcal{F}$ 上的有限符号测度.

证明 首先由例 8.7 知, ν 是 $\mathcal{F}$ 上的符号测度. 注意到 f 的可积性, 进一步由习题 8.6 知

$$|\nu|(\Omega) = \int_\Omega |f| \mathrm{d}\mu < \infty,$$

这表明 ν 是 $\mathcal{F}$ 上的有限符号测度.

【评注】 本题将应用于习题 15.2 的证明.

8.8 设 ν 是 $\mathcal{F}$ 上的符号测度, 则

$$|\nu(A)| \leqslant |\nu|(A), \quad \forall A \in \mathcal{F}.$$

如果进一步假设测度 μ 满足

$$|\nu(A)| \leqslant \mu(A), \quad \forall A \in \mathcal{F},$$

那么

$$|\nu|(A) \leqslant \mu(A), \quad \forall A \in \mathcal{F}^{①}.$$

证明　$\forall A \in \mathcal{F}$,

$$|\nu(A)| = |\nu^+(A) - \nu^-(A)| \leqslant \nu^+(A) + \nu^-(A) = |\nu|(A),$$

这完成了第一部分的证明.

假设 $|\nu(A)| \leqslant \mu(A), \forall A \in \mathcal{F}$, 并设 (P, N) 是 ν 的某个 Hahn 分解, 那么

$$|\nu|(A) = \nu^+(A) + \nu^-(A) = \nu(A \cap P) - \nu(A \cap N)$$

$$= |\nu|(A \cap P) + |\nu|(A \cap N) \leqslant \mu(A \cap P) + \mu(A \cap N) = \mu(A),$$

这完成了第二部分的证明.

【评注】　这就是说, 变差测度 $|\nu|$ 是满足 $|\nu(A)| \leqslant \mu(A), \forall A \in \mathcal{F}$ 的最小的测度.

8.9 设 μ_1, μ_2 都是 $\mathcal{F}$ 上的测度, 且其中至少之一有限, 定义 $\nu = \mu_1 - \mu_2$.
(1) ν 是 $\mathcal{F}$ 上的符号测度;
(2) $\nu^+ \leqslant \mu_1, \nu^- \leqslant \mu_2^{②}$;
(3) 若 μ_1, μ_2 都有限, 则 ν 有限;
(4) 若 μ_1, μ_2 中一个有限, 另一个 σ-有限, 则 ν 必定 σ-有限.

证明　(1) 只需证明 ν 具有可列可加性, 但这是显然的.
(2) 设 (P, N) 是 ν 的某个 Hahn 分解, 则 $\forall A \in \mathcal{F}$,

$$\nu^+(A) = \nu(A \cap P) = \mu_1(A \cap P) - \mu_2(A \cap P)$$

$$= \mu_1(A) - \mu_1(A \cap N) - \mu_2(A \cap P) \leqslant \mu_1(A),$$

$$\nu^-(A) = -\nu(A \cap N) = \mu_2(A \cap N) - \mu_1(A \cap N)$$

$$= \mu_2(A) - \mu_2(A \cap P) - \mu_1(A \cap N) \leqslant \mu_2(A).$$

---

① 简记为 $|\nu| \leqslant \mu$.
② 称之为 **Jordan 分解的最小性**, 此时有 $|\nu| \leqslant \mu_1 + \mu_2$.

(3) 由 (2) 知

$$|\nu|(\Omega) = \nu^+(\Omega) + \nu^-(\Omega) \leqslant \mu_1(\Omega) + \mu_2(\Omega) < \infty,$$

所以 ν 是有限的.

(4) 假设 μ_1 有限, μ_2 σ-有限, 则 $\exists\, \Omega_1, \Omega_2, \cdots \in \mathcal{F}$ 两两不交, s.t. $\bigcup\limits_{n=1}^{\infty} \Omega_n = \Omega$, 且 $\mu_2(\Omega_n) < \infty$ 对一切 n 都成立, 再由 (2) 知

$$|\nu|(\Omega_n) = \nu^+(\Omega_n) + \nu^-(\Omega_n) \leqslant \mu_1(\Omega_n) + \mu_2(\Omega_n) < \infty$$

对一切 n 都成立, 故 ν σ-有限.

【评注】 (a) $\nu = \mu_1 - \mu_2$, 但 ν^+ 未必等于 μ_1, ν^- 未必等于 μ_2, 同时 $|\nu|$ 也未必等于 $\mu_1 + \mu_2$.

(b) 使用注记 8.14 同样可以得到 (3), (4) 的证明. 作为示范, 下面证明 (3): 因为 μ_1, μ_2 都是有限测度, 所以 $0 \leqslant \mu_1(\Omega) < \infty$, $0 \leqslant \mu_2(\Omega) < \infty$, 故

$$|\nu(\Omega)| = |\mu_1(\Omega) - \mu_2(\Omega)| < \infty,$$

由注记 8.14 知, ν 是有限符号测度.

8.10 设 ν 为 $\mathcal{F}$ 上的符号测度, 则 $\nu^+ = \dfrac{1}{2}(|\nu| + \nu)$, $\nu^- = \dfrac{1}{2}(|\nu| - \nu)$.

证明 由 $|\nu| = \nu^+ + \nu^-$, $\nu = \nu^+ - \nu^-$ 得 $\nu^+ = \dfrac{1}{2}(|\nu| + \nu)$, $\nu^- = \dfrac{1}{2}(|\nu| - \nu)$.

8.11 设 ν 为 $\mathcal{F}$ 上的符号测度, $f \in \overline{\mathcal{L}}(\Omega, \mathcal{F})$, 若 f 关于 ν 的积分存在 (相应地, 可积), 则 $\forall A \in \mathcal{F}$, fI_A 关于 ν 的积分也存在 (相应地, 可积).

证明 假设 f 关于 ν 的积分存在, 则由 f 关于 ν^+ 及 ν^- 的积分都存在及习题 7.6 知, fI_A 关于 ν^+ 及 ν^- 的积分都存在.

又由于 $\displaystyle\int f \mathrm{d}\nu^+ - \int f \mathrm{d}\nu^-$ 有意义, 为确定起见, 不妨设 $-\infty < \displaystyle\int f \mathrm{d}\nu^+ < \infty$, 即 f 关于 ν^+ 可积, 再次由习题 7.6 知, fI_A 关于 ν^+ 可积, 故 $\displaystyle\int fI_A \mathrm{d}\nu^+ - \int fI_A \mathrm{d}\nu^-$ 有意义, 从而 fI_A 关于 ν 的积分也存在.

进一步, 假设 f 关于 ν 可积, 类似于前面的分析知, fI_A 关于 ν^+ 及 ν^- 都可积, 故 $\displaystyle\int fI_A \mathrm{d}\nu^+ - \int fI_A \mathrm{d}\nu^-$ 为实数, 从而 fI_A 关于 ν 可积.

8.2   绝对连续与 Radon-Nikodým 定理

8.2.1   内容提要

定义 8.16   设 ν, φ 都是 $\mathcal{F}$ 上的符号测度.

(i) 如果对满足关系式 $|\varphi|(A) = 0$ 的每个 $A \in \mathcal{F}$, 都有 $\nu(A) = 0$, 那么称 ν 关于 φ **绝对连续**, 记作 $\nu \ll \varphi$;

(ii) 如果 $\nu \ll \varphi$, 且 $\varphi \ll \nu$, 那么称 ν 与 φ **等价**, 记作 $\nu \sim \varphi$.

命题 8.17   设 ν, φ 为 $\mathcal{F}$ 上二符号测度, 则下列各条等价:

(i) $\nu \ll \varphi$;

(ii) $\nu^+ \ll \varphi$, 且 $\nu^- \ll \varphi$;

(iii) $|\nu| \ll |\varphi|$.

命题 8.18   设 ν, φ 为 $\mathcal{F}$ 上二符号测度, 其中 ν 有限, 则 $\nu \ll \varphi$ 当且仅当 $\forall \varepsilon > 0, \exists \delta > 0$, 只要 $A \in \mathcal{F}$ 满足 $|\varphi|(A) < \delta$, 就有 $|\nu|(A) < \varepsilon$.

引理 8.19   设 ν 和 μ 都是 $\mathcal{F}$ 上的有限测度, $\nu \ll \mu$, 且 $\nu \not\equiv 0$, 则存在某个 $\varepsilon > 0$ 和 $A \in \mathcal{F}$, 使得 $\mu(A) > 0$ 且 A 是符号测度 $\nu - \varepsilon\mu$ 的正集.

引理 8.20   设 ν 和 μ 都是 $\mathcal{F}$ 上的测度, 令

$$\mathcal{H} = \left\{ f \in \mathcal{L}^+(\Omega, \mathcal{F}) : \text{对任意的} A \in \mathcal{F} \text{ 都有} \int_A f \mathrm{d}\mu \leqslant \nu(A) \right\},$$

则

(i) $\mathcal{H}$ 非空;

(ii) 对任意的 $\{f_n, n \geqslant 1\} \subset \mathcal{H}$, 都有 $\sup\limits_{n \geqslant 1} f_n \in \mathcal{H}$;

(iii) 存在 $f \in \mathcal{H}$, 使得 $\int_\Omega f \mathrm{d}\mu = \alpha$, 其中

$$\alpha = \sup \left\{ \int_\Omega g \mathrm{d}\mu : g \in \mathcal{H} \right\}.$$

定理 8.21 (Radon-Nikodým 定理)   设 μ 为 $\mathcal{F}$ 上的 σ-有限测度.

(i) 若 ν 是 $\mathcal{F}$ 上 σ-有限的符号测度, $\nu \ll \mu$, 则存在一个 μ-a.e. 有限的且关于 μ 积分存在的 $f \in \overline{\mathcal{L}}(\Omega, \mathcal{F})$, 使得

$$\nu(A) = \int_A f \mathrm{d}\mu, \quad A \in \mathcal{F}, \tag{8.13}$$

另外, 上述 f 在等价意义下是唯一的, 即若 f, g 都满足 (8.13) 式, 则 $f = g$ μ-a.e..

(ii) 若存在一个关于 μ 可积的函数 f 使 (8.13) 式成立, 则 ν 是 $\mathcal{F}$ 上 σ-有限的符号测度, 且 $\nu \ll \mu$.

定理 8.22 (Radon-Nikodým 定理的推广) 设 μ 为 $\mathcal{F}$ 上的 σ-有限测度, ν 是 $\mathcal{F}$ 上的符号测度 (不必 σ-有限). 若 $\nu \ll \mu$, 则存在一个在 μ-a.e. 意义下唯一的, 且关于 μ 的积分存在 (不必 μ-a.e. 有限) 的广义实值可测函数 f 使 (8.13) 式成立.

注记 8.23 设 f 是 $[a,b]$ 上的连续函数, 在数学分析中, 称函数族

$$F(x) = \int_a^x f(s)\mathrm{d}s + C, \quad x \in [a,b]$$

(其中 C 为任意常数) 中的 f 为 F 关于 x 的导数. 类似地, 称 (8.13) 式中的 f 为 ν 关于 μ 的 **Radon-Nikodým 导数**, 记作 $\dfrac{\mathrm{d}\nu}{\mathrm{d}\mu}$, 即 $f = \dfrac{\mathrm{d}\nu}{\mathrm{d}\mu}$, 因而 (8.13) 式可以改写为

$$\nu(A) = \int_A \frac{\mathrm{d}\nu}{\mathrm{d}\mu}\mathrm{d}\mu, \quad \forall A \in \mathcal{F}.$$

此外, 若 ν 有限, 则由定理 8.21 知 f a.e. 有限.

推论 8.24 设 μ 为 $\mathcal{F}$ 上的 σ-有限测度, ν 为 $\mathcal{F}$ 上的符号测度, $g \in \overline{\mathcal{L}}(\Omega, \mathcal{F})$. 若 $\nu \ll \mu$, 则 g 关于 ν 的积分存在当且仅当 $g\dfrac{\mathrm{d}\nu}{\mathrm{d}\mu}$ 关于 μ 的积分存在, 此时有

$$\int_A g\mathrm{d}\nu = \int_A \left(g\frac{\mathrm{d}\nu}{\mathrm{d}\mu}\right)\mathrm{d}\mu, \quad \forall A \in \mathcal{F}.$$

推论 8.25 (链式法则) 设 μ 和 ν 都是 $\mathcal{F}$ 上的 σ-有限测度, φ 为 $\mathcal{F}$ 上的符号测度. 若 $\varphi \ll \nu$, $\nu \ll \mu$, 则

$$\frac{\mathrm{d}\varphi}{\mathrm{d}\mu} = \frac{\mathrm{d}\varphi}{\mathrm{d}\nu} \cdot \frac{\mathrm{d}\nu}{\mathrm{d}\mu} \quad \mu\text{-a.e..}$$

8.2.2 习题 8.2 解答与评注

8.12 设 μ 和 ν 都是 $\mathcal{F}$ 上的测度, 则 $\mu \ll \mu + \nu$.

证明 $\forall A \in \mathcal{F}$, 当 $(\mu + \nu)(A) = 0$, 即 $\mu(A) + \nu(A) = 0$ 时, 当然有 $\mu(A) = 0$, 这表明 $\mu \ll \mu + \nu$.

8.13 (绝对连续具有传递性) 设 ν_1, ν_2, ν_3 都是 $\mathcal{F}$ 上的符号测度, 若 $\nu_1 \ll \nu_2$, $\nu_2 \ll \nu_3$, 则 $\nu_1 \ll \nu_3$.

证明 $\forall A \in \mathcal{F}$, 若 $|\nu_3|(A) = 0$, 则由 $\nu_2 \ll \nu_3$ 知 $|\nu_2|(A) = 0$, 进而由 $\nu_1 \ll \nu_2$ 知 $|\nu_1|(A) = 0$, 故 $\nu_1 \ll \nu_3$.

8.14　设 ν_1, ν_2, $\nu_1 + \nu_2$, ν 都是 $\mathcal{F}$ 上的符号测度, 若 $\nu_1 \ll \nu, \nu_2 \ll \nu$, 则 $(\nu_1 + \nu_2) \ll \nu$.

证明　由 $\nu_1 \ll \nu$ 和 $\nu_2 \ll \nu$ 知, 对满足关系式 $|\nu|(A) = 0$ 的每一个 $A \in \mathcal{F}$, 都有 $\nu_1(A) = 0$, $\nu_2(A) = 0$, 从而 $(\nu_1 + \nu_2)(A) = \nu_1(A) + \nu_2(A) = 0$, 故 $(\nu_1 + \nu_2) \ll \nu$.

【评注】　本题将应用于习题 8.29 的证明.

8.15　设 ν, φ 为 $\mathcal{F}$ 上二符号测度, 其中 ν 有限, 则 $\nu \ll \varphi$ 当且仅当对任给的 $\{A_n, n \geqslant 1\} \subset \mathcal{F}$, 只要 $|\varphi|(A_n) \to 0$, 就有 $|\nu|(A_n) \to 0$.

证明　"$\Rightarrow$". $\forall \varepsilon > 0$, 由 $\nu \ll \varphi$ 及命题 8.18 的必要性知, $\exists \delta > 0$, 只要 $A \in \mathcal{F}$, $|\varphi|(A) < \delta$, 就有 $|\nu|(A) < \varepsilon$. 现在 $|\varphi|(A_n) \to 0$, 从而 $\exists n_0 \in \mathbb{N}$, s.t.

$$|\varphi|(A_n) < \delta, \quad n \geqslant n_0,$$

进而

$$|\nu|(A_n) < \varepsilon, \quad n \geqslant n_0,$$

这表明 $|\nu|(A_n) \to 0$.

"$\Leftarrow$". 设 $A \in \mathcal{F}$, $|\varphi|(A) = 0$, 取 $A_n \equiv A$, 由 $|\varphi|(A_n) \to 0$ 得 $|\nu|(A_n) \to 0$, 这导致 $|\nu|(A) = 0$, 故 $\nu \ll \varphi$.

8.16　设 $\mathcal{F}$ 上的概率测度 P_1 和 P_2 满足 $P_1 \ll P_2$, $\{X, X_n, n \geqslant 1\}$ 为 r.v. 序列. 若 $X_n \overset{P_2}{\to} X$, 则 $X_n \overset{P_1}{\to} X$.

证明　首先, 由 $P_1 \ll P_2$ 及命题 8.18, $\forall \varepsilon > 0$, $\exists \delta > 0$, 只要 $A \in \mathcal{F}$ 满足 $P_2(A) < \delta$, 就有 $P_1(A) < \varepsilon$.

现在由 $X_n \overset{P_2}{\to} X$ 知, $\forall \eta > 0$,

$$P_2 \{|X_n - X| > \eta\} \to 0,$$

即对于上述 $\delta > 0$, 只要 n 充分大, 就有

$$P_2 \{|X_n - X| > \eta\} < \delta,$$

故

$$P_1 \{|X_n - X| > \eta\} < \varepsilon,$$

这表明 $P_1 \{|X_n - X| > \eta\} \to 0$, 即 $X_n \overset{P_1}{\to} X$.

8.17　定义集函数 $\mu : \mathcal{B}(\mathbb{R}) \to \mathbb{R}$ 如下: $\mu(A) = \#A$, 则

(1) μ 是 $\mathcal{B}(\mathbb{R})$ 上的测度, 但非 σ-有限;

(2) $\lambda \ll \mu$, 其中 λ 是 $\mathcal{B}(\mathbb{R})$ 上的 L 测度;

(3) 不存在 $f \in \overline{\mathcal{L}}(\mathbb{R}, \mathcal{B}(\mathbb{R}))$, 使 (8.13) 式成立, 这说明 Radon-Nikodým 定理中 μ 的 σ-有限性不能去掉.

证明   (1) 和 (2) 都是显然的.

(3) 假设存在某个 $f \in \overline{\mathcal{L}}(\mathbb{R}, \mathcal{B}(\mathbb{R}))$, 使 (8.13) 式成立, 即

$$\lambda(A) = \int_A f \mathrm{d}\mu, \quad A \in \mathcal{B}(\mathbb{R}),$$

那么取 A 为单点集就得到

$$0 = f(a), \quad a \in \mathbb{R},$$

从而 $f \equiv 0$, 因此 $\lambda \equiv 0$, 但这是错误的结论.

8.18   设 μ 为 $\mathcal{F}$ 上的有限测度, ν 为 $\mathcal{F}$ 上的有限符号测度. 若 $\nu \ll \mu$, 则存在一个关于 μ 可积的函数 f, 使得

$$\nu(A) = \int_A f \mathrm{d}\mu, \quad A \in \mathcal{F},$$

且上述 f 在 μ-a.e. 意义下是唯一的.

证明   当 ν 为 $\mathcal{F}$ 上的有限测度时, 在定理 8.21 的证明过程中已经表明: 存在一个关于 μ 可积的非负可测函数 f, 使得

$$\nu(A) = \int_A f \mathrm{d}\mu, \quad A \in \mathcal{F}.$$

现在假设 ν 是 $\mathcal{F}$ 上的有限符号测度, 那么由注记 8.14 知, ν^+, ν^- 均为 $\mathcal{F}$ 上的有限测度. 由 $\nu^+ \ll \mu$ 及前述结果, 存在一个关于 μ 可积的非负可测函数 f_1, 使得

$$\nu^+(A) = \int_A f_1 \mathrm{d}\mu, \quad A \in \mathcal{F}.$$

同理, 由 $\nu^- \ll \mu$ 及前述结果, 存在一个关于 μ 可积的非负可测函数 f_2, 使得

$$\nu^-(A) = \int_A f_2 \mathrm{d}\mu, \quad A \in \mathcal{F}.$$

令 $f = f_1 - f_2$, 则 f 关于 μ 可积, 且

$$\nu(A) = \nu^+(A) - \nu^-(A) = \int_A f_1 \mathrm{d}\mu - \int_A f_2 \mathrm{d}\mu = \int_A f \mathrm{d}\mu, \quad A \in \mathcal{F}.$$

至于 f 在 μ-a.e. 意义下的唯一性完全类似于定理 8.21 的相应证明.

【评注】　本题将应用于习题 15.2 的证明.

8.19　设 μ 和 ν 都是 $(\Omega, \mathcal{F})$ 上的 σ-有限测度, $\mu \ll \nu$. 若 $A \in \mathcal{F}$, $\mu(A) = 0$, $\dfrac{\mathrm{d}\mu}{\mathrm{d}\nu}\Big|_A > 0$, 则 $\nu(A) = 0$.

证明　由

$$0 = \mu(A) = \int_A \mathrm{d}\mu = \int_\Omega \frac{\mathrm{d}\mu}{\mathrm{d}\nu} I_A \mathrm{d}\nu$$

及定理 7.13 之 (ii) 知 $\dfrac{\mathrm{d}\mu}{\mathrm{d}\nu} I_A = 0$ ν-a.e., 即 $\nu\left\{\dfrac{\mathrm{d}\mu}{\mathrm{d}\nu} I_A > 0\right\} = 0$, 但 $\dfrac{\mathrm{d}\mu}{\mathrm{d}\nu}\Big|_A > 0$, 故 $\nu\{I_A > 0\} = 0$, 即 $\nu(A) = 0$.

【评注】　本题将应用于引理 15.38 的证明.

8.20　设 $(\Omega, \mathcal{F}, \mu)$ 为测度空间, $f \in \overline{\mathcal{L}}(\Omega, \mathcal{F})$ 关于 μ 的积分存在, $\nu = f \cdot \mu$. 证明 $\dfrac{\mathrm{d}\nu^+}{\mathrm{d}\mu} = f^+$ μ-a.e., $\dfrac{\mathrm{d}\nu^-}{\mathrm{d}\mu} = f^-$ μ-a.e..

证明　由习题 8.6 立得.

【评注】　本题的结果也可以写成 $\dfrac{\mathrm{d}\nu^+}{\mathrm{d}\mu} = \left(\dfrac{\mathrm{d}\nu}{\mathrm{d}\mu}\right)^+$ μ-a.e., $\dfrac{\mathrm{d}\nu^-}{\mathrm{d}\mu} = \left(\dfrac{\mathrm{d}\nu}{\mathrm{d}\mu}\right)^-$ μ-a.e..

8.21　设 ν 是 $\mathcal{F}$ 上的 σ-有限符号测度, 则

(1) $\nu^+ \ll |\nu|$, $\nu^- \ll |\nu|$, $|\nu| \ll |\nu|$;

(2) $\dfrac{\mathrm{d}\nu^+}{\mathrm{d}|\nu|} + \dfrac{\mathrm{d}\nu^-}{\mathrm{d}|\nu|} = 1$ $|\nu|$-a.e..

证明　(1) 三个绝对连续性都是显然的.

(2) 注意到 $|\nu|$ 是 σ-有限测度, 由 Radon-Nikodým 定理, $\forall A \in \mathcal{F}$, 有

$$\int_A \mathrm{d}|\nu| = |\nu|(A) = \nu^+(A) + \nu^-(A)$$

$$= \int_A \frac{\mathrm{d}\nu^+}{\mathrm{d}|\nu|} \mathrm{d}|\nu| + \int_A \frac{\mathrm{d}\nu^-}{\mathrm{d}|\nu|} \mathrm{d}|\nu| = \int_A \left(\frac{\mathrm{d}\nu^+}{\mathrm{d}|\nu|} + \frac{\mathrm{d}\nu^-}{\mathrm{d}|\nu|}\right) \mathrm{d}|\nu|,$$

从而 $\dfrac{\mathrm{d}\nu^+}{\mathrm{d}|\nu|} + \dfrac{\mathrm{d}\nu^-}{\mathrm{d}|\nu|} = 1$ $|\nu|$-a.e..

8.22　设 μ 是 $\mathcal{F}$ 上的 σ-有限测度, ν_1, ν_2 都是 $\mathcal{F}$ 上的 σ-有限符号测度, $a_1, a_2 \in \mathbb{R}$. 若 $\nu_1 \ll \mu$, $\nu_2 \ll \mu$, 并且 $a_1\nu_1 + a_2\nu_2$ 是符号测度, 则

(1) $a_1\nu_1 + a_2\nu_2 \ll \mu$;

(2) (Radon-Nikodým 导数具有线性性)

$$\frac{\mathrm{d}\left(a_1\nu_1 + a_2\nu_2\right)}{\mathrm{d}\mu} = a_1\frac{\mathrm{d}\nu_1}{\mathrm{d}\mu} + a_2\frac{\mathrm{d}\nu_2}{\mathrm{d}\mu} \ \mu\text{-a.e.}.$$

证明 (1) 这是显然的.

(2) 由 Radon-Nikodým 定理, $\forall A \in \mathcal{F}$, 有

$$\int_A \frac{\mathrm{d}\left(a_1\nu_1 + a_2\nu_2\right)}{\mathrm{d}\mu}\mathrm{d}\mu = a_1\nu_1\left(A\right) + a_2\nu_2\left(A\right)$$

$$= a_1\int_A \frac{\mathrm{d}\nu_1}{\mathrm{d}\mu}\mathrm{d}\mu + a_2\int_A \frac{\mathrm{d}\nu_2}{\mathrm{d}\mu}\mathrm{d}\mu = \int_A \left(a_1\frac{\mathrm{d}\nu_1}{\mathrm{d}\mu} + a_2\frac{\mathrm{d}\nu_2}{\mathrm{d}\mu}\right)\mathrm{d}\mu,$$

从而 $\dfrac{\mathrm{d}\left(a_1\nu_1 + a_2\nu_2\right)}{\mathrm{d}\mu} = a_1\dfrac{\mathrm{d}\nu_1}{\mathrm{d}\mu} + a_2\dfrac{\mathrm{d}\nu_2}{\mathrm{d}\mu} \ \mu\text{-a.e.}.$

8.23 设 μ, ν 都是 $\mathcal{F}$ 上的 σ-有限测度, 则下列三条等价:

(1) $\mu \sim \nu$;

(2) μ 与 ν 有相同的零测集;

(3) 存在可测函数 g 满足 $0 < g < \infty$, 且 $\nu\left(A\right) = \displaystyle\int_A g\mathrm{d}\mu, \forall A \in \mathcal{F}.$

证明 "(1) $\Leftrightarrow$ (2)". 这是显然的.

"(1) $\Rightarrow$ (3)". 由 $\mu \sim \nu$ 及推论 8.25,

$$\frac{\mathrm{d}\mu}{\mathrm{d}\nu} \cdot \frac{\mathrm{d}\nu}{\mathrm{d}\mu} = 1 \ \mu\text{-a.e.},$$

因此 $\mu\left\{\dfrac{\mathrm{d}\nu}{\mathrm{d}\mu} = 0 \text{ 或 } \infty\right\} = 0.$ 令

$$g = \begin{cases} \dfrac{\mathrm{d}\nu}{\mathrm{d}\mu}, & 0 < \dfrac{\mathrm{d}\nu}{\mathrm{d}\mu} < \infty, \\[3mm] c, & \dfrac{\mathrm{d}\nu}{\mathrm{d}\mu} = 0 \text{ 或 } \infty, \end{cases}$$

其中 $c \in (0, \infty)$ 为任意常数, 则 $0 < g < \infty$, $g = \dfrac{\mathrm{d}\nu}{\mathrm{d}\mu} \ \mu\text{-a.e.}$, 于是

$$\nu\left(A\right) = \int_A \frac{\mathrm{d}\nu}{\mathrm{d}\mu}\mathrm{d}\mu = \int_A g\mathrm{d}\mu, \quad \forall A \in \mathcal{F}.$$

"(3) ⇒ (1)". 由 $\nu(A) = \int_A g\mathrm{d}\mu$, $\forall A \in \mathcal{F}$ 知 $\nu \ll \mu$. 当 $\nu(A) = 0$, 即 $\int_A g\mathrm{d}\mu = 0$ 时, $gI_A = 0$ μ-a.e., 但 $0 < g < \infty$, 从而 $I_A = 0$ μ-a.e., 故 $\mu(A) = 0$, 这表明 $\mu \ll \nu$.

8.24 设 μ 是 $\mathcal{F}$ 上的 σ-有限测度, 则存在有限测度 ν, 使得 $\mu \sim \nu$.

证明　若 $\mu(\Omega) = 0$, 则欲证结论是平凡的. 若 $\mu(\Omega) > 0$, 则由习题 4.3 知, 存在一列不交集 $\{\Omega_n, n \geqslant 1\} \subset \mathcal{F}$, 使得 $\Omega = \biguplus_{n=1}^{\infty} \Omega_n$, 且 $0 < \mu(\Omega_n) < \infty$, $n \geqslant 1$. 令

$$\nu(A) = \sum_{n=1}^{\infty} \frac{\mu(A \cap \Omega_n)}{2^n \mu(\Omega_n)}, \quad A \in \mathcal{F},$$

习题 4.4 已经证明 ν 为 $\mathcal{F}$ 上的概率测度, 并且 $\mu(A) = 0 \Leftrightarrow \nu(A) = 0$, 这表明 $\mu \sim \nu$.

【评注】　任何非零的 σ-有限测度总可以转化为与之等价的概率测度.

8.3　相互奇异与 Lebesgue 分解定理

8.3.1　内容提要

定义 8.26　设 ν, φ 都是 $\mathcal{F}$ 上的符号测度, 称 ν 与 φ **相互奇异**, 记作 $\nu \perp \varphi$, 如果 $\exists N \in \mathcal{F}$, 使得

$$|\nu|(N) = 0, \quad |\varphi|(N^c) = 0.$$

注记 8.27　(i) 由习题 8.5 知, $\nu \perp \varphi \Leftrightarrow \exists N \in \mathcal{F}$, s.t. $|\nu|(N) = 0$, 且 $\varphi(A \cap N^c) = 0$, $A \in \mathcal{F}$;

(ii) 若 $\nu \ll \varphi$, 且 $\nu \perp \varphi$, 则 $\nu \equiv 0$.

定理 8.28 (Lebesgue 分解定理)　若 μ 为 $\mathcal{F}$ 上的 σ-有限测度, ν 为 $\mathcal{F}$ 上的 σ-有限符号测度, 则存在两个 σ-有限符号测度 ν_{ac} 和 ν_s, 使得

$$\nu = \nu_{ac} + \nu_s, \tag{8.21}$$

$$\nu_{ac} \ll \mu, \quad \nu_s \perp \mu,$$

并且这种分解是唯一的, 称分解式 (8.21) 为 ν 的 **Lebesgue 分解**, ν_{ac} 称为 ν 的绝对连续部分, ν_s 称为 ν 的奇异部分.

8.3.2　习题 8.3 解答与评注

8.25　设 ν_1, ν_2 都是 $\mathcal{F}$ 上的符号测度, 则 $\nu_1 \perp \nu_2$ 当且仅当 $\forall \varepsilon > 0$, $\exists A \in \mathcal{F}$, s.t. $|\nu_1|(A) < \varepsilon$ 且 $|\nu_2|(A^c) < \varepsilon$.

证明 必要性是显然的, 下证充分性. 对任意的 $k \in \mathbb{N}$, 取 $A_k \in \mathcal{F}$, 使

$$|\nu_1|(A_k) < \frac{1}{2^k}, \quad |\nu_2|(A_k^c) < \frac{1}{2^k}.$$

令 $A = \overline{\lim\limits_{k \to \infty}} A_k$, 那么

$$|\nu_1|(A) = |\nu_1| \left(\overline{\lim\limits_{k \to \infty}} A_k \right) = |\nu_1| \left(\bigcap_{n=1}^{\infty} \bigcup_{k=n}^{\infty} A_k \right)$$

$$\leqslant |\nu_1| \left(\bigcup_{k=n}^{\infty} A_k \right) \leqslant \sum_{k=n}^{\infty} |\nu_1|(A_k) \leqslant \sum_{k=n}^{\infty} \frac{1}{2^k} \to 0,$$

故 $|\nu_1|(A) = 0$. 注意到 $A^c = \underline{\lim\limits_{k \to \infty}} A_k^c$, 我们有

$$|\nu_2|(A^c) = |\nu_2| \left(\underline{\lim\limits_{k \to \infty}} A_k^c \right) = |\nu_2| \left(\bigcup_{n=1}^{\infty} \bigcap_{k=n}^{\infty} A_k^c \right)$$

$$= \lim\limits_{n \to \infty} |\nu_2| \left(\bigcap_{k=n}^{\infty} A_k^c \right) \leqslant \overline{\lim\limits_{n \to \infty}} |\nu_2|(A_n^c) \leqslant \lim\limits_{n \to \infty} \frac{1}{2^n} = 0,$$

故 $|\nu_2|(A^c) = 0$. 可见, $\nu_1 \perp \nu_2$.

8.26 设 ν_1, ν_2, ν 都是 $\mathcal{F}$ 上的符号测度, $\nu_1 \perp \nu$.

(1) 若 $\nu_2 \perp \nu$, $\nu_1 + \nu_2$ 仍是符号测度, 则 $(\nu_1 + \nu_2) \perp \nu$;

(2) 若 $\nu_2 \ll \nu$, 则 $\nu_1 \perp \nu_2$.

证明 (1) 由 $\nu_1 \perp \nu$ 及注记 8.27 之 (ii) 知, $\exists N_1 \in \mathcal{F}$, s.t. $|\nu|(N_1) = 0$, 且 $\nu_1(A \cap N_1^c) = 0$, $\forall A \in \mathcal{F}$. 同理, 由 $\nu_2 \perp \nu$ 知, $\exists N_2 \in \mathcal{F}$, s.t. $|\nu|(N_2) = 0$, 且 $\nu_2(A \cap N_2^c) = 0$, $\forall A \in \mathcal{F}$.

令 $N = N_1 \cup N_2$, 则 $|\nu|(N) = 0$, 且

$$(\nu_1 + \nu_2)(A \cap N^c) = \nu_1(A \cap N^c) + \nu_2(A \cap N^c)$$

$$= \nu_1((A \cap N_2^c) \cap N_1^c) + \nu_2((A \cap N_1^c) \cap N_2^c) = 0, \quad \forall A \in \mathcal{F},$$

再次由注记 8.27 之 (ii) 知 $(\nu_1 + \nu_2) \perp \nu$.

(2) 由 $\nu_1 \perp \nu$ 知, $\exists N \in \mathcal{F}$, s.t. $|\nu_1|(N) = |\nu|(N^c) = 0$, 进而由 $\nu_2 \ll \nu$ 知 $|\nu_2|(N^c) = 0$, 故 $\nu_1 \perp \nu_2$.

【评注】 本题之 (1) 将应用于习题 8.29 的证明.

8.27 设 P_1, P_2 都是 $\mathcal{F}$ 上的概率测度. 若存在某个 $\alpha \in (0,1)$, 使得 $\|\alpha P_1 - (1-\alpha) P_2\| = 1$, 则 $P_1 \perp P_2$.

证明　设 (P, N) 是符号测度 $\alpha P_1 - (1 - \alpha) P_2$ 的一个 Hahn 分解, 则

$$\|\alpha P_1 - (1 - \alpha) P_2\| = 1$$

$$\Rightarrow (\alpha P_1 - (1 - \alpha) P_2)^+ (\Omega) + (\alpha P_1 - (1 - \alpha) P_2)^- (\Omega) = 1$$

$$\Rightarrow (\alpha P_1 - (1 - \alpha) P_2) (P) - (\alpha P_1 - (1 - \alpha) P_2) (N) = 1$$

$$\Rightarrow \alpha P_1 (P) - (1 - \alpha) P_2 (P) - \alpha P_1 (N) + (1 - \alpha) P_2 (N) = 1$$

$$\Rightarrow \alpha [2 P_1 (P) - 1] + (1 - \alpha) [2 P_2 (N) - 1] = 1$$

$$\Rightarrow \alpha P_1 (P) + (1 - \alpha) P_2 (N) = 1$$

$$\Rightarrow P_1 (P) = P_2 (N) = 1$$

$$\Rightarrow P_1 \perp P_2.$$

8.4　分布函数的类型及分解

8.4.1　内容提要

定义 8.29　设 μ 是 $\mathbb{R}^d$ 上的 Borel 测度.

(i) 称 μ 是**离散型测度**, 如果存在至多可数集 $A = \{\boldsymbol{x}_1, \boldsymbol{x}_2, \cdots\} \subset \mathbb{R}^d$, 使得 $\mu(A) = \mu(\mathbb{R}^d)$;

(ii) 称 μ 是**奇异连续测度**, 如果 $\mu\{\boldsymbol{x}\} = 0$ 对任意的 $\boldsymbol{x} \in \mathbb{R}^d$ 都成立, 且 $\mu \perp \lambda$;

(iii) 称 μ 是**绝对连续测度**, 如果 $\mu \ll \lambda$.

定理 8.30 ($\mathbb{R}^d$ 上有限 Borel 测度的分解)　设 μ 是 $\mathbb{R}^d$ 上的有限 Borel 测度, 则存在离散型测度 μ_d, 奇异连续测度 μ_{sc} 及绝对连续测度 μ_{ac}, 使得

$$\mu = \mu_d + \mu_{sc} + \mu_{ac},$$

并且这种分解是唯一的.

定义 8.31　设 F 是 $\mathbb{R}^d$ 上的 d.f., P_F 是 $\mathcal{B}(\mathbb{R}^d)$ 上由 X 诱导的概率测度.

(i) 称 F 是**离散型分布函数**, 如果 P_F 是离散型测度;

(ii) 称 F 是**奇异连续分布函数**, 如果 P_F 是奇异连续测度;

(iii) 称 F 是**绝对连续分布函数**, 如果 P_F 是绝对连续测度.

定理 8.32　F 是 d 维离散型 d.f. 当且仅当存在至多可数集 $E = \{\boldsymbol{x}_1, \boldsymbol{x}_2, \cdots\} \subset \mathbb{R}^d$ 及定义在 E 上的函数 $p(\boldsymbol{x})$, 使得

$$F(\boldsymbol{x}) = \sum_n p(\boldsymbol{x}_n) I\{\boldsymbol{x}_n \leqslant \boldsymbol{x}\}, \quad \boldsymbol{x} \in \mathbb{R}^d,$$

称 $p(\cdot)$ 为 F 的**分布列**. 这表明**分布列是概率分布关于计数测度的 Radon-Nikodým 导数**.

定理 8.33 F 是 d 维绝对连续 d.f. 当且仅当存在非负 L 可积函数 f, 使得

$$F(\boldsymbol{x}) = (\mathrm{L}) \int_{(-\infty, \boldsymbol{x}]} f(\boldsymbol{t}) \, \mathrm{d}\boldsymbol{t}, \quad \boldsymbol{x} \in \mathbb{R}^d,$$

称 f 为 F 的**密度函数**.

定理 8.35 (分布函数的分解) 任何 d.f. F 都可以唯一地分解为

$$F = \alpha_1 F_d + \alpha_2 F_{sc} + \alpha_3 F_{ac},$$

其中 $\alpha_1, \alpha_2, \alpha_3 \geqslant 0, \sum_{i=1}^{3} \alpha_i = 1$, F_d 为离散型 d.f., F_{sc} 为奇异连续 d.f., F_{ac} 为绝对连续 d.f..

8.4.2 习题 8.4 解答与评注

8.28 设 μ 是 $\mathcal{B}(\mathbb{R}^d)$ 上的有限测度, 若在 "μ 是离散型测度" "μ 是奇异连续测度" "μ 是绝对连续测度" 这三者中有两个同时成立, 则 $\mu \equiv 0$.

证明 假设 μ 既是离散型测度又是奇异连续测度, 则由 μ 是离散型测度知, 存在至多可数集 $A = \{\boldsymbol{x}_1, \boldsymbol{x}_2, \cdots\} \subset \mathbb{R}^d$, 使得 $\mu(A) = \mu(\mathbb{R}^d)$, 但由 μ 是奇异连续测度知 $\mu(A) = \sum_n \mu\{\boldsymbol{x}_n\} = 0$, 从而 $\mu(\mathbb{R}^d) = 0$, 故 $\mu \equiv 0$.

假设 μ 既是离散型测度又是绝对连续测度, 则由 μ 是离散型测度知, 存在至多可数集 $A = \{\boldsymbol{x}_1, \boldsymbol{x}_2, \cdots\} \subset \mathbb{R}^d$, 使得 $\mu(A) = \mu(\mathbb{R}^d)$, 但由 $\lambda\{\boldsymbol{x}_n\} = 0$ 及 $\mu \ll \lambda$ 知 $\mu(A) = \sum_n \mu\{\boldsymbol{x}_n\} = 0$, 从而 $\mu(\mathbb{R}^d) = 0$, 故 $\mu \equiv 0$.

剩下的一种情况可类似地证明.

8.29 证明分解式 (8.23) 的唯一性.

证明 假设

$$\mu = \mu_d + \mu_{sc} + \mu_{ac} = \mu'_d + \mu'_{sc} + \mu'_{ac},$$

其中 μ_d, μ'_d 是离散型测度, μ_{sc}, μ'_{sc} 是奇异连续测度, μ_{ac}, μ'_{ac} 是绝对连续测度, 则由

$$\mu_{ac} - \mu'_{ac} = (\mu'_{sc} - \mu_{sc}) + (\mu'_d - \mu_d) \qquad \textcircled{1}$$

知 $\nu_{ac} - \nu'_{ac}$ 既关于 λ 绝对连续 (习题 8.14), 又关于 λ 奇异 (习题 8.26 之 (1)), 进而由注记 8.27 之 (ii) 知 $\mu_{ac} = \mu'_{ac}$, 从而①式简化成

$$\mu_{sc} - \mu'_{sc} = \mu'_d - \mu_d. \qquad \textcircled{2}$$

由 μ_d 是离散型测度知, 存在至多可数集 $A \subset \mathbb{R}^d$, 使得 $\mu_d(A) = \mu_d(\mathbb{R}^d)$, 同理, 存在至多可数集 $B \subset \mathbb{R}^d$, 使得 $\mu'_d(B) = \mu'_d(\mathbb{R}^d)$, 从而对任意的 $C \in \mathcal{B}(\mathbb{R}^d)$, 两次使用②式得

$$\mu_{sc}(C) - \mu'_{sc}(C) = \mu'_d(C) - \mu_d(C) = \mu'_d(C \cap B) - \mu_d(C \cap A)$$
$$= \mu'_d(C \cap (A \cup B)) - \mu_d(C \cap (A \cup B))$$
$$= \mu_{sc}(C \cap (A \cup B)) - \mu'_{sc}(C \cap (A \cup B))$$
$$= 0 - 0 = 0,$$

这表明 $\mu_{sc} = \mu'_{sc}$, 又一次使用②式得 $\mu_d = \mu'_d$.

8.30 设 $\{r_n, n \geqslant 1\}$ 是全体有理数所成的数列, 令

$$F(x) = \sum_{n=1}^{\infty} \frac{1}{2^n} I_{[r_n,\infty)}(x),$$

则

(1) F 是离散型分布函数;

(2) F 的连续点集合和不连续点集合都在 $\mathbb{R}$ 中稠密.

证明 (1) 由 F 诱导的概率测度为

$$P_F = \sum_{n=1}^{\infty} \frac{1}{2^n} \delta_{r_n},$$

其中 δ_{r_n} 是点 r_n 处的单点测度. 显然 $P_F(\mathbb{Q}) = P_F(\mathbb{R})$, 所以 P_F 是离散型测度, 故 F 是离散型分布函数.

(2) F 的连续点集合是 $\mathbb{Q}^c$, F 的不连续点集合是 $\mathbb{Q}$, 它们都在 $\mathbb{R}$ 中稠密.

8.31 设 F_1, F_2 是两个 d.f., 若

$$F_1(x) = F_2(x), \quad x \in D,$$

其中 D 在 $\mathbb{R}$ 中稠密, 则 $F_1(x) = F_2(x), x \in \mathbb{R}$.

证明 $\forall x \in \mathbb{R}$, 由 D 在 $\mathbb{R}$ 中的稠密性, $\exists \{x_n, n \geqslant 1\} \subset D$, s.t. $x_n \downarrow x$, 故

$$F_1(x) = F_1(x+0) = \lim_{n\to\infty} F_1(x_n) = \lim_{n\to\infty} F_2(x_n) = F_2(x+0) = F_2(x).$$

【评注】 注意, d.f. 的不连续点至多可数 (习题 1.30), 从而 d.f. 的连续点集在 $\mathbb{R}$ 中处处稠密. 本题结论表明: d.f. 由其连续点集上的值唯一决定.

8.32 设 F_1, F_2 是两个 d.f., C_1, C_2 分别是 F_1, F_2 的连续点集, 若

$$F_1(x) = F_2(x), \quad x \in C_1 \cap C_2,$$

则 $F_1 (x) = F_2 (x), x \in \mathbb{R}$.

证明 由习题 1.30 知

$$\mathbb{R} \setminus (C_1 \cap C_2) = (\mathbb{R} \setminus C_1) \cup (\mathbb{R} \setminus C_2)$$

至多可数, 从而在 $\mathbb{R}$ 中处处稠密, 再由上题知结论成立.

8.33 设 $f(\boldsymbol{x})$ 是二维绝对连续 R.V. $\boldsymbol{X}$ 的联合密度函数, 则 $\forall B \in \mathcal{B}(\mathbb{R}^2)$, 有

$$P\{\boldsymbol{X} \in B\} = \int_B f \mathrm{d}\lambda^{①},$$

其中, λ 为 $\mathcal{B}(\mathbb{R}^2)$ 上的 L 测度.

证明 由联合密度函数的定义知

$$P_{\boldsymbol{X}}(B) = \int_B f \mathrm{d}\lambda, \quad \forall B \in \mathcal{B}(\mathbb{R}^2),$$

此即

$$P\{\boldsymbol{X} \in B\} = \int_B f \mathrm{d}\lambda.$$

【评注】 本题将应用于例 10.16 的证明.

8.5 左连续逆和均匀分布的构造

8.5.1 内容提要

定义 8.36 设 F 是 d.f., 称

$$F^{\leftarrow}(p) = \inf\{x \in \mathbb{R} : F(x) \geqslant p\}, \quad 0 < p < 1$$

为 F 的**左连续逆**.

注记 8.37 (i) 对每个 $0 < p < 1$, 由 $\lim\limits_{x \to \infty} F(x) = 1$ 知 $A(p)$ 非空, 又由 $\lim\limits_{x \to -\infty} F(x) = 0$ 知 $A(p)$ 有下界, 从而 $F^{\leftarrow}(p)$ 是实值函数;

(ii) 设 $p_1 < p_2$, 则 $A(p_1) \supset A(p_2)$, 取下确界得 $F^{\leftarrow}(p_1) \leqslant F^{\leftarrow}(p_2)$, 即 $F^{\leftarrow}(p)$ 具有单调不减性;

(iii) 之所以取名为 "左连续逆" 是因为 $F^{\leftarrow}(p)$ 处处左连续.

命题 8.38 设 $0 < p < 1$, 则

---

① 与 7.4 节中的做法一样, 通常将 $\int_B f \mathrm{d}\lambda$ 写成 (L) $\int_B f(x, y) \mathrm{d}x \mathrm{d}y$ 甚至 $\int_B f(x, y) \mathrm{d}x \mathrm{d}y$.

(i) $A(p)$ 是闭集;

(ii) $F\left(F^{\leftarrow}(p)\right) \geqslant p$;

(iii) $F^{\leftarrow}(p) > x \Leftrightarrow p > F(x)$;

(iv) $F^{\leftarrow}(p) \leqslant x \Leftrightarrow p \leqslant F(x)$.

注记 8.39　命题 8.38 中的 (iii) 和 (iv) 可分别改成

(iii$'$) $F^{\leftarrow}(p) \geqslant x \Leftrightarrow p \geqslant F(x)$;

(iv$'$) $F^{\leftarrow}(p) < x \Leftrightarrow p < F(x)$.

定理 8.40　设 $X \sim F(x)$, $F(x)$ 处处连续, 则 $F(X) \sim U[0,1]$.

定理 8.42　设 $C\left(u_1, u_2, \cdots, u_n\right)$ 是 R.V. $\left(F_1\left(X_1\right), F_2\left(X_2\right), \cdots, F_n\left(X_n\right)\right)$ 的联合分布函数, 则

$$C\left(F_1\left(x_1\right), F_2\left(x_2\right), \cdots, F_n\left(x_n\right)\right) = F\left(x_1, x_2, \cdots, x_n\right).$$

注记 8.43　像定理 8.42 中 $C\left(u_1, u_2, \cdots, u_n\right)$ 这样的函数称为 **Copula 函数**, 这个概念由 Sklar 于 1959 年引入, 它把边缘分布函数与联合分布函数联系起来, 是研究变量间相依结构的一种有效工具, 被广泛用于统计、金融风险和信号处理等领域, 感兴趣的读者可以阅读参考文献 [9].

8.5.2　习题 8.5 解答与评注

8.34　设分布函数 $F(x) = \begin{cases} 0, & x < -3, \\ 0.2, & -3 \leqslant x < 4, \\ 0.6, & 4 \leqslant x < 10, \\ 1, & x \geqslant 10, \end{cases}$　求 $F^{\leftarrow}(p)$.

解　由左连续逆的定义易得

$$F^{\leftarrow}(p) = \begin{cases} -3, & 0 < p \leqslant 0.2, \\ 4, & 0.2 < p \leqslant 0.6, \\ 10, & p > 0.6. \end{cases}$$

8.35　设分布函数 $F(x) = \begin{cases} 0, & x < -2, \\ \dfrac{x+2}{5}, & -2 \leqslant x \leqslant 3, \\ 1, & x \geqslant 3, \end{cases}$　求 $F^{\leftarrow}(p)$.

解　由左连续逆的定义,

$$F^{\leftarrow}(p) = \inf\left\{x \in \mathbb{R}: \frac{x+2}{5} \geqslant p\right\} = 5p - 2.$$

8.36 设 $F(x)$ 是定义在 $\mathbb{R}$ 上的单调不减的函数, 定义

$$F^{\leftarrow}(y) = \inf\{x \in \mathbb{R} : F(x) \geqslant y\}, \quad y \in \mathbb{R},$$

则 $F^{\leftarrow}(y)$ 在 $\mathbb{R}$ 上处处左连续.

证明 任意固定 $y \in \mathbb{R}$, 假设 $y_n \uparrow y$ 但是 $F^{\leftarrow}(y_n) \uparrow F^{\leftarrow}(y-0) < F^{\leftarrow}(y)$, 那么存在 $x \in \mathbb{R}$, 使得

$$F^{\leftarrow}(y_n) < x < F^{\leftarrow}(y), \quad n \geqslant 1.$$

左边的不等式和 $F^{\leftarrow}$ 的定义产生 $F(x) \geqslant y_n$, $n \geqslant 1$, 令 $n \to \infty$ 得 $F(x) \geqslant y$, 再一次由 $F^{\leftarrow}$ 的定义得 $x \geqslant F^{\leftarrow}(y)$, 此与 $x < F^{\leftarrow}(y)$ 矛盾.

【评注】 "$F^{\leftarrow}$ 处处右连续" 不真 (参见习题 8.38 评注中的举例); 但当 F 处处连续时, $F^{\leftarrow}$ 处处右连续, 从而处处连续.

8.37 设 $Y = aX + b$, 其中 $a > 0$, 则 $F_Y^{\leftarrow}(y) = aF_X^{\leftarrow}(y) + b$.

证明 由左连续逆的定义,

$$F_Y^{\leftarrow}(y) = \inf\{x \in \mathbb{R} : F_Y(x) \geqslant y\} = \inf\left\{x \in \mathbb{R} : F_X\left(\frac{x-b}{a}\right) \geqslant y\right\}$$

$$= a\inf\left\{\frac{x-b}{a} \in \mathbb{R} : F_X\left(\frac{x-b}{a}\right) \geqslant y\right\} + b = aF_X^{\leftarrow}(y) + b.$$

8.38 设 F 是 d.f., $0 < p < 1$.

(1) $F(F^{\leftarrow}(p) - 0) \leqslant p \leqslant F(F^{\leftarrow}(p))$;

(2) 当 $F^{\leftarrow}(p)$ 是 F 的连续点时, $F(F^{\leftarrow}(p)) = p$.

解 (1) 命题 8.38 之 (ii) 保证右边不等式成立, 下面证明左边不等式. 事实上, 任取 $x < F^{\leftarrow}(p)$, 由命题 8.38 之 (iii) 知 $F(x) < p$, 令 $x \uparrow F^{\leftarrow}(p)$ 就得到 $F(F^{\leftarrow}(p) - 0) \leqslant p$, 即左边不等式成立.

(2) 由 (1) 立得.

【评注】 当 F 不满足处处连续时, (2) 不真, 反例如下: 设

$$P\{X = -1\} = 0.3, \quad P\{X = 2\} = 0.7,$$

此时

$$F(x) = \begin{cases} 0, & x < -1, \\ 0.3, & -1 \leqslant x < 2, \\ 1, & x \geqslant 2. \end{cases}$$

经计算

$$F^{\leftarrow}(p) = \begin{cases} -1, & 0 < p \leqslant 0.3,^{①} \\ 2, & 0.3 < p < 1, \end{cases}$$

从而

$$F(F^{\leftarrow}(0.5)) = F(2) = 1 \neq 0.5,$$

这表明 (2) 不真.

---

① 从这个例子可以得出: "$F^{\leftarrow}$ 处处右连续" 不真.

第 9 章 Lebesgue 空间与一致可积性

第 7 章讨论 Lebesgue 积分时侧重于单个可测函数本身的结构, 本章将把可测函数看作一个特别的空间——Lebesgue 空间中的一个元素加以考察. Lebesgue 空间是 Lebesgue 积分理论中最基本、最重要的空间.

积分不等式为可测函数列收敛性的研究注入了新的活力, 是概率论极限理论研究中富有成效的工具.

一致可积性描述函数族可积性的整体性态, 在概率论中占有举足轻重的地位.

9.1 几个重要的积分不等式

9.1.1 内容提要

定义 9.1 对于 $0 < p \leqslant \infty$, 记

$$L^p(\Omega, \mathcal{F}, \mu) = \left\{ f \in \mathcal{L}(\Omega, \mathcal{F}) : \|f\|_p = \left(\int_\Omega |f|^p \, \mathrm{d}\mu \right)^{\frac{1}{p}} < \infty \right\}, \quad 0 < p < \infty,$$

$$L^\infty(\Omega, \mathcal{F}, \mu) = \{ f \in \mathcal{L}(\Omega, \mathcal{F}) : \|f\|_\infty = \operatorname{ess\,sup}|f(x)| < \infty \},$$

称 $L^p(\Omega, \mathcal{F}, \mu)$ 为 **Lebesgue 空间** $(0 < p \leqslant \infty)$; 当测度空间 $(\Omega, \mathcal{F}, \mu)$ 不言自明时, 常将 $L^p(\Omega, \mathcal{F}, \mu)$ 简记为 L^p, 并称 $\|f\|_p$ 为 f 的 L^p 模.

注记 9.2 (i) 定义 9.1 中的 "ess sup" 定义为

$$\operatorname{ess\,sup}|f(x)| = \inf \{ c \geqslant 0 : \mu\{|f| > c\} = 0 \}, \tag{9.1}$$

称为 f 的**本性上确界**, 显然 L^∞ 中的元素都是**本性有界的**, 即诸 $\|f\|_\infty < \infty$;

(ii) (9.1) 式中的 "inf" 是可以达到的;

(iii) 对 $0 < p \leqslant \infty$, 约定 L^p 的元素不是某一个特定的函数, 而是函数的等价类, 即把等价的函数看成是 L^p 的同一元素. 在此观点下, $\|\cdot\|$ 满足

$$\|f\|_p = 0 \Leftrightarrow f = 0.$$

引理 9.3 (初等 c_r 不等式) 设 $x_1, x_2, \cdots, x_n \in \mathbb{R}, r > 0$, 则

$$\left| \sum_{i=1}^n x_i \right|^r \leqslant c_r \sum_{i=1}^n |x_i|^r,$$

其中 $c_r = n^{r-1} \vee 1$.

定理 9.4 (积分形式的 c_r 不等式)　设 $0 < r < \infty, f_1, f_2, \cdots, f_n \in L^r$, 则

$$\int_\Omega \left| \sum_{i=1}^n f_i \right|^r \mathrm{d}\mu \leqslant c_r \sum_{i=1}^n \int_\Omega |f_i|^r \mathrm{d}\mu.$$

引理 9.5　设 $\varphi : (a,b) \to \mathbb{R}$ 是凸函数, 则对任意的 $x \in (a,b)$, 左导数 $\varphi'_-(x)$ 和右导数 $\varphi'_+(x)$ 都存在, 且 $\varphi'_-(x) \leqslant \varphi'_+(x)$.

引理 9.6　设 $\varphi : (a,b) \to \mathbb{R}$ 是凸函数, 则对任意的 $x, y \in (a,b)$ 有

$$\varphi(y) - \varphi(x) \geqslant \varphi'_+(x)(y - x). \tag{9.7}$$

注记 9.7　(i) (9.7) 式中的 $\varphi'_+(x)$ 改为 $\varphi'_-(x)$ 时仍然成立;

(ii) $\varphi'_+(x)$ (对应地, $\varphi'_-(x)$) 单调不减.

定理 9.8 (Jensen 不等式)　设 X 是定义在概率空间 $(\Omega, \mathcal{F}, P)$ 上的可积 r.v., φ 是 $\mathbb{R}$ 上的凸函数, 则

$$\varphi\left(\mathrm{E}X\right) \leqslant \mathrm{E}\varphi\left(X\right).$$

推论 9.9　设 X 是定义在概率空间 $(\Omega, \mathcal{F}, P)$ 上的 r.v., 若 $\mathrm{E}|X|^p < \infty$, 其中 $0 < p < \infty$, 则

(i) (Lyapunov 不等式) 对任意的 $r \in (0, p], \mathrm{E}|X|^r < \infty$, 且 $(\mathrm{E}|X|^r)^{\frac{1}{r}} \leqslant (\mathrm{E}|X|^p)^{\frac{1}{p}}$;

(ii) 当 $r \uparrow p$ 时, $(\mathrm{E}|X|^r)^{\frac{1}{r}} \uparrow (\mathrm{E}|X|^p)^{\frac{1}{p}}$.

定理 9.10 (Kimball 不等式)　设 $u, v : \mathbb{R} \to \mathbb{R}$ 同向单调, 即同时单调不减或同时单调不增, 则对任何 r.v. X, 只要下面涉及的期望都存在, 就有

$$\mathrm{E}u\left(X\right)\mathrm{E}v\left(X\right) \leqslant \mathrm{E}u\left(X\right)v\left(X\right),$$

即 $\mathrm{Cov}\left(u\left(X\right), v\left(X\right)\right) \geqslant 0$.

推论 9.11　(i) $\left(\mathrm{E}X\right)^2 \leqslant \mathrm{E}X^2$;

(ii) 对任何 $s, t \geqslant 0$, 有 $\mathrm{E}|X|^s \cdot \mathrm{E}|X|^t \leqslant \mathrm{E}|X|^{s+t}$.

引理 9.12 (Young 不等式)　若 $p, q \in (1, \infty)$ 是一对**共轭数**, 即 $\dfrac{1}{p} + \dfrac{1}{q} = 1$, 则对任意的 $x, y \geqslant 0$, 我们有

$$x^{\frac{1}{p}} y^{\frac{1}{q}} \leqslant \frac{x}{p} + \frac{y}{q}.$$

定理 9.13 (Hölder 不等式)　设 $f, g \in \mathcal{L}(\Omega, \mathcal{F})$.

(i) 若 $p, q \in (1, \infty)$ 是一对共轭数, 则

$$\|fg\|_1 \leqslant \|f\|_p \|g\|_q,$$

当 $p = q = 2$ 时, 称上式为 **Cauchy-Schwarz 不等式**;

(ii) $\|fg\|_1 \leqslant \|f\|_1 \|g\|_\infty$.

定理 9.14 (Minkowski 不等式) 设 $f, g \in \mathcal{L}(\Omega, \mathcal{F})$.

(i) 若 $1 \leqslant p < \infty$, 则

$$\|f + g\|_p \leqslant \|f\|_p + \|g\|_p;$$

(ii) $\|f + g\|_\infty \leqslant \|f\|_\infty + \|g\|_\infty$.

注记 9.15 当 $1 \leqslant r < \infty$ 时, 由 Minkowski 不等式得

$$\left(\int_\Omega \left| \sum_{i=1}^n f_i \right|^r \mathrm{d}\mu \right)^{\frac{1}{r}} \leqslant \sum_{i=1}^n \left(\int_\Omega |f_i|^r \mathrm{d}\mu \right)^{\frac{1}{r}},$$

而由 c_r 不等式得

$$\left(\int_\Omega \left| \sum_{i=1}^n f_i \right|^r \mathrm{d}\mu \right)^{\frac{1}{r}} \leqslant n^{\frac{r-1}{r}} \left(\sum_{i=1}^n \int_\Omega |f_i|^r \mathrm{d}\mu \right)^{\frac{1}{r}},$$

由此可见 Minkowski 不等式比 c_r 不等式更具优势.

9.1.2 习题 9.1 解答与评注

9.1 (9.1) 式中的 "inf" 是可以达到的, 即 $\mu\{|f| > \|f\|_\infty\} = 0$.

证明 当 $\|f\|_\infty = \infty$ 时, 结论显然成立. 现假设 $\|f\|_\infty < \infty$, 注意到当 $n \to \infty$ 时, $\left\{ |f| > \|f\|_\infty + \dfrac{1}{n} \right\} \uparrow \{|f| > \|f\|_\infty\}$, 由测度的从下连续性得到

$$\mu\left\{ |f| > \|f\|_\infty + \frac{1}{n} \right\} \uparrow \mu\{|f| > \|f\|_\infty\},$$

而诸 $\mu\left\{ |f| > \|f\|_\infty + \dfrac{1}{n} \right\} = 0$, 故 $\mu\{|f| > \|f\|_\infty\} = 0$.

9.2 若 $f \in \mathcal{L}(\Omega, \mathcal{F})$ 满足 $\|f\|_\infty < \infty$, 则 $|f| \leqslant \|f\|_\infty$ a.e..

证明 由下确界的定义, $\forall n \geqslant 1$, 我们有

$$\mu\left\{ |f| > \|f\|_\infty + \frac{1}{n} \right\} = 0,$$

令 $n \to \infty$, 并注意到 $\left\{ |f| > \|f\|_\infty + \dfrac{1}{n} \right\} \uparrow \{|f| > \|f\|_\infty\}$, 由测度的从下连续性得

$$\mu\{|f| > \|f\|_\infty\} = 0,$$

即 $|f| \leqslant \|f\|_\infty$ a.e..

9.3 设 Ω 为一无限集, μ 是 Ω 上的计数测度. 若 $f \in L^p$, 其中 $p \geqslant 1$, 则 f 在至多可数个点之外都为 0.

证明 对每个 $n \geqslant 1$, 令 $\Omega_n = \left\{ \omega \in \Omega : |f(\omega)| \geqslant \dfrac{1}{n} \right\}$, 则由

$$\frac{1}{n^p} \mu(\Omega_n) \leqslant \int_\Omega |f|^p \, \mathrm{d}\mu < \infty$$

知 Ω_n 是有限集, 从而 $\{\omega \in \Omega : |f(\omega)| > 0\} = \bigcup_{n=1}^\infty \Omega_n$ 至多可数, 这就完成了证明.

9.4 设 $\varphi : (a,b) \to \mathbb{R}$ 是凸函数, 则 φ 处处连续.

证明 任意固定 $x_0 \in (a,b)$, 首先取 $x, y \in (a,b)$ 使 $x < x_0 < y$, 则由

$$x_0 = \frac{y - x_0}{y - x} x + \frac{x_0 - x}{y - x} y$$

及 φ 的凸性得

$$\varphi(x_0) \leqslant \frac{y - x_0}{y - x} \varphi(x) + \frac{x_0 - x}{y - x} \varphi(y),$$

从而

$$\varphi(x_0) \leqslant \varliminf_{y \downarrow x_0} \varphi(y), \quad \varphi(x_0) \leqslant \varliminf_{x \uparrow x_0} \varphi(x),$$

这意味着

$$\varphi(x_0) \leqslant \varliminf_{x \to x_0} \varphi(x). \tag{①}$$

其次取 x, y 使 $x < y < x_0$, 则由

$$y = \frac{x_0 - y}{x_0 - x} x + \frac{y - x}{x_0 - x} x_0$$

及 φ 的凸性得

$$\varphi(y) \leqslant \frac{x_0 - y}{x_0 - x} \varphi(x) + \frac{y - x}{x_0 - x} \varphi(x_0),$$

从而

$$\varlimsup_{y \uparrow x_0} \varphi(y) \leqslant \varphi(x_0). \tag{②}$$

然后取 x, y 使 $x_0 < x < y$, 则由

$$x = \frac{y - x}{y - x_0} x_0 + \frac{x - x_0}{y - x_0} y$$

及 φ 的凸性得

$$\varphi(x) \leqslant \frac{y-x}{y-x_0}\varphi(x_0) + \frac{x-x_0}{y-x_0}\varphi(y),$$

从而

$$\varlimsup_{x \downarrow x_0} \varphi(x) \leqslant \varphi(x_0). \qquad\qquad ③$$

②式和③式意味着

$$\varlimsup_{x \to x_0} \varphi(x) \leqslant \varphi(x_0). \qquad\qquad ④$$

最后由①式和④式得到结论的证明.

9.5 设 $\varphi : (a,b) \to \mathbb{R}$, 若 φ 二阶可导, 且 $\varphi'' \geqslant 0$, 则 φ 是凸函数.

证明 对任意固定的 $x_1, x_2 \in (a,b)$, 作辅助函数 $g(t) = \varphi(tx_1 + (1-t)x_2)$, 再基于 g 定义 $[0,1]$ 上的函数:

$$h(t) = g(t) - tg(1) - (1-t)g(0),$$

易由 $\varphi'' \geqslant 0$ 推得 $h'' \geqslant 0$. 若能证明 $h(t) \leqslant 0$, 即 $g(t) \leqslant tg(1) + (1-t)g(0)$, 则

$$\varphi(tx_1 + (1-t)x_2) \leqslant t\varphi(x_1) + (1-t)\varphi(x_2),$$

就完成 φ 为 (a,b) 上的凸函数的证明.

现在补证 $h(t) \leqslant 0$. 注意到 $h(0) = h(1) = 0$, 假设存在某 $t \in (0,1)$, 使得 $h(t) > 0$, 因为 h 在 $[0,1]$ 上连续, 所以 h 在某个最大值点 $\xi \in (0,1)$ 处更有 $h(\xi) > 0$, 那么由 Fermat 定理有 $h'(\xi) = 0$, 从而由 $h'' \geqslant 0$ 知 $h'(t) \geqslant 0$, $t \geqslant \xi$, 因此 $h(1) \geqslant h(\xi) > 0$, 此与 $h(1) = 0$ 矛盾.

【评注】 本题结论可加强为: 设 $\varphi : (a,b) \to \mathbb{R}$, 若 φ 二阶可导, 则 $\varphi'' \geqslant 0 \Leftrightarrow \varphi$ 是凸函数.

9.6 设 $\varphi : (a,b) \to \mathbb{R}$ 是凸函数, 则

(1) $\varphi'_+(x)$ (对应地, $\varphi'_-(x)$) 单调不减;

(2) $\varphi'_+(x)$ (对应地, $\varphi'_-(x)$) 处处右连续.

证明 (1) 设 $x < y$, 取 $h > 0$ 充分小, 使得 $x < x+h < y < y+h$, 反复使用教材中的 (9.4) 式得到

$$\frac{\varphi(x+h) - \varphi(x)}{h} \leqslant \frac{\varphi(y) - \varphi(x)}{y-x} \leqslant \frac{\varphi(y) - \varphi(x+h)}{y-x-h}$$

$$\leqslant \frac{\varphi(y+h) - \varphi(x+h)}{y-x} \leqslant \frac{\varphi(y+h) - \varphi(y)}{h},$$

令 $h \downarrow 0$ 即得 $\varphi'_+(x) \leqslant \varphi'_+(y)$, 这表明 $\varphi'_+(x)$ 单调不减.

同理, 由 $x - h < x < y - h < y$ 得

$$\frac{\varphi(x) - \varphi(x - h)}{h} \leqslant \frac{\varphi(y - h) - \varphi(x - h)}{y - x} \leqslant \frac{\varphi(y - h) - \varphi(x)}{y - x - h}$$

$$\leqslant \frac{\varphi(y) - \varphi(x)}{y - x} \leqslant \frac{\varphi(y) - \varphi(y - h)}{h},$$

令 $h \downarrow 0$ 即得 $\varphi'_-(x) \leqslant \varphi'_-(y)$, 这表明 $\varphi'_-(x)$ 单调不减.

(2) 任意固定 $x_0 \in (a, b)$, 由 $\varphi'_+(x)$ 单调不减易知

$$\varphi'_+(x_0) \leqslant \varphi'_+(x_0 + 0).$$

假设

$$\varphi'_+(x_0) < \varphi'_+(x_0 + 0),$$

并记 $\varepsilon = \varphi'_+(x_0 + 0) - \varphi'_+(x_0)$, 则当 $x > x_0$ 时, 有

$$\varphi'_+(x) - \varphi'_+(x_0) > \varepsilon,$$

即

$$\lim_{h \downarrow 0} \frac{\varphi(x + h) - \varphi(x)}{h} - \lim_{h \downarrow 0} \frac{\varphi(x_0 + h) - \varphi(x_0)}{h} > \varepsilon.$$

这意味着当 h 充分小时, 有

$$\frac{[\varphi(x + h) - \varphi(x_0 + h)] - [\varphi(x) - \varphi(x_0)]}{h} > \varepsilon.$$

由于 φ 连续 (习题 9.4), 在上式中令 $x \downarrow x_0$ 得到

$$0 \geqslant \varepsilon,$$

这是不可能的, 故 $\varphi'_+(x)$ 处处右连续. 同理可证 $\varphi'_-(x)$ 处处右连续.

【评注】　本题将应用于定理 17.39 的证明.

9.7　设 X 是可积 r.v., 则

(1) $(\mathrm{E}X)^{\pm} \leqslant \mathrm{E}X^{\pm}$;

(2) $|\mathrm{E}X|^p \leqslant \mathrm{E}|X|^p$, 其中 $p \geqslant 1$.

证明　分别取 $\varphi(x) = x^{\pm}$ 及 $\varphi(x) = |x|^p$, 应用定理 9.8 即得 (1) 和 (2).

9.8 (凸函数定义的推广)　设 φ 是 $\mathbb{R}$ 上的凸函数, $x_1, x_2, \cdots, x_n \in \mathbb{R}$, α_1, $\alpha_2, \cdots, \alpha_n \geqslant 0$ 且 $\sum_{i=1}^{n} \alpha_i = 1$, 则

$$\varphi\left(\sum_{i=1}^{n} \alpha_i x_i\right) \leqslant \sum_{i=1}^{n} \alpha_i \varphi(x_i).$$

证明 引入离散型 r.v. X, 假设其分布列为

$$P\{X = x_i\} = \alpha_i, \quad i = 1, 2, \cdots, n,$$

则由 Jensen 不等式得

$$\varphi\left(\sum_{i=1}^{n} \alpha_i x_i\right) = \varphi(\mathrm{E}X) \leqslant \mathrm{E}\varphi(X) = \sum_{i=1}^{n} \alpha_i \varphi(x_i).$$

9.9 设 α, β, γ 都是锐角, 且 $\cos^2 \alpha + \cos^2 \beta + \cos^2 \gamma = 1$, 试利用 (9.8) 式证明:

$$\cot^2 \alpha + \cot^2 \beta + \cot^2 \gamma \geqslant \frac{3}{2}.$$

证明 由 $\cos^2 \alpha + \cos^2 \beta + \cos^2 \gamma = 1$ 得

$$\frac{1}{2}\sin^2 \alpha + \frac{1}{2}\sin^2 \beta + \frac{1}{2}\sin^2 \gamma = 1.$$

设 r.v. X 具有分布列

X	$\dfrac{1}{\sin^2 \alpha}$	$\dfrac{1}{\sin^2 \beta}$	$\dfrac{1}{\sin^2 \gamma}$
P	$\dfrac{1}{2}\sin^2 \alpha$	$\dfrac{1}{2}\sin^2 \beta$	$\dfrac{1}{2}\sin^2 \gamma$

则

$$\mathrm{E}X = \frac{1}{\sin^2 \alpha} \cdot \frac{1}{2}\sin^2 \alpha + \frac{1}{\sin^2 \beta} \cdot \frac{1}{2}\sin^2 \beta + \frac{1}{\sin^2 \gamma} \cdot \frac{1}{2}\sin^2 \gamma = \frac{3}{2},$$

$$\begin{aligned}
\mathrm{E}X^2 &= \frac{1}{2\sin^2 \alpha} + \frac{1}{2\sin^2 \beta} + \frac{1}{2\sin^2 \gamma} \\
&= \frac{1}{2}\left[(1 + \cot^2 \alpha) + (1 + \cot^2 \beta) + (1 + \cot^2 \gamma)\right] \\
&= \frac{1}{2}\left(3 + \cot^2 \alpha + \cot^2 \beta + \cot^2 \gamma\right).
\end{aligned}$$

由 $\mathrm{E}X^2 \geqslant (\mathrm{E}X)^2$ 得

$$\frac{1}{2}\left(3 + \cot^2 \alpha + \cot^2 \beta + \cot^2 \gamma\right) \geqslant \left(\frac{3}{2}\right)^2,$$

整理得到欲证.

【评注】　本题来源于《数学通报》1993 年第 6 期, 这里给出了一个概率证明.

9.10　设 X 是 r.v., 则对任何 $s, t \geqslant 0$ 有

$$\left(\mathrm{E}\,|X|^s\right)^2 \left(\mathrm{E}\,|X|^t\right)^2 \leqslant \left(\mathrm{E}\,|X|^{s+t}\right)^2 \leqslant \mathrm{E}\,|X|^{2s} \cdot \mathrm{E}\,|X|^{2t}.$$

证明　由推论 9.11 之 (ii) 得左边不等式, 由 Cauchy-Schwarz 不等式得

$$\mathrm{E}\,|X|^{s+t} = \mathrm{E}\left(|X|^s \cdot |X|^t\right) \leqslant \left(\mathrm{E}\,|X|^{2s}\right)^{\frac{1}{2}} \left(\mathrm{E}\,|X|^{2t}\right)^{\frac{1}{2}},$$

由此得到右边不等式.

9.11　设 $\mathrm{E}X^2 = 1$, $\mathrm{E}X^{2m} < \infty$, 其中 $2 \leqslant m \in \mathbb{N}$, 则 $\mathrm{E}\,|X| \geqslant \dfrac{1}{\sqrt[2(m-1)]{\mathrm{E}X^{2m}}}$.

证明　将 X^2 分解成 $X^2 = |X|^r |X|^{2-r}$, 其中 $0 < r < 2$, 其具体取值在接下来的探索中确定. 由 Hölder 不等式,

$$1 = \mathrm{E}X^2 = \mathrm{E}|X|^r |X|^{2-r} \leqslant \left(\mathrm{E}\,|X|^{rp}\right)^{\frac{1}{p}} \left(\mathrm{E}\,|X|^{(2-r)q}\right)^{\frac{1}{q}}.$$

令 $rp = 1$, $(2-r)q = 2m$, 并注意到 $\dfrac{1}{p} + \dfrac{1}{q} = 1$, 解得

$$r = \frac{2(m-1)}{2m-1}, \quad p = \frac{2m-1}{2(m-1)}, \quad q = 2m-1,$$

从而

$$1 \leqslant (\mathrm{E}\,|X|)^{\frac{2(m-1)}{2m-1}} \left(\mathrm{E}X^{2m}\right)^{\frac{1}{2m-1}},$$

此与欲证不等式等价.

9.12　设 $\mathrm{E}X^2 < \infty$, 则

$$P\{|X| > 0\} \geqslant \frac{(\mathrm{E}X)^2}{\mathrm{E}X^2}.$$

证明　由 Hölder 不等式,

$$(\mathrm{E}X)^2 \leqslant (\mathrm{E}\,|X|)^2 = [\mathrm{E}\,|X|\, I\,\{|X| > 0\}]^2$$
$$\leqslant \mathrm{E}X^2 \cdot \mathrm{E}I\,\{|X| > 0\} = \mathrm{E}X^2 \cdot P\{|X| > 0\},$$

移项得到欲证.

9.13 (定理 9.13 之 (i) 续)　(1) 设 $1 < p, q, r < \infty$, $\dfrac{1}{p} + \dfrac{1}{q} = \dfrac{1}{r}$, 则 $\|fg\|_r \leqslant \|f\|_p \|g\|_q$;

(2) 设 $1 < p_1, p_2, \cdots, p_m < \infty$, $m \geqslant 2$, 且 $\dfrac{1}{p_1} + \dfrac{1}{p_2} + \cdots + \dfrac{1}{p_m} = 1$, 则 $\|f_1 f_2 \cdots f_m\|_1 \leqslant \|f_1\|_{p_1} \|f_2\|_{p_2} \cdots \|f_m\|_{p_m}$.

证明 (1) 由 $\dfrac{1}{p} + \dfrac{1}{q} = \dfrac{1}{r}$ 变形得到 $\dfrac{r}{p} + \dfrac{r}{q} = 1$, 对 $|f|^r$, $|g|^r$ 使用 Hölder 不等式得 $\left\| |f|^r |g|^r \right\|_1 \leqslant \left\| |f|^r \right\|_{\frac{p}{r}} \left\| |g|^r \right\|_{\frac{q}{r}}$, 即

$$\int |f|^r |g|^r \, \mathrm{d}\mu \leqslant \left(\int (|f|^r)^{\frac{p}{r}} \, \mathrm{d}\mu \right)^{\frac{r}{p}} \left(\int (|g|^r)^{\frac{q}{r}} \, \mathrm{d}\mu \right)^{\frac{r}{q}},$$

整理得

$$\int |f|^r |g|^r \, \mathrm{d}\mu \leqslant \left(\int |f|^p \, \mathrm{d}\mu \right)^{\frac{r}{p}} \left(\int |g|^q \, \mathrm{d}\mu \right)^{\frac{r}{q}},$$

由此得到 $\|fg\|_r \leqslant \|f\|_p \|g\|_q$.

(2) 反复使用 Hölder 不等式, 我们有

$$\|f_1 f_2 \cdots f_m\|_1 \leqslant \|f_1\|_{p_1} \|f_2 \cdots f_m\|_{\frac{1}{1 - \frac{1}{p_1}}}$$

$$\leqslant \|f_1\|_{p_1} \|f_2\|_{p_2} \|f_3 \cdots f_m\|_{\frac{1}{1 - \frac{1}{p_1} - \frac{1}{p_2}}}$$

$$\leqslant \cdots \leqslant \|f_1\|_{p_1} \|f_2\|_{p_2} \cdots \|f_m\|_{p_m}.$$

9.14 (逆 Hölder 不等式) 设 $f, g \in \mathcal{L}(\Omega, \mathcal{F})$, $0 < p < 1$, $q = -\dfrac{p}{1-p}$, 则

$$\int_\Omega |fg| \, \mathrm{d}P \geqslant \left(\int_\Omega |f|^p \, \mathrm{d}P \right)^{\frac{1}{p}} \left(\int_\Omega |g|^q \, \mathrm{d}P \right)^{\frac{1}{q}}.$$

证明 由 Hölder 不等式,

$$\int_\Omega |f|^p \, \mathrm{d}P = \int_\Omega |fg|^p \cdot |g|^{-p} \, \mathrm{d}P$$

$$\leqslant \left(\int_\Omega |fg|^{p \cdot \frac{1}{p}} \, \mathrm{d}P \right)^p \left(\int_\Omega |g|^{-p \cdot \frac{1}{1-p}} \, \mathrm{d}P \right)^{1-p}$$

$$= \left(\int_\Omega |fg| \, \mathrm{d}P \right)^p \left(\int_\Omega |g|^q \, \mathrm{d}P \right)^{1-p},$$

由此得到欲证.

9.15 (逆 Minkowski 不等式) 设 $f, g \in \mathcal{L}(\Omega, \mathcal{F})$, $0 < p < 1$, 则

$$\left[\int_\Omega (|f| + |g|)^p \, \mathrm{d}P \right]^{\frac{1}{p}} \geqslant \left(\int_\Omega |f|^p \mathrm{d}P \right)^{\frac{1}{p}} + \left(\int_\Omega |g|^p \mathrm{d}P \right)^{\frac{1}{p}}.$$

证明　由逆 Hölder 不等式,

$$\int_\Omega (|f| + |g|)^p \, \mathrm{d}P = \int_\Omega (|f| + |g|)^{p-1} |f| \, \mathrm{d}P + \int_\Omega (|f| + |g|)^{p-1} |g| \, \mathrm{d}P$$

$$\geqslant \left(\int_\Omega (|f| + |g|)^{(p-1)\cdot q} \, \mathrm{d}P \right)^{\frac{1}{q}} \left(\int_\Omega |f|^p \, \mathrm{d}P \right)^{\frac{1}{p}}$$

$$+ \left(\int_\Omega (|f| + |g|)^{(p-1)\cdot q} \, \mathrm{d}P \right)^{\frac{1}{q}} \left(\int_\Omega |g|^p \, \mathrm{d}P \right)^{\frac{1}{p}}$$

$$= \left(\int_\Omega (|f| + |g|)^p \, \mathrm{d}P \right)^{\frac{1}{q}} \left(\int_\Omega |f|^p \, \mathrm{d}P \right)^{\frac{1}{p}}$$

$$+ \left(\int_\Omega (|f| + |g|)^p \, \mathrm{d}P \right)^{\frac{1}{q}} \left(\int_\Omega |g|^p \, \mathrm{d}P \right)^{\frac{1}{p}},$$

两边除以 $\left(\int_\Omega (|f| + |g|)^p \, \mathrm{d}P \right)^{\frac{1}{q}}$ 得到

$$\left(\int_\Omega (|f| + |g|)^p \, \mathrm{d}P \right)^{\frac{1}{p}} \geqslant \left(\int_\Omega |f|^p \, \mathrm{d}P \right)^{\frac{1}{p}} + \left(\int_\Omega |g|^p \, \mathrm{d}P \right)^{\frac{1}{p}}.$$

9.16　设 $\{f, f_n, n \geqslant 1\} \subset L^2(\Omega, \mathcal{F}, \mu)$, $\{g, g_n, n \geqslant 1\} \subset L^2(\Omega, \mathcal{F}, \mu)$, $\|f_n - f\|_2 \to 0$, $\|g_n - g\|_2 \to 0$, 则 $\int f_n g_n \mathrm{d}\mu \to \int f g \mathrm{d}\mu$.

证明　由 Cauchy-Schwarz 不等式及 Minkowski 不等式,

$$\left| \int f_n g_n \mathrm{d}\mu - \int f g \mathrm{d}\mu \right| \leqslant \int |f_n g_n - f g| \, \mathrm{d}\mu$$

$$\leqslant \int |f_n| \, |g_n - g| \, \mathrm{d}\mu + \int |g| \, |f_n - f| \, \mathrm{d}\mu$$

$$\leqslant \|f_n\|_2 \|g_n - g\|_2 + \|g\|_2 \|f_n - f\|_2$$

$$\leqslant (\|f\|_2 + \|f_n - f\|_2) \|g_n - g\|_2 + \|g\|_2 \|f_n - f\|_2$$

$$\to 0.$$

9.2　三类 Lebesgue 空间

9.2.1　内容提要

定义 9.16　设 $0 < p < \infty$, $\{f, f_n, n \geqslant 1\} \subset L^p(\Omega, \mathcal{F}, \mu)$, 若

$$\lim_{n\to\infty} \int_\Omega |f_n - f|^p \mathrm{d}\mu = 0,$$

则称 $\{f_n, n \geqslant 1\}$ L^p **收敛于** f, 记作 $f_n \overset{L^p}{\to} f$.

定义 9.17 设 $0 < p < \infty, \{f_n, n \geqslant 1\} \subset L^p(\Omega, \mathcal{F}, \mu)$, 若

$$\lim_{m,n\to\infty} \int_\Omega |f_m - f_n|^p \mathrm{d}\mu = 0,$$

则称 $\{f_n\}$ 为 L^p **收敛的基本列**.

命题 9.18 设 $0 < p < \infty$, 则 $\{f_n, n \geqslant 1\}$ 为 L^p 收敛的基本列当且仅当存在某个 $f \in L^p(\Omega, \mathcal{F}, \mu)$, 使得 $f_n \overset{L^p}{\to} f$.

定理 9.19 (i) 当 $0 < p < 1$ 时, $\rho : L^p \times L^p \to [0, \infty)$,

$$\rho(f, g) = \int_\Omega |f - g|^p \mathrm{d}\mu$$

定义了 L^p 上的一个度量, L^p 按此度量为完备度量空间;

(ii) (Riesz-Fischer 定理) 当 $1 \leqslant p < \infty$ 时, $(L^p, \|\cdot\|_p)$ 为 Banach 空间.

引理 9.20 设 $1 \leqslant p < \infty$, 则 $\mathcal{S}(\Omega, \mathcal{F}) \cap L^p$ 在 L^p 中稠密, 即可积的简单可测函数类在 L^p 中稠密.

定义 9.21 对于测度空间 $(\Omega, \mathcal{F}, \mu)$, 称 $\mathcal{F}$ 是 μ-可分的, 如果存在 $\mathcal{F}$ 的某个可分的子 σ 代数 $\mathcal{F}_0$, 使得 $\forall A \in \mathcal{F}, \exists B \in \mathcal{F}_0$, 满足 $\mu(A \triangle B) = 0$.

定理 9.22 设 μ 是 $\mathcal{F}$ 上的 σ-有限测度, 则下列各条等价:

(i) $\mathcal{F}$ 是 μ-可分的;

(ii) 对一切 $p \geqslant 1, L^p$ 是可分的 Banach 空间;

(iii) 对某个 $p \geqslant 1, L^p$ 是可分的 Banach 空间.

定理 9.24 $(L^\infty, \|\cdot\|_\infty)$ 为一 Banach 空间.

命题 9.25 设 r.v. X 满足 $\|X\|_\infty < \infty$, 则当 $p \to \infty$ 时, $\|X\|_p \uparrow \|X\|_\infty$.

引理 9.26 设 ν 是可测空间 $(\Omega, \mathcal{F})$ 上的符号测度, 则

(i) $A_n \in \mathcal{F}, n \geqslant 1, A_n \uparrow \ \Rightarrow \ \lim_{n\to\infty} \nu(A_n) = \nu\left(\lim_{n\to\infty} A_n\right)$;

(ii) $A_n \in \mathcal{F}, n \geqslant 1, A_n \downarrow$, 且存在某个 A_{n_0} 使得 $\nu(A_{n_0}) \in \mathbb{R} \Rightarrow \lim_{n\to\infty} \nu(A_n) = \nu\left(\lim_{n\to\infty} A_n\right)$.

引理 9.27 设广义实值集函数 $\nu : \mathcal{F} \to \overline{\mathbb{R}}$ 具有有限可加性, 且 $\nu(\varnothing) = 0$. 若

$$A_n \in \mathcal{F}, \quad A_n \downarrow \varnothing \Rightarrow \lim_{n\to\infty} \nu(A_n) = 0,$$

则 ν 是 $\mathcal{F}$ 上的符号测度.

定理 9.28　$(\mathcal{M}(\Omega,\mathcal{F}), \|\cdot\|_{\mathrm{var}})$ 为一 Banach 空间.

9.2.2　习题 9.2 解答与评注

9.17　记 $B(\Omega,\mathcal{F})$ 为 $(\Omega,\mathcal{F})$ 上有界可测函数全体, 并在其上定义通常的上确界范数 $\|f\| = \sup\limits_{\omega \in \Omega} |f(\omega)|$, 则 $(B(\Omega,\mathcal{F}), \|\cdot\|)$ 为 Banach 空间.

证明　显然 $B(\Omega,\mathcal{F})$ 为线性空间. $\forall f, g \in B(\Omega,\mathcal{F})$, $a \in \mathbb{R}$,

$$\|f\| = 0 \Leftrightarrow f = 0,$$

$$\|af\| = |a| \|f\|,$$

$$\|f + g\| = \sup_{\omega \in \Omega} |f(\omega) + g(\omega)| \leqslant \sup_{\omega \in \Omega} |f(\omega)| + \sup_{\omega \in \Omega} |g(\omega)| = \|f\| + \|g\|,$$

这表明 $\|\cdot\|$ 为范数.

再证完备性. 设 $\{f_n, n \geqslant 1\}$ 是 $(B(\Omega,\mathcal{F}), \|\cdot\|)$ 中的基本列, 即 $\forall \varepsilon > 0$, $\exists N \in \mathbb{N}$, 当 $n, m \geqslant N$ 时, $\|f_n - f_m\| < \varepsilon$, 从而

$$|f_n(\omega) - f_m(\omega)| < \varepsilon, \quad \forall \omega \in \Omega.$$

由实空间 $\mathbb{R}$ 的完备性, 数列 $\{f_n(\omega)\}$ 收敛于 $f(\omega)$. 再在上式中令 $m \to \infty$ 得到

$$|f_n(\omega) - f(\omega)| \leqslant \varepsilon, \quad \forall n \geqslant N, \quad \forall \omega \in \Omega,$$

这表明 $\lim\limits_{n \to \infty} f_n(\omega) = f(\omega)$, 故 f 为 $\mathcal{F}$-可测函数. 固定 $n_0 \geqslant N$, 因为

$$\sup_{\omega \in \Omega} |f(\omega)| \leqslant \sup_{\omega \in \Omega} |f_{n_0}(\omega)| + \sup_{\omega \in \Omega} |f_{n_0}(\omega) - f(\omega)| \leqslant \sup_{\omega \in \Omega} |f_{n_0}(\omega)| + \varepsilon < \infty,$$

所以 $f \in B(\Omega,\mathcal{F})$.

最后, 由 ε 的任意性知 $\|f_n - f\| = \sup\limits_{\omega \in \Omega} |f_n(\omega) - f(\omega)| \to 0$, 即 $f_n \xrightarrow{\|\cdot\|} f$.

9.18　(1) (L^p 收敛的唯一性) 若 $f_n \xrightarrow{L^p} f$ 且 $f_n \xrightarrow{L^p} g$, 则 $f = g$ a.e.;

(2) 若 $f = g$ a.e. 且 $f_n \xrightarrow{L^p} f$, 则 $f_n \xrightarrow{L^p} g$.

证明　(1) 由习题 9.7,

$$\int |f - g|^p \, \mathrm{d}\mu = \int |(f_n - f) - (g_n - g)|^p \, \mathrm{d}\mu$$

$$\leqslant C_p \int |f_n - f|^p \, \mathrm{d}\mu + C_p \int |g_n - g|^p \, \mathrm{d}\mu,$$

令 $n \to \infty$ 得到 $\int |f-g|^p \mathrm{d}\mu = 0$, 于是 $|f-g|^p = 0$ a.e., 即 $f = g$ a.e..

(2) 若 $f = g$ a.e. 且 $f_n \overset{L^p}{\to} f$, 则由

$$\int |f_n - g|^p \mathrm{d}\mu = \int_{\{f=g\}} |f_n - g|^p \mathrm{d}\mu + \int_{\{f \neq g\}} |f_n - g|^p \mathrm{d}\mu$$

$$\leqslant \int |f_n - f|^p \mathrm{d}\mu \to 0$$

知 $f_n \overset{L^p}{\to} g$.

【评注】 对于 (1), 也可以这样证明: 注意到 L^p 收敛蕴含依测度收敛, 题设条件意味着 $f_n \overset{\mu}{\to} f$ 且 $f_n \overset{\mu}{\to} g$, 进而由习题 6.17 之 (1) 知 $f = g$ a.e..

9.19 设 μ 为有限测度, $0 < p_1 < p_2 < \infty$, 若 $f_n \overset{L^{p_2}}{\to} f$, 则 $f_n \overset{L^{p_1}}{\to} f$.

证明 由 Hölder 不等式得

$$\int |f_n - f|^{p_1} \mathrm{d}\mu = \int |f_n - f|^{p_1} \cdot 1 \mathrm{d}\mu$$

$$\leqslant \left(\int |f_n - f|^{p_1 \cdot \frac{p_2}{p_1}} \mathrm{d}\mu \right)^{\frac{p_1}{p_2}} \left(\int 1^{\frac{p_2}{p_2 - p_1}} \mathrm{d}\mu \right)^{\frac{p_2 - p_1}{p_2}}$$

$$= \int (|f_n - f|^{p_2})^{\frac{p_1}{p_2}} \mathrm{d}\mu \cdot [\mu(\Omega)]^{\frac{p_2 - p_1}{p_2}},$$

从而由 $f_n \overset{L^{p_2}}{\to} f$ 得 $f_n \overset{L^{p_1}}{\to} f$.

9.20 设 μ 为有限测度, 则

$$f_n \overset{\mu}{\to} 0 \Leftrightarrow \int \frac{|f_n|}{1 + |f_n|} \mathrm{d}\mu \to 0.$$

证明 由习题 6.22 知, $f_n \overset{\mu}{\to} 0 \Leftrightarrow |f_n| \overset{\mu}{\to} 0 \Leftrightarrow \frac{|f_n|}{1 + |f_n|} \overset{\mu}{\to} 0$, 所以我们只需证明

$$\frac{|f_n|}{1 + |f_n|} \overset{\mu}{\to} 0 \Leftrightarrow \int \frac{|f_n|}{1 + |f_n|} \mathrm{d}\mu \to 0.$$

"⇒". 由推论 7.27 即得.

"⇐". 只需注意 L^1 收敛蕴含依测度收敛.

【评注】 (a) 换成随机变量的语言, 本题即

$$X_n \overset{P}{\to} X \Leftrightarrow \mathrm{E} \frac{|X_n - X|}{1 + |X_n - X|} \to 0,$$

此结论甚至可加强为

$$X_n \xrightarrow{P} X \Rightarrow \mathrm{E}\frac{|X_n - X|^p}{1 + |X_n - X|^p} \to 0, \forall p > 0,$$

$$\text{对某个 } p > 0, \ \mathrm{E}\frac{|X_n - X|^p}{1 + |X_n - X|^p} \to 0 \Rightarrow X_n \xrightarrow{P} X.$$

(b) 对于 r.v. X, Y, 称

$$\rho(X, Y) = \mathrm{E}\frac{|X - Y|}{1 + |X - Y|}$$

为 X, Y 的 Lévy 距离, 从而 $\rho(X_n, X) \to 0$ 等价于 $X_n \xrightarrow{P} X$.

9.21 若 $\sum\limits_{n=1}^{\infty} \int |f_n - f|^p \, \mathrm{d}\mu < \infty$ 对某个 $p > 0$ 成立, 则 $f_n \xrightarrow{\text{a.e.}} f$.

证明 $\forall \varepsilon > 0$,

$$\sum_{n=1}^{\infty} \mu\{|f_n - f| \geqslant \varepsilon\} \leqslant \sum_{n=1}^{\infty} \frac{1}{\varepsilon^p} \int |f_n - f|^p \, \mathrm{d}\mu = \frac{1}{\varepsilon^p} \sum_{n=1}^{\infty} \int |f_n - f|^p \, \mathrm{d}\mu < \infty,$$

从而由习题 6.11 知 $f_n \xrightarrow{\text{a.e.}} f$.

【评注】 本题表明, 只要 L^p 收敛充分地快就可能导致几乎处处收敛.

9.22 设 $f = \sum\limits_{i=1}^{n} c_i I_{(x_{i-1}, x_i]}$ 是 $(a, b]$ 上的阶梯函数, 其中 $a = x_0 < x_1 < \cdots < x_n = b$, $c_1, c_2, \cdots, c_n \in \mathbb{R}$, 试证: 存在 $(a, b]$ 上的连续函数列 $\{f_m, m \geqslant 1\}$, 使得 $\int_{(a,b]} |f - f_m|^p \, \mathrm{d}\lambda \to 0$, 其中 $p \geqslant 1$.

证明 令 $f' = \sum\limits_{i=1}^{n} c_i I_{(x_{i-1}, x_i)}$, 对每个 (x_{i-1}, x_i), 取

$$f_{im}(x) = 1 - \left[\frac{1}{1 + \rho\left(x, (x_{i-1}, x_i)^c\right)}\right]^m, \quad m \geqslant 1,$$

则由习题 2.25 之 (2) 知, 诸 f_{im} 连续, 且 $f_{im} \uparrow I_{(x_{i-1}, x_i)}$.

令 $f_m = \sum\limits_{i=1}^{n} c_i f_{im}$, $m \geqslant 1$, 则诸 f_m 连续, 且由习题 9.7 及控制收敛定理,

$$\int_{(a,b]} |f' - f_m|^p \mathrm{d}\lambda = \int_{(a,b]} \left|\sum_{i=1}^{n} c_i I_{(x_{i-1}, x_i)} - \sum_{i=1}^{n} c_i f_{im}\right|^p \mathrm{d}\lambda$$

$$\leqslant n^{p-1} \sum_{i=1}^{n} |c_i|^p \int_{(a,b]} \left(I_{(x_{i-1}, x_i)} - f_{im}\right)^p \mathrm{d}\lambda \to 0 \quad (m \to \infty).$$

最后, 由于 $f = f'$ λ-a.e., 所以

$$\int_{(a,b]} |f - f_m|^p \mathrm{d}\lambda = \int_{(a,b]} |f' - f_m|^p \mathrm{d}\lambda \to 0.$$

【评注】 记 $S(a,b]$ 为 $(a,b]$ 上的阶梯函数全体, $C(a,b]$ 为 $(a,b]$ 上的连续函数全体, 则 $S(a,b]$ 和 $C(a,b]$ 都是 $L^p((a,b], \mathcal{B}(a,b])$ 的子空间. 本题的结论可简述为: $C(a,b]$ 在 $S(a,b]$ 中稠密.

9.23 设 $-\infty < a < b < \infty$, 任给 $f \in \mathcal{S}((a,b], \mathcal{B}(a,b])$ 及 $\varepsilon > 0$, 存在 $(a,b]$ 上的阶梯函数 g, 使得 $\int_{(a,b]} |f - g|^p \mathrm{d}\lambda < \varepsilon$, 其中 $p \geqslant 1$.

证明 设 $f = \sum\limits_{i=1}^{n} c_i I_{C_i}$ 为 $(a,b]$ 上 $\mathcal{B}(a,b]$-可测的简单函数, 令

$$\mathcal{E}' = \{(c,d] : -\infty < c \leqslant d < \infty\},$$

则 $\mathcal{E}'$ 是 $\mathbb{R}$ 上的半环, 且 $\sigma(\mathcal{E}') = \mathcal{B}(\mathbb{R})$. 再令 $\mathcal{E} = (a,b] \cap \mathcal{E}'$, 则 $\mathcal{E}$ 为 $(a,b]$ 上的半代数, 且

$$\sigma(\mathcal{E}) = (a,b] \cap \sigma(\mathcal{E}') = (a,b] \cap \mathcal{B}(\mathbb{R}) = \mathcal{B}(a,b].$$

由习题 3.3 知

$$\mathcal{E}_{\Sigma f} = \left\{ \biguplus_{i=1}^{n} A_i : A_1, A_2, \cdots, A_n \in \mathcal{E} \text{ 两两不交}, n \geqslant 2 \right\}$$

为 $(a,b]$ 上的代数. 注意到 $\mathcal{E}_{\Sigma f} \supset \mathcal{E}$, 当然更有 $\sigma(\mathcal{E}_{\Sigma f}) = \mathcal{B}(a,b]$. 进而由习题 4.14 知, $\forall \varepsilon > 0$, 对每个 $C_i \in \mathcal{B}(a,b]$, 存在 $D_i \in \mathcal{E}_{\Sigma f}$, 使得

$$\lambda(C_i \Delta D_i) < \frac{\varepsilon}{n^p \max\limits_{1 \leqslant i \leqslant n} |c_i|^p}, \quad i = 1, 2, \cdots, n.$$

令 $g = \sum\limits_{i=1}^{n} c_i I_{D_i}$, 根据 $\mathcal{E}_{\Sigma f}$ 的结构, 显然 g 可表示为 $\sum\limits_{i=1}^{n} d_i I_{(s_j, s_{j+1}]}$ 的形式, 其中 $a = s_1 < s_2 < \cdots < s_{m+1} = b$, 这说明 g 是 $(a,b]$ 上的阶梯函数. 最后, 由 c_r 不等式及定理 1.6 之 (vi),

$$\int_{(a,b]} |f - g|^p \mathrm{d}\lambda = \int_{(a,b]} \left| \sum_{i=1}^{n} c_i I_{C_i} - \sum_{i=1}^{n} c_i I_{D_i} \right|^p \mathrm{d}\lambda$$

$$\leqslant n^{p-1} \sum_{i=1}^{n} |c_i|^p \int_{(a,b]} |I_{C_i} - I_{D_i}|^p \mathrm{d}\lambda$$

$$= n^{p-1} \sum_{i=1}^{n} |c_i|^p \int_{(a,b]} I_{C_i \Delta D_i} \mathrm{d}\lambda$$

$$= n^{p-1} \sum_{i=1}^{n} |c_i|^p \lambda\left(C_i \Delta D_i\right) \leqslant n^p \max_{1\leqslant i\leqslant n} |c_i|^p \frac{\varepsilon}{n^p \max\limits_{1\leqslant i\leqslant n} |c_i|^p}$$

$$= \varepsilon.$$

【评注】　(a) 注意到 $S(a,b]$ ($(a,b]$ 上的阶梯函数) 和 $\mathcal{S}\left((a,b],\mathcal{B}(a,b]\right)$ 都是 $L^p\left((a,b],\mathcal{B}(a,b],\lambda\right)$ 的子空间. 本题的结论可简述为: $S(a,b]$ 在 $\mathcal{S}\left((a,b],\mathcal{B}(a,b]\right)$ 中稠密.

(b) 本题与引理 9.20 结合可得一个十分有用的结论: $(a,b]$ 上的阶梯函数全体 $S(a,b]$ 在 $L^p\left((a,b],\mathcal{B}(a,b],\lambda\right)$ 中稠密, 再结合习题 9.22 可进一步得到: $(a,b]$ 上的连续函数全体 $C(a,b]$ 在 $L^p\left((a,b],\mathcal{B}(a,b],\lambda\right)$ 中稠密, 其中 $p\geqslant 1$.

(c) 本题将应用于习题 17.4 的证明.

9.24　设 $\mathcal{F}_0$ 是 $\mathcal{F}$ 的一个子 σ 代数, 使得 $\forall A\in\mathcal{F}, \exists B\in\mathcal{F}_0$, 满足 $\mu(A\Delta B)=0$, 则对一切 $p\geqslant 1$, $L^p(\Omega,\mathcal{F}_0,\mu)$ 在 $L^p(\Omega,\mathcal{F},\mu)$ 中按 L^p 范数稠密.

证明　任取 $f\in L^p(\Omega,\mathcal{F},\mu)$, 由定理 5.20 之 (ii) 知, 存在 $f_n\in\mathcal{S}(\Omega,\mathcal{F})$, 使得 $|f_n|\leqslant|f|$, 且 $f_n\to f$. 于是 $f_n\in L^p$, 且 $|f_n-f|^p\leqslant 2^p|f|^p$, 故由控制收敛定理知 $\int_\Omega |f_n-f|^p \mathrm{d}\mu \to 0$, 这表明 $\forall\varepsilon>0$, 当 N 充分大时, 有 $\|f-f_N\|_p<\varepsilon$.

设 $f_N=\sum\limits_{i=1}^{l} a_i I_{A_i}$, 对每个 A_i, 取 $B_i\in\mathcal{F}_0$, 使得 $\mu(A_i\Delta B_i)=0$, 注意到 $g=\sum\limits_{i=1}^{l} a_i I_{B_i}\in L^p(\Omega,\mathcal{F}_0,\mu)$,

$$\|f_N-g\|_p \leqslant \sum_{i=1}^{l} |a_i|\, \|I_{A_i}-I_{B_i}\|_p = \sum_{i=1}^{l} |a_i|\, \|I_{A_i\Delta B_i}\|_p$$

$$= \sum_{i=1}^{l} |a_i| \left[\mu\left(A_i\Delta B_i\right)\right]^{\frac{1}{p}} = 0,$$

我们有

$$\|f-g\|_p \leqslant \|f-f_N\|_p + \|f_N-g\|_p < \varepsilon,$$

这就完成了 $L^p(\Omega,\mathcal{F}_0,\mu)$ 在 $L^p(\Omega,\mathcal{F},\mu)$ 中按 L^p 范数稠密的证明.

9.25　设 $p\geqslant 1$, $\mathcal{H}$ 由 (9.12) 式定义, 证明 $\mathcal{H}$ 在 $\mathcal{S}(\Omega,\mathcal{F}_0)\cap L^p$ 中稠密.

证明　任取 $f\in\mathcal{S}(\Omega,\mathcal{F}_0)\cap L^p$, 因而 f 可表示成 $f=\sum\limits_{i=1}^{n_0} a_i I_{A_i}$, 其中诸

$A_i \in \mathcal{F}_0$, $\mu(A_i) < \infty$. $\forall \varepsilon > 0$, 因为 $\mathcal{D}$ 是生成 $\mathcal{F}_0$ 的一个代数, 所以由习题 4.14 知, $\exists D_i \in \mathcal{D}$, s.t. $\mu(A_i \Delta D_i) < \varepsilon$, $i = 1, 2, \cdots, n_0$. 令 $g = \sum\limits_{i=1}^{n_0} d_i I_{D_i} \in \mathcal{H}$, 其中 $d_i \in \mathbb{Q}$, $|a_i - d_i| < \varepsilon$, 于是

$$\|f - g\|_p \leqslant \left\| \sum_{i=1}^{n_0} a_i I_{A_i} - \sum_{i=1}^{n_0} d_i I_{A_i} \right\|_p + \left\| \sum_{i=1}^{n_0} d_i I_{A_i} - \sum_{i=1}^{n_0} d_i I_{D_i} \right\|_p$$

$$\leqslant \sum_{i=1}^{n_0} |a_i - d_i| \left[\mu(A_i) \right]^{\frac{1}{p}} + \sum_{i=1}^{n_0} |d_i| \left[\mu(A_i \Delta D_i) \right]^{\frac{1}{p}}$$

$$< \varepsilon \sum_{i=1}^{n_0} \left[\mu(A_i) \right]^{\frac{1}{p}} + \varepsilon^{\frac{1}{p}} \sum_{i=1}^{n_0} (|a_i| + \varepsilon),$$

这表明 $\mathcal{H}$ 在 $\mathcal{S}(\Omega, \mathcal{F}_0) \cap L^p$ 中稠密.

9.26 设 $\mathcal{H}$ 是由可数多个 $f \in \mathcal{L}(\Omega, \mathcal{F})$ 形成的集合, 则 $\sigma(\mathcal{H})$ 是可分 σ 代数.

证明 注意到 $\mathcal{E} = \{(-\infty, r], r \in \mathbb{Q}\}$ 是 $\mathcal{B}(\mathbb{R})$ 的一个生成元 (习题 3.22), 我们有

$$\sigma(\mathcal{H}) = \sigma\left(\bigcup_{f \in \mathcal{H}} f^{-1}(\mathcal{B}(\mathbb{R})) \right) = \sigma\left(\bigcup_{f \in \mathcal{H}} f^{-1}(\mathcal{E}) \right),$$

由 $\mathcal{H}$ 可数推出 $\mathcal{C} = \bigcup\limits_{f \in \mathcal{H}} f^{-1}(\mathcal{E})$ 可数, 故 $\sigma(\mathcal{H})$ 可分.

9.27 证明引理 9.26.

证明 (i) 由测度的从下连续性知

$$\lim_{n \to \infty} \nu^+(A_n) = \nu^+\left(\lim_{n \to \infty} A_n \right), \quad \lim_{n \to \infty} \nu^-(A_n) = \nu^-\left(\lim_{n \to \infty} A_n \right).$$

又由定理 8.11 知 ν^+, ν^- 中至少有一个是有限测度, 所以 $\nu^+\left(\lim\limits_{n \to \infty} A_n \right) - \nu^-\left(\lim\limits_{n \to \infty} A_n \right)$ 有意义, 于是

$$\lim_{n \to \infty} \nu(A_n) = \lim_{n \to \infty} \left[\nu^+(A_n) - \nu^-(A_n) \right] = \lim_{n \to \infty} \nu^+(A_n) - \lim_{n \to \infty} \nu^-(A_n)$$

$$= \nu^+\left(\lim_{n \to \infty} A_n \right) - \nu^-\left(\lim_{n \to \infty} A_n \right) = \nu\left(\lim_{n \to \infty} A_n \right).$$

(ii) 由 $\nu(A_{n_0}) \in \mathbb{R}$ 知 $\nu^+(A_{n_0}) < \infty$ 且 $\nu^-(A_{n_0}) < \infty$, 所以测度的从上连续性仍然保证

$$\lim_{n \to \infty} \nu^+(A_n) = \nu^+\left(\lim_{n \to \infty} A_n \right), \quad \lim_{n \to \infty} \nu^-(A_n) = \nu^-\left(\lim_{n \to \infty} A_n \right).$$

接下来的推理过程与 (i) 完全相同, 从而 (ii) 得证.

9.28 证明 $\mathcal{M}(\Omega, \mathcal{F})$ 是 $\mathbb{R}$ 上的线性空间, 即

$$\nu_1, \nu_2 \in \mathcal{M}(\Omega, \mathcal{F}), a_1, a_2 \in \mathbb{R} \Rightarrow a_1\nu_1 + a_2\nu_2 \in \mathcal{M}(\Omega, \mathcal{F}).$$

证明　显然, $a_1\nu_1 + a_2\nu_2$ 满足定义 8.4 之 (i). 若 $A_1, A_2, \cdots \in \mathcal{F}$ 两两不交, 注意到 $\sum\limits_{n=1}^{\infty} \nu_1(A_n)$, $\sum\limits_{n=1}^{\infty} \nu_2(A_n)$ 都绝对收敛, 则

$$
\begin{aligned}
(a_1\nu_1 + a_2\nu_2)\left(\biguplus_{n=1}^{\infty} A_n\right) &= a_1\nu_1\left(\biguplus_{n=1}^{\infty} A_n\right) + a_2\nu_2\left(\biguplus_{n=1}^{\infty} A_n\right) \\
&= a_1\sum_{n=1}^{\infty} \nu_1(A_n) + a_2\sum_{n=1}^{\infty} \nu_2(A_n) \\
&= \sum_{n=1}^{\infty} (a_1\nu_1 + a_2\nu_2)(A_n),
\end{aligned}
$$

即 $a_1\nu_1 + a_2\nu_2$ 满足定义 8.4 之 (ii). 故 $a_1\nu_1 + a_2\nu_2$ 是 $\mathcal{F}$ 上的符号测度, 于是 $\mathcal{M}(\Omega, \mathcal{F})$ 是线性空间.

9.29 证明 $\|\cdot\|_{\mathrm{var}}$ 是 $\mathcal{M}(\Omega, \mathcal{F})$ 上的范数.

证明　设 $\nu, \nu_1, \nu_2 \in \mathcal{M}(\Omega, \mathcal{F})$, $a \in \mathbb{R}$.

(1) 由习题 8.5 评注之 (d),

$$
\begin{aligned}
\|a\nu\|_{\mathrm{var}} &= (a\nu)^+(\Omega) + (a\nu)^-(\Omega) \\
&= \begin{cases} a\nu^+(\Omega) + a\nu^-(\Omega), & a \geqslant 0, \\ -a\nu^-(\Omega) - a\nu^+(\Omega), & a \geqslant 0 \end{cases} = |a|\,\|\nu\|_{\mathrm{var}}.
\end{aligned}
$$

(2) 仍然由习题 8.5 评注之 (d),

$$
\begin{aligned}
\|\nu_1 + \nu_2\|_{\mathrm{var}} &= (\nu_1 + \nu_2)^+(\Omega) + (\nu_1 + \nu_2)^-(\Omega) \\
&\leqslant [\nu_1^+(\Omega) + \nu_2^+(\Omega)] + [\nu_1^-(\Omega) + \nu_2^-(\Omega)] \\
&= \|\nu_1\|_{\mathrm{var}} + \|\nu_2\|_{\mathrm{var}}.
\end{aligned}
$$

(3) 当 $\|\nu\|_{\mathrm{var}} = 0$ 时, 显然有 $\nu = 0$.

综上, $\|\cdot\|_{\mathrm{var}}$ 是 $\mathcal{M}(\Omega, \mathcal{F})$ 上的范数.

【评注】　综合习题 9.28 和习题 9.29 知, $(\mathcal{M}(\Omega, \mathcal{F}), \|\cdot\|_{\mathrm{var}})$ 为赋范线性空间.

9.30 对每个 $\nu \in \mathcal{M}(\Omega, \mathcal{F})$, 定义 $\|\nu\| = \sup\{|\nu(A)| : A \in \mathcal{F}\}$, 则

(1) $\|\cdot\|$ 是 $\mathcal{M}(\Omega, \mathcal{F})$ 上的范数;

(2) $\|\cdot\|$ 与 $\|\cdot\|_{\mathrm{var}}$ 等价.

证明 (1) 设 $\nu, \nu_1, \nu_2 \in \mathcal{M}(\Omega, \mathcal{F})$, $a \in \mathbb{R}$.

(a) 由 $\|\cdot\|$ 的定义,

$$\|a\nu\| = \sup\{|a\nu(A)| : A \in \mathcal{F}\} = |a|\sup\{|\nu(A)| : A \in \mathcal{F}\} = |a|\|\nu\|.$$

(b) 由 $\|\cdot\|$ 的定义,

$$\|\nu_1 + \nu_2\| = \sup\{|\nu_1(A) + \nu_2(A)| : A \in \mathcal{F}\}$$

$$\leqslant \sup\{|\nu_1(A)| : A \in \mathcal{F}\} + \sup\{|\nu_2(A)| : A \in \mathcal{F}\}$$

$$= \|\nu_1\| + \|\nu_2\|.$$

(c) 当 $\|\nu\| = 0$ 时, 显然有 $\nu = 0$.

综上, $\|\cdot\|$ 是 $\mathcal{M}(\Omega, \mathcal{F})$ 上的范数.

(2) 设 (P, N) 是 ν 的一个 Hahn 分解, 则由习题 8.4 得

$$\|\nu\|_{\mathrm{var}} = |\nu|(\Omega) = \nu^+(\Omega) + \nu^-(\Omega) = \nu(P) - \nu(N)$$

$$= \sup\{\nu(A) : A \in \mathcal{F}\} - \inf\{\nu(A) : A \in \mathcal{F}\}$$

$$\leqslant 2\sup\{|\nu(A)| : A \in \mathcal{F}\} = 2\|\nu\|.$$

另一方面,

$$\|\nu\| = \sup\{|\nu(A)| : A \in \mathcal{F}\}$$

$$\leqslant \sup\{\nu(A) : A \in \mathcal{F}\} + \sup\{-\nu(A) : A \in \mathcal{F}\}$$

$$= \nu(P) - \nu(N) = \|\nu\|_{\mathrm{var}},$$

故 $\|\nu\|_{\mathrm{var}} \leqslant 2\|\nu\| \leqslant 2\|\nu\|_{\mathrm{var}}$, 这表明 $\|\cdot\|$ 与 $\|\cdot\|_{\mathrm{var}}$ 等价.

9.31 设 $\nu \in \mathcal{M}(\Omega, \mathcal{F})$, f 是 Ω 上有界 $\mathcal{F}$-可测函数, 则 $\left|\int f \mathrm{d}\nu\right| \leqslant \int |f| \mathrm{d}|\nu|$.

证明 为证明所给等式, 我们分两步完成.

(a) 设 f 为非负有界可测函数, 则由定理 5.20 知, 存在非负简单可测函数列 $\{f_n, n \geqslant 1\}$ 使得 $f_n \uparrow f$, 从而由单调收敛定理得

$$\left|\int f \mathrm{d}\nu\right| = \left|\int f \mathrm{d}\nu^+ - \int f \mathrm{d}\nu^-\right| \leqslant \int f \mathrm{d}\nu^+ + \int f \mathrm{d}\nu^-$$

$$= \lim_{n\to\infty} \int f_n \mathrm{d}\nu^+ + \lim_{n\to\infty} \int f_n \mathrm{d}\nu^- = \lim_{n\to\infty} \left[\int f_n \mathrm{d}\nu^+ + \int f_n \mathrm{d}\nu^- \right]$$

$$= \lim_{n\to\infty} \int f_n d\,|\nu| = \int f d\,|\nu|,$$

这说明欲证等式对非负可测函数成立.

(b) 对一般有界可测函数 f, 由 (a) 得

$$\left| \int f \mathrm{d}\nu \right| = \left| \int f \mathrm{d}\nu^+ - \int f \mathrm{d}\nu^- \right| \leqslant \left| \int f \mathrm{d}\nu^+ \right| + \left| \int f \mathrm{d}\nu^- \right|$$

$$\leqslant \int |f|\, \mathrm{d}\nu^+ + \int |f|\, \mathrm{d}\nu^- = \int |f|\, d\,|\nu|,$$

这就完成了欲证不等式的证明.

9.3　一致可积族

9.3.1　内容提要

定义 9.29　称函数族 $\{f_t, t \in T\} \subset L^1(\Omega, \mathcal{F}, \mu)$ **一致可积**, 如果

$$\lim_{a\to\infty} \sup_{t\in T} \int_{\{|f_t|>a\}} |f_t|\, \mathrm{d}\mu = 0.$$

命题 9.30　(i) 由有限个可积函数所成的函数族一致可积;

(ii) 若 $\{f_t, t\in T\}$, $\{g_t, t\in T\}$ 都一致可积, 则 $\{f_t + g_t, t\in T\}$, $\{f_t - g_t, t\in T\}$, $\{|f_t|, t\in T\}$ 也都一致可积;

(iii) 若 $f_0 \in L^1$, 则函数族 $\{f \in \mathcal{L}(\Omega, \mathcal{F}) : |f| \leqslant |f_0|\}$ 一致可积;

(iv) 若对每个 $t\in T, |f_t| \leqslant |g_t|$ a.e., 且 $\{g_t, t\in T\}$ 一致可积, 则 $\{f_t, t\in T\}$ 一致可积.

定理 9.31　设 $(\Omega, \mathcal{F}, \mu)$ 为有限测度空间, $\{f_t, t\in T\} \subset L^1(\Omega, \mathcal{F}, \mu)$ 一致可积当且仅当

(i) (积分一致有界) $\displaystyle\sup_{t\in T} \int |f_t|\, \mathrm{d}\mu < \infty$;

(ii) (积分一致绝对连续[①]) $\forall \varepsilon > 0, \exists \delta > 0$, 使对任何满足 $\mu(A) \leqslant \delta$ 的 $A \in \mathcal{F}$, 都有

$$\sup_{t\in T} \int_A |f_t|\, \mathrm{d}\mu \leqslant \varepsilon.$$

---

① 推论 7.20 针对的是一个可积函数, 谈的是绝对连续性, 这里针对的是一族可积函数, 谈的是一致绝对连续性.

定理 9.32 设 $(\Omega, \mathcal{F}, \mu)$ 为有限测度空间, $\{f_t, t \in T\} \subset L^1(\Omega, \mathcal{F}, \mu)$, 则下列条件等价:

(i) $\{f_t, t \in T\}$ 一致可积;

(ii) 存在 $[0, \infty)$ 上满足 $\lim\limits_{x \to \infty} \dfrac{\varphi(x)}{x} = \infty$ 的非负 Borel 可测函数 φ, 使得 $\sup\limits_{t \in T} \int \varphi(|f_t|) \, \mathrm{d}\mu < \infty$, 并且可以要求 φ 是单调不减的凸函数.

定理 9.33 设 $p > 0$, r.v. 序列 $\{X_n, n \geqslant 1\}$ 满足 $\mathrm{E}|X_n|^p < \infty, n \geqslant 1$, 则下列各条等价:

(i) $X_n \xrightarrow{P} X$, 且 $\{|X_n|^p\}$ 一致可积;

(ii) $X_n \xrightarrow{L^p} X$;

(iii) $X_n \xrightarrow{P} X$, 且 $\mathrm{E}|X_n|^p \to \mathrm{E}|X|^p < \infty$.

9.3.2 习题 9.3 解答与评注

9.32 (依概率收敛未必 L^p 收敛) 设 r.v. X_n 的分布列为 $P\{X_n = n\} = \dfrac{1}{\log n}$, $P\{X_n = 0\} = 1 - \dfrac{1}{\log n}$, 证明 $X_n \xrightarrow{P} 0$ 但对任何 $p > 0$, $X_n \xrightarrow{L^p} 0$ 都不成立.

证明 $X_n \xrightarrow{P} 0$ 是显然的, 但因为

$$\mathrm{E}|X_n|^p = n^p \cdot \frac{1}{\log n} + 0^p \cdot \left(1 - \frac{1}{\log n}\right) = \frac{n^p}{\log n} \to \infty,$$

所以 $X_n \xrightarrow{L^p} 0$ 不成立.

【评注】 让依概率收敛上升为 L^p 收敛的方法很多, 参见定理 9.33、习题 9.40 等.

9.33 设 $(\Omega, \mathcal{F}, \mu)$ 为有限测度空间, $p > 0$, 可测函数族 $\{f_t, t \in T\}$ 满足 $\sup\limits_{t \in T} \int |f_t|^p \, \mathrm{d}\mu < \infty$, 则对任意的 $0 < r < p$, $\{|f_t|^r, t \in T\}$ 一致可积.

证明 在定理 9.32 中取 $\varphi(x) = |x|^{\frac{p}{r}}$ 即得.

【评注】 (a) 对 r.v. 族 $\{X_t, t \in T\}$, 若存在某个 $p > 1$, 使 $\{|X_t|^p\}$ 一致可积, 则 $\{X_t\}$ 一致可积;

(b) 本题将应用于定理 24.25 的证明.

9.34 若 r.v. 族 $\{X_t, t \in T\}$ 满足

$$\sup_{t \in T} |\mathrm{E}X_t| < \infty, \quad \sup_{t \in T} \mathrm{Var} X_t < \infty,$$

则 $\{X_t\}$ 一致可积.

证明　注意到

$$\sup_{t\in T}\mathrm{E}X_t^2=\sup_{t\in T}\left[(\mathrm{E}X_t)^2+\mathrm{Var}X_t\right]\leqslant\sup_{t\in T}|\mathrm{E}X_t|^2+\sup_{t\in T}\mathrm{Var}X_t<\infty,$$

在习题 9.33 中取 $p=2$ 即得欲证.

9.35[①]　设 $p\geqslant 1$, $\{X_n,n\geqslant 1\}$ 是同分布于 X 的 r.v. 序列, $\mathrm{E}|X|^p<\infty$. 令 $Y_n=\left|\dfrac{1}{n}\sum\limits_{k=1}^{n}X_k\right|^p$, 则 $\{Y_n,n\geqslant 1\}$ 一致可积.

证明　由命题 9.30 之 (i) 知 $\{|X|^p\}$ 一致可积, 进而由定理 9.32 知, 存在单调不减的凸函数 $\varphi:[0,\infty)\to[0,\infty)$, 使得 $\lim\limits_{x\to\infty}\dfrac{\varphi(x)}{x}=\infty$ 且 $C:=\mathrm{E}\varphi(|X|^p)<\infty$. 为证 $\{Y_n,n\geqslant 1\}$ 一致可积, 再一次使用定理 9.32, 只需证明对每个 $n\geqslant 1$, $\mathrm{E}\varphi(Y_n)\leqslant C$.

事实上, 先对凸函数 $x\mapsto|x|^p$ 使用习题 9.8 得 $Y_n\leqslant\dfrac{1}{n}\sum\limits_{k=1}^{n}|X_k|^p$, 然后对凸函数 φ 再一次使用习题 9.8 得

$$\varphi(Y_n)\leqslant\varphi\left(\frac{1}{n}\sum_{k=1}^{n}|X_k|^p\right)\leqslant\frac{1}{n}\sum_{k=1}^{n}\varphi(|X_k|^p),$$

由此 $\mathrm{E}\varphi(Y_n)\leqslant\dfrac{1}{n}\sum\limits_{k=1}^{n}\mathrm{E}\varphi(|X_k|^p)=C$.

【评注】　本题将应用于习题 19.4 的证明.

9.36　设 $\{X_n,n\geqslant 1\}$ 是可积 r.v. 序列, 若 $\lim\limits_{a\to\infty}\varlimsup\limits_{n\to\infty}\mathrm{E}|X_n|\,I\{|X_n|>a\}=0$, 则 $\{X_n\}$ 一致可积.

证明　$\forall\varepsilon>0$, 由 $\lim\limits_{a\to\infty}\varlimsup\limits_{n\to\infty}\mathrm{E}|X_n|\,I\{|X_n|>a\}=0$ 知, 存在 $a_0>0$, 使得

$$\varlimsup_{n\to\infty}\mathrm{E}|X_n|\,I\{|X_n|>a_0\}<\varepsilon,$$

即

$$\lim_{k\to\infty}\sup_{n\geqslant k}\mathrm{E}|X_n|\,I\{|X_n|>a_0\}<\varepsilon,$$

进而存在自然数 n_0, 使得

$$\sup_{n\geqslant n_0}\mathrm{E}|X_n|\,I\{|X_n|>a_0\}<\varepsilon.$$

于是, 当 $a>a_0$ 时,

$$\sup_{n\geqslant 1}\mathrm{E}|X_n|\,I\{|X_n|>a\}$$

---

① 本题应该与习题 14.25 比较.

$$\leqslant \sup_{1 \leqslant n < n_0} \mathrm{E}|X_n| \, I\{|X_n| > a\} + \sup_{n \geqslant n_0} \mathrm{E}|X_n| \, I\{|X_n| > a\}$$

$$\leqslant \sup_{1 \leqslant n < n_0} \mathrm{E}|X_n| \, I\{|X_n| > a\} + \sup_{n \geqslant n_0} \mathrm{E}|X_n| \, I\{|X_n| > a_0\}$$

$$\leqslant \sup_{1 \leqslant n < n_0} \mathrm{E}|X_n| \, I\{|X_n| > a\} + \varepsilon,$$

进而由可积性得

$$\lim_{a \to \infty} \sup_{n \geqslant 1} \mathrm{E}|X_n| \, I\{|X_n| > a\} \leqslant \varepsilon,$$

由 ε 的任意性得 $\lim\limits_{a \to \infty} \sup\limits_{n \geqslant 1} \mathrm{E}|X_n| \, I\{|X_n| > a\} = 0$, 这表明 $\{X_n\}$ 一致可积.

【评注】 本题将应用于习题 12.25 之 (2) 的证明.

9.37[①] 设 $\mathrm{E}|X|^p < \infty$, 其中 $p > 0$, 利用一致可积性证明 $\lim\limits_{x \to \infty} x^p P\{|X| \geqslant x\} = 0$.

证明 注意到 $\{|X|^p\}$ 一致可积, 我们有

$$\lim_{x \to \infty} \int_{\{|X| \geqslant x\}} |X|^p \, \mathrm{d}P = 0,$$

而

$$|x|^p \, P\{|X| \geqslant x\} \leqslant \int_{\{|X| \geqslant x\}} |X|^p \, \mathrm{d}P,$$

所以 $\lim\limits_{x \to \infty} x^p P\{|X| \geqslant x\} = 0$.

【评注】 注记 19.26 和习题 19.13 的推导过程都将使用如下结论: 若 r.v. X 满足 $\mathrm{E}|X| < \infty$, 则 $nP\{|X| \geqslant n\} \to 0$.

9.38 (1) 设 $\{c_n, n \geqslant 1\}$ 为一实数列, 如果对 $\{c_n\}$ 的任何子列都存在进一步的子列, 其上极限不大于 $a \in \overline{\mathbb{R}}$, 那么 $\varlimsup\limits_{n \to \infty} c_n \leqslant a$; 类似地, 如果对 $\{c_n\}$ 的任何子列都存在进一步的子列, 其下极限不小于 $b \in \overline{\mathbb{R}}$, 那么 $\varliminf\limits_{n \to \infty} c_n \geqslant b$;

(2) 设 $\{f, f_n, n \geqslant 1\}$ 是可测函数列, $f_n \xrightarrow{\mu} f$, 则 $\int |f| \, \mathrm{d}\mu \leqslant \varliminf\limits_{n \to \infty} \int |f_n| \, \mathrm{d}\mu$.

证明 (1) 我们仅证上极限情形 (下极限情形同理可证), 这又可分为如下三种情况.

(a) 假设 $a = \infty$, 此时结论显然成立.

(b) 假设 $a = -\infty$, 谬设 $\varlimsup\limits_{n \to \infty} c_n = a' > -\infty$, 此时任取 $\varepsilon_0 > 0$, 根据上极限的定义, 当 $k \to \infty$ 时, $\sup\limits_{n \geqslant k} c_n \downarrow a'$, 所以 $\sup\limits_{n \geqslant 1} c_n \geqslant a'$, 故存在 $n_1 \in \mathbb{N}$, 使得 $c_{n_1} > a' - \varepsilon_0$.

---

① 例 7.30 利用连续参数的控制收敛定理证明过本题的结论.

又由于 $\sup\limits_{n\geqslant n_1+1} c_n \geqslant a'$, 所以存在 $n_2 \in \mathbb{N}$, $n_2 > n_1$, 使得 $c_{n_2} > a' - \varepsilon_0$.

继续这个过程, 终得 $\{c_n, n \geqslant 1\}$ 的一个子列 $\{c_{n_j}, j \geqslant 1\}$, 显然这个子列的任何更进一步的子列的上极限都大于 $a' - \varepsilon_0 > -\infty$, 此与题设条件矛盾, 这就完成了 $\varlimsup\limits_{n\to\infty} c_n = -\infty$ 的证明.

(c) 假设 $a \in \mathbb{R}$, 谬设 $\varlimsup\limits_{n\to\infty} c_n = a' > a$, 此时可取 ε_0 满足 $0 < 2\varepsilon_0 < a' - a$. 根据上极限的定义, 当 $k \to \infty$ 时, $\sup\limits_{n\geqslant k} c_n \downarrow a'$, 所以 $\sup\limits_{n\geqslant 1} c_n \geqslant a'$, 故存在 $n_1 \in \mathbb{N}$, 使得 $c_{n_1} > a' - \varepsilon_0 > a + \varepsilon_0$.

又由于 $\sup\limits_{n\geqslant n_1+1} c_n \geqslant a'$, 所以存在 $n_2 \in \mathbb{N}$, $n_2 > n_1$, 使得 $c_{n_2} > a' - \varepsilon_0 > a+\varepsilon_0$.

继续这个过程, 终得 $\{c_n, n \geqslant 1\}$ 的一个子列 $\{c_{n_j}, j \geqslant 1\}$, 显然这个子列的任何更进一步的子列的上极限都大于 a, 此与题设条件矛盾, 这就完成了 $\varlimsup\limits_{n\to\infty} c_n \leqslant a$ 的证明.

(2) 由 $f_n \xrightarrow{\mu} f$ 及推论 6.21 知, 对 $\{f_n, n \geqslant 1\}$ 的任何子列 $\{f_{n_k}, k \geqslant 1\}$, 都存在其子列 $\left\{f_{n_{k_l}}, l \geqslant 1\right\}$, 使得 $f_{n_{k_l}} \xrightarrow{\text{a.e.}} f$.

由 Fatou 引理, $\int |f|\mathrm{d}\mu \leqslant \varliminf\limits_{l\to\infty} \int \left|f_{n_{k_l}}\right|\mathrm{d}\mu$, 所以由已证的 (1) 知 $\int |f|\mathrm{d}\mu \leqslant \varliminf\limits_{n\to\infty} \int |f_n|\mathrm{d}\mu$.

9.39 若 r.v. 序列 $\{X, X_n, n \geqslant 1\}$ 满足 $X_n \xrightarrow{P} X$, 则对 X 的每个连续点 x (即 $P\{X = x\} = 0$) 都有 $I_{\{X_n \leqslant x\}} \xrightarrow{P} I_{\{X \leqslant x\}}$ 和 $I_{\{X_n > x\}} \xrightarrow{P} I_{\{X > x\}}$.

证明　注意到 $\{X > x\} = \bigcup\limits_{m=1}^{\infty} \left\{X \geqslant x + \dfrac{1}{m}\right\}$, 由概率测度的从下连续性得

$$P\{X_n \leqslant x, X > x\} = \lim_{m\to\infty} P\left\{X_n \leqslant x, X \geqslant x + \frac{1}{m}\right\},$$

故对任意的 $\delta > 0$, 存在自然数 m_0, 使得

$$P\{X_n \leqslant x, X > x\} - P\left\{X_n \leqslant x, X \geqslant x + \frac{1}{m_0}\right\} < \delta.$$

于是

$$P\{X_n \leqslant x, X > x\} < P\left\{X_n \leqslant x, X \geqslant x + \frac{1}{m_0}\right\} + \delta$$
$$\leqslant P\left\{X - X_n \geqslant \frac{1}{m_0}\right\} + \delta$$

$$\leqslant P\left\{|X - X_n| \geqslant \frac{1}{m_0}\right\} + \delta.$$

令 $n \to \infty$, 由 $X_n \xrightarrow{P} X$ 及 δ 的任意性得 $P\{X_n \leqslant x, X > x\} \to 0$.

由 $\{X < x\} = \bigcup\limits_{m=1}^{\infty}\left\{X \leqslant x + \dfrac{1}{m}\right\}$, 并注意到 $P\{X = x\} = 0$ 得

$$P\{X_n > x, X \leqslant x\} = P\{X_n > x, X < x\} = \lim_{m \to \infty} P\left\{X_n > x, X \leqslant x - \frac{1}{m}\right\},$$

故对任意的 $\delta > 0$, 存在自然数 m_0, 使得

$$P\{X_n > x, X \leqslant x\} - P\left\{X_n > x, X \leqslant x - \frac{1}{m_0}\right\} < \delta,$$

于是

$$P\{X_n > x, X \leqslant x\} < P\left\{X_n > x, X \leqslant x - \frac{1}{m_0}\right\} + \delta$$

$$\leqslant P\left\{X_n - X \geqslant \frac{1}{m_0}\right\} + \delta$$

$$\leqslant P\left\{|X - X_n| \geqslant \frac{1}{m_0}\right\} + \delta.$$

令 $n \to \infty$, 由 $X_n \xrightarrow{P} X$ 及 δ 的任意性得 $P\{X_n > x, X \leqslant x\} \to 0$.

对任意的 $\varepsilon > 0$, 应用 $|I_A - I_B| = I_{A \triangle B}$ 及 Markov 不等式 (定理 14.2) 得

$$P\left\{\left|I_{\{X_n \leqslant x\}} - I_{\{X \leqslant x\}}\right| > \varepsilon\right\}$$

$$= P\left\{I_{\{X_n \leqslant x\} \triangle \{X \leqslant x\}} > \varepsilon\right\}$$

$$\leqslant \frac{1}{\varepsilon} E I_{\{X_n \leqslant x\} \triangle \{X \leqslant x\}} = \frac{1}{\varepsilon} P(\{X_n \leqslant x\} \triangle \{X \leqslant x\})$$

$$= \frac{1}{\varepsilon} P\{X_n \leqslant x, X > x\} + \frac{1}{\varepsilon} P\{X_n > x, X \leqslant x\} \to 0,$$

于是第一个结论得证. 第二个结论是第一个结论的直接结果.

9.40 设 $p > 0, \{X_n, n \geqslant 1\}$ 是一致有界的 r.v. 序列, 则 $X_n \xrightarrow{P} X$ 当且仅当 $X_n \xrightarrow{L^p} X$.

证明 由 $\{X_n, n \geqslant 1\}$ 一致有界推知 $\{|X_n|^p, n \geqslant 1\}$ 一致可积, 进而定理 9.33 得到欲证.

【评注】   在依概率收敛的基础上, 附加什么条件就可以变成 L^p 收敛, 这是概率论中经常要考虑的问题, 这个问题已由定理 9.33 给予了回答, 本题给出了一个更容易实现的附加条件的方法.

9.41   若非负 r.v. 序列 $\{X_n, n \geqslant 1\}$ 满足 $EX_n \to 0$, 则 $\{X_n\}$ 一致可积.

证明   由定理 9.33 即得.

【评注】   本题不能由习题 9.33 得到, 而只能得到 $\{X_n^p\}$ 一致可积, 其中 $0 < p < 1$.

9.42   若 r.v. 序列 $\{X_n, n \geqslant 1\}$ 一致可积, 则

(1) $\left\{\dfrac{1}{n} \max\limits_{1 \leqslant k \leqslant n} |X_k|, n \geqslant 1\right\}$ 一致可积;

(2) $\lim\limits_{n \to \infty} E\left(\dfrac{1}{n} \max\limits_{1 \leqslant k \leqslant n} |X_k|\right) = 0.$

证明   (1) 由定理 9.31 及 $\{X_n, n \geqslant 1\}$ 一致可积知 $\sup\limits_{n \geqslant 1} E|X_n| < \infty$, 且 $\forall \varepsilon > 0, \exists \delta > 0$, 使对任何满足 $P(A) \leqslant \delta$ 的 $A \in \mathcal{F}$, 都有 $\sup\limits_{n \geqslant 1} \int_A |X_n| \mathrm{d}P \leqslant \varepsilon$, 从而

$$\sup_{n \geqslant 1} E\left(\frac{1}{n} \max_{1 \leqslant k \leqslant n} |X_k|\right) \leqslant \sup_{n \geqslant 1} E\left(\frac{1}{n} \sum_{k=1}^{n} |X_k|\right)$$

$$= \sup_{n \geqslant 1} \frac{1}{n} \sum_{k=1}^{n} E|X_k| \leqslant \sup_{n \geqslant 1} E|X_n| < \infty,$$

$$\sup_{n \geqslant 1} \int_A \frac{1}{n} \max_{1 \leqslant k \leqslant n} |X_k| \mathrm{d}P \leqslant \sup_{n \geqslant 1} \int_A \frac{1}{n} \sum_{k=1}^{n} |X_k| \mathrm{d}P$$

$$= \sup_{n \geqslant 1} \frac{1}{n} \sum_{k=1}^{n} \int_A |X_k| \mathrm{d}P \leqslant \varepsilon,$$

故 $\left\{\dfrac{1}{n} \max\limits_{1 \leqslant k \leqslant n} |X_k|, n \geqslant 1\right\}$ 一致可积.

(2) 为证 $\lim\limits_{n \to \infty} E\left(\dfrac{1}{n} \max\limits_{1 \leqslant k \leqslant n} |X_k|\right) = 0$, 由定理 9.33, 并注意到已证的 (1), 只需证明 $\dfrac{1}{n} \max\limits_{1 \leqslant k \leqslant n} |X_k| \xrightarrow{P} 0.$

事实上, $\forall \varepsilon > 0$, 当 $n \to \infty$ 时,

$$P\left\{\frac{1}{n} \max_{1 \leqslant k \leqslant n} |X_k| \geqslant \varepsilon\right\} = P\left\{\max_{1 \leqslant k \leqslant n} |X_k| \geqslant n\varepsilon\right\} = P\left(\bigcup_{k=1}^{n} \{|X_k| \geqslant n\varepsilon\}\right)$$

$$\leqslant \sum_{k=1}^{n} P\{|X_k| \geqslant n\varepsilon\} \leqslant \sum_{k=1}^{n} \frac{1}{n\varepsilon} \mathrm{E}\,|X_k|\,I_{\{|X_k|\geqslant n\varepsilon\}}$$

$$= \frac{1}{n\varepsilon} \sum_{k=1}^{n} \mathrm{E}\,|X_k|\,I_{\{|X_k|\geqslant n\varepsilon\}} = \frac{1}{\varepsilon} \sup_{k\geqslant 1} \mathrm{E}\,|X_k|\,I_{\{|X_k|\geqslant n\varepsilon\}} \to 0.$$

【评注】 若 $\{X_n, n \geqslant 1\}$ 是同分布的 r.v. 序列, 且 $\mathrm{E}\,|X_1| < \infty$, 则本题题设条件满足, 因而本题结论成立.

9.43 对 r.v. 序列 $\{X_n, n \geqslant 1\}$, $\{Y_n, n \geqslant 1\}$, 若 $\{X_n\}$ 一致可积, $Y_n \xrightarrow{P} 0$, 则 $X_n Y_n \xrightarrow{P} 0$.

证明 $\forall \varepsilon > 0$,

$$P\{|X_n Y_n| \geqslant \varepsilon\} = P\{|X_n Y_n| \geqslant \varepsilon, |X_n| < a\} + P\{|X_n Y_n| \geqslant \varepsilon, |X_n| \geqslant a\}$$

$$\leqslant P\left\{|Y_n| \geqslant \frac{\varepsilon}{a}\right\} + P\{|X_n| \geqslant a\}$$

$$\leqslant P\left\{|Y_n| \geqslant \frac{\varepsilon}{a}\right\} + \frac{1}{a}\mathrm{E}\,|X_n|\,I_{\{|X_n|\geqslant a\}}$$

$$\leqslant P\left\{|Y_n| \geqslant \frac{\varepsilon}{a}\right\} + \frac{1}{a}\sup_{n\geqslant 1} \mathrm{E}\,|X_n|\,I_{\{|X_n|\geqslant a\}},$$

先令 $n \to \infty$, 再令 $a \to \infty$ 即得 $P\{|X_n Y_n| \geqslant \varepsilon\} \to 0$, 这表明 $X_n Y_n \xrightarrow{P} 0$.

第 10 章　乘积可测空间上的测度与积分

本章的首要任务是在乘积可测空间上建立乘积测度, 当把每个因子空间都限制为概率空间时, 有限乘积测度空间就给出了有限次独立试验的概率模型, 可列无穷乘积测度空间就给出了独立试验序列的概率模型.

建立在抽象空间上的 Fubini 定理揭示了高维积分与低维积分之间的关系, 它是数学分析中重积分与累次积分之间关系的推广.

10.1　乘积可测空间

10.1.1　内容提要

定义 10.1　设 $(\Omega_1, \mathcal{F}_1), (\Omega_2, \mathcal{F}_2), \cdots, (\Omega_n, \mathcal{F}_n)$ 是 n 个可测空间, **可测矩形**全体

$$\mathcal{C} = \left\{ \underset{i=1}{\overset{n}{\times}} A_i : A_i \in \mathcal{F}_i, i = 1, 2, \cdots, n \right\}$$

是 $\underset{i=1}{\overset{n}{\times}} \Omega_i$ 上的一半代数, 称由 $\mathcal{C}$ 生成的 σ 代数为 $\mathcal{F}_1, \mathcal{F}_2, \cdots, \mathcal{F}_n$ 的**乘积 σ 代数**, 记作 $\underset{i=1}{\overset{n}{\times}} \mathcal{F}_i$ 或 $\mathcal{F}_1 \times \mathcal{F}_2 \times \cdots \times \mathcal{F}_n$, 即

$$\underset{i=1}{\overset{n}{\times}} \mathcal{F}_i = \sigma(\mathcal{C}),$$

称 $\left(\underset{i=1}{\overset{n}{\times}} \Omega_i, \underset{i=1}{\overset{n}{\times}} \mathcal{F}_i \right)$ 为 $(\Omega_1, \mathcal{F}_1), (\Omega_2, \mathcal{F}_2), \cdots, (\Omega_n, \mathcal{F}_n)$ 的**乘积可测空间**.

定义 10.2　设 $\{(\Omega_t, \mathcal{F}_t), t \in T\}$ 为一族可测空间, $\pi_t: \underset{t \in T}{\times} \Omega_t \to \Omega_t$ 为坐标映射, 称

$$\underset{t \in T}{\times} \mathcal{F}_t = \sigma \left(\bigcup_{t \in T} \pi_t^{-1} (\mathcal{F}_t) \right)$$

为 $\mathcal{F}_t, t \in T$ 的乘积 σ 代数, 称 $\left(\underset{t \in T}{\times} \Omega_t, \underset{t \in T}{\times} \mathcal{F}_t \right)$ 为 $(\Omega_t, \mathcal{F}_t), t \in T$ 的乘积可测空间.

注记 10.3　设 $\{(\Omega_t, \mathcal{T}_t), t \in T\}$ 是一族拓扑空间, $\underset{t \in T}{\times} \Omega_t$ 上的乘积 σ 代数 $\underset{t \in T}{\times} \sigma(\mathcal{T}_t)$ 是使每个坐标映射 π_t 都可测的最小 σ 代数, 而 $\underset{t \in T}{\times} \Omega_t$ 上的乘积拓扑 $\underset{t \in T}{\times} \mathcal{T}_t$ 是使每个坐标映射 π_t 都连续的最粗拓扑.

引理 10.4 设 $\varnothing \neq I \subset T$, 则 $\pi_I \in \underset{t \in T}{\times} \mathcal{F}_t / \underset{t \in I}{\times} \mathcal{F}_t$.

定理 10.5 令 $\mathcal{P}_0$ (相应地, $\mathcal{P}$) 为指标集 T 的非空有限 (相应地, 至多可数) 子集全体, 则

(i) 可测矩形全体

$$\mathcal{C} = \bigcup_{I \in \mathcal{P}_0} \left\{ \pi_I^{-1} \left(\underset{t \in I}{\times} A_t \right) : A_t \in \mathcal{F}_t, t \in I \right\}$$

为 $\underset{t \in T}{\times} \Omega_t$ 上的半代数, 且 $\sigma(\mathcal{C}) = \underset{t \in T}{\times} \mathcal{F}_t$;

(ii) **可测柱集**全体

$$\mathcal{D} = \bigcup_{I \in \mathcal{P}_0} \pi_I^{-1} \left(\underset{t \in I}{\times} \mathcal{F}_t \right)$$

为 $\underset{t \in T}{\times} \Omega_t$ 上的代数, 且 $\sigma(\mathcal{D}) = \underset{t \in T}{\times} \mathcal{F}_t$;

(iii) $\bigcup_{I \in \mathcal{P}} \pi_I^{-1} \left(\underset{t \in I}{\times} \mathcal{F}_t \right)$ 为 $\underset{t \in T}{\times} \Omega_t$ 上的 σ 代数, 且 $\underset{t \in T}{\times} \mathcal{F}_t = \bigcup_{I \in \mathcal{P}} \pi_I^{-1} \left(\underset{t \in I}{\times} \mathcal{F}_t \right)$.

定理 10.6 设 T 是 $\mathbb{R}$ 中的不可数子集, 则 $\mathcal{B}\left(\mathbb{R}^T\right) = \underset{t \in T}{\times} \mathcal{B}(\mathbb{R})$.

10.1.2 习题 10.1 解答与评注

10.1 (1) 对任意的拓扑空间 $\Omega_1, \Omega_2, \cdots, \Omega_n$, 总有 $\underset{i=1}{\overset{n}{\times}} \mathcal{B}(\Omega_i) \subset \mathcal{B}\left(\underset{i=1}{\overset{n}{\times}} \Omega_i\right)$.
进一步, 如果 $\Omega_1, \Omega_2, \cdots, \Omega_n$ 都是第二可数空间, 那么 $\underset{i=1}{\overset{n}{\times}} \mathcal{B}(\Omega_i) = \mathcal{B}\left(\underset{i=1}{\overset{n}{\times}} \Omega_i\right)$.

(2) 对任意的拓扑空间 $\Omega_1, \Omega_2, \cdots, \Omega_n, \cdots$, 总有 $\underset{n=1}{\overset{\infty}{\times}} \mathcal{B}(\Omega_n) \subset \mathcal{B}\left(\underset{n=1}{\overset{\infty}{\times}} \Omega_n\right)$.
进一步, 如果 $\Omega_1, \Omega_2, \cdots, \Omega_n \cdots$ 都是第二可数空间, 那么 $\underset{n=1}{\overset{\infty}{\times}} \mathcal{B}(\Omega_n) = \mathcal{B}\left(\underset{n=1}{\overset{\infty}{\times}} \Omega_n\right)$.

证明 我们仅 (2), 可完全类似地证 (1).

对每个 $n \geqslant 1$, 由例 2.36 知坐标映射 $\pi_n : \underset{n=1}{\overset{\infty}{\times}} \Omega_n \to \Omega_n$ 连续, 从而 π_n 可测, 于是当 $A_n \in \mathcal{B}(\Omega_n)$ 时, 有

$$\pi_n^{-1}(A_n) \in \mathcal{B}\left(\underset{n=1}{\overset{\infty}{\times}} \Omega_n\right),$$

这表明 $\underset{n=1}{\overset{\infty}{\times}} \mathcal{B}(\Omega_n) \subset \mathcal{B}\left(\underset{n=1}{\overset{\infty}{\times}} \Omega_n\right)$.

为证进一步的结论, 假设诸 Ω_n 都是第二可数空间, 其可数基为 $\mathcal{U}_n$, 那么由定理 2.49 的证明过程知

$$\mathcal{U} = \{U_1 \times X_2 \times \cdots : U_1 \in \mathcal{U}_1\} \cup \{U_1 \times U_2 \times X_3 \times \cdots : U_1 \in \mathcal{U}_1, U_2 \in \mathcal{U}_2\} \cup \cdots$$

是 $\underset{n=1}{\overset{\infty}{\times}} \Omega_n$ 的可数基, 于是 $\underset{n=1}{\overset{\infty}{\times}} \Omega_n$ 中任一开集可表示成 $\mathcal{U}$ 中元素的并, 而 $\mathcal{U}$ 中每一集合属于 $\underset{n=1}{\overset{\infty}{\times}} \mathcal{B}(\Omega_n)$, 故 $\underset{n=1}{\overset{\infty}{\times}} \Omega_n$ 中任一开集属于 $\underset{n=1}{\overset{\infty}{\times}} \mathcal{B}(\Omega_n)$, 由此推得

$$\mathcal{B}\left(\underset{n=1}{\overset{\infty}{\times}} \Omega_n\right) \subset \underset{n=1}{\overset{\infty}{\times}} \mathcal{B}(\Omega_n).$$

【评注】 (a) 对任意一族拓扑空间 $\{\Omega_t, t \in T\}$, 几乎照搬上述证明过程可证 $\underset{t \in T}{\times} \mathcal{B}(\Omega_t) \subset \mathcal{B}\left(\underset{t \in T}{\times} \Omega_t\right)$. 但必须强调的是, 即使每个 Ω_t 都具有可数基, 也未必有 $\underset{t \in T}{\times} \mathcal{B}(\Omega_t) = \mathcal{B}\left(\underset{t \in T}{\times} \Omega_t\right)$. 仅从这个角度来审视, 可数无限与不可数无限是有本质区别的.

(b) $\mathcal{B}(\mathbb{R}^m) \times \mathcal{B}(\mathbb{R}^n) = \mathcal{B}(\mathbb{R}^m \times \mathbb{R}^n)$.

(c) $\underset{i=1}{\overset{n}{\times}} \mathcal{B}(\mathbb{R}) = \mathcal{B}(\mathbb{R}^n)$.

(d) $\underset{n=1}{\overset{\infty}{\times}} \mathcal{B}(\mathbb{R}) = \mathcal{B}(\mathbb{R}^\infty)$.

10.2 (1) 设 T 为一指标集, 则

$$\bigcup_{t \in T} (A_1 \times \cdots \times A_{i-1} \times A_{i,t} \times A_{i+1} \times \cdots \times A_n)$$

$$= A_1 \times \cdots \times A_{i-1} \times \left(\bigcup_{t \in T} A_{i,t}\right) \times A_{i+1} \times \cdots \times A_n;$$

(2) 若 $\underset{i=1}{\overset{n}{\times}} B_i \subset \underset{i=1}{\overset{n}{\times}} A_i$, 则

$$\left(\underset{i=1}{\overset{n}{\times}} A_i\right) \setminus \left(\underset{i=1}{\overset{n}{\times}} B_i\right) = \underset{k=1}{\overset{n}{\biguplus}} \underset{l=1}{\overset{C_n^k}{\biguplus}} \left(\underset{i=1}{\overset{n}{\times}} D_{i,k,l}\right),$$

其中 $D_{i,k,l} = A_i \setminus B_i$ 或 B_i, 并且在 $D_{1,k,l}, D_{2,k,l}, \cdots, D_{n,k,l}$ 中恰有 k 个是 $A_i \setminus B_i$, 剩下的 $n-k$ 个是 B_i, 显然对固定的 $k = 1, 2, \cdots, n$, 共有 C_n^k 项 $\underset{i=1}{\overset{n}{\times}} D_{i,k,l}$;

(3) 由 (10.1) 式定义的 $\mathcal{C}$, 即

$$\mathcal{C} = \left\{\underset{i=1}{\overset{n}{\times}} A_i : A_i \in \mathcal{F}_i, i = 1, 2, \cdots, n\right\}$$

是 $\underset{i=1}{\overset{n}{\times}} \Omega_i$ 上的半代数.

解 (1) $(\omega_1, \omega_2, \cdots, \omega_n) \in \underset{t \in T}{\bigcup} (A_1 \times \cdots \times A_{i-1} \times A_{i,t} \times A_{i+1} \times \cdots \times A_n)$

$\Leftrightarrow \exists t \in T,$ s.t. $(\omega_1, \omega_2, \cdots, \omega_n) \in A_1 \times \cdots \times A_{i-1} \times A_{i,t} \times A_{i+1} \times \cdots \times A_n$

$\Leftrightarrow \exists t \in T,$ s.t. $\omega_1 \in A_1, \cdots, \omega_{i-1} \in A_{i-1}, \omega_i \in A_{i,t}, \omega_{i+1} \in A_{i+1}, \cdots, \omega_n \in A_n$

$\Leftrightarrow \omega_1 \in A_1, \cdots, \omega_{i-1} \in A_{i-1}, \omega_i \in \underset{t \in T}{\bigcup} A_{i,t}, \omega_{i+1} \in A_{i+1}, \cdots, \omega_n \in A_n$

$\Leftrightarrow (\omega_1, \omega_2, \cdots, \omega_n) \in A_1 \times \cdots \times A_{i-1} \times \left(\underset{t \in T}{\bigcup} A_{i,t} \right) \times A_{i+1} \times \cdots \times A_n.$

(2) 由于 $\underset{i=1}{\overset{n}{\times}} B_i \subset \underset{i=1}{\overset{n}{\times}} A_i$, 且 $\underset{i=1}{\overset{n}{\times}} B_i$ 与 $\underset{k=1}{\overset{n}{\biguplus}} \underset{l=1}{\overset{C_n^k}{\biguplus}} \left(\underset{i=1}{\overset{n}{\times}} D_{i,k,l} \right)$ 不交, 所以为证

$\left(\underset{i=1}{\overset{n}{\times}} A_i \right) \setminus \left(\underset{i=1}{\overset{n}{\times}} B_i \right) = \underset{k=1}{\overset{n}{\biguplus}} \underset{l=1}{\overset{C_n^k}{\biguplus}} \left(\underset{i=1}{\overset{n}{\times}} D_{i,k,l} \right)$, 只需证明 $\underset{i=1}{\overset{n}{\times}} A_i = \underset{k=1}{\overset{n}{\biguplus}} \underset{l=1}{\overset{C_n^k}{\biguplus}} \left(\underset{i=1}{\overset{n}{\times}} D_{i,k,l} \right) \biguplus$

$\left(\underset{i=1}{\overset{n}{\times}} B_i \right)$, 而这通过反复使用 (1) 即得.

(3) 下面证明 $\mathcal{C}$ 满足半环的三个条件.

(a) 只要某个 $A_i = \varnothing$, 则由性质 1.10 之 (i) 知 $\underset{i=1}{\overset{n}{\times}} A_i = \varnothing$, 从而 $\varnothing \in \mathcal{C}$.

(b) 由性质 1.10 之 (iv) 知 $\left(\underset{i=1}{\overset{n}{\times}} A_i \right) \cap \left(\underset{i=1}{\overset{n}{\times}} B_i \right) = \underset{i=1}{\overset{n}{\times}} (A_i \cap B_i)$, 故 $\mathcal{C}$ 是 π 类.

(c) 由已证的 (2) 知, $\mathcal{C}$ 中具有包含关系的任两元素之真差都能表示成 $\mathcal{C}$ 中元素的有限不交并.

因而 $\mathcal{C}$ 是 $\underset{i=1}{\overset{n}{\times}} \Omega_i$ 上的半环, 又显然 $\underset{i=1}{\overset{n}{\times}} \Omega_i \in \mathcal{C}$, 因而 $\mathcal{C}$ 是半代数.

【评注】 (a) 这里我们对本题之 (2) 作一些具体化, 比如, 当 $B_1 \times B_2 \subset A_1 \times A_2$ 时,

$(A_1 \times A_2) \setminus (B_1 \times B_2) = [(A_1 \setminus B_1) \times B_2] \biguplus [B_1 \times (A_2 \setminus B_2)] \biguplus [(A_1 \setminus B_1) \times (A_2 \setminus B_2)]$;

当 $B_1 \times B_2 \times B_3 \subset A_1 \times A_2 \times A_3$ 时,

$(A_1 \times A_2 \times A_3) \setminus (B_1 \times B_2 \times B_3)$

$= [(A_1 \setminus B_1) \times B_2 \times B_3] \biguplus [B_1 \times (A_2 \setminus B_2) \times B_3] \biguplus [B_1 \times B_2 \times (A_3 \setminus B_3)]$

$\biguplus [(A_1 \setminus B_1) \times (A_2 \setminus B_2) \times B_3] \biguplus [(A_1 \setminus B_1) \times B_2 \times (A_3 \setminus B_3)]$

$\biguplus [B_1 \times (A_2 \setminus B_2) \times (A_3 \setminus B_3)] \biguplus [(A_1 \setminus B_1) \times (A_2 \setminus B_3) \times (A_3 \setminus B_3)].$

(b) 本题之 (2) 将应用于引理 11.29 的证明.

10.3　证明定理 10.5 之 (i) 的前半部分, 即可测矩形全体

$$\mathcal{C} = \bigcup_{I \in \mathcal{P}_0} \left\{ \pi_I^{-1}\left(\underset{t \in I}{\times} A_t \right) : A_t \in \mathcal{F}_t, t \in I \right\}$$

为 $\underset{t \in T}{\times} \Omega_t$ 上的半代数, 其中 $\mathcal{P}_0$ 为 T 的非空有限子集全体.

证明　$\mathcal{C}$ 为 $\underset{t \in T}{\times} \Omega_t$ 上的半代数由以下几条保证:

(a) $\forall I \in \mathcal{P}_0$, 取 $A_t = \varnothing$, $t \in I$, 则 $\pi_I^{-1}\left(\underset{t \in I}{\times} A_t \right) = \pi_I^{-1}(\varnothing) = \varnothing$, 这表明 $\varnothing \in \mathcal{C}$.

(b) $\forall I \in \mathcal{P}_0$, 取 $A_t = \Omega_t$, $t \in I$, 则 $\pi_I^{-1}\left(\underset{t \in I}{\times} A_t \right) = \pi_I^{-1}\left(\underset{t \in I}{\times} \Omega_t \right) = \underset{t \in T}{\times} \Omega_t$, 这表明 $\underset{t \in T}{\times} \Omega_t \in \mathcal{C}$.

(c) $\forall I_1, I_2 \in \mathcal{P}_0$, 取 $\pi_{I_1}^{-1}\left(\underset{t \in I_1}{\times} A_t \right)$, $\pi_{I_2}^{-1}\left(\underset{t \in I_2}{\times} B_t \right) \in \mathcal{S}$, 其中 $\underset{t \in I_1}{\times} A_t \in \underset{t \in I_1}{\times} \mathcal{F}_t$, $\underset{t \in I_2}{\times} B_t \in \underset{t \in I_2}{\times} \mathcal{F}_t$. 记 $I = I_1 \cup I_2$, 则 $I \in \mathcal{P}_0$. 又取 $A_t = \Omega_t$, $t \in I \backslash I_1$, $B_t = \Omega_t$, $t \in I \backslash I_2$, 则

$$\pi_{I_1}^{-1}\left(\underset{t \in I_1}{\times} A_t \right) = \pi_I^{-1}\left(\underset{t \in I}{\times} A_t \right), \quad \pi_{I_2}^{-1}\left(\underset{t \in I_2}{\times} B_t \right) = \pi_I^{-1}\left(\underset{t \in I}{\times} B_t \right),$$

于是

$$\pi_{I_1}^{-1}\left(\underset{t \in I_1}{\times} A_t \right) \cap \pi_{I_2}^{-1}\left(\underset{t \in I_2}{\times} B_t \right) = \pi_I^{-1}\left(\underset{t \in I}{\times} A_t \right) \cap \pi_I^{-1}\left(\underset{t \in I}{\times} B_t \right)$$

$$= \pi_I^{-1}\left(\left(\underset{t \in I}{\times} A_t \right) \cap \left(\underset{t \in I}{\times} B_t \right) \right)$$

$$= \pi_I^{-1}\left(\underset{t \in I}{\times} (A_t \cap B_t) \right),$$

这表明 $\mathcal{C}$ 对交封闭.

(d) $\forall I_1, I_2 \in \mathcal{P}_0$, 取 $\pi_{I_1}^{-1}\left(\underset{t \in I_1}{\times} A_t \right)$, $\pi_{I_2}^{-1}\left(\underset{t \in I_2}{\times} B_t \right) \in \mathcal{C}$, 且 $\pi_{I_1}^{-1}\left(\underset{t \in I_1}{\times} A_t \right) \subset \pi_{I_2}^{-1}\left(\underset{t \in I_2}{\times} B_t \right)$. 记 $I = I_1 \cup I_2$, 类似于 (c) 的处理, 我们可以写

$$\pi_{I_1}^{-1}\left(\underset{t \in I_1}{\times} A_t \right) = \pi_I^{-1}\left(\underset{t \in I}{\times} A_t \right), \quad \pi_{I_2}^{-1}\left(\underset{t \in I_2}{\times} B_t \right) = \pi_I^{-1}\left(\underset{t \in I}{\times} B_t \right),$$

于是

$$\pi_{I_2}^{-1}\left(\underset{t\in I_2}{\times}B_t\right)\Big\backslash\pi_{I_1}^{-1}\left(\underset{t\in I_1}{\times}A_t\right)=\pi_I^{-1}\left(\underset{t\in I}{\times}B_t\right)\Big\backslash\pi_I^{-1}\left(\underset{t\in I}{\times}A_t\right)$$

$$=\pi_I^{-1}\left(\underset{t\in I}{\times}B_t\Big\backslash\underset{t\in I}{\times}A_t\right).$$

由习题 10.1 之 (2) 知, $\underset{t\in I}{\times}B_t\backslash\underset{t\in I}{\times}A_t$ (不妨假设 $\underset{t\in I}{\times}A_t\subset\underset{t\in I}{\times}B_t$) 可以表示成有限多个形如 $\underset{t\in I}{\times}C_t$ (其中诸 $C_t\in\mathcal{F}_t$) 之并, 从而 $\pi_{I_2}^{-1}\left(\underset{t\in I_2}{\times}B_t\right)\Big\backslash\pi_{I_1}^{-1}\left(\underset{t\in I_1}{\times}A_t\right)$ 可以表示成 $\mathcal{C}$ 中有限多个成员的不交并.

10.4 证明定理 10.5 之 (ii) 的前半部分, 即可测柱形全体 $\mathcal{D}=\underset{I\in\mathcal{P}_0}{\bigcup}\pi_I^{-1}\left(\underset{t\in I}{\times}\mathcal{F}_t\right)$ 为 $\underset{t\in T}{\times}\Omega_t$ 上的代数, 其中 $\mathcal{P}_0$ 为 T 的非空有限子集全体.

证明 $\mathcal{D}$ 为 $\underset{t\in T}{\times}\Omega_t$ 上的代数由以下几条保证:

(a) 任意固定 $t_0\in T$, 显然 $\underset{t\in T}{\times}\Omega_t=\pi_{t_0}^{-1}(\Omega_{t_0})$, 这表明 $\underset{t\in T}{\times}\Omega_t\in\mathcal{D}$.

(b) 若 $\pi_I^{-1}(A)\in\mathcal{D}$, 其中 $A\in\underset{t\in I}{\times}\mathcal{F}_t$, 则 $\left[\pi_I^{-1}(A)\right]^{\rm c}=\pi_I^{-1}(A^{\rm c})$, 注意到 $A^{\rm c}\in\underset{t\in I}{\times}\mathcal{F}_t$, 我们有 $\left[\pi_I^{-1}(A)\right]^{\rm c}\in\mathcal{D}$, 这表明 $\mathcal{D}$ 对补封闭.

(c) $\forall I_1,I_2\in\mathcal{P}_0$, 取 $\pi_{I_1}^{-1}(A),\pi_{I_2}^{-1}(B)\in\mathcal{D}$, 其中 $A\in\underset{t\in I_1}{\times}\mathcal{F}_t,B\in\underset{t\in I_2}{\times}\mathcal{F}_t$, 记 $I=I_1\cup I_2$, 则 $I\in\mathcal{P}_0$, 且

$$\pi_{I_1}^{-1}(A)\cup\pi_{I_2}^{-1}(B)=\pi_I^{-1}\left(A\times\left(\underset{t\in I\backslash I_1}{\times}\Omega_t\right)\right)\cup\pi_I^{-1}\left(B\times\left(\underset{t\in I\backslash I_2}{\times}\Omega_t\right)\right)$$

$$=\pi_I^{-1}\left(\left(A\times\left(\underset{t\in I\backslash I_1}{\times}\Omega_t\right)\right)\cup\left(B\times\left(\underset{t\in I\backslash I_2}{\times}\Omega_t\right)\right)\right).$$

注意到 $\left(A\times\left(\underset{t\in I\backslash I_1}{\times}\Omega_t\right)\right)\cup\left(B\times\left(\underset{t\in I\backslash I_2}{\times}\Omega_t\right)\right)\in\underset{t\in I}{\times}\mathcal{F}_t$, 我们有 $\pi_{I_1}^{-1}(A)\cup\pi_{I_2}^{-1}(B)\in\mathcal{D}$, 这表明 $\mathcal{D}$ 对有限并封闭.

10.5 证明定理 10.5 之 (iii) 的前半部分, 即 $\underset{I\in\mathcal{P}}{\bigcup}\pi_I^{-1}\left(\underset{t\in I}{\times}\mathcal{F}_t\right)$ 为 $\underset{t\in T}{\times}\Omega_t$ 上的 σ 代数, 其中 $\mathcal{P}$ 为 T 的非空至多可数子集全体.

证明 $\underset{I\in\mathcal{P}}{\bigcup}\pi_I^{-1}\left(\underset{t\in I}{\times}\mathcal{F}_t\right)$ 为 $\underset{t\in T}{\times}\Omega_t$ 上的 σ 代数由以下几条保证:

(a) 显然, $\bigcup\limits_{I\in\mathcal{P}} \pi_I^{-1}\left(\mathop{\times}\limits_{t\in I}\mathcal{F}_t\right) \supset \mathcal{D}$, 而上题已经证明 $\mathcal{D}$ 为 $\mathop{\times}\limits_{t\in T}\Omega_t$ 上的代数, 所以

$$\mathop{\times}\limits_{t\in T}\Omega_t \in \bigcup\limits_{I\in\mathcal{P}} \pi_I^{-1}\left(\mathop{\times}\limits_{t\in I}\mathcal{F}_t\right).$$

(b) 完全类似于习题 10.4 中 (b) 的证明, $\bigcup\limits_{I\in\mathcal{P}} \pi_I^{-1}\left(\mathop{\times}\limits_{t\in I}\mathcal{F}_t\right)$ 对补封闭.

(c) 设 $\{I_n, n \geqslant 1\} \subset \mathcal{P}$, 取 $\pi_{I_n}^{-1}\left(A^{(n)}\right) \in \bigcup\limits_{I\in\mathcal{P}} \pi_I^{-1}\left(\mathop{\times}\limits_{t\in I}\mathcal{F}_t\right)$, 其中 $A^{(n)} \in \mathop{\times}\limits_{t\in I_n}\mathcal{F}_t, n \geqslant 1$. 记 $I = \bigcup\limits_{n=1}^{\infty} I_n$, 则 $I \in \mathcal{P}$, 且

$$\bigcup\limits_{n=1}^{\infty} \pi_{I_n}^{-1}\left(A^{(n)}\right) = \bigcup\limits_{n=1}^{\infty} \pi_I^{-1}\left(A^{(n)} \times \left(\mathop{\times}\limits_{t\in I\setminus I_n}\Omega_t\right)\right)$$

$$= \pi_I^{-1}\left(\bigcup\limits_{n=1}^{\infty} \left(A^{(n)} \times \left(\mathop{\times}\limits_{t\in I\setminus I_n}\Omega_t\right)\right)\right).$$

注意到 $A^{(n)} \times \left(\mathop{\times}\limits_{t\in I\setminus I_n}\Omega_t\right) = \left(\pi_{I_n}^I\right)^{-1}\left(A^{(n)}\right)$, 由引理 10.4 知 $A^{(n)} \times \left(\mathop{\times}\limits_{t\in I\setminus I_n}\Omega_t\right) \in \mathop{\times}\limits_{t\in I}\mathcal{F}_t$, 故 $\bigcup\limits_{n=1}^{\infty} \pi_{I_n}^{-1}\left(A^{(n)}\right) \in \pi_I^{-1}\left(\mathop{\times}\limits_{t\in I}\mathcal{F}_t\right)$, 这表明 $\bigcup\limits_{I\in\mathcal{P}} \pi_I^{-1}\left(\mathop{\times}\limits_{t\in I}\mathcal{F}_t\right)$ 对有限并封闭.

10.6　设 $\{(\Omega_t, \mathcal{F}_t), t \in T\}$ 为一族可测空间, 对每个 $t \in T$, $\mathcal{E}_t$ 为 $\mathcal{F}_t$ 的生成元, 则 $\mathop{\times}\limits_{t\in T}\mathcal{F}_t = \sigma\left(\bigcup\limits_{t\in T} \pi_t^{-1}\left(\mathcal{E}_t\right)\right)$.

证明　由 $\mathop{\times}\limits_{t\in T}\mathcal{F}_t$ 的定义及命题 3.20,

$$\mathop{\times}\limits_{t\in T}\mathcal{F}_t = \sigma\left(\bigcup\limits_{t\in T} \pi_t^{-1}\left(\mathcal{F}_t\right)\right) = \sigma\left(\bigcup\limits_{t\in T} \pi_t^{-1}\left(\sigma\left(\mathcal{E}_t\right)\right)\right) = \sigma\left(\bigcup\limits_{t\in T} \sigma\left(\pi_t^{-1}\left(\mathcal{E}_t\right)\right)\right).$$

一方面, 显见 $\sigma\left(\bigcup\limits_{t\in T} \sigma\left(\pi_t^{-1}\left(\mathcal{E}_t\right)\right)\right) \supset \sigma\left(\bigcup\limits_{t\in T} \pi_t^{-1}\left(\mathcal{E}_t\right)\right)$, 即

$$\mathop{\times}\limits_{t\in T}\mathcal{F}_t \supset \sigma\left(\bigcup\limits_{t\in T} \pi_t^{-1}\left(\mathcal{E}_t\right)\right).$$

另一方面, 由 $\sigma\left(\pi_t^{-1}\left(\mathcal{E}_t\right)\right) \subset \sigma\left(\bigcup\limits_{t\in T} \pi_t^{-1}\left(\mathcal{E}_t\right)\right)$ 知, $\sigma\left(\bigcup\limits_{t\in T} \sigma\left(\pi_t^{-1}\left(\mathcal{E}_t\right)\right)\right) \subset$

$\sigma\left(\bigcup_{t\in T}\pi_t^{-1}\left(\mathcal{E}_t\right)\right)$, 即

$$\underset{t\in T}{\times}\mathcal{F}_t\subset\sigma\left(\bigcup_{t\in T}\pi_t^{-1}\left(\mathcal{E}_t\right)\right).$$

10.7 (习题 10.6 续) 设 $\{(\Omega_t,\mathcal{F}_t),t\in T\}$ 为一族可测空间, $\mathcal{P}_0$ 为 T 的非空有限子集全体, 对每个 $I\in\mathcal{P}_0,\mathcal{E}_I$ 为 $\underset{t\in I}{\times}\mathcal{F}_t$ 的生成元, 则 $\underset{t\in T}{\times}\mathcal{F}_t=\sigma\left(\bigcup_{I\in\mathcal{P}_0}\pi_I^{-1}\left(\mathcal{E}_I\right)\right)$.

证明 由习题 10.6, $\underset{t\in T}{\times}\mathcal{F}_t\subset\sigma\left(\bigcup_{I\in\mathcal{P}_0}\pi_I^{-1}\left(\mathcal{E}_I\right)\right)$. 反过来, 对每个 $I\in\mathcal{P}_0$, 由定理 10.5 之 (ii) 知

$$\pi_I^{-1}\left(\mathcal{E}_I\right)\subset\pi_I^{-1}\left(\underset{t\in I}{\times}\mathcal{F}_t\right)\subset\underset{t\in T}{\times}\mathcal{F}_t,$$

从而 $\sigma\left(\bigcup_{I\in\mathcal{P}_0}\pi_I^{-1}\left(\mathcal{E}_I\right)\right)\subset\underset{t\in T}{\times}\mathcal{F}_t$.

10.8 (命题 5.16 续) 设 $(\Omega,\mathcal{F})$ 为可测空间, $\boldsymbol{f}:\Omega\to\mathbb{R}^\infty$, 记 $f_n=\pi_n\circ\boldsymbol{f}$, 其中 π_n 是 $\mathbb{R}^\infty$ 到 $\mathbb{R}$ 第 n 个的坐标映射, $n\geqslant 1$, 则 $\boldsymbol{f}=(f_1,f_2,\cdots)$. 证明:

$$\boldsymbol{f}\in\mathcal{F}/\mathcal{B}\left(\mathbb{R}^\infty\right)\Leftrightarrow f_n\in\mathcal{F}/\mathcal{B}\left(\mathbb{R}\right),n\geqslant 1.$$

证明 "$\Rightarrow$". 对每个 $n\geqslant 1$, 由引理 10.4 知 $\pi_n\in\mathcal{B}\left(\mathbb{R}^\infty\right)/\mathcal{B}\left(\mathbb{R}\right)$, 进而由注记 5.2 之 (ii) 知 $f_n=\pi_n\circ\boldsymbol{f}\in\mathcal{F}/\mathcal{B}\left(\mathbb{R}\right)$.

"$\Leftarrow$". 由 $\mathcal{B}\left(\mathbb{R}^\infty\right)\left(\text{即}\underset{n=1}{\overset{\infty}{\times}}\mathcal{B}\left(\mathbb{R}\right)\right)$ 的定义,

$$\boldsymbol{f}^{-1}(\mathcal{B}\left(\mathbb{R}^\infty\right))=\boldsymbol{f}^{-1}\left(\sigma\left(\bigcup_{n=1}^{\infty}\pi_n^{-1}(\mathcal{B}\left(\mathbb{R}\right))\right)\right)=\sigma\left(\boldsymbol{f}^{-1}\left(\bigcup_{n=1}^{\infty}\pi_n^{-1}(\mathcal{B}\left(\mathbb{R}\right))\right)\right)$$

$$=\sigma\left(\bigcup_{n=1}^{\infty}\boldsymbol{f}^{-1}\left(\pi_n^{-1}(\mathcal{B}\left(\mathbb{R}\right))\right)\right)=\sigma\left(\bigcup_{n=1}^{\infty}f_n^{-1}(\mathcal{B}\left(\mathbb{R}\right))\right)\subset\mathcal{F}.$$

【评注】 若 $\{X_n,n\geqslant 1\}$ 是随机变量序列, 则 $\boldsymbol{X}=(X_1,X_2,\cdots)$ 是 $\mathbb{R}^\infty$ 值随机元; 反过来, 若 $\boldsymbol{X}=(X_1,X_2,\cdots)$ 是 $\mathbb{R}^\infty$ 值随机元, 则 $\{X_n,n\geqslant 1\}$ 是随机变量序列. 因此, 可以将随机变量序列等同于 $\mathbb{R}^\infty$ 值随机元.

10.9 (习题 5.26 续) 设 $f_1,f_2,\cdots$ 都是 $(\Omega,\mathcal{F})$ 上的可测函数, $\boldsymbol{f}=(f_1,f_2,\cdots)$, 则由习题 10.8 知 $\boldsymbol{f}\in\mathcal{F}/\mathcal{B}\left(\mathbb{R}^\infty\right)$, 证明:

(1) 由 $\boldsymbol{f}$ 生成的 σ 代数与由 $f_1,f_2,\cdots$ 生成的 σ 代数相等, 即 $\sigma(\boldsymbol{f})=\overset{\infty}{\underset{n=1}{\bigvee}}\sigma(f_n)$;

(2) 函数 $\varphi : \Omega \to \mathbb{R}$ 为 $\sigma(\boldsymbol{f})$-可测的充分必要条件是存在一个可测映射 $g : \mathbb{R}^{\infty} \to \mathbb{R}$, 使得 $h = g \circ \boldsymbol{f}$, 即 $h(\omega) = g(f_1(\omega), f_2(\omega), \cdots)$.

证明　(1) 由 $\bigvee\limits_{n=1}^{\infty} \sigma(f_n)$ 的定义, 本题归结于证明

$$\boldsymbol{f}^{-1}(\mathcal{B}(\mathbb{R}^{\infty})) = \sigma\left(\bigcup_{n=1}^{\infty} f_n^{-1}(\mathcal{B}(\mathbb{R}))\right).$$

用 π_n 表示从 $\mathbb{R}^{\infty}$ $\left(\text{即} \mathop{\times}\limits_{n=1}^{\infty} \mathbb{R}_n, \text{其中} \mathbb{R}_n \equiv \mathbb{R}\right)$ 到 $\mathbb{R}_n$ 的坐标映射, 显然 $f_n = \pi_n \circ \boldsymbol{f}$. 设 $A \in \mathcal{B}(\mathbb{R})$, 则一方面, 由

$$\boldsymbol{f}^{-1}\left(\pi_n^{-1}(A)\right) = f_n^{-1}(A)$$

得 $\boldsymbol{f}^{-1}(\pi_n^{-1}(A)) \in \sigma\left(\bigcup\limits_{n=1}^{\infty} f_n^{-1}(\mathcal{B}(\mathbb{R}))\right)$, 从而

$$\boldsymbol{f}^{-1}\left(\sigma\left(\bigcup_{n=1}^{\infty} \pi_n^{-1}(\mathcal{B}(\mathbb{R}))\right)\right) = \sigma\left(\boldsymbol{f}^{-1}\left(\bigcup_{n=1}^{\infty} \pi_n^{-1}(\mathcal{B}(\mathbb{R}))\right)\right)$$

$$\subset \sigma\left(\bigcup_{n=1}^{\infty} f_n^{-1}(\mathcal{B}(\mathbb{R}))\right),$$

即 $\boldsymbol{f}^{-1}(\mathcal{B}(\mathbb{R}^{\infty})) \subset \sigma\left(\bigcup\limits_{n=1}^{\infty} f_n^{-1}(\mathcal{B}(\mathbb{R}))\right)$ $\left(\text{注意到} \mathcal{B}(\mathbb{R}^{\infty}) = \mathop{\times}\limits_{n=1}^{\infty} \mathcal{B}(\mathbb{R})\right)$.

另一方面, 由

$$f_n^{-1}(A) = \boldsymbol{f}^{-1}\left(\pi_n^{-1}(A)\right)$$

得 $f_n^{-1}(\mathcal{B}(\mathbb{R})) \subset \boldsymbol{f}^{-1}(\mathcal{B}(\mathbb{R}^{\infty}))$, 从而 $\sigma\left(\bigcup\limits_{n=1}^{\infty} f_n^{-1}(\mathcal{B}(\mathbb{R}))\right) \subset \boldsymbol{f}^{-1}(\mathcal{B}(\mathbb{R}^{\infty}))$.

(2) 由定理 5.21 即得.

10.10[①]　设 $\{\mathcal{F}_t, t \in T\}$ 是 Ω 上一族 σ 代数, 则对每个 $\Lambda \in \bigvee\limits_{t \in T} \mathcal{F}_t$, 总存在 T 的某个可数子集 I, 使得 $\Lambda \in \bigvee\limits_{t \in I} \mathcal{F}_t$.

证明　令

$$\mathcal{F} = \left\{\Lambda \in \bigvee_{t \in I} \mathcal{F}_t : \text{存在} T \text{的某个可数子集} I, \text{使得} \Lambda \in \bigvee_{t \in I} \mathcal{F}_t\right\},$$

则 $\mathcal{F} \supset \bigcup\limits_{t \in T} \mathcal{F}_t$, 且 $\mathcal{F}$ 是 σ 代数, 故 $\mathcal{F} = \bigvee\limits_{t \in I} \mathcal{F}_t$.

---

① 本题应该与习题 3.16 比较.

10.11 (定理 5.21 续) 设 Ω 是一非空集合, $\{(E_t, \mathcal{E}_t), t \in T\}$ 是一族可测空间, 诸 $f_t : \Omega \to E_t$, 若 $\varphi \in \sigma(f_t, t \in T) / \mathcal{B}(\overline{\mathbb{R}})$, 则存在 T 的某个可数子集 I 及 $\left(\underset{t \in I}{\times} E_t, t \in I \times \mathcal{E}_t \right)$ 上的可测函数 g, 使得

$$\varphi = g \circ \boldsymbol{f}_I,$$

其中 $\boldsymbol{f}_I(\omega) = (f_t(\omega), t \in I)$, $\omega \in \Omega$, 并且若 φ 为实值 (相应地, 有界), 则可要求 g 为实值 (相应地, 有界).

证明 令 $\mathcal{C} = \{[r, \infty], r \in \mathbb{Q}\}$, 则由习题 3.25 知 $\sigma(\mathcal{C}) = \mathcal{B}(\overline{\mathbb{R}})$.

显然 $\mathcal{C}$ 是 $\overline{\mathbb{R}}$ 上的一个可数集类, 我们记 $\mathcal{C} = \{\Lambda_1, \Lambda_2, \cdots\}$. 对每个 $\Lambda_n \in \mathcal{C}$, 由 $\varphi \in \sigma(f_t, t \in T) / \mathcal{B}(\overline{\mathbb{R}})$ 知 $\varphi^{-1}(\Lambda_n) \in \sigma(f_t, t \in T)$, 进而由习题 10.10 知, 存在 T 的某个可数子集 I_n, 使得 $\varphi^{-1}(\Lambda_n) \in \sigma(f_t, t \in I_n)$.

令 $I = \bigcup\limits_{n=1}^{\infty} I_n$, 则 $\varphi^{-1}(\mathcal{C}) \subset \sigma(f_t, t \in I)$, 进而由命题 5.3 得

$$\varphi^{-1}(\mathcal{B}(\overline{\mathbb{R}})) = \varphi^{-1}(\sigma(\mathcal{C})) = \sigma(\varphi^{-1}(\mathcal{C})) \subset \sigma(f_t, t \in I),$$

即 $\varphi \in \sigma(f_t, t \in I) / \mathcal{B}(\overline{\mathbb{R}})$.

最后, 由因子分解引理 (定理 5.21) 知满足本题条件的 g 存在.

【评注】 习题 15.23 是本题的一个应用.

10.2 有限个测度空间的乘积

10.2.1 内容提要

定义 10.7 (i) 设 $A \subset \Omega_1 \times \Omega_2$, $\forall \omega_1 \in \Omega_1$, $\omega_2 \in \Omega_2$, 分别称

$$A_{\omega_1} = \{\omega_2' \in \Omega_2 : (\omega_1, \omega_2') \in A\},$$

$$A^{\omega_2} = \{\omega_1' \in \Omega_1 : (\omega_1', \omega_2) \in A\}$$

为 A 在 ω_1 和 ω_2 处的**截口**;

(ii) 设 $f : \Omega_1 \times \Omega_2 \to \mathbb{R}$, $\forall \omega_1 \in \Omega_1$, $\omega_2 \in \Omega_2$, 分别称

$$f_{\omega_1}(\cdot) = f(\omega_1, \cdot),$$

$$f^{\omega_2}(\cdot) = f(\cdot, \omega_2)$$

为 f 在 ω_1 和 ω_2 处的截口.

引理 10.8 (i) 若 $A \in \mathcal{F}_1 \times \mathcal{F}_2$, 则 $A_{\omega_1} \in \mathcal{F}_2$, $A^{\omega_2} \in \mathcal{F}_1$, 即可测集的截口仍是可测集;

(ii) 若 $f \in \mathcal{F}_1 \times \mathcal{F}_2 / \mathcal{B}(\mathbb{R})$, 则 $f_{\omega_1} \in \mathcal{F}_2 / \mathcal{B}(\mathbb{R})$, $f^{\omega_2} \in \mathcal{F}_1 / \mathcal{B}(\mathbb{R})$, 即可测函数的截口仍是可测函数.

引理 10.9　设 $(\Omega_1, \mathcal{F}_1, \mu_1)$ 和 $(\Omega_2, \mathcal{F}_2, \mu_2)$ 是两个 σ-有限测度空间, $A \in \mathcal{F}_1 \times \mathcal{F}_2$, 则 $\omega_1 \mapsto \mu_2(A_{\omega_1})$ 为 $\mathcal{F}_1$-可测函数, $\omega_2 \mapsto \mu_1(A^{\omega_2})$ 为 $\mathcal{F}_2$-可测函数.

定理 10.10 (乘积测度的存在性及唯一性)　设 $(\Omega_1, \mathcal{F}_1, \mu_1)$ 和 $(\Omega_2, \mathcal{F}_2, \mu_2)$ 是两个 σ-有限测度空间, 则在 $\mathcal{F}_1 \times \mathcal{F}_2$ 上存在唯一的 σ-有限测度 $\mu_1 \times \mu_2$, 使得

$$(\mu_1 \times \mu_2)(A_1 \times A_2) = \mu_1(A_1)\mu_2(A_2), \quad A_1 \in \mathcal{F}_1, \quad A_2 \in \mathcal{F}_2,$$

且对任何 $A \in \mathcal{F}_1 \times \mathcal{F}_2$, 有

$$(\mu_1 \times \mu_2)(A) = \begin{cases} \int_{\Omega_1} \mu_2(A_{\omega_1})\,\mu_1(\mathrm{d}\omega_1), \\ \int_{\Omega_2} \mu_1(A^{\omega_2})\,\mu_2(\mathrm{d}\omega_2), \end{cases}$$

即

$$(\mu_1 \times \mu_2)(A) = \begin{cases} \int_{\Omega_1}\left[\int_{\Omega_2} I_A(\omega_1, \omega_2)\,\mu_2(\mathrm{d}\omega_2)\right]\mu_1(\mathrm{d}\omega_1), \\ \int_{\Omega_2}\left[\int_{\Omega_1} I_A(\omega_1, \omega_2)\,\mu_1(\mathrm{d}\omega_1)\right]\mu_2(\mathrm{d}\omega_2). \end{cases}$$

定理 10.13 (分部积分公式)　设 F 和 G 是 q.d.f., μ_F 和 μ_G 分别是由 F 和 G 诱导的 L-S 测度, 则对任何满足 $a < b$ 的 $a, b \in \mathbb{R}$, 有

$$\int_{(a,b]} \frac{F(x) + F(x-0)}{2}\mu_G(\mathrm{d}x) + \int_{(a,b]} \frac{G(x) + G(x-0)}{2}\mu_F(\mathrm{d}x)$$
$$= F(b)G(b) - F(a)G(a).$$

定理 10.14　设 $(\Omega_i, \mathcal{F}_i, \mu_i), i = 1, 2, \cdots, n$ 是 n 个 σ-有限测度空间, 则在 $\underset{i=1}{\overset{n}{\times}} \mathcal{F}_i$ 上存在唯一的 σ-有限测度 $\underset{i=1}{\overset{n}{\times}} \mu_i$, 使得

$$\left(\underset{i=1}{\overset{n}{\times}} \mu_i\right)\left(\underset{i=1}{\overset{n}{\times}} A_i\right) = \prod_{i=1}^{n} \mu_i(A_i), \quad A_i \in \mathcal{F}_i, \quad i = 1, 2, \cdots, n,$$

且对任何 $A \in \underset{i=1}{\overset{n}{\times}} \mathcal{F}_i$, 有

$$\left(\underset{i=1}{\overset{n}{\times}} \mu_i\right)(A) = \int_{\Omega_{i_n}}\left(\cdots\left(\int_{\Omega_{i_1}} I_A(\omega_1, \omega_2, \cdots, \omega_n)\,\mu_{i_1}(\mathrm{d}\omega_{i_1})\right)\cdots\right)\mu_{i_n}(\mathrm{d}\omega_{i_n}),$$

其中 $(i_1, i_2, \cdots, i_n)$ 是 $(1, 2, \cdots, n)$ 的任意一个排列.

10.2.2 习题 10.2 解答与评注

10.12 设 $\omega_1 \in \Omega_1$, $\omega_2 \in \Omega_2$, A, B, A_t, $t \in T$ 都是 $\Omega_1 \times \Omega_2$ 的子集, 则

(1) $A \cap B = \varnothing \Rightarrow A_{\omega_1} \cap B_{\omega_1} = \varnothing$, $A^{\omega_2} \cap B^{\omega_2} = \varnothing$;

(2) $A \subset B \Rightarrow A_{\omega_1} \subset B_{\omega_1}$, $A^{\omega_2} \subset B^{\omega_2}$;

(3) $\left(\bigcap\limits_{t \in T} A_t \right)_{\omega_1} = \bigcap\limits_{t \in T} (A_t)_{\omega_1}$, $\left(\bigcap\limits_{t \in T} A_t \right)^{\omega_2} = \bigcap\limits_{t \in T} (A_t)^{\omega_2}$;

(4) $\left(\bigcup\limits_{t \in T} A_t \right)_{\omega_1} = \bigcup\limits_{t \in T} (A_t)_{\omega_1}$, $\left(\bigcup\limits_{t \in T} A_t \right)^{\omega_2} = \bigcup\limits_{t \in T} (A_t)^{\omega_2}$;

(5) $(A \backslash B)_{\omega_1} = A_{\omega_1} \backslash B_{\omega_1}$, $(A \backslash B)^{\omega_2} = A^{\omega_2} \backslash B^{\omega_2}$, 特别地,

$$(A^{\mathrm{c}})_{\omega_1} = (A_{\omega_1})^{\mathrm{c}}, \quad (A^{\mathrm{c}})^{\omega_2} = (A^{\omega_2})^{\mathrm{c}}.$$

证明 (1) 谬设 $A_{\omega_1} \cap B_{\omega_1} \neq \varnothing$, 则存在 $\omega_2 \in A_{\omega_1} \cap B_{\omega_1}$. 进而由 $\omega_2 \in A_{\omega_1}$ 知 $(\omega_1, \omega_2) \in A$, 由 $\omega_2 \in B_{\omega_1}$ 知 $(\omega_1, \omega_2) \in B$, 故 $(\omega_1, \omega_2) \in A \cap B$, 此与 $A \cap B = \varnothing$ 矛盾. 同理可证 $A^{\omega_2} \cap B^{\omega_2} = \varnothing$.

(2) 设 $\omega_2 \in A_{\omega_1}$, 则 $(\omega_1, \omega_2) \in A$, 进而由 $A \subset B$ 知 $(\omega_1, \omega_2) \in B$, 故 $\omega_2 \in B_{\omega_1}$, 于是 $A_{\omega_1} \subset B_{\omega_1}$. 同理可证 $A^{\omega_2} \subset B^{\omega_2}$.

(3) 设 $\omega_2 \in \left(\bigcap\limits_{t \in T} A_t \right)_{\omega_1}$, 则 $(\omega_1, \omega_2) \in \bigcap\limits_{t \in T} A_t$, 故由 $(\omega_1, \omega_2) \in A_t$ 得 $\omega_2 \in (A_t)_{\omega_1}$, $t \in T$, 进而 $\omega_2 \in \bigcap\limits_{t \in T} (A_t)_{\omega_1}$, 这表明 $\left(\bigcap\limits_{t \in T} A_t \right)_{\omega_1} \subset \bigcap\limits_{t \in T} (A_t)_{\omega_1}$.

反之, 设 $\omega_2 \in \bigcap\limits_{t \in T} (A_t)_{\omega_1}$, 则 $\omega_2 \in (A_t)_{\omega_1}$, $t \in T$, 因此 $(\omega_1, \omega_2) \in A_t$, $t \in T$, 从而 $(\omega_1, \omega_2) \in \bigcap\limits_{t \in T} A_t$, 故 $\omega_2 \in \left(\bigcap\limits_{t \in T} A_t \right)_{\omega_1}$, 这表明 $\bigcap\limits_{t \in T} (A_t)_{\omega_1} \subset \left(\bigcap\limits_{t \in T} A_t \right)_{\omega_1}$, 故 $\left(\bigcap\limits_{t \in T} A_t \right)_{\omega_1} = \bigcap\limits_{t \in T} (A_t)_{\omega_1}$. 同理可证 $\left(\bigcap\limits_{t \in T} A_t \right)^{\omega_2} = \bigcap\limits_{t \in T} (A_t)^{\omega_2}$.

(4) 设 $\omega_2 \in \left(\bigcup\limits_{t \in T} A_t \right)_{\omega_1}$, 则 $(\omega_1, \omega_2) \in \bigcup\limits_{t \in T} A_t$, 从而存在某个 $\iota \in T$, 使得 $(\omega_1, \omega_2) \in A_\iota$, 因此 $\omega_2 \in (A_\iota)_{\omega_1}$, 故 $\omega_2 \in \bigcup\limits_{t \in T} (A_t)_{\omega_1}$, 这表明 $\left(\bigcup\limits_{t \in T} A_t \right)_{\omega_1} \subset \bigcup\limits_{t \in T} (A_t)_{\omega_1}$.

反之, 设 $\omega_2 \in \bigcup\limits_{t \in T} (A_t)_{\omega_1}$, 则存在某个 $t \in T$, 使得 $\omega_2 \in (A_t)_{\omega_1}$, 因此 $(\omega_1, \omega_2) \in A_t$, 进而 $(\omega_1, \omega_2) \in \bigcup\limits_{t \in T} A_t$, 故 $\omega_2 \in \left(\bigcup\limits_{t \in T} A_t \right)_{\omega_1}$, 这表明 $\bigcup\limits_{t \in T} (A_t)_{\omega_1} \subset$

$\left(\bigcup\limits_{t\in T}A_t\right)_{\omega_1}$, 故 $\left(\bigcup\limits_{t\in T}A_t\right)_{\omega_1}=\bigcup\limits_{t\in T}(A_t)_{\omega_1}$. 同理可证 $\left(\bigcup\limits_{t\in T}A_t\right)^{\omega_2}=\bigcup\limits_{t\in T}(A_t)^{\omega_2}$.

(5) 设 $\omega_2\in(A\backslash B)_{\omega_1}$, 则 $(\omega_1,\omega_2)\in A\backslash B$, 因此 $(\omega_1,\omega_2)\in A$, 但 $(\omega_1,\omega_2)\notin B$, 从而 $\omega_2\in A_{\omega_1}$, 但 $\omega_2\notin B_{\omega_1}$, 故 $\omega_2\in A_{\omega_1}\backslash B_{\omega_1}$, 这表明 $(A\backslash B)_{\omega_1}\subset A_{\omega_1}\backslash B_{\omega_1}$.

反之, 设 $\omega_2\in A_{\omega_1}\backslash B_{\omega_1}$, 则 $\omega_2\in A_{\omega_1}$, 但 $\omega_2\notin B_{\omega_1}$, 从而 $(\omega_1,\omega_2)\in A$, 但 $(\omega_1,\omega_2)\notin B$, 因此 $(\omega_1,\omega_2)\in A\backslash B$, 故 $\omega_2\in(A\backslash B)_{\omega_1}$, 这表明 $A_{\omega_1}\backslash B_{\omega_1}\subset(A\backslash B)_{\omega_1}$, 故 $(A\backslash B)_{\omega_1}=A_{\omega_1}\backslash B_{\omega_1}$. 同理可证 $(A\backslash B)^{\omega_2}=A^{\omega_2}\backslash B^{\omega_2}$.

10.13　设 $A\subset\Omega_1\times\Omega_2$, $\omega_1\in\Omega_1$, $\omega_2\in\Omega_2$, 则 $(I_A)_{\omega_1}=I_{A_{\omega_1}}$, $(I_A)^{\omega_2}=I_{A^{\omega_2}}$.

证明　$\forall\omega_2'\in\Omega_2$,

$$(I_A)_{\omega_1}(\omega_2')=1\Leftrightarrow I_A(\omega_1,\omega_2')=1\Leftrightarrow(\omega_1,\omega_2')\in A\Leftrightarrow\omega_2'\in A_{\omega_1}$$

$$\Leftrightarrow I_{A_{\omega_1}}(\omega_2')=1,$$

这表明 $(I_A)_{\omega_1}=I_{A_{\omega_1}}$. 同理可证 $(I_A)^{\omega_2}=I_{A^{\omega_2}}$.

10.14　设 f,g 都是 $\Omega_1\times\Omega_2$ 上的函数, $\omega_1\in\Omega_1$, $\omega_2\in\Omega_2$, $a,b\in\mathbb{R}$ 是常数, 则

$$(af+bg)_{\omega_1}=af_{\omega_1}+bg_{\omega_1},\quad(af+bg)^{\omega_2}=af^{\omega_2}+bg^{\omega_2}.$$

证明　$\forall\omega_2'\in\Omega_2$, 易得

$$(af+bg)_{\omega_1}(\omega_2')=(af+bg)(\omega_1,\omega_2')$$

$$=af(\omega_1,\omega_2')+bg(\omega_1,\omega_2')$$

$$=af_{\omega_1}(\omega_2')+bg_{\omega_1}(\omega_2'),$$

这表明 $(af+bg)_{\omega_1}=af_{\omega_1}+bg_{\omega_1}$. 同理可证 $(af+bg)^{\omega_2}=af^{\omega_2}+bg^{\omega_2}$.

10.15　设 f,g 都是 $\Omega_1\times\Omega_2$ 上的函数, 则下列各条等价:

(1) $f\leqslant g$;

(2) $f_{\omega_1}\leqslant g_{\omega_1}$, $\forall\omega_1\in\Omega_1$;

(3) $f^{\omega_2}\leqslant g^{\omega_2}$, $\forall\omega_2\in\Omega_2$.

证明　$f\leqslant g\Leftrightarrow f(\omega_1,\omega_2)\leqslant g(\omega_1,\omega_2)$, $\forall(\omega_1,\omega_2)\in\Omega_1\times\Omega_2$

$$\Leftrightarrow f_{\omega_1}(\omega_2)\leqslant g_{\omega_1}(\omega_2),\quad\forall\omega_1\in\Omega_1\Leftrightarrow f_{\omega_1}\leqslant g_{\omega_1},\quad\forall\omega_1\in\Omega_1,$$

这证明了 (1) $\Leftrightarrow$ (2). 同理可证 (1) $\Leftrightarrow$ (3).

10.16[①]　设 $(X_1,\mathcal{T}_1)$ 和 $(X_2,\mathcal{T}_2)$ 是两个拓扑空间, $x_1\in X_1$, $x_2\in X_2$.

(1) 若 $G\subset X_1\times X_2$ 是开集, 则 $G_{x_1}\in\mathcal{T}_2$, $G^{x_2}\in\mathcal{T}_1$, 即开集的截口仍是开集;

(2) 若 $f\in C(X_1\times X_2)$, 则 $f_{x_1}\in C(X_2)$, $f^{x_2}\in C(X_1)$, 即连续函数的截口仍是连续函数.

---

① 本题应该与引理 10.8 比较.

证明 (1) 不妨设 $G_{x_1} \neq \varnothing$, $\forall x_2 \in G_{x_1}$, 从而 $(x_1, x_2) \in G$, 由习题 2.12 知, 存在积拓扑 $\mathcal{T}_1 \times \mathcal{T}_2$ 中的基元 $U_1 \times U_2$, 使得 $(x_1, x_2) \in U_1 \times U_2 \subset G$, 于是 $x_2 \in U_2 \subset G_{x_1}$, 再定理 2.14 知 $G_{x_1} \in \mathcal{T}_2$. 同理可证 $G^{x_2} \in \mathcal{T}_1$.

(2) 设 V 是 $\mathbb{R}$ 的任一开集, 由 $f \in C(X_1 \times X_2)$ 知

$$f^{-1}(V) = \{(x_1, x_2) \in X_1 \times X_2 : f(x_1, x_2) \in V\}$$

是 $X_1 \times X_2$ 的开集. 于是, $\forall x_1 \in X_1$,

$$f_{x_1}^{-1}(V) = \{x_2 \in X_2 : f_{x_1}(x_2) \in V\} = \{x_2 \in X_2 : f(x_1, x_2) \in V\}$$

$$= \{x_2 \in X_2 : (x_1, x_2) \in f^{-1}(V)\} = \left(f^{-1}(V)\right)_{x_1},$$

此与 (1) 结合知 $f_{x_1}^{-1}(V) \in \mathcal{T}_2$, 即 $f_{x_1} \in C(X_2)$. 同理可证 $f^{x_2} \in C(X_1)$.

【评注】 本题之 (2) 将应用于命题 11.26 的证明.

10.17 设 $(\Omega_1, \mathcal{F}_1)$ 和 $(\Omega_2, \mathcal{F}_2)$ 是两个可测空间, $f_1 \in \mathcal{F}_1/\mathcal{B}(\mathbb{R})$, $f_2 \in \mathcal{F}_2/\mathcal{B}(\mathbb{R})$, 则 $f_1 \pm f_2 \in \mathcal{F}_1 \times \mathcal{F}_2/\mathcal{B}(\mathbb{R})$, $f_1 f_2 \in \mathcal{F}_1 \times \mathcal{F}_2/\mathcal{B}(\mathbb{R})$.

证明 借助 f_1 和 f_2 在 $\Omega_1 \times \Omega_2$ 上定义如下两个函数:

$$\tilde{f}_1(\omega_1, \omega_2) = f_1(\omega_1), \quad \tilde{f}_2(\omega_1, \omega_2) = f_2(\omega_2),$$

则 $\forall B \in \mathcal{B}(\mathbb{R})$,

$$\tilde{f}_1^{-1}(B) = \left\{(\omega_1, \omega_2) \in \Omega_1 \times \Omega_2 : \tilde{f}_1(\omega_1, \omega_2) \in B\right\}$$

$$= \{(\omega_1, \omega_2) \in \Omega_1 \times \Omega_2 : f_1(\omega_1) \in B\}$$

$$= f_1^{-1}(B) \times \Omega_2 \in \mathcal{F}_1 \times \mathcal{F}_2,$$

这表明 $\tilde{f}_1 \in \mathcal{F}_1 \times \mathcal{F}_2/\mathcal{B}(\mathbb{R})$. 同理 $\tilde{f}_2 \in \mathcal{F}_1 \times \mathcal{F}_2/\mathcal{B}(\mathbb{R})$. 进而由命题 5.21 知, $\tilde{f}_1 \pm \tilde{f}_2 \in \mathcal{F}_1 \times \mathcal{F}_2/\mathcal{B}(\mathbb{R})$, $\tilde{f}_1 \tilde{f}_2 \in \mathcal{F}_1 \times \mathcal{F}_2/\mathcal{B}(\mathbb{R})$. 但

$$(f_1 \pm f_2)(\omega_1, \omega_2) = f_1(\omega_1) \pm f_2(\omega_2) = \tilde{f}_1(\omega_1, \omega_2) \pm \tilde{f}_2(\omega_1, \omega_2)$$

$$= \left(\tilde{f}_1 \pm \tilde{f}_2\right)(\omega_1, \omega_2),$$

$$(f_1 f_2)(\omega_1, \omega_2) = f_1(\omega_1) f_2(\omega_2) = \tilde{f}_1(\omega_1, \omega_2) \tilde{f}_2(\omega_1, \omega_2)$$

$$= \left(\tilde{f}_1 \tilde{f}_2\right)(\omega_1, \omega_2),$$

即 $f_1 \pm f_2 = \tilde{f}_1 \pm \tilde{f}_2$, $f_1 f_2 = \tilde{f}_1 \tilde{f}_2$, 故 $f_1 \pm f_2 \in \mathcal{F}_1 \times \mathcal{F}_2/\mathcal{B}(\mathbb{R})$, $f_1 f_2 \in \mathcal{F}_1 \times \mathcal{F}_2/\mathcal{B}(\mathbb{R})$.

10.18 设 $(\Omega_1, \mathcal{F}_1, \mu_1)$ 和 $(\Omega_2, \mathcal{F}_2, \mu_2)$ 是两个 σ-有限测度空间, $A \in \mathcal{F}_1 \times \mathcal{F}_2$, 则下述各条等价:

(1) $(\mu_1 \times \mu_2)(A) = 0$;

(2) $\mu_2(A_{\omega_1}) = 0$　μ_1-a.e. ω_1;

(3) $\mu_1(A^{\omega_2}) = 0$　μ_2-a.e. ω_2.

证明　因为 $\mu_2(A_{\omega_1})$ 非负, 由定理 10.10 知 (1) $\Leftrightarrow$ (2); 同理 (1) $\Leftrightarrow$ (3).

10.19　在例 10.12 定义了 $A = \{(\omega, x) \in \Omega \times \mathbb{R} : 0 \leqslant x < f(\omega)\}$, 证明:

(1) $A \in \mathcal{F} \times \mathcal{B}(\mathbb{R})$;

(2) $\lambda(A_\omega) = f(\omega)$.

证明　(1) 我们首先断言

$$A = \bigcup_{r \in \mathbb{Q} \cap (0,\infty)} \left(f^{-1}(r, \infty] \times [0, r) \right). \qquad \text{①}$$

事实上, 若 $(\omega, x) \in A$, 则 $0 \leqslant x < f(\omega)$, 从而存在 $r \in \mathbb{Q} \cap (0, \infty)$, 使得 $0 \leqslant x < r < f(\omega)$, 故 $\omega \in f^{-1}(r, \infty]$, $x \in [0, r)$, 因此 $(\omega, x) \in f^{-1}(r, \infty] \times [0, r)$, 这就证明了 $(\omega, x) \in \bigcup_{r \in \mathbb{Q} \cap (0,\infty)} \left(f^{-1}(r, \infty] \times [0, r) \right)$, 故 $A \subset \bigcup_{r \in \mathbb{Q} \cap (0,\infty)} \left(f^{-1}(r, \infty] \times [0, r) \right)$. 而反包含是显然成立的, 所以①式得证.

由 f 是 $\mathcal{F}$-可测函数知 $f^{-1}(r, \infty] \in \mathcal{F}$, $[0, r) \in \mathcal{B}(\mathbb{R})$, 故 $f^{-1}(r, \infty] \times [0, r) \in \mathcal{F} \times \mathcal{B}(\mathbb{R})$, 于是 $A \in \mathcal{F} \times \mathcal{B}(\mathbb{R})$.

(2) 由 A_ω 及 L 测度的定义知

$$\lambda(A_\omega) = \lambda\{x \in \mathbb{R} : x \in A_\omega\} = \lambda\{x \in \mathbb{R} : (\omega, x) \in A\}$$

$$= \lambda\{x \in \mathbb{R} : 0 \leqslant x < f(\omega)\} = f(\omega).$$

10.20　设 r.v. X, Y 满足

$$P\{|X| > t\} \leqslant P\{|Y| > t\}, \quad t \in \mathbb{R},$$

则 $\mathrm{E}|X| \leqslant \mathrm{E}|Y|$.

证明　由例 10.12 知

$$\mathrm{E}|X| = \int_0^\infty P\{|X| > t\}\, \mathrm{d}t \leqslant \int_0^\infty P\{|Y| > t\}\, \mathrm{d}t = \mathrm{E}|Y|.$$

10.21　(分部积分公式续) 若进一步假设定理 10.13 中的 F 与 G 没有公共的不连续点, 则

$$\int_{(a,b]} F(x)\, \mu_G(\mathrm{d}x) + \int_{(a,b]} G(x)\, \mu_F(\mathrm{d}x) = F(b)G(b) - F(a)G(a);$$

特别地, 若 G 是绝对连续 d.f., 则

$$\int_a^b G\left(x\right) \mathrm{d}F\left(x\right) = \left[F\left(x\right)G\left(x\right)\right]\big|_a^b - \int_a^b F\left(x\right)g\left(x\right)\mathrm{d}x,$$

其中 g 是 G 的密度函数.

证明　先证第一部分. 由习题 7.44 知 $\displaystyle\int_{(a,b]} \frac{G\left(x\right)-G\left(x-0\right)}{2}\mu_F\left(\mathrm{d}x\right) = 0$, 故

$$\int_{(a,b]} G\left(x\right)\mu_F\left(\mathrm{d}x\right) = \int_{(a,b]} \frac{G\left(x\right)+G\left(x-0\right)}{2}\mu_F\left(\mathrm{d}x\right).$$

同理

$$\int_{(a,b]} \frac{F\left(x\right)+F\left(x-0\right)}{2}\mu_G\left(\mathrm{d}x\right) = \int_{(a,b]} F\left(x\right)\mu_G\left(\mathrm{d}x\right),$$

如上二式并结合定理 10.13 完成第一部分的证明.

第二部分由第一部分及定理 8.3 得到.

10.22　设 P_{F_i} 是由 $\mathbb{R}$ 上的 d.f. F_i 诱导的 L-S 测度, $1 \leqslant i \leqslant n$, P_F 是由 $\mathbb{R}^n$ 上的联合 d.f. F 诱导的概率测度, 则 $F\left(x_1, x_2, \cdots, x_n\right) = \prod\limits_{i=1}^n F_i\left(x_i\right)$ 的充分必要条件是 $P_F = \mathop{\times}\limits_{i=1}^n P_{F_i}$.

证明　"⇒". 由乘积测度的定义及定理 4.43 知

$$\left(\mathop{\times}\limits_{i=1}^n P_{F_i}\right)\left(-\infty, \boldsymbol{x}\right] = \prod_{i=1}^n P_{F_i}\left(-\infty, x_i\right] = \prod_{i=1}^n F_i\left(x_i\right), \quad \boldsymbol{x} \in \mathbb{R}^n,$$

$$P_F\left(-\infty, \boldsymbol{x}\right] = F\left(\boldsymbol{x}\right), \quad \boldsymbol{x} \in \mathbb{R}^n,$$

于是 $P_F\left(-\infty, \boldsymbol{x}\right] = \left(\mathop{\times}\limits_{i=1}^n \mu_{F_i}\right)\left(-\infty, \boldsymbol{x}\right]$, $\boldsymbol{x} \in \mathbb{R}^n$. 注意到 $\{\left(-\infty, \boldsymbol{x}\right] : \boldsymbol{x} \in \mathbb{R}^n\}$ 为 $\mathbb{R}^n$ 上的 π 类, 进而由引理 4.20 知 $P_F = \mathop{\times}\limits_{i=1}^n P_{F_i}$.

"⇐". 这是显然的.

10.3　Tonelli 定理和 Fubini 定理

10.3.1　内容提要

定理 10.15 (Tonelli 定理)　设 $\left(\Omega_1, \mathcal{F}_1, \mu_1\right)$ 和 $\left(\Omega_2, \mathcal{F}_2, \mu_2\right)$ 是两个 σ-有限测度空间, $f : \Omega_1 \times \Omega_2 \to \left[0, \infty\right]$ 是 $\mathcal{F}_1 \times \mathcal{F}_2$-可测函数, 则

(i) $\omega_1 \mapsto \displaystyle\int_{\Omega_2} f_{\omega_1}\left(\omega_2\right)\mu_2\left(\mathrm{d}\omega_2\right)$ 是 $\mathcal{F}_1$-可测函数, $\omega_2 \mapsto \displaystyle\int_{\Omega_1} f^{\omega_2}\left(\omega_1\right)\mu_1\left(\mathrm{d}\omega_1\right)$ 是 $\mathcal{F}_2$-可测函数;

(ii) f 满足

$$\int_{\Omega_1 \times \Omega_2} f \, \mathrm{d}(\mu_1 \times \mu_2) = \begin{cases} \displaystyle\int_{\Omega_1} \left[\int_{\Omega_2} f_{\omega_1}(\omega_2) \, \mu_2(\mathrm{d}\omega_2) \right] \mu_1(\mathrm{d}\omega_1), \\[2ex] \displaystyle\int_{\Omega_2} \left[\int_{\Omega_1} f^{\omega_2}(\omega_1) \, \mu_1(\mathrm{d}\omega_1) \right] \mu_2(\mathrm{d}\omega_2), \end{cases}$$

即

$$\int_{\Omega_1 \times \Omega_2} f \, \mathrm{d}(\mu_1 \times \mu_2) = \begin{cases} \displaystyle\int_{\Omega_1} \left[\int_{\Omega_2} f(\omega_1,\omega_2) \, \mu_2(\mathrm{d}\omega_2) \right] \mu_1(\mathrm{d}\omega_1), \\[2ex] \displaystyle\int_{\Omega_2} \left[\int_{\Omega_1} f(\omega_1,\omega_2) \, \mu_1(\mathrm{d}\omega_1) \right] \mu_2(\mathrm{d}\omega_2). \end{cases}$$

定理 10.18 (Fubini 定理)　设 $(\Omega_1, \mathcal{F}_1, \mu_1)$ 和 $(\Omega_2, \mathcal{F}_2, \mu_2)$ 是两个 σ-有限测度空间, $f : \Omega_1 \times \Omega_2 \to [-\infty, \infty]$ 关于 $\mu_1 \times \mu_2$ 可积, 则

(i) 对 μ_1-a.e. ω_1, 截口函数 f_{ω_1} 关于 μ_2 可积; 对 μ_2-a.e. ω_2, 截口函数 f^{ω_2} 关于 μ_1 可积;

(ii) 函数

$$I_f(\omega_1) = \begin{cases} \displaystyle\int_{\Omega_2} f_{\omega_1}(\omega_2) \, \mu_2(\mathrm{d}\omega_2), & \text{若 } f_{\omega_1} \text{ 关于 } \mu_2 \text{ 可积}, \\[2ex] 0, & \text{否则} \end{cases}$$

和

$$J^f(\omega_2) = \begin{cases} \displaystyle\int_{\Omega_1} f^{\omega_2}(\omega_1) \, \mu_1(\mathrm{d}\omega_1), & \text{若 } f^{\omega_2} \text{ 关于 } \mu_1 \text{ 可积}, \\[2ex] 0, & \text{否则} \end{cases}$$

分别关于 μ_1 和 μ_2 可积, 且有

$$\int_{\Omega_1 \times \Omega_2} f \, \mathrm{d}(\mu_1 \times \mu_2) = \int_{\Omega_1} I_f(\omega_1) \, \mu_1(\mathrm{d}\omega_1) = \int_{\Omega_2} J^f(\omega_2) \, \mu_2(\mathrm{d}\omega_2).$$

10.3.2　习题 10.3 解答与评注

10.23　设 F 是 d.f., 则对任意的 $a \in \mathbb{R}$ 都有 $(\mathrm{L}) \displaystyle\int_{\mathbb{R}} [F(x+a) - F(x)] \mathrm{d}x = a.$

证明　因为分布函数是可测函数 (习题 6.25), 所以谈论分布函数在 $\mathbb{R}$ 上的 L 积分是合法的.

当 $a \geqslant 0$ 时,

$$(\mathrm{L}) \int_{\mathbb{R}} [F(x+a) - F(x)] \mathrm{d}x = \int_{\mathbb{R}} \left(\int_{\mathbb{R}} I_{(x, x+a]}(y) \, \mathrm{d}F(y) \right) \mathrm{d}x.$$

注意到 $I_{(x, x+a]}(y) \geqslant 0$, 由 Tonelli 定理, 上述右边积分等于

$$\int_{\mathbb{R}} \left(\int_{\mathbb{R}} I_{[y-a, y)}(x) \, \mathrm{d}x \right) \mathrm{d}F(y) = \int_{\mathbb{R}} a \mathrm{d}F(y) = a.$$

当 $a < 0$ 时, 可类似地证明.

【评注】   本题结论也可由习题 10.27 之 (3) 导出.

10.24   设 $(\Omega_1, \mathcal{F}_1)$ 和 $(\Omega_2, \mathcal{F}_2)$ 是两个可测空间, μ_1 和 ν_1 都是 $\mathcal{F}_1$ 上 σ-有限的正测度, μ_2 和 ν_2 都是 $\mathcal{F}_2$ 上 σ-有限的正测度. 试证:

(1) $\nu_1 \ll \mu_1$, $\nu_2 \ll \mu_2$ 当且仅当 $\nu_1 \times \nu_2 \ll \mu_1 \times \mu_2$;

(2) 当 $\nu_1 \times \nu_2 \ll \mu_1 \times \mu_2$ 时, $\dfrac{\mathrm{d}(\nu_1 \times \nu_2)}{\mathrm{d}(\mu_1 \times \mu_2)} = \dfrac{\mathrm{d}\nu_1}{\mathrm{d}\mu_1} \cdot \dfrac{\mathrm{d}\nu_2}{\mathrm{d}\mu_2}$.

证明   (1) "$\Rightarrow$". 设 $A \in \mathcal{F}_1 \times \mathcal{F}_2$, 若 $(\mu_1 \times \mu_2)(A) = 0$, 则由习题 10.18 知 $\mu_2(A_{\omega_1}) = 0$ μ_1-a.e., 从而由 $\nu_1 \ll \mu_1$, $\nu_2 \ll \mu_2$ 得 $\nu_2(A_{\omega_1}) = 0$ ν_1-a.e., 再由习题 10.18 知 $(\nu_1 \times \nu_2)(A) = 0$, 这就证明了 $\nu_1 \times \nu_2 \ll \mu_1 \times \mu_2$.

"$\Leftarrow$". 设 $A_1 \in \mathcal{F}_1$, $\mu_1(A_1) = 0$, 往证 $\nu_1(A_1) = 0$, 从而 $\nu_1 \ll \mu_1$. 注意到 μ_2 和 ν_2 都是 $\mathcal{F}_2$ 上 σ-有限的正测度, 总可找到 $A_2 \in \mathcal{F}_2$, 使得 $0 < \mu_2(A_2) < \infty$, $0 < \nu_2(A_2) < \infty$, 这样由 $\mu_1(A_1) = 0$ 推得

$$(\mu_1 \times \mu_2)(A_1 \times A_2) = \mu_1(A_1)\mu_2(A_2) = 0,$$

进而由 $\nu_1 \times \nu_2 \ll \mu_1 \times \mu_2$ 得

$$(\nu_1 \times \nu_2)(A_1 \times A_2) = 0,$$

即 $\nu_1(A_1)\nu_2(A_2) = 0$, 因此 $\nu_1(A_1) = 0$.

同理可证 $\nu_2 \ll \mu_2$.

(2) 注意到 $\mu_1 \times \mu_2$ 和 $\nu_1 \times \nu_2$ 都是 $\mathcal{F}_1 \times \mathcal{F}_2$ 上 σ-有限测度, 由 Radon-Nikodým 定理知, $\forall A \in \mathcal{F}_1 \times \mathcal{F}_2$,

$$(\nu_1 \times \nu_2)(A) = \int_A \mathrm{d}(\nu_1 \times \nu_2) = \int_A \frac{\mathrm{d}(\nu_1 \times \nu_2)}{\mathrm{d}(\mu_1 \times \mu_2)} \mathrm{d}(\mu_1 \times \mu_2).$$

但另一方面, 由 Tonelli 定理,

$$(\nu_1 \times \nu_2)(A) = \int_{\Omega_1 \times \Omega_2} I_A \, \mathrm{d}(\nu_1 \times \nu_2) = \int_{\Omega_1} \left(\int_{\Omega_2} I_A \mathrm{d}\nu_2 \right) \mathrm{d}\nu_1$$

$$= \int_{\Omega_1} \left(\int_{\Omega_2} I_A \frac{\mathrm{d}\nu_2}{\mathrm{d}\mu_2} \mathrm{d}\mu_2 \right) \frac{\mathrm{d}\nu_1}{\mathrm{d}\mu_1} \mathrm{d}\mu_1 = \int_{\Omega_1} \left(\int_{\Omega_2} I_A \frac{\mathrm{d}\nu_1}{\mathrm{d}\mu_1} \cdot \frac{\mathrm{d}\nu_2}{\mathrm{d}\mu_2} \mathrm{d}\mu_2 \right) \mathrm{d}\mu_1$$

$$= \int_A \left(\frac{\mathrm{d}\nu_1}{\mathrm{d}\mu_1} \cdot \frac{\mathrm{d}\nu_2}{\mathrm{d}\mu_2} \right) \mathrm{d}(\mu_1 \times \mu_2).$$

比较上述二式得 $\dfrac{\mathrm{d}(\nu_1 \times \nu_2)}{\mathrm{d}(\mu_1 \times \mu_2)} = \dfrac{\mathrm{d}\nu_1}{\mathrm{d}\mu_1} \cdot \dfrac{\mathrm{d}\nu_2}{\mathrm{d}\mu_2}.$

【评注】　当学习了随机变量的独立性 (第 13 章) 后就明白, 本题之 (2) 意味着独立随机变量的联合分布等于边缘分布之乘积.

10.25　设 $f_Y(y)$ 是二维绝对连续 R.V. (X,Y) 关于 Y 的边缘密度函数, $C = \{y : f_Y(y) = 0\}$, 则

(1) $P\{(X,Y) \in \mathbb{R} \times C\} = 0$;

(2) $\int_C f(x,y)\,\mathrm{d}y = 0$ λ-a.e. x;

(3) 对任意的 Borel 可测函数 g, 只要 $g(X)$ 的积分存在, 就有

$$\int_\Omega g(X) I_C(Y)\mathrm{d}P = 0.$$

证明　设 $f(x,y)$ 是 (X,Y) 的联合密度函数, 则由例 10.16 知

$$f_Y(y) = \int_{-\infty}^{\infty} f(x,y)\,\mathrm{d}x.$$

(1) 由 Tonelli 定理,

$$P\{(X,Y) \in \mathbb{R} \times C\} = \int_{\mathbb{R} \times C} f(x,y)\,\mathrm{d}x\mathrm{d}y$$
$$= \int_C \left[\int_{-\infty}^{\infty} f(x,y)\,\mathrm{d}x \right] \mathrm{d}y$$
$$= \int_C f_Y(y)\mathrm{d}y = 0.$$

(2) 由 Tonelli 定理,

$$\int_{\mathbb{R}} \left[\int_C f(x,y)\,\mathrm{d}y \right] \mathrm{d}x = \int_{\mathbb{R} \times C} f(x,y)\,\mathrm{d}x\mathrm{d}y$$
$$= \int_C \left[\int_{\mathbb{R}} f(x,y)\,\mathrm{d}x \right] \mathrm{d}y$$
$$= \int_C f_Y(y)\,\mathrm{d}y = 0,$$

这表明 $\int_C f(x, y)\, dy = 0$ λ-a.e. x.

(3) 由 Fubini 定理及 (2),

$$
\int_\Omega g(X) I_C(Y) dP = \int_{\mathbb{R}^2} g(x) I_C(y) dP \circ (X, Y)^{-1}
$$

$$
= \int_{\mathbb{R}^2} g(x) I_C(y) f(x, y) dx dy
$$

$$
= \int_{\mathbb{R}} g(x) \left[\int_C f(x, y)\, dy \right] dx = 0.
$$

10.26 设 X 是 r.v., 则

(1) $P\{X = x\} = 0$ λ-a.e. x;

(2) 对任意的 $p > 0$,

$$
\mathrm{E}\,|X|^p = p \int_0^\infty x^{p-1} P\{|X| > x\} dx
$$

$$
= p \int_0^\infty x^{p-1} P\{|X| \geqslant x\} dx
$$

$$
= p \int_0^\infty x^{p-1} [1 + F_X(-x) - F_X(x)] dx.
$$

证明   (1) 注意到 $F_X(x)$ 单调不减, 由习题 1.30 知, $F_X(x)$ 仅有至多可数无穷多个跳跃点, 即 $\{x \in \mathbb{R} : F_X(x) - F_X(x-0) \neq 0\}$ 至多可数. 由习题 4.37 之 (1) 知

$$
P\{X = x\} = F_X(x) - F_X(x - 0).
$$

于是 $\{x \in \mathbb{R} : P\{X = x\} \neq 0\}$ 至多可数, 而至多可数集的 L 测度为零 (习题 4.40 之 (2)), 故 $\lambda\{x \in \mathbb{R} : P\{X = x\} \neq 0\} = 0$.

(2) 在定理 10.13 之前已经证明

$$
\mathrm{E}\,|X| = \int_0^\infty P\{|X| > x\}\, dx.
$$

进而反复使用 Tonelli 定理, 并利用积分变换得

$$
\mathrm{E}\,|X|^p = \int_0^\infty P\{|X|^p > x\}\, dx = \int_0^\infty \left[\int_\Omega I\{|X|^p > x\} dP \right] dx
$$

$$
= \int_\Omega \left[\int_0^\infty I\{|X|^p > x\} dx \right] dP = \int_\Omega \left[\int_0^\infty p x^{p-1} I\{|X| > x\} dx \right] dP
$$

$$= \int_0^\infty px^{p-1} \left[\int_\Omega I\{|X| > x\} \, dP \right] dx = p \int_0^\infty x^{p-1} P\{|X| > x\} dx.$$

另外, 由 (1) 知

$$x^{p-1} P\{|X| > x\} = x^{p-1} P\{|X| \geqslant x\}$$

$$= x^{p-1} \left[P\{X \leqslant -x\} + P\{X > x\} \right]$$

$$= x^{p-1} \left[1 + F_X(-x) - F_X(x) \right] \lambda\text{-a.e.} x,$$

这些等式结合已证的结果就得到剩下部分的证明.

【评注】　本题之 (2) 是概率论中非常重要的结论, 将被频繁地使用, 如习题 14.7、习题 14.13 和习题 23.18.

10.27　设 F, G 分别是可积 r.v. X, Y 的 d.f., 则

(1) $\mathrm{E}X = \displaystyle\int_0^\infty \left[1 - F(x) - F(-x) \right] dx$;

(2) $\displaystyle\lim_{x \to -\infty} xF(x) = \lim_{x \to \infty} x[1 - F(x)] = 0$;

(3) $\displaystyle\int_{-\infty}^\infty \left[G(x) - F(x) \right] dx = \mathrm{E}X - \mathrm{E}Y$.

证明　(1) 由习题 10.26 之 (2), 并注意到这里 $x \geqslant 0$,

$$\mathrm{E}X = \mathrm{E}X^+ - \mathrm{E}X^-$$

$$= \int_0^\infty \left[1 + F_{X^+}(-x) - F_{X^+}(x) \right] dx - \int_0^\infty \left[1 + F_{X^-}(-x) - F_{X^-}(x) \right] dx$$

$$= \int_0^\infty \left[1 - F_{X^+}(x) \right] dx - \int_0^\infty \left[1 - F_{X^-}(x) \right] dx$$

$$= \int_0^\infty \left[F_{X^-}(x) - F_{X^+}(x) \right] dx,$$

而

$$F_{X^+}(x) = P\{X^+ \leqslant x\} = P\{X \leqslant x\} = F(x),$$

$$F_{X^-}(x) = P\{X^- \leqslant x\} = P\{-X \leqslant x\} = 1 - P\{X < -x\},$$

所以

$$\mathrm{E}X = \int_0^\infty \left[1 - P\{X < -x\} - F(x) \right] dx = \int_0^\infty \left[1 - F(x) - F(-x) \right] dx,$$

最后一步使用了习题 10.26 之 (1) 的结论.

(2) 由

$$xF(x) = x\int_{-\infty}^{x}\mathrm{d}F(t) \leqslant \int_{-\infty}^{x} t\mathrm{d}F(t)$$

及 $\lim\limits_{x\to-\infty}\int_{-\infty}^{x}t\mathrm{d}F(t) = 0$ 得 $\lim\limits_{x\to-\infty}xF(x) = 0.$

由

$$x\big[1-F(x)\big] = x\int_{x}^{\infty}\mathrm{d}F(t) \leqslant \int_{x}^{\infty} t\mathrm{d}F(t)$$

及 $\lim\limits_{x\to\infty}\int_{x}^{\infty}t\mathrm{d}F(t) = 0$ 得 $\lim\limits_{x\to\infty}x\big[1-F(x)\big] = 0.$

(3) 由 (1) 知

$$\begin{aligned}
\mathrm{E}X - \mathrm{E}Y &= \int_{0}^{\infty}\big[1-F(x)-F(-x)\big]\mathrm{d}x - \int_{0}^{\infty}\big[1-G(x)-G(-x)\big]\mathrm{d}x \\
&= \int_{0}^{\infty}\big[G(x)-F(x)\big]\mathrm{d}x + \int_{0}^{\infty}\big[G(-x)-F(-x)\big]\mathrm{d}x \\
&= \int_{-\infty}^{\infty}\big[G(x)-F(x)\big]\mathrm{d}x.
\end{aligned}$$

【评注】 令 $Y = X - a$, 则由本题之 (3) 得到

$$\int_{-\infty}^{\infty}\big[F(x+a)-F(x)\big]\mathrm{d}x = a,$$

此与习题 10.23 一致.

10.28 设 X 是非负 r.v., $g:[0,\infty)\to[0,\infty)$ 为严格单调增的可导函数, 试证:

(1) $\mathrm{E}g(X) = g(0) + \int_{0}^{\infty}g'(x)P\{X>x\}\mathrm{d}x;$

(2) 若 $g'(x)$ 单调, 存在 $c>0$, 使得 $\lim\limits_{x\to\infty}\dfrac{g'(x)}{g'(x+1)} = c$, 则

$$\mathrm{E}g(X) < \infty \Leftrightarrow \sum_{n=1}^{\infty}g'(n)P\{X>n\} < \infty.$$

证明 (1) 令 $h(x) = g(x) - g(0)$, 则 $h(x)$ 严格单调增, 且 $h(0) = 0$, 故由习题 10.26 得

$$\mathrm{E}h(X) = \int_{0}^{\infty}P\{h(X)>x\}\mathrm{d}x \xlongequal{x=h(y)} \int_{0}^{\infty}h'(y)P\{X>y\}\mathrm{d}y$$

$$= \int_0^\infty g'(y) P\{X > y\} \mathrm{d}y.$$

(2) 不妨假设 $g'(x) \uparrow$, 则由 (1),

$$\mathrm{E}g(X) < \infty \Leftrightarrow \int_0^\infty g'(x) P\{X > x\}\mathrm{d}x < \infty$$

$$\Leftrightarrow \int_1^\infty g'(x) P\{X > x\}\mathrm{d}x < \infty$$

$$\Leftrightarrow \sum_{n=1}^\infty \int_n^{n+1} g'(x) P\{X > x\}\mathrm{d}x < \infty,$$

而

$$\sum_{n=1}^\infty \int_n^{n+1} g'(x) P\{X > x\}\mathrm{d}x < \infty \Rightarrow \sum_{n=1}^\infty g'(n) P\{X > n+1\} < \infty$$

$$\Rightarrow \sum_{n=1}^\infty g'(n+1) P\{X > n+1\} < \infty$$

$$\Rightarrow \sum_{n=1}^\infty g'(n) P\{X > n\} < \infty,$$

$$\sum_{n=1}^\infty g'(n) P\{X > n\} < \infty \Rightarrow \sum_{n=1}^\infty g'(n+1) P\{X > n\} < \infty$$

$$\Rightarrow \sum_{n=1}^\infty \int_n^{n+1} g'(x) P\{X > x\}\mathrm{d}x < \infty.$$

10.29 设 X 是非负 r.v., 利用上题结论证明:

(1) $\mathrm{E}\log^+ X < \infty \Leftrightarrow \sum_{n=1}^\infty \dfrac{1}{n} P\{X > n\} < \infty$;

(2) $\mathrm{E}\log^+ \log^+ X < \infty \Leftrightarrow \sum_{n=2}^\infty \dfrac{1}{n \log n} P\{X > n\} < \infty$;

(3) $\mathrm{E}X^r (\log^+ X)^p < \infty \Leftrightarrow \sum_{n=1}^\infty n^{r-1} (\log n)^p P\{X > n\} < \infty$, 其中 $r > 1$, $p > 0$;

(4) $\mathrm{E}(\log^+ X)^p < \infty \Leftrightarrow \sum_{n=1}^\infty \dfrac{(\log n)^{p-1}}{n} P\{X > n\} < \infty$.

证明　为证本题的结论, 只需在习题 10.28 中,

(1) 取 $g(x) = \log x$, $x \geqslant 1$;

(2) 取 $g(x) = \log \log x$, $x \geqslant 3$;

(3) 取 $g(x) = x^r (\log x)^p$, $x \geqslant 1$;

(4) 取 $g(x) = (\log x)^p$, $x \geqslant 1$.

10.30 设 $f_i \in L^1(\Omega_i, \mathcal{F}_i, \mu_i)$, $i = 1, 2$, 则 $f_1 f_2 \in L^1(\Omega_1 \times \Omega_2, \mathcal{F}_1 \times \mathcal{F}_2, \mu_1 \times \mu_2)$, 且

$$\int_{\Omega_1 \times \Omega_2} f_1 f_2 \mathrm{d}(\mu_1 \times \mu_2) = \int_{\Omega_1} f_1 \mathrm{d}\mu_1 \int_{\Omega_2} f_2 \mathrm{d}\mu_2.$$

证明 在习题 10.17 中已经证明: $f_1 f_2 \in \mathcal{F}_1 \times \mathcal{F}_2 / \mathcal{B}(\mathbb{R})$, 余下的只需证明相应的积分等式成立. 假设 $f_1 = I_{A_1}$, $f_2 = I_{A_2}$, 其中 $A_1 \in \mathcal{F}_1$, $A_2 \in \mathcal{F}_2$, 那么

$$\int_{\Omega_1 \times \Omega_2} I_{A_1}(\omega_1) I_{A_2}(\omega_2) \mathrm{d}(\mu_1 \times \mu_2) = \int_{\Omega_1 \times \Omega_2} I_{A_1 \times A_2}(\omega_1, \omega_2) \mathrm{d}(\mu_1 \times \mu_2)$$

$$= (\mu_1 \times \mu_2)(A_1 \times A_2) = \mu_1(A_1) \mu_2(A_2)$$

$$= \int_{\Omega_1} I_{A_1} \mathrm{d}\mu_1 \int_{\Omega_2} I_{A_2} \mathrm{d}\mu_2,$$

这表明欲证等式对示性函数成立, 使用典型方法即知欲证等式对一切可积函数都成立.

10.31 对于 $x > 0$, 有 $\int_0^\infty \mathrm{e}^{-xt} \mathrm{d}t = \dfrac{1}{x}$, 利用此事实及 Fubini 定理证明 $\int_0^\infty \dfrac{\sin x}{x} \mathrm{d}x = \dfrac{\pi}{2}$.

证明 由 $\int_0^\infty \mathrm{e}^{-xt} \mathrm{d}t = \dfrac{1}{x}$ 得

$$\int_0^\infty \frac{\sin x}{x} \mathrm{d}x = \int_0^\infty \sin x \left[\int_0^\infty \mathrm{e}^{-xt} \mathrm{d}t \right] \mathrm{d}x$$

$$= \int_0^\infty \int_0^\infty \mathrm{e}^{-xt} \sin x \mathrm{d}x \mathrm{d}t = \int_0^\infty \left[\int_0^\infty \mathrm{e}^{-xt} \sin x \mathrm{d}x \right] \mathrm{d}t,$$

而经过一些简单的计算易得 $\int_0^\infty \mathrm{e}^{-xt} \sin x \mathrm{d}x = \dfrac{1}{1 + t^2}$, 所以

$$\int_0^\infty \frac{\sin x}{x} \mathrm{d}x = \int_0^\infty \frac{1}{1 + t^2} \mathrm{d}t = \arctan t \big|_0^\infty = \frac{\pi}{2}.$$

10.32 用 Fubini 定理证明: 绝对收敛级数可以任意交换各项的次序.

证明　设 μ 是 $\mathbb{N}$ 上的计数测度, 显然级数 $\sum\limits_{m}\sum\limits_{n}a_{m,n}$ 绝对收敛当且仅当函数 $(m,n)\mapsto a_{m,n}$ 关于 $\mu\times\mu$ 可积, 从而 Fubini 定理意味着, 如果 $\sum\limits_{m}\sum\limits_{n}a_{m,n}$ 绝对收敛, 那么

$$\sum_{m}\sum_{n}a_{m,n}=\sum_{n}\sum_{m}a_{m,n},$$

即绝对收敛级数可以任意交换各项的次序.

10.4　无穷乘积可测空间上的概率测度

10.4.1　内容提要

设 $\{(\Omega_n,\mathcal{F}_n,P_n),n\geqslant 1\}$ 为一列概率空间, 定义

$$\Omega=\mathop{\times}_{n=1}^{\infty}\Omega_n,\quad \Omega_n'=\mathop{\times}_{i=1}^{n}\Omega_i,\quad \Omega_n''=\mathop{\times}_{i=n+1}^{\infty}\Omega_i,$$

$$\mathcal{F}=\mathop{\times}_{n=1}^{\infty}\mathcal{F}_n,\quad \mathcal{F}_n'=\mathop{\times}_{i=1}^{n}\mathcal{F}_i,\quad \mathcal{F}_n''=\mathop{\times}_{i=n+1}^{\infty}\mathcal{F}_i,$$

$$\mathcal{D}_n=\{D=A_n\times\Omega_n'':A_n\in\mathcal{F}_n'\},\quad \mathcal{D}=\bigcup_{n=1}^{\infty}\mathcal{D}_n.$$

$\forall D\in\mathcal{D}$, 当 $D=A_n\times\Omega_n''\in\mathcal{D}_n$ 时, 定义

$$P(D)=\left(\mathop{\times}_{i=1}^{n}P_i\right)(A_n).\tag{10.14}$$

引理 10.19　由 (10.14) 式定义的集函数 P 为 $\mathcal{D}$ 上的概率测度.

定理 10.20　设 $\{(\Omega_n,\mathcal{F}_n,P_n),n\geqslant 1\}$ 为一列概率空间, 则 σ 代数 $\mathop{\times}\limits_{n=1}^{\infty}\mathcal{F}_n$ 上存在唯一的概率测度 P, 使对 $\mathop{\times}\limits_{n=1}^{\infty}\mathcal{F}_n$ 中每一柱集 $D=B_n\times\Omega_n''\in\mathcal{D}_n$, (10.14) 式成立.

定理 10.21　设 $\mathcal{D}_n$ 是 $\mathcal{B}(\mathbb{R}^{\infty})$ 中 n 维 Borel 柱集全体, 即

$$\mathcal{D}_n=\left\{D=A_n\times\left(\mathop{\times}_{i=n+1}^{\infty}\mathbb{R}\right):A_n\in\mathcal{B}(\mathbb{R}^n)\right\},$$

又设 $\mathcal{D}$ 是 $\mathcal{B}(\mathbb{R}^{\infty})$ 中 Borel 柱集全体, 即 $\mathcal{D}=\bigcup\limits_{n=1}^{\infty}\mathcal{D}_n$. 若 $\{(\mathbb{R}^n,\mathcal{B}(\mathbb{R}^n),P_n),n\geqslant 1\}$ 为一列概率空间, 满足**相容性条件**

$$P_{n+1}(A_n\times\mathbb{R})=P_n(A_n),\quad A_n\in\mathcal{B}(\mathbb{R}^n),\quad n\geqslant 1,$$

$\forall D \in \mathcal{D}$, 当 $D = A_n \times \left(\underset{i=n+1}{\overset{\infty}{\times}} \mathbb{R} \right) \in \mathcal{D}_n$ 时, 定义

$$P(D) = P_n(A_n),$$

则 P 能唯一地扩张到 $\mathcal{B}(\mathbb{R}^\infty)$ 上去, 使之成为 $\mathcal{B}(\mathbb{R}^\infty)$ 上的概率测度.

定理 10.22 (Kolmogorov 相容性定理)   设 $\{F_{1,2,\cdots,n}, n \geqslant 1\}$ 是一列有限维分布函数, 满足

(i) (对称性条件) 对 $(1, 2, \cdots, n)$ 的任一排列 $(i_1, i_2, \cdots, i_n)$ 有

$$F_{i_1, i_2, \cdots, i_n}(x_{i_1}, x_{i_2}, \cdots, x_{i_n}) = F_{1,2,\cdots,n}(x_1, x_2, \cdots, x_n);$$

(ii) (相容性条件) 对任意的 $m, n \in \mathbb{N}$, 当 $m < n$ 时,

$$F_{1,2,\cdots,m}(x_1, x_2, \cdots, x_m) = F_{1,2,\cdots,n}(x_1, x_2, \cdots, x_m, \infty, \cdots, \infty).$$

设 $X_1, X_2, \cdots$ 是 $\mathbb{R}^\infty$ 上的 **坐标随机变量**, 即

$$X_n(\boldsymbol{\omega}) = \omega_n, \quad \boldsymbol{\omega} = (\omega_1, \omega_2, \cdots) \in \mathbb{R}^\infty, \quad n = 1, 2, \cdots,$$

则存在 $(\mathbb{R}^\infty, \mathcal{B}(\mathbb{R}^\infty))$ 上唯一的概率测度 P, 使得

$$P\{X_1 \leqslant x_1, \cdots, X_n \leqslant x_n\} = F_{1,\cdots,n}(x_1, \cdots, x_n), \quad n = 1, 2, \cdots.$$

推论 10.23   设 $\{X_n, n \geqslant 1\}$ 是概率空间 $(\Omega, \mathcal{F}, P)$ 上的 r.v. 序列, 记 $\boldsymbol{X} = (X_1, X_2, \cdots)$.

(i) $\boldsymbol{X}$ 是从 $(\Omega, \mathcal{F})$ 到 $(\mathbb{R}^\infty, \mathcal{B}(\mathbb{R}^\infty))$ 的可测映射;

(ii) 设 P^∞ 是由 $\{(X_1, \cdots, X_n), n \geqslant 1\}$ 诱导的有限维分布函数族 $\{F_{1,\cdots,n}, n \geqslant 1\}$ 唯一决定的概率测度, 则 $P^\infty = P \circ \boldsymbol{X}^{-1}$.

注记 10.24   定理 10.22 是概率论区别于抽象测度论的重要定理, 就像在推论 10.23 中所看到的那样, 当 $\boldsymbol{X}$ 是概率空间 $(\Omega, \mathcal{F}, P)$ 上可列无穷维随机变量时, 对一切 $A \in \mathcal{B}(\mathbb{R}^\infty)$, $P\{\boldsymbol{X} \in A\}$ 由 $\{(X_1, \cdots, X_n), n \geqslant 1\}$ 诱导的有限维分布函数族 $\{F_{1,\cdots,n}, n \geqslant 1\}$ 唯一决定.

设 $\{(\Omega_t, \mathcal{F}_t, P_t), t \in T\}$ 为一族概率空间, 由定理 10.5 之 (iii) 知, 每个 $A \in \underset{t \in T}{\times} \mathcal{F}_t$ 均可表示成

$$A = \pi_I^{-1}(A_I)$$

的形式, 其中 I 为 T 的非空至多可数子集, $A_I \in \underset{t \in I}{\times} \mathcal{F}_t$. 定义

$$P(A) = \left(\underset{t \in I}{\times} P_t \right)(A_I). \tag{10.21}$$

定理 10.25   由 (10.21) 式定义的集函数 P 为 $\underset{t \in T}{\times} \mathcal{F}_t$ 上的概率测度.

10.4.2 习题 10.4 解答与评注

10.33 设 $\tilde{\mathcal{H}}$ 如定理 10.21 证明中所定义, 证明 $\sigma\left(\tilde{\mathcal{H}}\right) = \overset{\infty}{\underset{n=1}{\times}} \mathcal{B}\left(\mathbb{R}\right)$.

证明 因为 $\sigma\left(\mathcal{D}\right) = \overset{\infty}{\underset{n=1}{\times}} \mathcal{B}\left(\mathbb{R}\right)$, 其中 $\mathcal{D}$ 如定理 10.21 定义, 所以只需证明 $\sigma\left(\tilde{\mathcal{H}}\right) = \sigma\left(\mathcal{D}\right)$.

一方面, 显见 $\tilde{\mathcal{H}} \subset \mathcal{D}$, 于是 $\sigma\left(\tilde{\mathcal{H}}\right) \subset \sigma\left(\mathcal{D}\right)$.

另一方面, $\forall D \in \mathcal{D}$, 为确定起见不妨假设 $D = A_n \times \left(\overset{\infty}{\underset{i=n+1}{\times}} \mathbb{R}\right) \in \mathcal{D}_n$, 其中 $A_n \in \mathcal{B}\left(\mathbb{R}^n\right)$. 回忆定理 10.21 证明中的 $\mathcal{G}_n$, 我们有

$$
\begin{aligned}
D = \pi_{\{1,2,\cdots,n\}}^{-1}\left(A_n\right) &\in \pi_{\{1,2,\cdots,n\}}^{-1}\left(\mathcal{B}\left(\mathbb{R}^n\right)\right) = \pi_{\{1,2,\cdots,n\}}^{-1}\left(\sigma\left(\mathcal{G}_n\right)\right) \\
&= \sigma\left(\pi_{\{1,2,\cdots,n\}}^{-1}\left(\mathcal{G}_n\right)\right) \subset \sigma\left(\tilde{\mathcal{H}}\right),
\end{aligned}
$$

这意味着 $\sigma\left(\mathcal{D}\right) \subset \sigma\left(\tilde{\mathcal{H}}\right)$.

10.34 对每个 $n \geqslant 1$, 令 X_n 是由 (10.19) 式定义的坐标随机变量, 即

$$
X_n\left(\boldsymbol{\omega}\right) = \omega_n, \quad \boldsymbol{\omega} = \left(\omega_1, \omega_2, \cdots\right) \in \mathbb{R}^{\infty},
$$

证明 $\sigma\left(X_n, n \geqslant 1\right) = \mathcal{B}\left(\mathbb{R}^{\infty}\right)$.

证明 由习题 10.1 知 $\mathcal{B}\left(\mathbb{R}^{\infty}\right) = \overset{\infty}{\underset{n=1}{\times}} \mathcal{B}\left(\mathbb{R}\right)$, 而由习题 10.6 知

$$
\overset{\infty}{\underset{n=1}{\times}} \mathcal{B}\left(\mathbb{R}\right) = \sigma\left(\bigcup_{n=1}^{\infty} \pi_n^{-1}\left(\mathcal{E}\right)\right),
$$

其中 $\mathcal{E} = \{(-\infty, x] : x \in \mathbb{R}\}$, 故 $\mathcal{B}\left(\mathbb{R}^{\infty}\right) = \sigma\left(\bigcup_{n=1}^{\infty} \pi_n^{-1}\left(\mathcal{E}\right)\right)$.

$\forall x \in \mathbb{R}$ 及 $n \geqslant 1$,

$$
\begin{aligned}
\{X_n \leqslant x\} &= \{\boldsymbol{\omega} = \left(\omega_1, \omega_2, \cdots\right) \in \mathbb{R}^{\infty} : X_n\left(\boldsymbol{\omega}\right) \leqslant x\} \\
&= \{\boldsymbol{\omega} = \left(\omega_1, \omega_2, \cdots\right) \in \mathbb{R}^{\infty} : \omega_n \leqslant x\} = \pi_n^{-1}\left(-\infty, x\right],
\end{aligned}
$$

这表明 $\{X_n \leqslant x\} \in \mathcal{B}\left(\mathbb{R}^{\infty}\right)$, 所以 $\sigma\left(X_n\right) \subset \mathcal{B}\left(\mathbb{R}^{\infty}\right)$, 进而

$$
\sigma\left(X_n, n \geqslant 1\right) = \sigma\left(\bigcup_{n=1}^{n} \sigma\left(X_n\right)\right) \subset \mathcal{B}\left(\mathbb{R}^{\infty}\right).
$$

反过来, 由 $\pi_n^{-1}(-\infty,x] = \{X_n \leqslant x\} \in \sigma(X_n, n \geqslant 1)$ 知 $\sigma\left(\bigcup_{n=1}^{\infty} \pi_n^{-1}(\mathcal{E})\right) \subset$
$\sigma(X_n, n \geqslant 1)$, 即 $\mathcal{B}(\mathbb{R}^\infty) \subset \sigma(X_n, n \geqslant 1)$.

【评注】　由 (10.19) 式定义的每个坐标随机变量 X_n 都关于 $\mathcal{B}(\mathbb{R}^\infty)$ 可测.

10.35　设 $\{X_n, n \geqslant 1\}$ 是一列 r.v., 则存在概率空间 $(\mathbb{R}^\infty, \mathcal{B}(\mathbb{R}^\infty), P')$ 上的
坐标随机变量序列 $\{X_n', n \geqslant 1\}$, 使对任意的 $n \geqslant 1$, $(X_1, \cdots, X_n)$ 与 $(X_1', \cdots,$
$X_n')$ 同分布.

证明　设 $\{F_{1,\cdots,n}, n \geqslant 1\}$ 是由 $\{(X_1, \cdots, X_n), n \geqslant 1\}$ 诱导的有限维分布函
数族, P' 是 $(\mathbb{R}^\infty, \mathcal{B}(\mathbb{R}^\infty))$ 上的由 $\{F_{1,\cdots,n}, n \geqslant 1\}$ 唯一确定的概率测度, 则对任
意的 $n \geqslant 1$,

$$P\{X_1 \leqslant x_1, \cdots, X_n \leqslant x_n\} = F_{1,\cdots,n}(x_1, \cdots, x_n)$$
$$= P'\{X_1' \leqslant x_1, \cdots, X_n' \leqslant x_n\},$$

这表明 $(X_1, \cdots, X_n)$ 与 $(X_1', \cdots, X_n')$ 同分布.

第 11 章　局部紧 Hausdorff 空间上的测度

本章在局部紧 Hausdorff 空间的框架下系统解决用开集或紧集逼近可测集的问题、用连续函数逼近可测函数的问题、建立线性泛函与测度之间的关系, 它们都是测度论中的基本问题.

11.1　局部紧 Hausdorff 空间上的连续函数

11.1.1　内容提要

定义 11.1　称拓扑空间 X 是**局部紧的**, 如果对任意的 $x \in X$, 有开邻域 $U \ni x$, 且 $\overline{U}$ 为紧集.

命题 11.2　设 X 是 Hausdorff 空间, 则 X 在 x 处是局部紧的当且仅当对 x 的任意一个开邻域 G, 都存在开邻域 $U \ni x$, 使得 $\overline{U}$ 是紧集, 且 $\overline{U} \subset G$.

定理 11.3　设 X 是局部紧的 Hausdorff 空间, K 是 X 的紧集, U 是 X 的开集, $K \subset U$, 则存在开集 $V \subset X$, 使得 $\overline{V}$ 为紧集, 且 $K \subset V \subset \overline{V} \subset U$.

定理 11.4　设 X 是局部紧的具有可数基的 Hausdorff 空间, 则 X 的每个开集都可以表示成紧集的可数并.

推论 11.5　局部紧的具有可数基的 Hausdorff 空间 X 是 σ-紧空间, 即 X 可以表示成紧集的可数并.

定义 11.6　设 X 是拓扑空间, $A \subset X$.

(i) 称 A 是 $\boldsymbol{G_\delta}$ **集**, 如果 A 能表示成 X 的开集的可列交;

(ii) 称 A 是 $\boldsymbol{F_\sigma}$ **集**, 如果 A 能表示成 X 的闭集的可列并.

推论 11.7　设 X 是局部紧的具有可数基的 Hausdorff 空间, 则 X 的每个开集都是 F_σ 集, 每个闭集都是 G_δ 集.

定理 11.8　设 X 是局部紧的 Hausdorff 空间, K 是 X 的紧集, U 是 X 的开集, $K \subset U$, 则存在 $f \in C_c(X)$, 使得 $I_K \leqslant f \leqslant I_U$ 且 $\operatorname{supp}(f) \subset U$.

定理 11.9　设 X 是局部紧的 Hausdorff 空间, $f \in C_c(X)$, $\operatorname{supp}(f) \subset \bigcup_{i=1}^{n} U_i$, 诸 U_i 是 X 的开集, 则存在 $f_i \in C_c(X)$, $\operatorname{supp}(f_i) \subset U_i$, $1 \leqslant i \leqslant n$, 使得 $f = \sum_{i=1}^{n} f_i$. 此外, 若 $f \geqslant 0$, 则诸 $f_i \geqslant 0$.

定理 11.10 设 X 是局部紧的 Hausdorff 空间, K 是 X 的紧集, U 是 X 的开集, 且 $K \subset U$. 若 $f \in C(K)$, 则存在 $\tilde{f} \in C_c(X)$, 使得 $\operatorname{supp}\left(\tilde{f}\right) \subset U$, $\tilde{f}$ 在 K 上的限制 $\tilde{f}|_K = f$.

11.1.2 习题 11.1 解答与评注

11.1 设 X 是局部紧的 Hausdorff 空间, Y 是 X 的闭集或者开集, 则 Y 是局部紧的.

证明 若 Y 是 X 的闭集, $y \in Y$, 则由局部紧性, 存在开邻域 $U \ni y$, 使得 $\overline{U}$ 是紧集. 注意到 Hausdorff 空间中的紧集是闭集 (习题 2.54 之 (2)), 推知 $\overline{U} \cap Y$ 是紧集. 由 $U \cap Y$ 是 Y 的相对开集及 $y \in U \cap Y \subset \overline{U} \cap Y$ 知 Y 是局部紧的.

若 Y 是 X 的开集, $y \in Y$, 则由命题 11.2 知存在开邻域 $U \ni y$, 使得 $\overline{U}$ 是紧的, 并且 $\overline{U} \subset Y$, 从而 $y \in U \subset \overline{U} \subset Y$, 这表明 Y 是局部紧的.

11.2[①] (Baire 定理) 设 X 是局部紧的 Hausdorff 空间, $\{V_n, n \geqslant 1\}$ 是 X 中一列稠密的开子集, 则 $\bigcap\limits_{n=1}^{\infty} V_n$ 也在 X 中稠密.

证明 设 G_0 是 X 的任一非空开集, 任取 $x_1 \in V_1 \cap G_0$, 则由命题 11.2 知, 存在开邻域 $G_1 \ni x_1$, 使得 $\overline{G_1}$ 是紧的, 且 $\overline{G_1} \subset V_1 \cap G_0$. 任取 $x_2 \in V_2 \cap G_1$. 同理, 存在开邻域 $G_2 \ni x_2$, 使得 $\overline{G_2}$ 是紧的, 且 $\overline{G_2} \subset V_2 \cap G_1$. 继续这个过程, 一般地, 任取 $x_n \in V_n \cap G_{n-1}$, 存在开邻域 $G_n \ni x_n$, 使得 $\overline{G_n}$ 是紧的, 且 $\overline{G_n} \subset V_n \cap G_{n-1}$.

令 $K = \bigcap\limits_{n=1}^{\infty} \overline{G_n}$, 则 $K \subset G_0 \cap \left(\bigcap\limits_{n=1}^{\infty} V_n\right)$. 若能证明 $K \neq \varnothing$, 因而 $G_0 \cap \left(\bigcap\limits_{n=1}^{\infty} V_n\right) \neq \varnothing$, 则由习题 2.16 之 (2) 知 $\bigcap\limits_{n=1}^{\infty} V_n$ 在 X 中稠密. 事实上, 由于 $\overline{G_1}$ 是 X 的紧子空间, 而 $\{\overline{G_n}, n \geqslant 1\}$ 是适合下述条件的非空闭集族:

$$\overline{G_1} \supset \overline{G_2} \supset \cdots \supset \overline{G_n} \supset \cdots,$$

由命题 2.64 知 $\bigcap\limits_{n=1}^{\infty} \overline{G_n} \neq \varnothing$, 即 $K \neq \varnothing$.

11.3 在定理 11.10 的证明中由 (11.1) 式定义的 $\tilde{f}$ 是 X 上的连续函数.

证明 设 E 是 $\mathbb{R}$ 的闭集, 为证 $\tilde{f}$ 连续, 只需证明 $\tilde{f}^{-1}(E)$ 是 X 的闭集即可. 为此, 注意到 $gh \in C(F)$, 所以 $(gh)^{-1}(E)$ 是 F 的闭集, 从而是 X 的闭集. 分两种情况讨论:

(a) 当 $0 \notin E$ 时, $\tilde{f}^{-1}(E) = (gh)^{-1}(E)$ 是 X 的闭集;

(b) 当 $0 \in E$ 时, $\tilde{f}^{-1}(E) = (gh)^{-1}(E) \cup \tilde{f}^{-1}\{0\}$. 因为 $X \backslash F \subset g^{-1}\{0\}$, 所以

---

① 本题应该与习题 2.42 对照.

$$\tilde{f}^{-1}\{0\} = (X\backslash F) \cup g^{-1}\{0\} \cup h^{-1}\{0\} = g^{-1}\{0\} \cup h^{-1}\{0\},$$

而 $g^{-1}\{0\}$ 是 X 的闭集, $h^{-1}\{0\}$ 是 F 的闭集, 从而也是 X 的闭集, 所以 $\tilde{f}^{-1}\{0\}$ 是 X 的闭集, 由此推得 $\tilde{f}^{-1}(E)$ 也是 X 的闭集.

11.2　局部紧 Hausdorff 空间上的测度与 Riesz 表现定理

11.2.1　内容提要

引理 11.11　设 X 是 Hausdorff 空间, 且其中每个开集都是 F_σ 集, μ 是 X 上的有限 Borel 测度, 则每个 $A \in \mathcal{B}(X)$ 同时满足

$$\mu(A) = \inf\{\mu(G) : G \text{ 是开集}, G \supset A\},$$

$$\mu(A) = \sup\{\mu(F) : F \text{ 是闭集}, F \subset A\}.$$

定义 11.12　设 $\mathcal{A}$ 是 Hausdorff 空间 X 上的 σ 代数且 $\mathcal{B}(X) \subset \mathcal{A}$, 称 $\mathcal{A}$ 上的测度 μ 是**正则的** (regular), 如果

(i) (内正则性) 对任何开集 $G \subset X$,

$$\mu(G) = \sup\{\mu(K) : K \text{ 是紧集}, K \subset G\};$$

(ii) (外正则性) 对任何 $A \in \mathcal{A}$,

$$\mu(A) = \inf\{\mu(G) : G \text{ 是开集}, G \supset A\}.$$

定理 11.13　设 μ 是局部紧的具有可数基的 Hausdorff 空间 X 上的 Borel 测度, 且 μ 在每个紧集都取有限值, 则 μ 是正则测度.

定义 11.14　称 Hausdorff 空间上的 Borel 测度 μ 为 **Radon 测度**, 如果

(i) μ 在每个紧集都取有限值;

(ii) μ 是正则的.

命题 11.15　设 X 是局部紧的具有可数基的 Hausdorff 空间, 则 X 上每个 Radon 测度都是 σ-有限的.

定义 11.16　设 $U \subset X$ 为开集, $f \in C_c(X)$, 记号 $f \prec U$ 表示

$$0 \leqslant f \leqslant I_U,$$

且 $\mathrm{supp}(f) \subset U$. 另外, 规定 $0 \prec \varnothing$.

引理 11.17　设 X 是局部紧的 Hausdorff 空间, μ 是 X 上的 Radon 测度. 若 $U \subset X$ 是开集, 则

$$\mu(U) = \sup\left\{\int_X f\mathrm{d}\mu : f \in C_c(X), f \prec U\right\}.$$

引理 11.18 设 X 是局部紧的 Hausdorff 空间, L 是 $C_c(X)$ 上的正线性泛函. 定义集函数 $\mu^*: \mathcal{P}(X) \to \overline{\mathbb{R}}$ 如下:

(i) 当 U 是 X 的开集时, $\mu^*(U) = \sup\{L(f): f \in C_c(X), f \prec U\}$;

(ii) $\forall A \subset X$, $\mu^*(A) = \inf\{\mu^*(U): U$ 为开集, $U \supset A\}$,

则 μ^* 是 X 上的外测度, 且 $\mathcal{B}(X) \subset \mathcal{U}_{\mu^*}$.

引理 11.19 设 X, L, μ^* 如引理 11.18 所述. 若 $A \subset X$, $f \in C_c(X)$, 则

(i) $I_A \leqslant f \Rightarrow \mu^*(A) \leqslant L(f)$;

(ii) $0 \leqslant f \leqslant I_A \Rightarrow L(f) \leqslant \mu^*(A)$.

引理 11.20 设 X, L, μ^* 如引理 11.18 所述, $\mu = \mu^*|_{\mathcal{B}(X)}$, 则 μ 是 X 上的 Radon 测度, 且

$$L(f) = \int_X f \mathrm{d}\mu, \quad f \in C_c(X).$$

定理 11.21 (Riesz 表现定理) 设 X 是局部紧的 Hausdorff 空间, L 是 $C_c(X)$ 上的正线性泛函, 则在 X 上存在唯一的 Radon 测度 μ, 使得 (11.7) 式成立.

11.2.2 习题 11.2 解答与评注

11.4 设 $\mathcal{A}$ 是 Hausdorff 空间 X 上的 σ 代数且 $\mathcal{B}(X) \subset \mathcal{A}$, $A \in \mathcal{A}$, μ 是 $\mathcal{A}$ 上的正则测度且在 A 上是 σ-有限的, 则

$$\mu(A) = \sup\{\mu(K): K \text{ 是紧集}, K \subset A\}. \qquad ①$$

证明 先设 $\mu(A) < \infty$, 则 $\forall \varepsilon > 0$, 由 μ 的外正则性, 可选开集 G, 使得 $A \subset G$, $\mu(G) < \mu(A) + \varepsilon$. 对于 G, 由 μ 的内正则性, 可选紧集 K, 使得 $K \subset G$, $\mu(K) > \mu(G) - \varepsilon$. 将 $\mu(G) < \mu(A) + \varepsilon$ 改写成 $\mu(G \backslash A) < \varepsilon$, 对于 $G \backslash A$, 再由 μ 的外正则性, 可选开集 U, 使得 $G \backslash A \subset U$, $\mu(U) < \varepsilon$. 注意到 $K \backslash U$ 是紧集, $K \backslash U \subset A$,

$$\mu(K \backslash U) = \mu(K) - \mu(K \cap U) > \mu(G) - 2\varepsilon \geqslant \mu(A) - 2\varepsilon,$$

由 ε 的任意性, ①式当 $\mu(A) < \infty$ 时成立.

对于 $\mu(A) = \infty$, 由 μ 在 A 上 σ-有限可假设 $A = \bigcup_{n=1}^{\infty} A_n$, 诸 $A_n \in \mathcal{A}$ 且 $\mu(A_n) < \infty$. $\forall M > 0$, 首先取 $N \geqslant 1$ 使得 $\mu\left(\bigcup_{n=1}^{N} A_n\right) > M$, 然后由已证的结果, 取紧集 $K \subset \bigcup_{n=1}^{N} A_n$ 使得 $\mu(K) > M$. 由 M 的任意性, ①式当 $\mu(A) = \infty$ 时成立.

【评注】 (a) 正则测度在开集上的测度值可以用紧集从内部逼近, 本题将这个结论放宽为 "σ-有限可测集上的测度值可以用紧集从内部逼近";

(b) 当 μ 是 σ-有限测度时, ①式对任意的 $A \in \mathcal{A}$ 都成立.

11.5　设 μ 是局部紧 Hausdorff 空间 X 上 σ-有限的 Radon 测度, $E \in \mathcal{B}(X)$, 则 $\forall \varepsilon > 0$, 存在 X 的开集 G 和闭集 F, 使得 $F \subset E \subset G$, 且 $\mu(G \backslash F) < \varepsilon$.

证明　因为 μ 是 σ-有限的, 所以存在 $\{A_n, n \geqslant 1\} \subset \mathcal{B}(X)$, 使得 $\bigcup\limits_{n=1}^{\infty} A_n = X$ 且 $\mu(A_n) < \infty$, 于是

$$E = \bigcup_{n=1}^{\infty} (E \cap A_n) =: \bigcup_{n=1}^{\infty} B_n.$$

$\forall \varepsilon > 0$, 由 μ 的外正则性, 存在开集 $G_n \supset B_n$, 使得 $\mu(G_n \backslash B_n) < \dfrac{\varepsilon}{2^{n+1}}$. 令 $G = \bigcup\limits_{n=1}^{\infty} G_n$, 则 G 为开集, 满足 $G \supset E$ 且

$$\mu(G \backslash E) = \mu\left(\left(\bigcup_{n=1}^{\infty} G_n\right) \backslash \left(\bigcup_{n=1}^{\infty} B_n\right)\right) \leqslant \mu\left(\bigcup_{n=1}^{\infty} (G_n \backslash B_n)\right)$$

$$\leqslant \sum_{n=1}^{\infty} \mu(G_n \backslash B_n) < \frac{\varepsilon}{2}.$$

同理, 对 E^c 也存在开集 $U \supset E^c$, 使得 $\mu(U \backslash E^c) < \dfrac{\varepsilon}{2}$. 令 $F = U^c$, 则 F 为闭集, 满足 $F \subset E$, $\mu(E \backslash F) < \dfrac{\varepsilon}{2}$.

综合起来, 我们有 $F \subset E \subset G$, 且

$$\mu(G \backslash F) = \mu(G \backslash E) + \mu(E \backslash F) < \varepsilon.$$

11.6　设 X 是局部紧的 Hausdorff 空间, L 是 $C_c(X)$ 上的正线性泛函. 若 K 是 X 的紧集, 则对任何 $f \in C_c(X)$, $\text{supp}(f) \subset K$, 存在仅与 K 有关的常数 $C(K)$, 使得

$$|L(f)| \leqslant C(K) \max_{x \in X} |f(x)|.$$

证明　由 Riesz 表现定理 (定理 11.21), 存在唯一的 Radon 测度 μ, 使得

$$L(f) = \int_X f \mathrm{d}\mu, \quad f \in C_c(X).$$

又由 $f \in C_c(X)$ 及习题 2.59 知 $\max\limits_{x \in X} |f(x)| < \infty$, 故

$$|L(f)| \leqslant \int_X |f| \, \mathrm{d}\mu = \int_K |f| \, \mathrm{d}\mu \leqslant \max_{x \in X} |f(x)| \, \mu(K),$$

取 $C(K) = \mu(K)$ 即得欲证.

11.3 用连续函数逼近可测函数

11.3.1 内容提要

引理 11.22 设 X 是局部紧的 Hausdorff 空间, μ 是 X 上的 Radon 测度. 若 $A \in \mathcal{B}(X)$, $\mu(A) < \infty$, 则

$$\mu(A) = \sup\{\mu(K) : K \text{ 是紧集}, K \subset A\}.$$

定理 11.23 (引理 9.20 的深化) 设 X 是局部紧的 Hausdorff 空间, μ 是 X 上的 Radon 测度. 若 $1 \leqslant p < \infty$, 则 $C_c(X)$ 在 $L^p(X, \mathcal{B}(X), \mu)$ 中稠密.

定理 11.24 (Luzin 定理) 设 X 是局部紧的 Hausdorff 空间, μ 是 X 上的 Radon 测度, $f \in \overline{\mathcal{L}}(X, \mathcal{B}(X))$ 且几乎处处取有限值, $E = \{x \in X : f(x) \neq 0\}$. 若 $\mu(E) < \infty$, 则 $\forall \varepsilon > 0$, 存在 $\tilde{f} \in C_c(X)$, 使得 $\mu\{f \neq \tilde{f}\} < \varepsilon$.

11.3.2 习题 11.3 解答与评注

11.7 证明引理 11.22 的结论对 σ-有限的 Borel 集 A 也成立.

证明 不妨设 $\mu(A) = \infty$. 因为 μ 在 A 上是 σ-有限的, 所以存在 $\{A_n, n \geqslant 1\}$ $\subset \mathcal{B}(X)$, 使得诸 $\mu(A_n) < \infty$, 且 $A_n \uparrow A$. 由引理 11.22, 对每个 $n \geqslant 1$, 可取紧集 $K_n \subset A_n$, 使得 $\mu(K_n) \geqslant \frac{1}{2}\mu(A_n)$. 于是

$$\lim_{n \to \infty} \mu(K_n) = \lim_{n \to \infty} \mu(A_n) = \mu(A) = \infty,$$

这表明这里的 A 也使引理 11.22 的结论成立.

11.4 Radon 乘积测度

11.4.1 内容提要

定理 11.25 设 X, Y 都是局部紧的具有可数基的 Hausdorff 空间, μ, ν 分别是 X, Y 上的 Radon 测度, 则乘积测度 $\mu \times \nu$ 是 $X \times Y$ 上的 Radon 测度.

命题 11.26 设 μ, ν 分别是局部紧 Hausdorff 空间 X, Y 上的 Radon 测度, 若 $f \in C_c(X \times Y)$, 则

(i) 对每个 $x \in X$, 截口函数 $f_x \in C_c(Y)$, $f^y \in C_c(X)$;

(ii) 函数 $\varphi(x) = \int_Y f(x,y)\nu(\mathrm{d}y)$ 及 $\psi(y) = \int_X f(x,y)\mu(\mathrm{d}x)$ 分别属于 $C_c(X)$ 及 $C_c(Y)$;

(iii) $\displaystyle\int_X \left[\int_Y f(x,y)\,\nu(\mathrm{d}y)\right]\mu(\mathrm{d}x) = \int_Y \left[\int_X f(x,y)\,\mu(\mathrm{d}x)\right]\nu(\mathrm{d}y).$

定义 11.27　设 μ, ν 分别是局部紧 Hausdorff 空间 X, Y 上的 Radon 测度, 由命题 11.26 之 (iii) 知, 我们可以在 $C_c(X \times Y)$ 上定义正线性泛函 L:

$$L(f) = \int_X \left[\int_Y f(x,y)\,\nu(\mathrm{d}y)\right]\mu(\mathrm{d}x) = \int_Y \left[\int_X f(x,y)\,\mu(\mathrm{d}x)\right]\nu(\mathrm{d}y).$$

由于 $X \times Y$ 是局部紧 Hausdorff 空间, 故由 Riesz 表现定理知, 在 $X \times Y$ 上存在唯一的 Radon 测度 γ 满足

$$L(f) = \int_{X \times Y} f\,\mathrm{d}\gamma, \quad f \in C_c(X \times Y),$$

我们称 Radon 测度 γ 为 μ 与 ν 的 **Radon 乘积**.

命题 11.28　设 μ, ν 分别是局部紧 Hausdorff 空间 X, Y 上 σ-有限的 Radon 测度, γ 是 μ 与 ν 的 Radon 乘积, 则

$$\gamma(A \times B) = \mu(A)\nu(B), \quad \forall A \in \mathcal{B}(X), \quad B \in \mathcal{B}(Y).$$

引理 11.29　设 X, Y 都是局部紧的 Hausdorff 空间, γ 是 $X \times Y$ 上的 Radon 测度, 则对每个开集 $G \subset X \times Y$,

$$\gamma(G) = \sup\{\gamma(E) : E \in \mathcal{E}, E \subset G\}.$$

引理 11.30　设 μ, ν 分别是局部紧 Hausdorff 空间 X, Y 上的 Radon 测度, 则 $X \times Y$ 上满足 (11.11) 式的 Radon 测度是唯一的.

定理 11.31　设 μ 及 ν 分别是局部紧 Hausdorff 空间 X 及 Y 上 σ-有限的 Radon 测度, 则 μ 与 ν 的 Radon 乘积存在且唯一.

注记 11.32　设 μ 及 ν 分别是局部紧的具有可数基的 Hausdorff 空间 X 及 Y 上的 Radon 测度, 命题 11.15 保证 μ 及 ν 都 σ-有限, 故 μ 与 ν 的 Radon 乘积即为通常的乘积测度.

定义 11.33　设 X 为拓扑空间, 称 $f : X \to (-\infty, \infty]$ **下半连续**, 如果对任意的 $a \in \mathbb{R}$, $\{f > a\}$ 是 X 的开集; 称 $f : X \to [-\infty, \infty)$ **上半连续**, 如果 $-f$ 下半连续.

引理 11.34　设 f 是拓扑空间 X 上的非负下半连续函数, 则存在一列非负简单可测函数 $\{f_n, n \geqslant 1\}$, 使得诸 f_n 都是开集的示性函数的线性组合, 且 $f_n \uparrow f$.

引理 11.35　设 μ 是局部紧 Hausdorff 空间 X 上的 Radon 测度, $\mathcal{H}$ 是一族非负下半连续函数, 使得 $\forall h_1, h_2 \in \mathcal{H}$, 存在 $h \in \mathcal{H}$, 满足 $h \geqslant h_1 \vee h_2$. 令

$$f(x) = \sup\{h(x) : h \in \mathcal{H}\}, \quad x \in X,$$

则

$$\int_X f\mathrm{d}\mu = \sup\left\{\int_X h\mathrm{d}\mu : h \in \mathcal{H}\right\}.$$

引理 11.36　设 μ, ν 分别是局部紧 Hausdorff 空间 X, Y 上的 Radon 测度, γ 是 μ 与 ν 的 Radon 乘积. 若 U 是 $X \times Y$ 的开集, 则

(i) 函数 $x \mapsto \nu(U_x)$ 及 $y \mapsto \nu(U^y)$ 均下半连续;

(ii) $\gamma(U) = \displaystyle\int_X \nu(U_x)\mu(\mathrm{d}x) = \int_Y \mu(U^y)\nu(\mathrm{d}y).$

命题 11.37　设 μ, ν 分别是局部紧 Hausdorff 空间 X, Y 上 σ-有限的 Radon 测度, γ 是 μ 与 ν 的 Radon 乘积. 若 $E \in \mathcal{B}(X \times Y)$, 则

(i) 函数 $x \mapsto \nu(E_x)$ 及 $y \mapsto \mu(E^y)$ 均 Borel 可测;

(ii) $\gamma(E) = \displaystyle\int_X \nu(E_x)\mu(\mathrm{d}x) = \int_Y \mu(E^y)\nu(\mathrm{d}y),$ 即

$$\gamma(E) = \int_X\left[\int_Y I_E(x,y)\nu(\mathrm{d}y)\right]\mu(\mathrm{d}x) = \int_Y\left[\int_X I_E(x,y)\mu(\mathrm{d}x)\right]\nu(\mathrm{d}y).$$

定理 11.38　设 μ, ν 分别是局部紧 Hausdorff 空间 X, Y 上 σ-有限的 Radon 测度, γ 是 μ 与 ν 的 Radon 乘积. 若 $f \in L^1(X \times Y, \mathcal{B}(X \times Y), \gamma)$, 则

(i) 对 μ-a.e. x, 截口函数 f_x 关于 ν 可积; 对 ν-a.e. y, 截口函数 f^y 关于 μ 可积;

(ii) 函数

$$I_f(x) = \begin{cases} \displaystyle\int_Y f_x(y)\nu(\mathrm{d}y), & \text{若 } f_x \in L^1(Y, \mathcal{B}(Y), \nu), \\ 0, & \text{否则} \end{cases}$$

和

$$J^f(y) = \begin{cases} \displaystyle\int_X f^y(x)\mu(\mathrm{d}x), & \text{若 } f^y \in L^1(X, \mathcal{B}(X), \mu), \\ 0, & \text{否则} \end{cases}$$

分别关于 μ 和 ν 可积, 且有

$$\int_{X \times Y} f\mathrm{d}\gamma = \int_X I_f(x)\mu(\mathrm{d}x) = \int_Y J^f(y)\nu(\mathrm{d}y).$$

注记 11.39　在定理 11.38 中, 若取消 μ, ν 的 σ-有限性, 而增加 "存在分别关于 μ, ν 为 σ-有限的 Borel 集 X_0, Y_0, 使 f 在 $X_0 \times Y_0$ 的补集上为 0", 则结论不变.

11.4.2　习题 11.4 解答与评注

11.8　设 S 及 T 为拓扑空间, T 为紧空间, $f \in C(S \times T)$, 则 $\forall s_0 \in S$ 及 $\varepsilon > 0$, 存在 s_0 的开邻域 U, 使对一切 $s \in U$ 及 $t \in T$, 有 $|f(s,t) - f(s_0,t)| < \varepsilon$.

证明　$\forall t \in T$ 及 $\varepsilon > 0$, 由 f 在点 (s_0,t) 处连续知, $f^{-1}(B(f(s_0,t),\varepsilon))$ 是 (s_0,t) 在 $S \times T$ 中的开邻域, 从而存在积空间 $S \times T$ 中的基元 $U_t \times V_t$, 使得

$$(s_0,t) \in U_t \times V_t \subset f^{-1}(B(f(s_0,t),\varepsilon)).$$

注意到 $\{V_t, t \in T\}$ 是 T 的开覆盖, 必存在有限个 V_{t_i}, $i = 1,2,\cdots,m$, 使得 $\bigcup_{i=1}^{m} V_{t_i} = T$. 取 $U = \bigcap_{i=1}^{m} U_{t_i}$, 则当 $s \in U$, $t \in T$ 时, 有 $|f(s,t) - f(s_0,t)| < \varepsilon$.

11.9　设 X 为拓扑空间, $A \subset X$, 则为要 I_A 下半连续 (相应地, 上半连续), 必须且只需 A 为开集 (相应地, 闭集).

证明　"$\Rightarrow$". 设 I_A 下半连续 (相应地, 上半连续), 则 $A = \left\{ I_A > \dfrac{1}{2} \right\}$ (相应地, $A^c = \left\{ I_A < \dfrac{1}{2} \right\}$) 为开集.

"$\Leftarrow$". 设 A 为开集 (相应地, 闭集), 则对任意的 $a \in \mathbb{R}$,

$$\{I_A > a\} = \begin{cases} X, & a < 0, \\ A, & 0 \leqslant a < 1, \\ \varnothing, & a \geqslant 1 \end{cases}$$

$$\left(\text{相应地,} \{I_A < a\} = \begin{cases} \varnothing, & a \leqslant 0, \\ A^c, & 0 < a \leqslant 1, \\ X, & a > 1 \end{cases} \right)$$

是 X 的开集, 故 I_A 下半连续 (相应地, 上半连续).

11.10　设 X 为拓扑空间, f 及 g 都下半连续, 则 $f + g$ 下半连续.

证明　对任意的 $a \in \mathbb{R}$, 注意到不等式 $(f+g)(x) > a$ 成立当且仅当 $\exists r \in \mathbb{Q}$, 使得 $f(x) > r$ 且 $g(x) > a - r$, 于是

$$\{f + g > a\} = \bigcup_{r \in \mathbb{Q}} (\{f > r\} \cap \{g > a - r\})$$

是 X 的开集, 故 $f + g$ 下半连续.

11.11　(Dini 定理) 设 $\{f_n, n \geqslant 1\}$ 为紧拓扑空间 X 上的一列非负上半连续函数, 且 $f_n \downarrow 0$, 则 f_n 一致收敛于 0.

证明 $\forall \varepsilon > 0$, 易知 $G_n = \{x \in X : f_n(x) < \varepsilon\}$ 为覆盖 X 的单调非降的开集列. 注意到 X 为紧拓扑空间, 故存在某个 $N \in \mathbb{N}$, 使得 $X = G_N$. 于是 $\forall n \geqslant N$, 有 $X = G_n$. 这表明对任意的 $x \in X$, 当 $n \geqslant N$ 时, 都有 $f_n(x) < \varepsilon$, 从而 f_n 一致收敛于 0.

11.12   证明 (11.15) 式和 (11.16) 式.

证明   这里只证 (11.15) 式, (11.16) 式的证明可类似地进行.

对固定的 $x \in X$, 令 $g(y) = \sup\{f_x(y) : f_x \in \mathcal{H}_x\}$, 由引理 11.35 知

$$\int_Y g(y)\nu(\mathrm{d}y) = \sup\left\{\int_Y f_x(y)\nu(\mathrm{d}y) : f_x \in \mathcal{H}_x\right\}.$$

一方面, 由 $0 \leqslant f \leqslant I_U$ 得 $0 \leqslant f_x \leqslant I_{U_x}$, 从而

$$\int_Y f_x(y)\nu(\mathrm{d}y) \leqslant \int_Y I_{U_x}(y)\nu(\mathrm{d}y) = \nu(U_x),$$

故 $\displaystyle\int_Y g(y)\nu(\mathrm{d}y) \leqslant \nu(U_x)$.

另一方面, 注意到 U_x 是 Y 的开集, 由引理 11.17 知

$$\nu(U_x) = \sup\left\{\int_Y h(y)\nu(\mathrm{d}y) : h \in C_c(Y), h \prec U_x\right\}.$$

对 $h \in C_c(Y), h \prec U_x$, 令 $f(x,y) = I_K(x)h(y)$, 其中 K 是 X 中包含 x 的某个固定的紧集, 则 $f \in C_c(X \times Y), 0 \leqslant f \leqslant I_U$, 从而

$$\nu(U_x) \leqslant \sup\left\{\int_Y f_x(y)\nu(\mathrm{d}y) : f_x \in \mathcal{H}_x\right\} = \int_Y g(y)\nu(\mathrm{d}y),$$

这就完成了 (11.15) 式的证明.

11.13   设 μ 及 ν 分别是局部紧 Hausdorff 空间 X 及 Y 上的 Radon 测度, γ 是 μ 与 ν 的 Radon 乘积. 若 f 是 $X \times Y$ 上的非负下半连续函数, 则

(1) 函数 $x \mapsto \displaystyle\int_Y f(x,y)\nu(\mathrm{d}y)$ 及 $y \mapsto \displaystyle\int_X f(x,y)\mu(\mathrm{d}x)$ 均 Borel 可测;

(2) $\displaystyle\int_{X \times Y} f\mathrm{d}\gamma = \int_X \left[\int_Y f(x,y)\nu(\mathrm{d}y)\right]\mu(\mathrm{d}x) = \int_Y \left[\int_X f(x,y)\mu(\mathrm{d}x)\right]\nu(\mathrm{d}y).$

证明   设 $f = I_U$, 其中 U 是 $X \times Y$ 的开集, 则由引理 11.36 得到欲证. 设 f 是非负下半连续函数, 取 $\{f_n, n \geqslant 1\}$ 如引理 11.34 证明中的简单函数列, 显然欲证对每个 f_n 都成立, 最后由 $f_n \uparrow f$ 得到欲证.

第 12 章 弱 收 敛

本章从建立度量空间上有限测度的弱收敛理论出发, 必经路径包括分布函数的弱收敛以及随机向量序列的依分布收敛, 它们是概率论极限理论中最重要的一类收敛性, 将为概率论弱极限理论的精确表述奠定理论基础.

Portemanteau 定理和连续映射定理在度量空间上有限测度的弱收敛理论中占有举足轻重的地位, Prokhorov 定理给出了度量空间上概率测度弱收敛的条件, Skorohod 表示定理是沟通弱收敛与几乎必然收敛关系的桥梁.

12.1 度量空间上有限测度的基本性质

12.1.1 内容提要

定理 12.1 设 $\mu \in \mathcal{M}_f(X), A \in \mathcal{B}(X)$, 则

$$\mu(A) = \inf\{\mu(G) : G \text{ 是开集}, G \supset A\},$$

$$\mu(A) = \sup\{\mu(F) : F \text{ 是闭集}, F \subset A\}.$$

注记 12.2 在定理 12.1 中, 要求测度 μ "有限" 是必要的.

推论 12.3 设 $\mu, \nu \in \mathcal{M}_f(X)$, 且对所有的闭集 F (对应地, 开集 G) 有 $\mu(F) = \nu(F)$ (对应地, $\mu(G) = \nu(G)$), 则 $\mu = \nu$.

推论 12.4 设 $\mu, \nu \in \mathcal{M}_f(X)$, 且对每个 $g \in C_b(X)$ 有 $\int g \mathrm{d}\mu = \int g \mathrm{d}\nu$, 则 $\mu = \nu$.

定理 12.5 设 X 是完备可分度量空间, $\mu \in \mathcal{M}_f(X)$, 则对任意的 $A \in \mathcal{B}(X)$, 有

$$\mu(A) = \sup\{\mu(K) : K \subset A, K \text{ 是紧集}\}.$$

可见, 完备可分度量空间上每个有限的 Borel 测度都是正则测度 (见定义 11.12).

推论 12.6 设 X 是完备可分度量空间, $\mu, \nu \in \mathcal{M}_f(X)$, 且对所有的紧集 K 都有 $\mu(K) = \nu(K)$, 则 $\mu = \nu$.

定义 12.7 设 $\mu \in \mathcal{M}_f(X)$, 称 μ 是**胎紧的**, 如果 $\forall \varepsilon > 0, \exists$ 紧集 $K \subset X$, s.t. $\mu(K^c) < \varepsilon$.

定理 12.8 完备可分度量空间 X 上每个有限测度 μ 都是胎紧的.

12.1.2 习题 12.1 解答与评注

12.1 设 $\mu \in \mathcal{M}_f(X)$, $A \in \mathcal{B}(X)$, 则 (12.1) 式和 (12.2) 式同时成立的充分必要条件是 $\forall \varepsilon > 0$, $\exists$ 闭集 F_ε 和开集 G_ε, s.t. $F_\varepsilon \subset A \subset G_\varepsilon$ 且 $\mu(G_\varepsilon \backslash F_\varepsilon) < \varepsilon$.

证明 "$\Rightarrow$". 由 (12.2) 式, $\exists$ 闭集 F_ε, s.t. $F_\varepsilon \subset A$, $\mu(A) - \dfrac{\varepsilon}{2} < \mu(F_\varepsilon)$, 即 $\mu(A) - \mu(F_\varepsilon) < \dfrac{\varepsilon}{2}$; 再由 (12.1) 式, $\exists$ 开集 G_ε, s.t. $A \subset G_\varepsilon$, $\mu(A) + \dfrac{\varepsilon}{2} > \mu(G_\varepsilon)$, 即 $\mu(G_\varepsilon) - \mu(A) < \dfrac{\varepsilon}{2}$. 故 $F_\varepsilon \subset A \subset G_\varepsilon$, $\mu(G_\varepsilon) - \mu(F_\varepsilon) < \varepsilon$, 即 $\mu(G_\varepsilon \backslash F_\varepsilon) < \varepsilon$.

"$\Leftarrow$". 由 $\mu(G_\varepsilon \backslash F_\varepsilon) < \varepsilon$ 推知 $\mu(F_\varepsilon) > \mu(A) - \varepsilon$, 再由 ε 的任意性得 (12.2) 式. 同理, 由 $\mu(G_\varepsilon \backslash F_\varepsilon) < \varepsilon$ 推知 $\mu(G_\varepsilon) < \mu(A) + \varepsilon$, 再由 ε 的任意性得 (12.1) 式.

12.2 设 $([0,1], \mathcal{B}[0,1])$ 上的测度 μ 满足

$$\mu\{0\} = 1, \quad \mu(a,b] = \log b - \log a, \quad 0 < a \leqslant b \leqslant 1^{①},$$

试证: $\{0\}$ 不满足 (12.1) 式.

证明 首先断言: 对 $[0,1]$ 中任意包含 0 点的开集 G, 必有 $\mu(G) = \infty$. 事实上, 由 0 是开集 G 的点知, 存在正整数 N, 使得 $\left[0, \dfrac{1}{2^{N-1}}\right) \subset G$. 于是对所有正整数 n, 有 $\left(\dfrac{1}{2^{N+n}}, \dfrac{1}{2^N}\right] \subset G$, 从而对所有正整数 n, 有

$$\mu(G) \geqslant \log \frac{1}{2^N} - \log \frac{1}{2^{N+n}} = \log 2^n,$$

故 $\mu(G) = \infty$. 由此知 $\{0\}$ 不满足 (12.1) 式.

12.3 设 (X, ρ) 是度量空间, $F \subset X$ 为闭集, $\varepsilon > 0$, 证明 $g(x) = \left(1 - \dfrac{1}{\varepsilon}\rho(x, F)\right)^+$ 是一致有界的连续函数, 且 $I_F(x) \leqslant g(x) \leqslant I_{F^\varepsilon}(x)$, 其中 $F^\varepsilon = \{x \in X : \rho(x, F) < \varepsilon\}$.

证明 显见 $g(x)$ 是一致有界函数, 而 $x \in F$ 蕴含 $g(x) = 1$, $x \notin F^\varepsilon$ 蕴含 $f(x) = 0$, 故 $I_F(x) \leqslant g(x) \leqslant I_{F^\varepsilon}(x)$.

下面证明 $g(x)$ 连续. 任给 $x, y \in F$,

$$|g(x) - g(y)|$$

$$= \left| \left(1 - \frac{1}{\varepsilon}\rho(x, F)\right)^+ - \left(1 - \frac{1}{\varepsilon}\rho(y, F)\right)^+ \right|$$

---

① $\mathcal{E} = \{(a,b] : 0 < a \leqslant b \leqslant 1\} \cup \{0\}$ 是 $[0,1]$ 上的半环, 由定理 4.21 知 μ 能够唯一地扩张成 $\mathcal{B}[0,1]$ 上的测度.

$$
= \begin{cases}
\left| \left[1 - \dfrac{1}{\varepsilon}\rho\left(x, F\right)\right] - \left[1 - \dfrac{1}{\varepsilon}\rho\left(y, F\right)\right] \right|, & \rho\left(x, F\right) < \varepsilon, \rho\left(y, F\right) < \varepsilon, \\[2ex]
1 - \dfrac{1}{\varepsilon}\rho\left(x, F\right), & \rho\left(x, F\right) < \varepsilon, \rho\left(y, F\right) \geqslant \varepsilon, \\[2ex]
1 - \dfrac{1}{\varepsilon}\rho\left(y, F\right), & \rho\left(x, F\right) \geqslant \varepsilon, \rho\left(y, F\right) < \varepsilon, \\[2ex]
0, & \rho\left(x, F\right) \geqslant \varepsilon, \rho\left(y, F\right) \geqslant \varepsilon
\end{cases}
$$

$$
= \begin{cases}
\dfrac{1}{\varepsilon}\left|\rho\left(x, F\right) - \rho\left(y, F\right)\right|, & \rho\left(x, F\right) < \varepsilon, \rho\left(y, F\right) < \varepsilon, \\[2ex]
1 - \dfrac{1}{\varepsilon}\rho\left(x, F\right), & \rho\left(x, F\right) < \varepsilon, \rho\left(y, F\right) \geqslant \varepsilon, \\[2ex]
1 - \dfrac{1}{\varepsilon}\rho\left(y, F\right), & \rho\left(x, F\right) \geqslant \varepsilon, \rho\left(y, F\right) < \varepsilon, \\[2ex]
0, & \rho\left(x, F\right) \geqslant \varepsilon, \rho\left(y, F\right) \geqslant \varepsilon
\end{cases}
$$

$$
\leqslant \frac{1}{\varepsilon}\rho\left(x, y\right),
$$

这就完成了证明.

12.2　度量空间上有限测度的弱收敛

12.2.1　内容提要

定义 12.9　设 $\{\mu, \mu_n, n \geqslant 1\} \subset \mathcal{M}_f(X)$, 称 $\{\mu_n\}$ **弱收敛**于 μ, 记作 $\mu_n \overset{w}{\to} \mu$, 如果对任意的 $g \in C_b(X)$, 都有

$$
\int_X g\mathrm{d}\mu_n \to \int_X g\mathrm{d}\mu.
$$

定义 12.10　称 $g : X \to \mathbb{R}$ 为 **Lipschitz 函数**, 如果存在常数 $K > 0$, 使对任意的 $x, y \in X$ 都有

$$
|g(x) - g(y)| \leqslant K\rho(x, y),
$$

此时称 K 为 **Lipschitz 常数**.

定理 12.11 (Portemanteau 定理)　设 $\{\mu, \mu_n, n \geqslant 1\} \subset \mathcal{M}_f(X)$, 则下列各条等价:

(i) $\mu_n \overset{w}{\to} \mu$;

(ii) 对每个有界的 Lipschitz 函数 g, (12.3) 式成立;

(iii) 对每个闭集 F, 有 $\mu(F) \geqslant \varlimsup\limits_{n \to \infty} \mu_n(F)$ 且 $\mu_n(X) \to \mu(X)$;

(iv) 对每个开集 G, 有 $\mu(G) \leqslant \varliminf\limits_{n \to \infty} \mu_n(G)$ 且 $\mu_n(X) \to \mu(X)$;

(v) 对每个 μ 连续集 A, 有 $\mu_n(A) \to \mu(A)$.

命题 12.12 (弱收敛极限的唯一性) 若 $\mu_n \overset{w}{\to} \mu$ 且 $\mu_n \overset{w}{\to} \nu$, 则 $\mu = \nu$.

定义 12.13 设 $P \in \mathcal{M}_1(X), h$ 是 (X,ρ) 到 (Y,d) 的映射, 若 $P(D(h)) = 0$, 则称 h 是 P-连续的.

定理 12.14 (连续映射定理) 设 h 是 (X,ρ) 到 (Y,d) 的 Borel 可测映射, 且 h 是 P-连续的, 则 (12.4) 式蕴含 (12.5) 式.

推论 12.15 设 $\{P, P_n, n \geqslant 1\} \in \mathcal{M}_1(X)$, 则 (12.4) 式成立的充分必要条件是对任意的 $h \in C_b(X)$, (12.5) 式都成立.

12.2.2 习题 12.2 解答与评注

12.4 设 F 是 $(X, \mathcal{B}(X), \rho)$ 中的闭集, 则存在有界的 Lipschitz 函数序列 $\{g_{n,F}, n \geqslant 1\}$, 使得 $g_{n,F} \downarrow I_F$.

证明 定义 $\varphi(t) = \begin{cases} 1, & t \leqslant 0, \\ 1-t, & 0 < t < 1, \\ 0, & t \geqslant 1, \end{cases}$ 再对每个 $n \geqslant 1$ 定义

$$g_{n,F}(x) = \varphi(n\rho(x,F)), \quad x \in X,$$

显见诸 $g_{n,F}$ 都是有界函数, 且 $g_{n,F} \downarrow I_F$. 任给 $x, y \in F$, 经过一些简单计算得

$$|g_{n,F}(x) - g_{n,F}(y)|$$

$$= |\varphi(n\rho(x,F)) - \varphi(n\rho(y,F))|$$

$$= \begin{cases} |1-1|, & x, y \in F, \\ |1-[1-n\rho(y,F)]|, & x \in F, 0 < n\rho(y,F) < 1, \\ |[1-n\rho(x,F)]-1|, & 0 < n\rho(x,F) <, y \in F, \\ |1-0|, & x \in F, n\rho(y,F) \geqslant 1, \\ |0-1|, & n\rho(x,F) \geqslant 1, y \in F, \\ |[1-n\rho(x,F)]-[1-n\rho(y,F)]|, & 0 < n\rho(x,F) < 1, 0 < n\rho(y,F) < 1, \\ |[1-n\rho(x,F)]-0|, & 0 < n\rho(x,F) < 1, n\rho(y,F) \geqslant 1, \\ |0-[1-n\rho(y,F)]|, & n\rho(x,F) \geqslant 1, 0 < n\rho(y,F) < 1, \\ |0-0|, & n\rho(x,F) \geqslant 1, n\rho(y,F) \geqslant 1 \end{cases}$$

$$
=\begin{cases}
0, & x,y \in F \text{ 或 } n\rho(x,F) \geqslant 1, n\rho(y,F) \geqslant 1, \\
n\rho(y,F), & x \in F, 0 < n\rho(y,F) < 1, \\
n\rho(x,F), & 0 < n\rho(x,F) < 1, y \in F, \\
1, & x \in F, n\rho(y,F) \geqslant 1 \text{ 或 } n\rho(x,F) \geqslant 1, y \in F, \\
n|\rho(x,F)-\rho(y,F)|, & 0 < n\rho(x,F) < 1, 0 < n\rho(y,F) < 1, \\
1 - n\rho(x,F), & 0 < n\rho(x,F) < 1, n\rho(y,F) \geqslant 1, \\
1 - n\rho(y,F), & n\rho(x,F) \geqslant 1, 0 < n\rho(y,F) < 1
\end{cases}
$$

$$
\leqslant n\rho(x,y),
$$

这就完成了证明.

【评注】	由证明过程可见, 每个有界的 Lipschitz 函数 $g_{n,F}$ 对应的 Lipschitz 常数可取为 n.

12.5	设 $\mu, \nu \in \mathcal{M}_f(X)$, 且对每个 $g \in C_b(X)$ 都有 $\displaystyle\int g\mathrm{d}\mu = \int g\mathrm{d}\nu$, 则 $\mu = \nu$.

证明	令 $\mu_n \equiv \nu$, $n \geqslant 1$, 则由假设知 $\mu_n \overset{w}{\to} \mu$, 从而对每个闭集 F, 由 Porte-manteau 定理知 $\mu(F) \geqslant \varliminf\limits_{n\to\infty} \mu_n(F)$, 即 $\nu(F) \leqslant \mu(F)$. 对换 μ 与 ν 的位置, 我们又得到 $\mu(F) \leqslant \nu(F)$, 从而 $\mu(F) = \nu(F)$, 进而由引理 4.20 得知 $\mu = \nu$.

【评注】	(a) 度量空间上的有限测度由所有有界连续函数关于该测度的积分的值唯一确定.

(b) 设 X 是度量空间, $L_g: \mathcal{M}_f(X) \to \mathbb{R}$,

$$
\mu \mapsto \int_X g\mathrm{d}\mu, \quad g \in C_b(X) \tag{①}
$$

是定义在 $\mathcal{M}_f(X)$ 上取值于 $\mathbb{R}$ 的函数族. 称以

$$
\{L_g^{-1}(V): g \in C_b(X), V \text{ 是 } \mathbb{R} \text{ 的开集}\} \tag{②}
$$

为子基的拓扑为 $\mathcal{M}_f(X)$ 上由函数族①生成的**弱拓扑**, 也称为 $\mathcal{M}_f(X)$ 上由 $C_b(X)$ 生成的弱拓扑, 简称 $\mathcal{M}_f(X)$ 上的弱拓扑, 该弱拓扑是使每个 $\mu \mapsto \displaystyle\int_X g\mathrm{d}\mu$ 都连续的最粗拓扑. 容易证明, 子基②也可以写成

$$
\left\{\nu \in \mathcal{M}_f(X): \left|\int_X g\mathrm{d}\mu - \int_X g\mathrm{d}\nu\right| < \varepsilon, g \in C_b(X), \mu \in \mathcal{M}_f(X), \varepsilon > 0\right\},
$$

从而在 $\mathcal{M}_f(X)$ 上的弱拓扑中, $\mu_n \overset{w}{\to} \mu$ 等价于教材中的 (12.3) 式. 另外, 形如

$$
\left\{\bigcap_{i=1}^{n} L_{g_i}^{-1}(V_i): g_1, g_2, \cdots, g_n \in C_b(X), V_1, V_2, \cdots, V_n \text{ 是 } \mathbb{R} \text{ 的开集}, n \geqslant 1\right\}
$$

的集族是上述弱拓扑的一个基.

(c) 本题结论说明了 $\mathcal{M}_f(X)$ 上的弱拓扑空间是 Hausdorrff 空间.

12.6 设 F 和 G 是 $\mathbb{R}^d$ 上的两个 q.d.f., 则 $F = G$ 当且仅当对任意的 $g \in C_b(\mathbb{R}^d)$, 都有

$$\int_{\mathbb{R}^d} g \mathrm{d}F = \int_{\mathbb{R}^d} g \mathrm{d}G.$$

证明 必要性是显然的, 下证充分性. 因为 $\displaystyle\int_{\mathbb{R}^d} g \mathrm{d}F = \int_{\mathbb{R}^d} g \mathrm{d}G$ 等价于 $\displaystyle\int_{\mathbb{R}^d} g \mathrm{d}\mu_F = \int_{\mathbb{R}^d} g \mathrm{d}\mu_G$, 而由习题 12.5, 这意味着 $\mu_F = \mu_G$, 故 $F = G$.

【评注】 设 F 和 G 是 $\mathbb{R}^d$ 上的两个 q.d.f., 怎样证明 $F = G$ 呢?

第一种方法: 证明 $\displaystyle\int_{\mathbb{R}^d} g \mathrm{d}F = \int_{\mathbb{R}^d} g \mathrm{d}G, \ \forall g \in C_b(\mathbb{R}^n)$;

第二种方法: 证明 $\mu_F = \mu_G$, 其中 μ_F, μ_G 分别是由 F, G 诱导的有限测度.

12.7[①] (1) 设 F 是 $(X, \mathcal{B}(X), \rho)$ 中的有界闭集, 则存在有界开集列 $\{G_{n,F}, n \geqslant 1\}$ 及具有有界支撑的函数列 $\{g_{n,F}, n \geqslant 1\}$, 使得

$$I_F \leqslant g_{n,F} \leqslant I_{G_{n,F}},$$

且 $G_{n,F} \downarrow F$.

(2) 设 G 是 $(X, \mathcal{B}(X), \rho)$ 中的有界开集, 则存在有界闭集列 $\{F_{n,G}, n \geqslant 1\}$ 及具有有界支撑的函数列 $\{g_{n,G}, n \geqslant 1\}$, 使得

$$I_G \geqslant g_{n,G} \geqslant I_{F_{n,G}},$$

且 $F_{n,G} \uparrow G$.

证明 (1) 对每个 $n \geqslant 1$ 定义 $G_{n,F} = \left\{ x : \rho(x, F) < \dfrac{1}{n} \right\}$, 显然开集列 $G_{n,F} \downarrow F$. 对任意的 $z_1, z_2 \in F$, 注意到 F 有界, 可设 $\rho(z_1, z_2) \leqslant M$. 于是, 任意固定 $x, y \in G_{n,F}$, 对任意的 $z_1, z_2 \in F$, 有

$$\rho(x, y) \leqslant \rho(x, z_1) + \rho(z_1, z_2) + \rho(z_2, y)$$
$$\leqslant \rho(x, z_1) + \rho(z_2, y) + M,$$

故 $\rho(x, y) \leqslant \rho(x, F) + \rho(y, F) + M < \dfrac{2}{n} + M$, 这表明 $G_{n,F}$ 有界.

对每个 $n \geqslant 1$, 如习题 12.4 的证明中那样定义 $g_{n,F}$, 则

$$\operatorname{supp}(g_{n,F}) = \overline{\{x : g_{n,F}(x) \neq 0\}} = \overline{\{x : n\rho(x, F) < 1\}} \subset \{x : n\rho(x, F) \leqslant 1\},$$

---

① 本题应该与习题 12.4 比较.

其有界性证明完全类似于 $G_{n,F}$, 而 $I_G \geqslant g_{n,G} \geqslant I_{F_{n,G}}$ 是显然的.

(2) 对每个 $n \geqslant 1$ 定义 $F_{n,G} = \left\{ x : \rho(x, G^c) \geqslant \dfrac{1}{n} \right\}$, 显然闭集列 $F_{n,G} \uparrow G$. 任意固定 $x, y \in F_{n,G}$, 显然 $x, y \in G$, 而 G 有界, 故 $F_{n,G}$ 有界.

对每个 $n \geqslant 1$, 定义 $g_{n,G} = \varphi(n\rho(x, F_{n,G}))$, 其中 φ 如习题 12.4 的证明中所定义,

$$\mathrm{supp}(g_{n,G}) = \overline{\{x : g_{n,G}(x) \neq 0\}} = \overline{\{x : n\rho(x, F_{n,G}) < 1\}} \subset \{x : n\rho(x, F_{n,G}) \leqslant 1\},$$

注意到 $F_{n,G}$ 有界 (已证), 类似于 (1) 中 $G_{n,F}$ 有界的证明, 可证 $\mathrm{supp}(g_{n,G})$ 有界, 即 $g_{n,G}$ 具有有界支撑, 而 $I_G \geqslant g_{n,G} \geqslant I_{F_{n,G}}$ 是显然的.

12.8 证明 (12.6) 式.

证明 由习题 1.1 知, (12.6) 式等价于

$$\overline{h^{-1}(F)} \backslash D(h) \subset h^{-1}(F).$$

现在证明这个包含关系式. 设 $x \in \overline{h^{-1}(F)} \backslash D(h)$, 则由 $x \in \overline{h^{-1}(F)}$ 及习题 2.16 之 (1) 知, 可取 $x_n \in h^{-1}(F)$ 使 $\rho(x_n, x) \to 0$, 进而由 $x \notin D(h)$ 及命题 2.36 知, $d(h(x_n), h(x)) \to 0$. 注意到 $h(x_n) \in F$, 而 F 是闭集, 由习题 2.22 知 $h(x) \in F$, 即 $x \in h^{-1}(F)$.

12.3 $\mathbb{R}$ 上有界 L-S 函数的弱收敛

12.3.1 内容提要

定义 12.16 设 $\{F, F_n, n \geqslant 1\}$ 是 $\mathbb{R}$ 上有界的 L-S 函数序列, $C(F)$ 表示 F 的一切连续点集.

(i) 称 $\{F_n\}$ **淡收敛**于 F, 记作 $F_n \overset{\nu}{\to} F$, 如果 $F_n(x) \to F(x), \forall x \in C(F)$;

(ii) 称 $\{F_n\}$ **弱收敛**于 F, 记作 $F_n \overset{w}{\to} F$, 如果 $F_n \overset{\nu}{\to} F$, 且 $F_n(\pm\infty) \to F(\pm\infty)$.

命题 12.18 (淡收敛成为弱收敛的一个充分必要条件) 设 $\{F, F_n, n \geqslant 1\}$ 是 $\mathbb{R}$ 上有界的 L-S 函数序列, $F_n \overset{\nu}{\to} F$, 则 $F_n \overset{w}{\to} F$ 的充分必要条件是 $F_n(\infty) - F_n(-\infty) \to F(\infty) - F(-\infty)$.

定理 12.19 (Helly 弱紧准则) 设 $\{F_n, n \geqslant 1\}$ 是 $\mathbb{R}$ 上一致有界的 L-S 函数序列, 则 $\{F_n\}$ 中必包含一个子序列 $\{F_{kk}, k \geqslant 1\}$, 使得 $F_{kk} \overset{\nu}{\to} F$, 其中 F 是某个有界的 L-S 函数.

定理 12.20 设 $\{F_n, n \geqslant 1\}$ 是 $\mathbb{R}$ 上一致有界的 q.d.f. 序列, 则 $\{F_n\}$ 中必包含一个子序列 $\{F_{kk}, k \geqslant 1\}$, 使得 $F_{kk} \overset{\nu}{\to} F$, 其中 F 是某个 q.d.f.

定理 12.21 (Helly-Bray 定理) 设 $\{F, F_n, n \geqslant 1\}$ 是 ℝ 上一致有界的 L-S 函数序列, $F_n \overset{\nu}{\to} F$, 则对任意的 $a, b \in C(F)$ 及定义在 $[a,b]$ 上的连续函数 g, 都有

$$\lim_{n\to\infty} \int_{\langle a,b\rangle} g\mathrm{d}F_n = \int_{\langle a,b\rangle} g\mathrm{d}F^{①}.$$

定理 12.22 (关于弱收敛的 Helly-Bray 定理) 设 $\{F, F_n, n \geqslant 1\}$ 是 ℝ 上一致有界的 q.d.f. 序列, 则 $F_n \overset{w}{\to} F$ 的充分必要条件是对任何 $g \in C_b(\mathbb{R})$, 都有

$$\lim_{n\to\infty} \int_{-\infty}^{\infty} g\mathrm{d}F_n = \int_{-\infty}^{\infty} g\mathrm{d}F.$$

定理 12.24 (关于淡收敛的 Helly-Bray 定理) 设 $\{F, F_n, n \geqslant 1\}$ 是 ℝ 上一致有界的 q.d.f. 序列, $F_n \overset{\nu}{\to} F$, 则对任意的 $g \in C_0(\mathbb{R})$, 都有

$$\lim_{n\to\infty} \int_{-\infty}^{\infty} g\mathrm{d}F_n = \int_{-\infty}^{\infty} g\mathrm{d}F.$$

注记 12.25 当取 g 为相应的复值函数时, 定理 12.21、定理 12.22 和定理 12.24 同样成立.

12.3.2 习题 12.3 解答与评注

12.9 (淡收敛的唯一性) 若 $F_n \overset{\nu}{\to} F$, $F_n \overset{\nu}{\to} F'$, 则 $F = F'$.

证明 (1) 因为 $[C(F)]^c \cup [C(F')]^c$ 是至多可数集, 所以 $C(F) \cap C(F')$ 在 ℝ 中稠密, 而对每个 $x \in C(F) \cap C(F')$, 由 $F_n \overset{\nu}{\to} F$, $F_n \overset{\nu}{\to} F'$ 知

$$F(x) = \lim_{n\to\infty} F_n(x) = F'(x),$$

再由习题 4.33 知 $F = F'$.

12.10 设 $\{F, F_n, n \geqslant 1\}$ 是 ℝ 上有界的 L-S 函数序列, $F_n \overset{\nu}{\to} F$. 证明:

(1) $\varliminf\limits_{n\to\infty} F_n(-\infty) \leqslant F(-\infty)$, $\varlimsup\limits_{n\to\infty} F_n(\infty) \geqslant F(\infty)$;

(2) $F_n \overset{w}{\to} F$ 的充分必要条件是 $F_n(\infty) - F_n(-\infty) \to F(\infty) - F(-\infty)$.

证明 (1) 任意固定 $x \in C(F)$, 由 $F_n \overset{\nu}{\to} F$ 知

$$\varliminf_{n\to\infty} F_n(-\infty) \leqslant \varlimsup_{n\to\infty} F_n(-\infty) \leqslant \varlimsup_{n\to\infty} F_n(x) = \lim_{n\to\infty} F_n(x) = F(x),$$

令 $x \to -\infty$, 我们得到

$$\varliminf_{n\to\infty} F_n(-\infty) \leqslant \varlimsup_{n\to\infty} F_n(-\infty) \leqslant F(-\infty). \hspace{2em} ①$$

同理可证

---

① 这里 $\langle a,b\rangle$ 可以是 (a,b), $(a,b]$, $[a,b)$, $[a,b]$ 中任何一个.

$$\varlimsup_{n\to\infty} F_n(\infty) \geqslant \varliminf_{n\to\infty} F_n(\infty) \geqslant F(\infty).$$ ②

(2) 必要性是显然的, 下证充分性, 即证明 $F_n(\pm\infty) \to F(\pm\infty)$. 我们首先断言

$$\varliminf_{n\to\infty} F_n(-\infty) = \varlimsup_{n\to\infty} F_n(-\infty),$$

$$\varlimsup_{n\to\infty} F_n(\infty) = \varliminf_{n\to\infty} F_n(\infty).$$

谬设这两者中有一个不成立, 则可取子序列 $\{n_k\} \subset \{n\}$, 使

$$\lim_{k\to\infty} F_{n_k}(-\infty) = \varlimsup_{n\to\infty} F_n(-\infty),$$

$$\lim_{k\to\infty} F_{n_k}(\infty) = \varlimsup_{n\to\infty} F_n(\infty),$$

于是

$$F(\infty) - F(-\infty) = \lim_{k\to\infty} [F_{n_k}(\infty) - F_{n_k}(-\infty)]$$

$$= \lim_{k\to\infty} F_{n_k}(\infty) - \lim_{k\to\infty} F_{n_k}(-\infty)$$

$$= \varlimsup_{n\to\infty} F_n(\infty) - \varliminf_{n\to\infty} F_n(-\infty)$$

$$> F(\infty) - F(-\infty),$$

这个矛盾证明了断言的正确性, 故①, ②两式分别变成

$$\lim_{n\to\infty} F_n(-\infty) \leqslant F(-\infty),$$

$$\lim_{n\to\infty} F_n(\infty) \geqslant F(\infty).$$

假设上述二不等式中有一个严格成立, 则

$$F(\infty) - F(-\infty) = \lim_{k\to\infty} [F_n(\infty) - F_n(-\infty)]$$

$$= \lim_{k\to\infty} F_n(\infty) - \lim_{k\to\infty} F_n(-\infty)$$

$$> F(\infty) - F(-\infty).$$

这个矛盾表明 $F_n(\pm\infty) \to F(\pm\infty)$, 从而 $F_n \xrightarrow{w} F$.

12.11 设 $\{F, F_n, n \geqslant 1\}$ 是 $\mathbb{R}$ 上的 q.d.f. 序列, 则 $F_n \xrightarrow{w} F$ 的充分必要条件是

(1) 当 $x < 0$ 时, 只要 $x \in C(F)$ 就有

$$F_n(x) \to F(x);$$

(2) 当 $x > 0$ 时, 只要 $x \in C(F)$ 就有

$$F_n(\infty) - F_n(x) \to F(\infty) - F(x);$$

(3) $\displaystyle\lim_{\varepsilon \to 0} \overline{\lim_{n \to \infty}} \left[F_n(\varepsilon - 0) - F_n(-\varepsilon) \right]$

$= F(0) - F(0 - 0)$

$= \displaystyle\lim_{\varepsilon \to 0} \underline{\lim_{n \to \infty}} \left[F_n(\varepsilon - 0) - F_n(-\varepsilon) \right].$

证明 先证必要性. 由 $F_n \xrightarrow{w} F$ 知 (1), (2) 都是显然的, 下证 (3), 事实上, $\forall \varepsilon > 0$, 取 $\varepsilon_1, \varepsilon_2$ 满足 $0 < \varepsilon_1 < \varepsilon < \varepsilon_2 < 2\varepsilon$, 且 $-\varepsilon_1, \dfrac{\varepsilon_1}{2}, \pm\varepsilon_2 \in C(F)$, 则由

$$F_n(\varepsilon - 0) - F_n(-\varepsilon) = \int_{(-\varepsilon, \varepsilon)} \mathrm{d}F_n(x)$$

知

$$\int_{\left(-\varepsilon_1, \frac{\varepsilon_1}{2}\right]} \mathrm{d}F_n(x) \leqslant F_n(\varepsilon - 0) - F_n(-\varepsilon) \leqslant \int_{(-\varepsilon_2, \varepsilon_2]} \mathrm{d}F_n(x),$$

从而

$$\underline{\lim_{n \to \infty}} \left[F_n(\varepsilon - 0) - F_n(-\varepsilon) \right] \geqslant \lim_{n \to \infty} \int_{\left(-\varepsilon_1, \frac{\varepsilon_1}{2}\right]} \mathrm{d}F_n(x)$$

$$= F_n\left(\frac{\varepsilon_1}{2}\right) - F_n(-\varepsilon_1) = F\left(\frac{\varepsilon_1}{2}\right) - F(-\varepsilon_1),$$

$$\overline{\lim_{n \to \infty}} \left[F_n(\varepsilon - 0) - F_n(-\varepsilon) \right] \leqslant \lim_{n \to \infty} \int_{(-\varepsilon_2, \varepsilon_2]} \mathrm{d}F_n(x)$$

$$= F_n(\varepsilon_2) - F_n(-\varepsilon_2) = F(\varepsilon_2) - F(-\varepsilon_2),$$

在以上二式中令 $\varepsilon \downarrow 0$, 注意到 $\varepsilon_i \downarrow 0$, $i = 1, 2$, 由此得证 (3).

再证充分性. 需要证明的是 $F_n(\infty) \to F(\infty)$, 且当 $x \in C(F)$ 时, $F_n(x) \to F(x)$.

(a) 往证 $F_n(\infty) \to F(\infty)$. 事实上, 任取 $\varepsilon > 0$, $\dfrac{\varepsilon}{2}, \pm\varepsilon \in C(F)$, 在

$$F_n(\infty) = \int_{(-\infty, -\varepsilon]} \mathrm{d}F_n(x) + \int_{(-\varepsilon, \varepsilon)} \mathrm{d}F_n(x) + \int_{[\varepsilon, \infty)} \mathrm{d}F_n(x)$$

$$\leqslant \int_{(-\infty, -\varepsilon]} \mathrm{d}F_n(x) + \int_{(-\varepsilon, \varepsilon)} \mathrm{d}F_n(x) + \int_{\left(\frac{\varepsilon}{2}, \infty\right)} \mathrm{d}F_n(x)$$

$$= F_n\left(-\varepsilon\right) + \left[F_n\left(\varepsilon - 0\right) - F_n\left(-\varepsilon\right)\right] + \left[F_n\left(\infty\right) - F_n\left(\frac{\varepsilon}{2}\right)\right]$$

中先令 $n \to \infty$, 再令 $\varepsilon \to 0$ 得

$$\overline{\lim_{n\to\infty}} F_n\left(\infty\right) \leqslant F\left(0-0\right) + \left[F\left(0\right) - F\left(0-0\right)\right] + \left[F\left(\infty\right) - F\left(0\right)\right] = F\left(\infty\right),$$

在

$$F_n\left(\infty\right) \geqslant \int_{(-\infty,-\varepsilon]} dF_n\left(x\right) + \int_{(-\varepsilon,\varepsilon)} dF_n\left(x\right) + \int_{(\varepsilon,\infty)} dF_n\left(x\right)$$

$$= F_n\left(-\varepsilon\right) + \left[F_n\left(\varepsilon - 0\right) - F_n\left(-\varepsilon\right)\right] + \left[F_n\left(\infty\right) - F_n\left(\varepsilon\right)\right]$$

中先令 $n \to \infty$, 再令 $\varepsilon \to 0$ 得

$$\underline{\lim_{n\to\infty}} F_n\left(\infty\right) \leqslant F\left(0-0\right) + \left[F\left(0\right) - F\left(0-0\right)\right] + \left[F\left(\infty\right) - F\left(0\right)\right] = F\left(\infty\right),$$

故 $\lim\limits_{n\to\infty} F_n\left(\infty\right) = F\left(\infty\right)$.

(b) 往证当 $x \in C\left(F\right)$ 时, $F_n\left(x\right) \to F\left(x\right)$. 事实上, 当 $x < 0$ 时, 由 (1) 知 $F_n\left(x\right) \to F\left(x\right)$; 当 $x > 0$ 时, 由 (2) 及已证的 $F_n\left(\infty\right) \to F\left(\infty\right)$ 知 $F_n\left(x\right) \to F\left(x\right)$.

【评注】 本题将应用于习题 23.10 的证明.

12.12 设 D 是 $\mathbb{R}$ 的稠密子集, H 是 D 上的单调不减函数, 则

$$F\left(x\right) = \inf\{H\left(r\right) : x < r \in D\}, \quad x \in \mathbb{R}$$

是处处右连续的单调不减函数.

证明 设 $x_1, x_2 \in \mathbb{R}$, $x_1 < x_2$, 则

$$F\left(x_1\right) = \inf\{H\left(r\right) : x_1 < r \in D\} \leqslant \inf\{H\left(r\right) : x_2 < r \in D\} = F\left(x_2\right),$$

这表明 F 是单调不减的.

任意固定 $x \in \mathbb{R}$, 下面证明 F 在 x 处右连续. 事实上, $\forall \varepsilon > 0$, 由下确界的定义, $\exists r \in D$, s.t. $x < r$ 且 $H\left(r\right) < F\left(x\right) + \varepsilon$, 从而当 $x < x' < r$ 时, $F\left(x'\right) \leqslant H\left(r\right) < F\left(x\right) + \varepsilon$, 于是 $F\left(x+0\right) \leqslant F\left(x'\right) \leqslant H\left(r\right) < F\left(x\right) + \varepsilon$, 由 ε 的任意性得 $F\left(x+0\right) \leqslant F\left(x\right)$, 故 $F\left(x+0\right) = F\left(x\right)$.

12.13 (淡收敛的子序列原理[①]) 设 $\{F, F_n, n \geqslant 1\}$ 是 $\mathbb{R}$ 上一致有界的 L-S 函数序列, 则 $F_n \overset{v}{\to} F$ 的充分必要条件是 $\{F_n\}$ 的每个子序列都存在淡收敛于 F 的子序列.

证明 必要性是显然的, 往证充分性. 谬设 $\{F_n\}$ 不淡收敛于 F, 则必存在 F 的某个连续点 x_0, 使得 $F_n\left(x_0\right) \nrightarrow F\left(x_0\right)$, 因而存在 $\varepsilon_0 > 0$ 及 $\{n_k\} \subset \mathbb{N}$, 使得

---

① 淡收敛的子序列原理应该与依概率收敛的子序列原理 (命题 6.32) 对照.

$|F_{n_k}(x_0) - F(x_0)| > \varepsilon_0$, 于是 $\{F_{n_k}\}$ 不可能有淡收敛于 F 的子序列, 此与 $\{F_n\}$ 的每个子序列都存在淡收敛于 F 的子序列的假设矛盾.

【评注】 本题将应用于定理 22.25 和定理 23.6 的证明.

12.14 (Pólya 定理) 对于 d.f. 序列 $\{F, F_n, n \geqslant 1\}$, 若 $F_n \overset{w}{\to} F$, F 连续, 则 $\sup\limits_{x \in \mathbb{R}} |F_n(x) - F(x)| \to 0$.

证明 任给 $\varepsilon > 0$, 由 $F(x)$ 的连续性知存在点 $x_1, x_2, \cdots, x_m$ 满足

$$F(x_1) < \frac{\varepsilon}{2},$$

$$F(x_{k+1}) - F(x_k) < \frac{\varepsilon}{2}, \quad k = 1, 2, \cdots, m-1,$$

$$1 - F(x_m) < \frac{\varepsilon}{2}.$$

又由 $F_n \overset{w}{\to} F$ 知存在自然数 n_0, 使当 $n > n_0$ 时,

$$|F_n(x_k) - F(x_k)| < \frac{\varepsilon}{2}, \quad k = 1, 2, \cdots, m.$$

(1) 对于 $x_k \leqslant x \leqslant x_{k+1}(k = 1, 2, \cdots, m-1)$, 当 $n > n_0$ 时, 由

$$F_n(x) - F(x) \leqslant F_n(x_{k+1}) - F(x_{k+1}) + F(x_{k+1}) - F(x_k) < \varepsilon$$

和

$$F_n(x) - F(x) \geqslant F_n(x_k) - F(x_k) + F(x_k) - F(x_{k+1}) > -\varepsilon$$

得到 $|F_n(x) - F(x)| < \varepsilon$.

(2) 对于 $x < x_1$, 当 $n > n_0$ 时, 由

$$F_n(x) - F(x) \leqslant F_n(x_1) - F(x_1) + F(x_1) < \varepsilon$$

和

$$F_n(x) - F(x) \geqslant -F(x) \geqslant -F(x_1) > -\varepsilon$$

得到 $|F_n(x) - F(x)| < \varepsilon$.

(3) 对于 $x > x_m$, 当 $n > n_0$ 时, 由

$$F_n(x) - F(x) \leqslant 1 - F(x) \leqslant 1 - F(x_m) < \frac{\varepsilon}{2}$$

和

$$F_n(x) - F(x) \geqslant F_n(x_m) - F(x_m) + F(x_m) - 1 > -\varepsilon$$

得到 $|F_n(x) - F(x)| < \varepsilon$.

综上, 当 $n > n_0$ 时, $\sup\limits_{x \in \mathbb{R}} |F_n(x) - F(x)| \leqslant \varepsilon$, 由此得到欲证.

【评注】 (a) "$\sup\limits_{x \in \mathbb{R}} |F_n(x) - F(x)| \to 0$" 比条件 "$F_n \overset{w}{\to} F$" 更强, 这是 Pólya 定理的可贵之处;

(b) 本题结论将应用于注记 21.8.

12.15　设 $\{F, F_n, n \geqslant 1\}$ 是 $\mathbb{R}$ 上一致有界的 q.d.f. 序列, $F_n \overset{w}{\to} F$, 则对任何 $g \in C_b(\mathbb{R})$, 都有

$$\lim_{n\to\infty} \int_{(-\infty,b\rangle} g\mathrm{d}F_n = \int_{(-\infty,b\rangle} g\mathrm{d}F^{①}, \quad b \in C(F),$$

$$\lim_{n\to\infty} \int_{\langle a,\infty)} g\mathrm{d}F_n = \int_{\langle a,\infty)} g\mathrm{d}F^{②}, \quad a \in C(F).$$

证明　设 $x_0 \in C(F), x_0 < b, L = \sup_{x\in\mathbb{R}} |g(x)|$, 则

$$\left| \int_{(-\infty,b\rangle} g\mathrm{d}F_n - \int_{(-\infty,b\rangle} g\mathrm{d}F \right| \leqslant \left| \int_{(-\infty,b\rangle} g\mathrm{d}F_n - \int_{(x_0,b\rangle} g\mathrm{d}F_n \right|$$

$$+ \left| \int_{\langle x_0,b\rangle} g\mathrm{d}F_n - \int_{\langle x_0,b\rangle} g\mathrm{d}F \right|$$

$$+ \left| \int_{x_0}^b g\mathrm{d}F - \int_{-\infty}^b g\mathrm{d}F \right|$$

$$\leqslant L[F_n(x_0) - F_n(-\infty)] + \left| \int_{\langle x_0,b\rangle} g\mathrm{d}F_n - \int_{\langle x_0,b\rangle} g\mathrm{d}F \right|$$

$$+ L[F(x_0) - F(-\infty)],$$

令 $n \to \infty$, 注意到 $F_n \overset{w}{\to} F$, 则由定理 12.21 得

$$\overline{\lim_{n\to\infty}} \left| \int_{(-\infty,b\rangle} g\mathrm{d}F_n - \int_{(-\infty,b\rangle} g\mathrm{d}F \right| \leqslant 2L[F(x_0) - F(-\infty)],$$

再令 $x_0 \to -\infty$, 就完成第一个等式的证明. 第二个等式的证明类似.

【评注】　本题将应用于引理 22.13、定理 22.24、习题 23.10 和引理 24.3 的证明.

12.4　与 $\mathbb{R}$ 相关的度量空间上概率测度的弱收敛

12.4.1　内容提要

定理 12.26 (度量空间上概率测度弱收敛的充分条件)　设 $\mathcal{E} \subset \mathcal{B}(X)$ 满足如下两个条件:

---

① 这里 $(-\infty, b\rangle$ 可以是 $(-\infty, b), (-\infty, b]$ 中任何一个.

② 这里 $\langle a, \infty)$ 可以是 $(a, \infty), [a, \infty)$ 中任何一个.

(i) $\mathcal{E}$ 是 X 上的 π 类;

(ii) X 中每个开集都能够表示成 $\mathcal{E}$ 中元素的可列并.

若 $\{\mu, \mu_n, n \geqslant 1\} \subset \mathcal{M}_1(X)$, 对每个 $A \in \mathcal{E}$, 都有

$$\mu_n(A) \to \mu(A),$$

则 $\mu_n \stackrel{w}{\to} \mu$.

推论 12.27 (可分度量空间上概率测度弱收敛的充分条件) 设 X 是可分度量空间, $\mathcal{E} \subset \mathcal{B}(X)$ 满足如下两个条件:

(i) $\mathcal{E}$ 是 X 上的 π 类,

(ii) 对每个 $x \in X$ 及 $\varepsilon > 0$, 都存在 $A \in \mathcal{E}$, 使得

$$x \in A^\circ \subset A \subset B(x, \varepsilon).$$

若 $\{\mu, \mu_n, n \geqslant 1\} \subset \mathcal{M}_1(X)$, 对每个 $A \in \mathcal{E}$, 都有

$$\mu_n(A) \to \mu(A),$$

则 $\mu_n \stackrel{w}{\to} \mu$.

定义 12.28 设 $\{F, F_n, n \geqslant 1\}$ 是 d 维 d.f. 序列, 若对任意的 $\boldsymbol{x} \in C(F)$, 都有 $\lim\limits_{n\to\infty} F_n(\boldsymbol{x}) = F(\boldsymbol{x})$, 则称 $\{F_n\}$ 弱收敛于 F, 记作 $F_n \stackrel{w}{\to} F$.

定理 12.29 ($\mathcal{B}(\mathbb{R}^d)$ 上概率测度弱收敛的充分必要条件) $\mu_n \stackrel{w}{\to} \mu \Leftrightarrow F_n \stackrel{w}{\to} F$, 即 $\mathbb{R}^d$ 中概率测度的弱收敛等价于对应的分布函数的弱收敛.

引理 12.30 对任意的 $d \geqslant 1$ 及 $A \subset \mathbb{R}^d$, 有

$$\partial\left(\pi_d^{-1}(A)\right) = \pi_d^{-1}(\partial A).$$

定理 12.31 设 $\left\{F^{(d)}, d \geqslant 1\right\}$ 和 $\left\{\left\{F_n^{(d)}, d \geqslant 1\right\}, n \geqslant 1\right\}$ 分别是 $\mu \in \mathcal{M}_1(\mathbb{R}^\infty)$ 和 $\{\mu_n, n \geqslant 1\} \subset \mathcal{M}_1(\mathbb{R}^\infty)$ 对应的有限维 d.f. 族, 则

$$\mu_n \stackrel{w}{\to} \mu \Leftrightarrow \text{对每个} d \geqslant 1, \ F_n^{(d)} \stackrel{w}{\to} F^{(d)},$$

即 $\mathbb{R}^\infty$ 中概率测度的弱收敛等价于对应的每一个有限维分布函数列的弱收敛.

12.4.2 习题 12.4 解答与评注

12.16 设 $\{\mu, \mu_n, n \geqslant 1\} \subset \mathcal{M}_1(\mathbb{R}^d)$, 则 $\mu_n \stackrel{w}{\to} \mu$ 的充分必要条件是对任意的 $\mu^{(i)}$ 连续集 B_i, $i = 1, 2, \cdots, d$, 有

$$\mu_n\left(\underset{i=1}{\overset{d}{\times}} B_i\right) \to \mu\left(\underset{i=1}{\overset{d}{\times}} B_i\right).$$

证明 "$\Rightarrow$". 任取 $B_i \in \mathcal{B}(\mathbb{R})$, $i = 1, 2, \cdots, d$, 由习题 2.21 之 (3) 有

$$\partial\left(\underset{i=1}{\overset{d}{\times}} B_i\right) \subset \bigcup_{i=1}^{d} \pi_i^{-1}\left(\partial B_i\right),$$

因此当诸 B_i 是 $\mu^{(i)}$ 连续集时, $\overset{d}{\underset{i=1}{\times}} B_i$ 是 μ 连续集, 故必要性得证.

"$\Leftarrow$". 令
$$\mathcal{E} = \left\{ \overset{d}{\underset{i=1}{\times}} B_i : 诸\ B_i\ 是\ \mu^{(i)}\ 连续集 \right\},$$

为证 $\mu_n \overset{w}{\to} \mu$, 只需验证推论 12.27 中的两个条件成立即可.

(a) 任取 $\overset{d}{\underset{i=1}{\times}} A_i, \overset{d}{\underset{i=1}{\times}} B_i \in \mathcal{E}$, 此时 $\left(\overset{d}{\underset{i=1}{\times}} A_i \right) \cap \left(\overset{d}{\underset{i=1}{\times}} B_i \right) = \overset{d}{\underset{i=1}{\times}} (A_i \cap B_i)$. 由习题 2.20 知 $\partial (A_i \cap B_i) \subset \partial A_i \cup \partial B_i$, 再由 $\mu^{(i)} (\partial A_i) = 0$, $\mu^{(i)} (\partial B_i) = 0$ 知
$$\mu^{(i)} (\partial (A_i \cap B_i)) \leqslant \mu^{(i)} (\partial A_i \cup \partial B_i) \leqslant \mu^{(i)} (\partial A_i) + \mu^{(i)} (\partial B_i) = 0.$$
从而 $\mathcal{E}$ 是 $\mathbb{R}^d$ 上的一个 π 类, 推论 12.27 中的条件 (i) 成立.

(b) 任意固定 $\boldsymbol{x} = (x_1, x_2, \cdots, x_d) \in \mathbb{R}^d$ 及 $\varepsilon > 0$, 注意到对每个 $i = 1, 2, \cdots, d$, 当 $\delta \in (0, \varepsilon)$ 变化时, $\partial B \left(x_i, \frac{\delta}{\sqrt{d}} \right) = \left\{ y \in \mathbb{R} : |x_i - y| = \frac{\delta}{\sqrt{d}} \right\}$ 互不相交, 由 $\mu^{(i)}$ 是概率测度 (从而是有限测度) 可知, 存在至多可列多个 δ, 使得 $\mu^{(i)} \left(\partial B \left(x_i, \frac{\delta}{\sqrt{d}} \right) \right) \neq 0$, 所以存在某个 $\delta \in (0, \varepsilon)$, 使
$$A_\delta = \overset{d}{\underset{i=1}{\times}} B \left(x_i, \frac{\delta}{\sqrt{d}} \right) \in \mathcal{E}.$$
显然, $\boldsymbol{x} \in A_\delta^\circ = A_\delta \subset B(\boldsymbol{x}, \varepsilon)$, 即推论 12.27 中的条件 (ii) 成立.

12.17 由 (12.8) 式定义的 $\mathcal{E}$ 是 $\mathbb{R}^\infty$ 上的一个 π 类.

证明 任取 $A, B \in \mathcal{E}$, 首先由 $A, B \in \mathcal{B}(\mathbb{R}^\infty)$ 知 $A \cap B \in \mathcal{B}(\mathbb{R}^\infty)$.

其次, 由习题 2.20 知 $\partial (A \cap B) \subset \partial A \cup \partial B$, 进而由 $\mu(\partial A) = \mu(\partial B) = 0$ 得
$$\mu(\partial (A \cap B)) \leqslant \mu(\partial A) + \mu(\partial B) = 0.$$

最后, 由 $\mathcal{E}$ 的定义知, 存在 $d \geqslant 1$ 及 $A_d \in \mathcal{B}(\mathbb{R}^d)$, 使得 $A = \pi_d^{-1}(A_d)$, 且存在 $l \geqslant 1$ 及 $B_l \in \mathcal{B}(\mathbb{R}^l)$, 使得 $B = \pi_l^{-1}(B_l)$. 不妨假设 $d \leqslant l$, 记 $A_l = A_d \times \underbrace{\mathbb{R} \times \cdots \times \mathbb{R}}_{(l-d)\text{个}}$, 则 $A_l \in \mathcal{B}(\mathbb{R}^l)$, 且 $A = \pi_l^{-1}(A_l)$. 对上述 $l \geqslant 1$, 有 $A_l \cap B_l \in \mathcal{B}(\mathbb{R}^l)$, 且
$$A \cap B = \pi_l^{-1}(A_l) \cap \pi_l^{-1}(B_l) = \pi_l^{-1}(A_l \cap B_l).$$

12.5 随机向量的依分布收敛

12.5.1 内容提要

定义 12.32 设 $\{X, X_n, n \geqslant 1\}$ 是 R.V. 序列, $\{F, F_n, n \geqslant 1\}$ 是对应的 d.f. 序列, 若 $F_n \overset{w}{\to} F$, 则称 $\{X_n\}$ **依分布收敛**于 X, 记作 $X_n \overset{d}{\to} X$.

命题 12.33　设 $\{\boldsymbol{x}_k, k \geqslant 1\}$ 是 d 维离散型 R.V. 序列 $\{\boldsymbol{X}, \boldsymbol{X}_n, n \geqslant 1\}$ 的所有可能取值, 若对每个 $k \geqslant 1$, 都有

$$P\{\boldsymbol{X}_n = \boldsymbol{x}_k\} \to P\{\boldsymbol{X} = \boldsymbol{x}_k\},$$

则 $\boldsymbol{X}_n \xrightarrow{d} \boldsymbol{X}$.

命题 12.34　$\boldsymbol{X}_n \xrightarrow{d} \boldsymbol{X} \Leftrightarrow$ 对任意的 $g \in C_b(\mathbb{R}^d)$, $\mathrm{E}g(\boldsymbol{X}_n) \to \mathrm{E}g(\boldsymbol{X})$.

定理 12.36　设 $X_n \xrightarrow{d} X$, $X \sim F(x)$, 则对任何定义在 $\mathbb{R}$ 上的连续函数 g 及 $a, b \in C(F)$, $a \leqslant b$, 都有

$$\mathrm{E}g(X_n)I_{(a,b]}(X_n) \to \mathrm{E}g(X)I_{(a,b]}(X).$$

注记 12.37　显然, 定理 12.11 之 (iii) 保证 $P\{X_n = a\} \to 0$, 所以 (12.9) 式可以改写成

$$\mathrm{E}g(X_n)I_{\langle a,b\rangle}(X_n) \to \mathrm{E}g(X)I_{\langle a,b\rangle}(X),$$

其中 $\langle a, b\rangle$ 可以是 (a, b), $(a, b]$, $[a, b)$, $[a, b]$ 中任何一个.

定理 12.38 (连续映射定理的随机向量版本)　设 k 维 R.V. $\{\boldsymbol{X}, \boldsymbol{X}_n, n \geqslant 1\}$ 满足 $\boldsymbol{X}_n \xrightarrow{d} \boldsymbol{X}$, $\boldsymbol{h}: \mathbb{R}^k \to \mathbb{R}^j$ 为可测映射, 若 $P\{\boldsymbol{X} \in D(\boldsymbol{h})\} = 0$, 则 $\boldsymbol{h}(\boldsymbol{X}_n) \xrightarrow{d} \boldsymbol{h}(\boldsymbol{X})$.

定理 12.39 (Slutzky 定理)　若 $\boldsymbol{X}_n \xrightarrow{d} \boldsymbol{X}$, $\boldsymbol{Y}_n \xrightarrow{P} \boldsymbol{a}$ ($\boldsymbol{a} \in \mathbb{R}^k$ 是常数向量), 则 $\boldsymbol{X}_n + \boldsymbol{Y}_n \xrightarrow{d} \boldsymbol{X} + \boldsymbol{a}$.

命题 12.40　$\boldsymbol{X}_n \xrightarrow{P} \boldsymbol{X} \Rightarrow \boldsymbol{X}_n \xrightarrow{d} \boldsymbol{X}$.

命题 12.42　$\boldsymbol{X}_n \xrightarrow{P} \boldsymbol{c}$ ($\boldsymbol{c} \in \mathbb{R}^d$ 是常量) $\Leftrightarrow \boldsymbol{X}_n \xrightarrow{d} \boldsymbol{c}$.

$$\boxed{\text{a.s.收敛}} \Rightarrow \boxed{\text{依概率收敛}} \Rightarrow \boxed{\text{依分布收敛}}$$
$$\Uparrow$$
$$\boxed{L^p\text{依概率收敛}}$$

图 12.1　几种收敛的蕴含关系

12.5.2　习题 12.5 解答与评注

12.18　设 r.v. 序列 $\{X_{mn}, X_m, Y_n, X, m \geqslant 1, n \geqslant 1\}$ 满足对每个 $m \geqslant 1$, 当 $n \to \infty$ 时, $X_{mn} \xrightarrow{d} X_m$, 而当 $m \to \infty$ 时, $X_m \xrightarrow{d} X$. 若 $\forall \varepsilon > 0$,

$$\lim_{m \to \infty} \overline{\lim_{n \to \infty}} P\{|X_{mn} - Y_n| > \varepsilon\} = 0,$$

则 $Y_n \xrightarrow{d} X$.

证明　设 $g : \mathbb{R} \to \mathbb{R}$ 是有界的 Lipschitz 函数, Lipschitz 常数为 K, 则

$$|g(x) - g(y)| \leqslant K |x - y| \wedge 2 \|g\|_\infty, \quad x, y \in \mathbb{R},$$

我们必须证明 $\lim\limits_{n \to \infty} \mathrm{E} g(Y_n) = \mathrm{E} g(X)$. 由

$$|\mathrm{E} g(Y_n) - \mathrm{E} g(X)| \leqslant \mathrm{E} |g(Y_n) - g(X_{mn})| + |\mathrm{E} g(X_{mn}) - \mathrm{E} g(X_m)|$$
$$+ |\mathrm{E} g(X_m) - \mathrm{E} g(X)|,$$
$$\lim_{n \to \infty} |\mathrm{E} g(X_{mn}) - \mathrm{E} g(X_m)| = 0,$$
$$\lim_{m \to \infty} |\mathrm{E} g(X_m) - \mathrm{E} g(X)| = 0$$

得

$$\varlimsup_{n \to \infty} |\mathrm{E} g(Y_n) - \mathrm{E} g(X)| \leqslant \lim_{m \to \infty} \varlimsup_{n \to \infty} \mathrm{E} |g(Y_n) - g(X_{mn})|$$
$$\leqslant \lim_{m \to \infty} \varlimsup_{n \to \infty} \mathrm{E} \left[|g(Y_n) - g(X_{mn})| I\{|Y_n - X_{mn}| \leqslant \varepsilon\}\right]$$
$$+ \lim_{m \to \infty} \varlimsup_{n \to \infty} \mathrm{E} \left[|g(Y_n) - g(X_{mn})| I\{|Y_n - X_{mn}| > \varepsilon\}\right]$$
$$\leqslant k\varepsilon \wedge 2 \|g\|_\infty + 2 \|g\|_\infty \lim_{m \to \infty} \varlimsup_{n \to \infty} P\{|Y_n - X_{mn}| > \varepsilon\}$$
$$= k\varepsilon \wedge 2 \|g\|_\infty,$$

令 $\varepsilon \to 0$ 得到 $\varlimsup\limits_{n \to \infty} |\mathrm{E} g(Y_n) - \mathrm{E} g(X)| = 0$, 由此完成本题的证明.

【评注】　(a) 为证 $Y_n \xrightarrow{d} X$, 由命题 12.11, 只需证明对每个有界的 Lipschitz 函数 $g : \mathbb{R} \to \mathbb{R}$, 有 $\lim\limits_{n \to \infty} \mathrm{E} g(Y_n) = \mathrm{E} g(X)$.

(b) 利用评注 (a), 不难依次证明下述二命题.

① 设 $\{\boldsymbol{X}, \boldsymbol{X}_n, n \geqslant 1\}$ 和 $\{\boldsymbol{Y}_n, n \geqslant 1\}$ 是同维数的 R.V. 序列, $\boldsymbol{X}_n \xrightarrow{d} \boldsymbol{X}$, $\boldsymbol{X}_n - \boldsymbol{Y}_n \xrightarrow{P} \boldsymbol{0}$, 则 $\boldsymbol{Y}_n \xrightarrow{d} \boldsymbol{X}$;

② 若 $\boldsymbol{X}_n \xrightarrow{d} \boldsymbol{X}$, $\boldsymbol{Y}_n \xrightarrow{P} \boldsymbol{c}$ ($\boldsymbol{c}$ 为常数向量), 则 $(\boldsymbol{X}_n, \boldsymbol{Y}_n) \xrightarrow{d} (\boldsymbol{X}, \boldsymbol{c})$.

12.19　设 $\{X, X_n, n \geqslant 1\}$ 和 $\{Y_n, n \geqslant 1\}$ 都是 r.v. 序列, 若 $X_n \xrightarrow{d} X$, $Y_n \xrightarrow{P} c$ ($c \in \mathbb{R}$ 为常数), 则

(1) $X_n + Y_n \xrightarrow{d} X + c$;

(2) 当 $c = 0$ 时, $X_n Y_n \xrightarrow{P} 0$;

(3) 当 $c \neq 0$ 时, $X_n Y_n \xrightarrow{d} cX$;

(4) 当 $c \neq 0$ 时, $\dfrac{X_n}{Y_n} \xrightarrow{d} \dfrac{X}{c}$.

证明 (1) 注意到 $X_n \xrightarrow{d} X$, $c - Y_n \xrightarrow{P} 0$, 由 Slutzky 定理得 $X_n - (c - Y_n) \xrightarrow{d} X$, 即 $X_n + Y_n - c \xrightarrow{d} X$, 再由连续映射定理得 $X_n + Y_n \xrightarrow{d} X + c$.

(2) 记 X 和 X_n 的 d.f. 分别为 $F(x)$ 和 $F_n(x)$. 对任给的 $\delta > 0$, 取足够大的 $a > 0$, 使 $\pm a \in C(F)$, 且

$$F(a) - F(-a) \geqslant 1 - \delta.$$

因为 $X_n \xrightarrow{d} X$, 所以存在 $N \in \mathbb{N}$, 使得当 $n \geqslant N$ 时有

$$F_n(a) - F_n(-a) \geqslant 1 - 2\delta.$$

于是, 当 $n \geqslant N$ 时,

$$
\begin{aligned}
P\{|X_n Y_n| \geqslant \varepsilon\} &= P\{|X_n Y_n| \geqslant \varepsilon, 0 < |X_n| \leqslant a\} + P\{|X_n Y_n| \geqslant \varepsilon, |X_n| > a\} \\
&\leqslant P\left\{|Y_n| \geqslant \frac{\varepsilon}{a}\right\} + P\{|X_n| > a\} \\
&\leqslant P\left\{|Y_n| \geqslant \frac{\varepsilon}{a}\right\} + 2\delta,
\end{aligned}
$$

先令 $n \to \infty$, 注意到 $Y_n \xrightarrow{P} 0$ 得 $\varlimsup\limits_{n \to \infty} P\{|X_n Y_n| \geqslant \varepsilon\} \leqslant 2\delta$, 再令 $\delta \downarrow 0$ 得 $\lim\limits_{n \to \infty} P\{|X_n Y_n| \geqslant \varepsilon\} = 0$, 最后的等式表明 $X_n Y_n \xrightarrow{P} 0$.

(3) 已证的 (2) 保证 $X_n(Y_n - c) \xrightarrow{P} 0$, 而连续映射定理保证 $cX_n \xrightarrow{d} cX$, 于是已证的 (1) 保证

$$X_n Y_n = cX_n + X_n(Y_n - c) \xrightarrow{d} cX.$$

(4) 由 (3) 得 $\dfrac{X_n}{Y_n} = X_n \dfrac{1}{Y_n} \xrightarrow{d} X \dfrac{1}{c} = \dfrac{X}{c}$.

【**评注**】 本题将被频繁地使用, 如习题 19.8 和习题 21.18.

12.20 (命题 12.42 的特别情形) 设 $\{X_n, n \geqslant 1\}$ 是 r.v. 序列, $c \in \mathbb{R}$, 则 $X_n \xrightarrow{P} c \Leftrightarrow X_n \xrightarrow{d} c$.

证明 "$\Rightarrow$". 即命题 12.40.

"$\Leftarrow$". $\forall \varepsilon > 0$,

$$
\begin{aligned}
P\{|X_n - c| > \varepsilon\} &= P\{X_n < c - \varepsilon\} + 1 - P\{X_n \leqslant c + \varepsilon\} \\
&\leqslant P\left\{X_n \leqslant c - \frac{\varepsilon}{2}\right\} + 1 - P\{X_n \leqslant c + \varepsilon\} \\
&\to 0 + 1 - 1 = 0.
\end{aligned}
$$

12.21 设 $\{X_n, n \geqslant 1\}$ 是 r.v. 序列, $\{b_n, n \geqslant 1\}$ 是实数列, $\mu \in \mathbb{R}$, 且 $\dfrac{X_n - \mu}{b_n} \xrightarrow{d} \xi$, 其中 r.v. ξ 满足 $P\{\xi \neq 0\} > 0$[①]. 若 $\lim\limits_{n \to \infty} b_n = b \in \mathbb{R}$, 则

$$X_n \xrightarrow{P} \mu \Leftrightarrow b = 0.$$

证明 "$\Leftarrow$". 由 $\lim\limits_{n \to \infty} b_n = 0$ 和习题 12.19 之 (2) 得

$$X_n - \mu = b_n \frac{X_n - \mu}{b_n} \xrightarrow{P} 0.$$

"$\Rightarrow$". 谬设 $b \neq 0$, 则 $\dfrac{b_n}{b} \to 1$, 由习题 12.19 之 (3) 得

$$\frac{X_n - \mu}{b} = \frac{b_n}{b} \frac{X_n - \mu}{b_n} \xrightarrow{d} \xi,$$

等价地 $X_n - \mu \xrightarrow{d} b\xi$, 此与 $X_n \xrightarrow{P} \mu$ 矛盾.

12.22 设 $\boldsymbol{X}_n \sim \mathrm{N}_k\left(\boldsymbol{0}, \dfrac{1}{n^2} \boldsymbol{I}_k\right)$[②], 则 $P \circ \boldsymbol{X}_n^{-1} \xrightarrow{w} \delta_{\boldsymbol{0}}$, 其中 $\delta_{\boldsymbol{0}}$ 是 $\mathbb{R}^k$ 中点 $\boldsymbol{0}$ 处的 Dirac 测度.

证明 记 $\boldsymbol{X}_n = (X_{n1}, X_{n2}, \cdots, X_{nk})$, 则由 $\boldsymbol{X}_n \sim \mathrm{N}_k\left(\boldsymbol{0}, \dfrac{1}{n^2} \boldsymbol{I}_k\right)$ 知 $X_{nj} \sim \mathrm{N}\left(0, \dfrac{1}{n^2}\right), j = 1, 2, \cdots, k$. 不难证明 $X_{nj} \xrightarrow{P} 0, j = 1, 2, \cdots, k$, 由此易得 $\boldsymbol{X}_n \xrightarrow{P} \boldsymbol{0}$, 进而由命题 12.40 知 $\boldsymbol{X}_n \xrightarrow{d} \boldsymbol{0}$, 此即 $P \circ \boldsymbol{X}_n^{-1} \xrightarrow{w} \delta_{\boldsymbol{0}}$.

【评注】 本习题将应用于定理 17.15 的证明.

12.6 左连续逆的收敛性和 Skorohod 表示定理

12.6.1 内容提要

命题 12.43 设 d.f. 序列 $\{F_n, 1 \leqslant n \leqslant \infty\}$ 满足 $F_n \xrightarrow{\omega} F_\infty$, 则 $F_n^{\leftarrow} \xrightarrow{\omega} F_\infty^{\leftarrow}$, 即对任意的 $p \in (0, 1) \cap C\left(F_\infty^{\leftarrow}\right)$,

$$F_n^{\leftarrow}(p) \to F_\infty^{\leftarrow}(p).$$

定理 12.44 (Skorohod 表示定理) 设 r.v. 序列 $\{X_n, 1 \leqslant n \leqslant \infty\}$ 满足 $X_n \xrightarrow{d} X_\infty$, 则存在定义在 Lebesgue 概率空间 $((0,1), \mathcal{B}(0,1), \lambda)$ 上的 r.v. 序列 $\{Y_n, 1 \leqslant n \leqslant \infty\}$, 使得

(i) $Y_n \overset{d}{=} X_n, 1 \leqslant n \leqslant \infty$;

(ii) $Y_n \to Y_\infty$ λ-a.s..

---

① 即 ξ 是非零 r.v..

② 多维正态分布的定义见定义 16.13.

12.6.2 习题 12.6 解答与评注

12.23 设 d.f. 序列 $\{F_n, 1 \leqslant n \leqslant \infty\}$ 满足 $F_n \xrightarrow{w} F_\infty$, 则

$$A = \{p \in (0,1) : F_n^\leftarrow (p) \nrightarrow F_\infty^\leftarrow (p)\}$$

是至多可数集.

证明 由命题 12.43 知

$$C\left(F_\infty^\leftarrow\right) \subset \{p \in (0,1) : F_n^\leftarrow(p) \to F_\infty^\leftarrow(p)\}$$

于是

$$A \subset (0,1) \backslash C\left(F_\infty^\leftarrow\right)$$

注意到 $F_\infty^\leftarrow$ 是单调函数, 习题 1.30 保证 $(0,1) \backslash C\left(F_\infty^\leftarrow\right)$ 是至多可数集, 因而 A 是至多可数集.

12.24 (依分布收敛版本的 Fatou 引理) 若 $X_n \xrightarrow{d} X_\infty$, 则对任意的 $p > 0$, 都有 $\mathrm{E}|X_\infty|^p \leqslant \varliminf\limits_{n\to\infty} \mathrm{E}|X_n|^p$.

证法 1 设 $\{Y_n, 1 \leqslant n \leqslant \infty\}$ 是定理 12.44 中的 r.v. 序列, 首先由 $Y_n \xrightarrow{\text{a.s.}} Y_\infty$ 及 Fatou 引理得到 $\mathrm{E}|Y_\infty|^p \leqslant \varliminf\limits_{n\to\infty} \mathrm{E}|Y_n|^p$. 其次, 对每个 $1 \leqslant n \leqslant \infty$, 由 $Y_n \overset{d}{=} X_n$ 得到 $\mathrm{E}|Y_n|^p = \mathrm{E}|X_n|^p$. 于是, 我们有 $\mathrm{E}|X_\infty|^p \leqslant \varliminf\limits_{n\to\infty} \mathrm{E}|X_n|^p$.

证法 2 $\forall t > 0$, 定义 $g_t(x) = |x|^p \wedge t$, 它是有界连续函数, 所以命题 12.34 保证

$$\lim_{n\to\infty} \mathrm{E}g_t(X_n) = \mathrm{E}g_t(X_\infty),$$

即 $\lim\limits_{n\to\infty} \mathrm{E}(|X_n|^p \wedge t) = \mathrm{E}(|X_\infty|^p \wedge t)$, 从而

$$\varliminf_{n\to\infty} \mathrm{E}|X_n|^p \geqslant \varliminf_{n\to\infty} \mathrm{E}(|X_n|^p \wedge t) = \mathrm{E}(|X_\infty|^p \wedge t),$$

令 $t \uparrow \infty$, 由单调收敛定理得到所需的结论.

12.25 [①] 设 $X_n \xrightarrow{d} X_\infty, p > 0$.

(1) 若 $\{|X_n|^p, n \geqslant 1\}$ 一致可积, 则 $\mathrm{E}|X_n|^p \to \mathrm{E}|X_\infty|^p$;

(2) 若 $\mathrm{E}|X_\infty|^p < \infty$, $\mathrm{E}|X_n|^p < \infty$, $n \geqslant 1$, 且 $\mathrm{E}|X_n|^p \to \mathrm{E}|X_\infty|^p$, 则 $\{|X_n|^p, n \geqslant 1\}$ 一致可积.

---

① 本题应该与定理 9.33 比较.

证明 (1) $\forall \varepsilon > 0$, 由 $\{|X_n|^p\}$ 一致可积, 可选 a_1 充分大, 使得

$$\sup_{n \geqslant 1} \mathrm{E}\,|X_n|^p\, I\{|X_n| \geqslant a_1\} < \frac{\varepsilon}{2}.$$

由 $X_n \xrightarrow{d} X_\infty$, $\{|X_n|^p\}$ 一致可积及习题 12.24,

$$\mathrm{E}\,|X_\infty|^p \leqslant \varliminf_{n \to \infty} \mathrm{E}\,|X_n|^p \leqslant \sup_{n \geqslant 1} \mathrm{E}\,|X_n|^p < \infty,$$

因此又可选 a_2 充分大, 使得 $\mathrm{E}|X_\infty|^p I\{|X_\infty| \geqslant a_2\} < \dfrac{\varepsilon}{2}$. 于是, 当 $a > \max\{a_1, a_2\}$ 时,

$$\left|\mathrm{E}\,|X_n|^p - \mathrm{E}\,|X_\infty|^p\right| = \left|\mathrm{E}\,|X_n|^p\, I\{|X_n| < a\} - \mathrm{E}\,|X_\infty|^p\, I\{|X_\infty| < a\}\right|$$

$$+ \mathrm{E}\,|X_n|^p\, I\{|X_n| \geqslant a\} + \mathrm{E}\,|X_\infty|^p\, I\{|X_\infty| \geqslant a\}$$

$$\leqslant \left|\mathrm{E}\,|X_n|^p\, I\{|X_n| < a\} - \mathrm{E}\,|X_\infty|^p\, I\{|X_\infty| < a\}\right| + \varepsilon.$$

当 $\pm a \in C\left(F_{X_\infty}\right)$ 时, 注记 12.37 保证

$$\left|\mathrm{E}|X_n|^p\, I\{|X_n| < a\} - \mathrm{E}|X_\infty|^p\, I\{|X_\infty| < a\}\right| \to 0,$$

于是 $\varlimsup\limits_{n \to \infty} \left|\mathrm{E}\,|X_n|^p - \mathrm{E}\,|X_\infty|^p\right| \leqslant \varepsilon$, 由 ε 的任意性得证 $\mathrm{E}\,|X_n|^p \to \mathrm{E}\,|X_\infty|^p$.

(2) $\forall a > 0$, 定义 $g_a(x) = |x|^p \wedge a$, 它是有界连续函数, 从而 $\mathrm{E}g_a(X_n) \to \mathrm{E}g_a(X_\infty)$. 注意到

$$(|x|^p - a)^+ = |x|^p - g_a(x),$$

我们有

$$\mathrm{E}\,(|X_n|^p - a)^+ = \mathrm{E}\,|X_n|^p - \mathrm{E}g_a(X_n) \to \mathrm{E}\,|X_\infty|^p - \mathrm{E}g_a(X_\infty) = \mathrm{E}\,(|X_\infty|^p - a)^+.$$

再注意到

$$|x|^p\, I\{|x|^p \geqslant 2a\} \leqslant 2\,(|x|^p - a)^+,$$

进而得到

$$\varlimsup_{n \to \infty} \mathrm{E}|X_n|^p\, I\{|X_n|^p \geqslant 2a\} \leqslant 2 \varlimsup_{n \to \infty} \mathrm{E}\,(|X_n|^p - a)^+ = 2\mathrm{E}\,(|X_\infty|^p - a)^+.$$

令 $a \uparrow \infty$, 由 $(|X_\infty|^p - a)^+ \leqslant |X_\infty|^p$ 和控制收敛定理得

$$\lim_{a \to \infty} \mathrm{E}\,(|X_\infty|^p - a)^+ = 0,$$

故

$$\lim_{a \to \infty} \varlimsup_{n \to \infty} \mathrm{E}|X_n|^p\, I\{|X_n|^p \geqslant 2a\} \to 0,$$

由习题 9.36 知 $\{|X_n|^p, n \geqslant 1\}$ 一致可积.

【评注】 本题之 (1) 将应用于习题 21.5 的证明.

12.7 相对紧、胎紧和 Prokhorov 定理

12.7.1 内容提要

定义 12.48 (i) 设 $\{\mu_t, t \in T\} \subset \mathcal{M}_1(X)$, 称 $\{\mu_t\}$ 是**相对紧的**, 如果对 $\{\mu_t\}$ 中任一序列 $\{\mu_n, n \geqslant 1\}$, 都存在弱收敛于某个概率测度的子序列 $\{\mu_{n_k}, k \geqslant 1\}$.

(ii) 称定义在 $\mathbb{R}^d$ 上的 d.f. 族 $\{F_t, t \in T\}$ 是相对紧的, 如果由 $\{F_t, t \in T\}$ 诱导的概率测度族 $\{P_t, t \in T\}$ 是相对紧的;

(iii) 称 R.V. 族 $\{\boldsymbol{X}_t, t \in T\}$ 是相对紧的, 如果 P 在 $\{\boldsymbol{X}_t, t \in T\}$ 下的像测度族 $\{P \circ \boldsymbol{X}_t^{-1}, t \in T\}$ 是相对紧的.

定义 12.49 (i) 设 $\{\mu_t, t \in T\} \subset \mathcal{M}_1(X)$, 称 $\{\mu_t\}$ 是**胎紧的**, 如果 $\forall \varepsilon > 0$, 存在紧集 $K_\varepsilon \subset X$, 使得 $\forall t \in T$, 都有 $\mu_t(K_\varepsilon) > 1 - \varepsilon$;

(ii) 称定义在 $\mathbb{R}^d$ 上的 d.f. 族 $\{F_t, t \in T\}$ 是胎紧的, 如果由 $\{F_t, t \in T\}$ 诱导的概率测度族 $\{P_t, t \in T\}$ 是胎紧的;

(iii) 称 R.V. 族 $\{\boldsymbol{X}_t, t \in T\}$ 是胎紧的, 如果 P 在 $\{\boldsymbol{X}_t, t \in T\}$ 下的像测度族 $\{P \circ \boldsymbol{X}_t^{-1}, t \in T\}$ 是胎紧的.

定理 12.51 (Prokhorov 正定理) 设 $\Pi \subset \mathcal{M}_1(X)$ 是胎紧的, 则 Π 是相对紧的.

定理 12.52 (Prokhorov 逆定理) 设 X 是完备可分度量空间, $\Pi \subset \mathcal{M}_1(X)$, 若 Π 是相对紧的, 则 Π 是胎紧的.

定义 12.53 设 $\Pi \subset \mathcal{M}_1(X)$, $\mathcal{H} \subset C_b(X)$, 称 $\mathcal{H}$ 是 Π-**分离族**, 如果对任意的 $\mu, \nu \in \Pi$, 只要 $\int_X g \mathrm{d}\mu = \int_X g \mathrm{d}\nu$ 对所有的 $g \in \mathcal{H}$ 都成立, 就有 $\mu = \nu$.

命题 12.54 设 X 是完备可分度量空间, $\{\mu, \mu_n, n \geqslant 1\} \subset \mathcal{M}_1(X)$, 则下列两条等价:

(i) $\mu_n \xrightarrow{w} \mu$;

(ii) $\{\mu_n, n \geqslant 1\}$ 是胎紧的, 且存在 $\{\mu_n, n \geqslant 1\}$-分离族 $\mathcal{H} \subset C_b(X)$, 使得

$$\int_X g \mathrm{d}\mu = \lim_{n \to \infty} \int_X g \mathrm{d}\mu_n, \quad g \in \mathcal{H}.$$

12.7.2 习题 12.7 解答与评注

12.26 设 $\Pi = \{P_n, n \geqslant 1\}$, 其中 P_n 是 Poisson 测度, 即

$$P_n\{x\} = \frac{\lambda_n^x}{x!} \mathrm{e}^{-\lambda_n}, \quad x = 0, 1, 2, \cdots, \quad \lambda_n > 0,$$

若 $0 \leqslant \lambda' = \inf_{n \geqslant 1} \lambda_n \leqslant \sup_{n \geqslant 1} \lambda_n = \lambda'' < \infty$, 则 Π 既是相对紧的又是胎紧的.

证明 先证 Π 是相对紧的. 注意到 $\{\lambda_n, n \geqslant 1\}$ 是有界数列, 由推论 2.74 知它有收敛子列 $\{\lambda_{n_k}, k \geqslant 1\}$, $\lambda_{n_k} \to \lambda$. $\forall g \in C_b(\mathbb{R})$, 由控制收敛定理,

$$\int_{\mathbb{R}} g \mathrm{d}P_{n_k} = \sum_{x=0}^{\infty} g(x) \frac{\lambda_{n_k}^x}{x!} \mathrm{e}^{-\lambda_{n_k}} \to \sum_{x=0}^{\infty} g(x) \frac{\lambda^x}{x!} \mathrm{e}^{-\lambda} = \int_{\mathbb{R}} g \mathrm{d}P,$$

其中 P 是 Poisson 测度, 满足

$$P\{x\} = \frac{\lambda^x}{x!} \mathrm{e}^{-\lambda}, \quad x = 0, 1, 2, \cdots,$$

这表明 $P_{n_k} \xrightarrow{w} P$, 从而完成相对紧的证明.

再证 Π 是胎紧的. 对每个 $n \geqslant 1$, 由 $0 \leqslant \lambda' = \inf_{n \geqslant 1} \lambda_n \leqslant \sup_{n \geqslant 1} \lambda_n = \lambda'' < \infty$ 得

$$\sum_{x=0}^{\infty} \frac{\lambda_n^x}{x!} \mathrm{e}^{-\lambda_n} \leqslant \sum_{x=0}^{\infty} \frac{\lambda_n^x}{x!} \mathrm{e}^{-\lambda'} \leqslant \sum_{x=0}^{\infty} \frac{(\lambda'')^x}{x!} \mathrm{e}^{-\lambda'}.$$

$\forall \varepsilon > 0$, 注意到 $\sum_{x=0}^{\infty} \frac{(\lambda'')^x}{x!} = \mathrm{e}^{-\lambda''}$, 可取充分大的 $k \in \mathbb{N}$, 使得 $\sum_{x=k+1}^{\infty} \frac{(\lambda'')^x}{x!} < \varepsilon \mathrm{e}^{\lambda'}$. 于是

$$\sum_{x=k+1}^{\infty} \frac{\lambda_n^x}{x!} \mathrm{e}^{-\lambda_n} < \varepsilon,$$

即 $P_n(\mathbb{R} \setminus [-k, k]) < \varepsilon$. 注意到 $[-k, k]$ 是 $\mathbb{R}$ 中的紧集, Π 的胎紧性得证.

12.27 设 $\Pi \subset \mathcal{M}_1(\mathbb{R}^d)$, $\pi_j: \mathbb{R}^d \to \mathbb{R}$ 是第 j 个坐标映射, 则 Π 是胎紧的 $\Leftrightarrow$ 对每个 $j = 1, 2, \cdots, d$, $\{P \circ \pi_j^{-1}: P \in \Pi\}$ 是胎紧的.

证明 "$\Rightarrow$". $\forall \varepsilon > 0$, 由 Π 的胎紧性, 存在 $N \in \mathbb{N}$, 使得 $P([-N, N]^d) > 1 - \varepsilon$, $P \in \Pi$, 于是, 对每个 $j = 1, \cdots, d$,

$$P \circ \pi_j^{-1}[-N, N] = P(\pi_j^{-1}[-N, N]) \geqslant P([-N, N]^d) > 1 - \varepsilon,$$

这表明 $\{P \circ \pi_j^{-1}: P \in \Pi\}$ 是胎紧的.

"$\Leftarrow$". $\forall \varepsilon > 0$, 由 $\{P \circ \pi_j^{-1}: P \in \Pi\}$ 的胎紧性, 存在 $N \in \mathbb{N}$, 使得 $P \circ \pi_j^{-1}[-N, N] > 1 - \frac{\varepsilon}{d}$, $j = 1, \cdots, d$, 从而由 Bonferroni 不等式 $P\left(\bigcap_{j=1}^{d} A_j\right) \geqslant$

$\sum_{j=1}^{d} P(A_j) - (d - 1)$ (见参考文献 [1], 习题 1.20 之 (2)),

$$P([-N, N]^d) = P\left(\bigcap_{j=1}^{d} (\mathbb{R}^{j-1} \times [-N, N] \times \mathbb{R}^{d-j})\right)$$

$$\geqslant \sum_{j=1}^{d} P\left(\mathbb{R}^{j-1} \times [-N, N] \times \mathbb{R}^{d-j}\right) - (d-1)$$

$$= \sum_{j=1}^{d} P \circ \pi_j^{-1} [-N, N] - (d-1)$$

$$> d\left(1 - \frac{\varepsilon}{d}\right) - (d-1) = 1 - \varepsilon, \quad P \in \Pi,$$

这表明 Π 是胎紧的.

【评注】 本习题将应用于定理 17.28 的证明.

12.28 证明: 由 (12.13) 式定义的集值函数 $\lambda : \mathcal{O} \to \mathbb{R}$ 具有有限次可加性.

证明 设 $O_1, O_2 \in \mathcal{O}$, 因为显见 λ 具有单调性, 所以为证 λ 具有有限次可加性, 只需证明

$$\lambda(O_1 \cup O_2) \leqslant \lambda(O_1) + \lambda(O_2). \qquad \textcircled{1}$$

为此, 任取 $F \in \mathcal{F}$, 使得 $F \subset O_1 \cup O_2$, 令

$$C_1 = \{x \in F : \rho(x, O_1^c) \geqslant \rho(x, O_2^c)\},$$

$$C_2 = \{x \in F : \rho(x, O_2^c) \geqslant \rho(x, O_1^c)\},$$

显然, C_1, C_2 都是紧集 F 的闭子集, 因而都是紧集.

我们首先断言 $C_1 \subset O_1$, 这是因为假设存在 $x \in C_1 \subset F$ 但 $x \notin O_1$, 那么 $x \in O_2$, 这时 $\rho(x, O_1^c) = 0 < \rho(x, O_2^c)$, 此与 $x \in C_1$ 矛盾. 类似地, 我们有 $C_2 \subset O_2$.

其次, 我们表明存在 $F_1, F_2 \in \mathcal{F}$, 使得 $C_1 \subset F_1 \subset O_1$, $C_2 \subset F_2 \subset O_2$. 设 $x \in C_1$, 从而 $x \in O_1$, 注意到 O_1 是开集, 存在球形邻域 $B(x, \varepsilon) \subset O_1$. 注意到定理 12.51 证明中 $\mathcal{U}$ 的定义, 存在正整数 N_x, 使得 $x \in B_{n_x} \subset B\left(x, \frac{\varepsilon}{2}\right)$, 于是由习题 2.19 之 (3) 得

$$x \in B_{n_x} \subset \overline{B}_{n_x} \subset B(x, \varepsilon) \subset O_1,$$

故

$$C_1 \subset \bigcup_{x \in C_1} B_{n_x} \subset \bigcup_{x \in C_1} \overline{B}_{n_x} \subset O_1.$$

因为 C_1 是紧集, 所以存在有限多个元素 $\{x_1, x_2, \cdots, x_N\} \subset C_1$, 使得

$$C_1 \subset \bigcup_{i=1}^{N} B_{n_{x_i}} \subset \bigcup_{i=1}^{N} \overline{B}_{n_{x_i}} \subset O_1.$$

由 $F \in \mathcal{F}$ 及 $\mathcal{F}$ 的定义, 存在正整数 n_0, 使得 $F \subset K_{n_0}$. 注意到 $C_1 \subset F$, 由上式得

$$C_1 \subset \left(\bigcup_{i=1}^{N} \overline{B}_{n_{x_i}} \right) \cap K_{n_0} \subset O_1,$$

记 $F_1 = \left(\bigcup_{i=1}^{N} \overline{B}_{n_{x_i}} \right) \cap K_{n_0}$, 则 $C_1 \subset F_1 \subset O_1$, 其中 $F_1 \in \mathcal{F}$. 类似地, $C_2 \subset F_2 \subset O_2$, 其中 $F_2 \in \mathcal{F}$.

最后, 由

$$F = C_1 \cup C_2 \subset F_1 \cup F_2$$

得

$$\nu(F) \leqslant \nu(F_1) + \nu(F_2) \leqslant \lambda(O_1) + \lambda(O_2),$$

注意到 $F \subset O_1 \cup O_2$ 的任意性, 这就完成了①式的证明.

12.29 证明: 由 (12.14) 式定义的集值函数 $\lambda^* : \mathcal{P}(X) \to \mathbb{R}$ 是 X 上的外测度.

证明 λ^* 是外测度由下面 3 条保证.

(1) $\lambda^*(\varnothing) = \lambda(\varnothing) = 0$.

(2) $\forall B_1, B_2 \in \mathcal{P}(X)$, $B_1 \subset B_2$,

$$\lambda^*(B_1) = \sup_{B_1 \subset O, O \in \mathcal{O}} \lambda(O) \leqslant \sup_{B_2 \subset O, O \in \mathcal{O}} \lambda(O) = \lambda^*(B_2),$$

即单调性成立.

(3) 设 $B_1, B_2, \cdots \in \mathcal{P}(X)$, 为证 λ^* 具有可列次可加性, 我们需要表明

$$\lambda^* \left(\bigcup_{n=1}^{\infty} B_n \right) \leqslant \sum_{n=1}^{\infty} \lambda^*(B_n). \qquad ①$$

为此, $\forall \varepsilon > 0$ 及 $n \geqslant 1$, 由 λ^* 的定义, 可选取开集 $O_n \in \mathcal{O}$, 使得 $B_n \subset O_n$,

$$\lambda(O_n) < \lambda^*(B_n) + \frac{\varepsilon}{2^n},$$

于是

$$\sum_{n=1}^{\infty} \lambda(O_n) < \sum_{n=1}^{\infty} \lambda^*(B_n) + \varepsilon. \qquad ②$$

参 考 文 献

[1] 袁德美, 安军, 陶宝. 概率论与数理统计. 北京: 高等教育出版社, 2016.

[2] Klenke A. Probability Theory: A Comprehensive Course. 3rd ed. Berlin: Springer-Verlag, 2020.

[3] Singh T B. Introduction to Topology. Singapore: Springer Nature Singapore Pte Ltd., 2019.

[4] 严加安. 测度论讲义. 3 版. 北京: 科学出版社, 2021.

[5] 严士健, 刘秀芳. 测度与概率. 2 版. 北京: 北京师范大学出版社, 2003.

[6] 胡迪鹤. 随机过程论——基础、理论、应用. 武汉: 武汉大学出版社, 2000.

[7] 夏道行, 吴卓人, 严绍宗, 舒五昌. 实变函数论与泛函分析 (下册). 2 版. 北京: 高等教育出版社, 1979.

[8] Durret R. Probability: Theory and Examples. 5th ed. Cambridge: Cambridge University Press, 2019.

[9] Trivedi P K, Zimmer D M. Copula Modeling: An Introduction for Practitioners. New York: Now Publishers Inc., 2007.

[10] Schneider R, Weil W. Stochastic and Integral Geometry. Berlin: Springer-Verlag, 2008.

[11] Cohn D L. Measure Theory. 2nd ed. New York: Springer-Verlag, 2013.

[12] Bogachev V I. Measure Theory, Vol.2. 北京: 高等教育出版社, 2010.

[13] 陆善镇, 王昆扬. 实分析. 2 版. 北京: 北京师范大学出版社, 2006.

[14] Resnick S I. Extreme Values, Regular Variation, and Point Processes. Berlin: Springer-Verlag, 1987.

[15] Billingsley P. Convergence of Probability Measures. 2nd ed. New York: John Wiley and Sons, 1999.

$$\left[P\left\{X_{n1} > M\right\}\right]^k = P\left\{X_{n1} > M, X_{n2} > M, \cdots, X_{nk} > M\right\}$$
$$\leqslant P\left\{U_n > kM\right\},$$
$$\left[P\left\{X_{n1} < -M\right\}\right]^k = P\left\{X_{n1} < -M, X_{n2} < -M, \cdots, X_{nk} < -M\right\}$$
$$\leqslant P\left\{U_n < -kM\right\},$$

从而

$$\left[P\left\{|X_{n1}| > M\right\}\right]^k = \left[P\left\{X_{n1} > M\right\} + P\left\{X_{n1} < -M\right\}\right]^k$$
$$\leqslant 2^{k-1}\left[P\left\{X_n > M\right\}\right]^k + 2^{k-1}\left[P\left\{X_n < -M\right\}\right]^k$$
$$\leqslant 2^{k-1}P\left\{|U_n| > kM\right\} \leqslant \varepsilon^k,$$

故 $P\left\{|X_n| > M\right\} \leqslant \varepsilon$, 这表明 $\left\{X_n, n \geqslant 1\right\}$ 随机有界.

【评注】 本题结论将应用于定理 22.7 之证明.

12.34 设 r.v. 序列 $\left\{X_n, n \geqslant 1\right\}$ 是随机有界的, $b_n \to 0$, 则 $b_n X_n \xrightarrow{P} 0$.

证明 $\forall \delta > 0$, 由 $\left\{X_n, n \geqslant 1\right\}$ 随机有界知, 存在 $M > 0$, 使得

$$P\left\{|X_n| > M\right\} < \delta, n \geqslant 1.$$

任意固定 $\varepsilon > 0$, 对上述 $M > 0$, 由 $b_n \to 0$ 知, 当 n 充分大时有 $\dfrac{\varepsilon}{|b_n|} > M$. 从而当 n 充分大时,

$$P\left\{|b_n X_n| > \varepsilon\right\} = P\left\{|X_n| > \frac{\varepsilon}{|b_n|}\right\} \leqslant P\left\{|X_n| > M\right\} < \delta,$$

于是

$$\varlimsup_{n \to \infty} P\left\{|b_n X_n| > \varepsilon\right\} \leqslant \delta,$$

令 $\delta \to 0$ 得 $\lim\limits_{n \to \infty} P\left\{|b_n X_n| > \varepsilon\right\} = 0$, 这表明 $b_n X_n \xrightarrow{P} 0$.

【评注】 设 $\left\{X_n, n \geqslant 1\right\}$ 是独立同分布的 r.v. 序列, $EX_1 = \mu$, $\mathrm{Var}X_1 < \infty$, 若 $b_n \to 0$, 则

$$\frac{b_n\left(S_n - n\mu\right)}{\sqrt{n}} \xrightarrow{P} 0.$$

事实上, $\forall \delta > 0$, 取 $M > 0$ 充分大, 可使

$$P\left\{\left|\frac{S_n - n\mu}{\sqrt{n}}\right| > M\right\} = P\left\{|S_n - n\mu| > \sqrt{n}M\right\} \leqslant \frac{\mathrm{Var}S_n}{nM^2}$$
$$= \frac{\mathrm{Var}X_1}{M^2} < \delta,$$

这表明 $\left\{\dfrac{S_n - n\mu}{\sqrt{n}}, n \geqslant 1\right\}$ 随机有界.